国家哲学社会科学成果文库

NATIONAL ACHIEVEMENTS LIBRARY
OF PHILOSOPHY AND SOCIAL SCIENCES

美国环境史学研究

高国荣 著

中国社会科学出版社

高国荣　　　1973 年 3 月出生，史学博士，中国社会科学院世界历史研究所副研究员，主要研究方向为美国环境史。1995 年、1998 年在武汉大学分别获得史学学士和硕士学位。1998 年以来，任职于中国社会科学院世界历史研究所，2005 年在中国社会科学院研究生院获得史学博士学位。曾在美国耶鲁大学、堪萨斯大学、密苏里大学、芬兰赫尔辛基大学进修环境史。曾独自承担国家社科基金青年项目《美国环境史学研究》，参与中国社会科学院重大课题《美国环保运动与环境政策研究》、马克思主义理论研究和建设工程重点教材《世界现代史》的编写。在《历史研究》、《世界历史》、《史学理论研究》、《史学月刊》等学术刊物发表多篇论文，出版著作有《列国志·澳大利亚》（合著）、《世界现代史》（合著）、《乡村里的推土机：郊区住宅建设与美国环保运动的兴起》（合译）。

《国家哲学社会科学成果文库》
出版说明

为充分发挥哲学社会科学研究优秀成果和优秀人才的示范带动作用，促进我国哲学社会科学繁荣发展，全国哲学社会科学规划领导小组决定自 2010年始，设立《国家哲学社会科学成果文库》，每年评审一次。入选成果经过了同行专家严格评审，代表当前相关领域学术研究的前沿水平，体现我国哲学社会科学界的学术创造力，按照"统一标识、统一封面、统一版式、统一标准"的总体要求组织出版。

全国哲学社会科学规划办公室
2011 年 3 月

目　　录

第一部分　兴起背景

第二部分　早期发展

第三部分　20世纪90年代以来的发展变化

第四部分 学术与现实意义

Contents

Part I   Social and Academic Backgrounds

Part II   Early Development

Part III   New Trends since the 1990s

Part IV   Academic and Social Values

导 论

进入 21 世纪以来，环境史受到了国内外史学界的广泛关注。每五年一度的国际历史科学大会近些年来都有关于环境史的专题讨论。2000 年，"环境史的新发展"成为在奥斯陆召开的第 19 届国际历史科学大会的一个重要议题。2005 年，第 20 届国际历史科学大会在悉尼举行，"历史上的人与自然"被列为会议的三大主题之一，讨论议题则包括"生态史的理论与方法"、"自然灾害及其应对"等。2010 年，在阿姆斯特丹举办的第 21 届国际历史科学大会，则将环境史的讨论落实到实证研究中，在"征服与人口变动"、"消费社会与经济变化"、"历史上人类的衣食"等议题上体现得尤为明显。[①] 2015 年，第 22 届国际历史科学大会将在中国山东济南召开，从大会的网站来看，"自然与人类历史"已经被列入大会议题。[②] 目前，世界多个国家和地区已经成立了本国或跨区域的环境史学会，除各自定期召开会议外，还联合开展学术活动。2009 年 8 月，第一届世界环境史大会在丹麦哥本哈根举行，与会者达到 500 多人，来自 45 个国家和地区。2014 年 7 月，第二届世界环境史大会将在葡萄牙北部小城吉马朗伊什举行。从 2000 年以来，《太平洋历史评论》（*Pacific Historical Review*，2001 年第 1 期）、《历史与理论》（*History and Theory*，2003 年第 4 期）、《环境与历史》（*Environment and History*，2004 年第 4 期）等众多国际知名史学刊物都相继刊出"环境史"专题，对环境史研究进行回顾与展望。而在中国，《历史研究》、《世界历史》、《史学月刊》、《南开学报》、《学术研究》等刊物已开设环境史专栏，编发了多组环境史的专题文章。北京师范大学、南开大

---

① 会议日程见 http：//www.cish.org/congres/congres_ 2010.htm。
② 第 22 届国际历史科学大会的网址为：http：//www.ichschina2015.org/cms/dhytb/842.jhtml。

学、中国人民大学等高校还成立了环境史研究中心。有关环境史的学术研讨会和国际学术交流也日趋频繁。可以说，环境史研究方兴未艾，呈现强劲发展势头。

环境史是 20 世纪六七十年代在美国率先兴起的一门学科，它以生态学为理论基础，着重探讨人与自然之间的关系及以自然为中介的社会关系。环境史是在第二次世界大战后人类生存环境恶化、环保运动兴起这一社会背景下诞生的历史学的一个新分支学科，是继经济史、社会史、文化史之后的一个新兴研究领域。由于它兴起的时间不长，还在不断发展演化，所以直到现在，专门对这一学科进行理论阐释的学理性著作还非常少见。为便于理解，笔者拟对选题的理由及本书的结构进行简单的交代。

笔者以环境史学为题，首先是由于环境史学本身的价值。环境史学探讨历史上人与自然之间的互动关系，强调不能把人类社会的历史同自然的历史割裂开来。它大大拓宽了史学的著述范畴，为重新认识历史提供了新视角和新方法，对传统的史学研究形成很大冲击，具有重要的学术价值。其次，环境史学是西方史学研究中的前沿问题与热点问题。对环境史学的理论探讨，有利于我国学者较完整、准确地了解和把握环境史学，从而汲取其积极内容，以丰富和完善中国史学的理论和方法。最后，在环境问题日趋严重的今天，研究环境史学，有助于人们清醒地认识到人与自然须臾不可分离，自然在人类历史进程中发挥重要作用，经济发展存在着极限。环境史学具有强烈的现实关怀，能够充分弘扬历史学经世致用的传统，为现实提供借鉴，指导人们探索与自然和谐发展的新途径。

尽管笔者也希望从整体上对环境史学进行研究，但由于这方面比较系统的成果还为数不多，许多资料在国内很难获取。另外，由于环境史学牵涉的理论问题繁多，再加上理论功底薄弱和语言劣势等自身条件的限制，所以，笔者仅将"美国环境史学"作为研究主攻方向，这主要是因为，就世界范围而言，美国的环境史研究最为发达，成就也最为卓著。

环境史学最早在美国兴起，但它很快就引起了美国以外的学者的关注。环境问题对人类来说是一个生死攸关的问题，而且是世界范围内的普遍问题。所以，环境史研究在英国、法国、德国、加拿大、澳大利亚、印度、日本和中国等多个国家都受到了不同程度的重视。但总的来说，这些国家的环境史研究水平都远不如美国。① 仅就欧洲而言，欧洲环境史学会迟至 1999 年才成立，环境史研究还多半是一些自然科学家或地理学家出于个人爱好，目前开设环境史这门课的大学和培养环境史方向研究生的机构还不多。

环境史研究在美国最为深入，美国学者在环境史领域的领先地位世所公认。美国于 1976 年最早成立了美国环境史学会，并创办了专业的学术期刊。在美国环境史领域，出现了纳什（Roderick Nash）、海斯（Samuel Hays）、克罗斯比（Alfred Crosby）、沃斯特（Donald Worster）、克罗农（William Cronon）等享誉学坛的权威学者。美国环境史的著作远较其他国家要多，有不少高校开设了有关环境史的课程，而且能够培养环境史专业的博士。近年来，参加美国环境史年会的研究生往往高达近百名，环境史研究后继有人。

既然美国是环境史学的发源地和研究水平最高的国家，因此美国的环境史学也最具有代表性，所以本书只拟对美国环境史学进行探讨。

大致可以认为，20 世纪 90 年代前后是美国环境史学发展的一个界标，可以据此将美国环境史学的发展划分为两个阶段。在 90 年代前后，美国环境史学在所处的社会现实背景、生态学理论基础、研究对象、价值取向等方面都发生了改变。

从社会现实来看，在 20 世纪六七十年代，在生态危机的严峻现实面前，

① 关于美国以外的环境史研究状况，可参考如下资料：Gregory Maddox，"Africa and Environmental History"，*Environmental History*，Vol. 4，No. 2（April 1999），pp. 162 - 67；Ramachandra Guha，"Appendix：Indian Environmental History（1989 - 1999）" in Ramachandra Guha，*The Unquiet Woods：Ecological Change and Peasant Resistance in the Himalaya*，Berkeley：University of California Press，2000，pp. 211 - 222；Mahesh Rangarajan，"Environmental Histories of South Asia：A Review Essay"，*Environment and History*，Vol. 2，No. 2（June 1996），pp. 129 - 143；Stephen Dovers，"Australian Environmental History，Introduction，Review and Principles"，in Stephen Dovers，ed.，*Australia Environmental History：Essays and Cases*，Melbourne，Australia：Oxford University Press，1994，pp. 2 - 19；Marc Cioc，Bjorn - Ola Linner，and Matt Osborn，"Environmental History Writing in Northern Europe"，*Environmental History*，Vol. 5，No. 3（July 2000），pp. 396 - 406；Michael Bess，Marc Cioc，and James Sievert，"Environmental History Writing in Southern Europe"，*Environmental History*，Vol. 5，No. 4（Oct.，2000），pp. 545 - 556；J. R. McNeill，"China's Environmental History in World Perspective"，in Mark Elvin and Liu Ts'ui - jung，*Sediments of Time：Environment and Society in Chinese History*，New York：Cambridge University Press，1998，pp. 31 - 49；Peter R. Mulvihill，Douglas C. Barker，and William R. Morrison，"A Conceptual Framework for Environmental History in Canada's North"，*Environmental History*，Vol. 6，No. 4（Oct.，2000），pp. 611 - 626；Paul Sutter，"Reflections：What Can U. S. Environmental Historians Learn from Non - U. S. Environmental Historiography？"，*Environmental History*，Vol. 8，No. 1（Jan. 2003），pp. 109 - 129。

社会各界、甚至不同国家之间较容易就环境保护达成共识，所以联合国能够在 70 年代召开关于环境与资源的一系列大会，许多国家都同意，在环境问题上应该同舟共济。在 90 年代以前，美国环保运动是由白人中产阶级领导的，所以环保运动较多地表达了白人中产阶级的要求。而进入八九十年代以后，西方国家的环境治理已经初见成效，在这种情况下，西方民族利己主义的倾向开始抬头，国际社会尤其是南北国家在环境保护方面的国际合作阻力重重。就美国国内而言，环保政策走向保守，这在里根任内表现尤其明显。而就环保运动而言，由于社会下层、不同族裔的参与，环境正义运动在 90 年代以后开始在美国兴起，弱势群体的环境权益受到了人们的广泛关注。

从理论基础来看，在 20 世纪 90 年代以前，多数环境史学者都信奉克莱门茨的"顶级群落"生态理论。该理论认为：自然是一个精巧平衡的有机整体，其演化不断趋于和谐稳定；环境问题的产生，是因为人的过分干扰破坏了自然的平衡。而在 90 年代以后，顶级群落理论受到了巨大冲击，自然混沌学说则流行开来。该学说宣扬，自然本身是一个无序的、并不平衡的有机体；生态平衡是相对的、动态的和发展的，而不是绝对的和静止的。这些新观点、新学说的问世，对环境史学的发展产生了很大的影响。

从研究对象来看，在 20 世纪 90 年代以前，环境史学者对资源保护与荒野情有独钟。资源保护（Conservation）、自然保护（Preservation）、生态景观的变化，成为绝大多数环境史著作的主题。妇女、少数族裔（印第安人除外）与环境的关系则远未受到应有的关注。而到 90 年代之后，美国环境史学者则开始大量关注城市环境问题和环境正义[①]问题，环境史研究的领域被不断拓宽，环境史和社会史融合的步伐开始加快。

从价值取向上看，在 20 世纪 90 年代以前，环境史学明显具有环境保护主义的道德伦理诉求。许多环境史著作都以人为的生态悲剧为主题，突出环境破坏的严峻后果，对机械论自然观、人类中心主义价值观和传统发展观提出质疑和批判，体现出环境史学鲜明的文化批判意识。而到 90 年代以后，为追求客观学术，许多环境史学者有意识地克服和弱化个人的情感好恶和主

---

① 环境正义是指人类不因世代、种族、性别、社会经济地位的差异，而同等享有安全、健康及可持续发展的环境权益。

观倾向，用更中性化的"生态变迁"取代了"生态破坏"；更强调人与自然之间的相互影响；不仅要说明人对自然的消极、破坏性影响，也要指出人对自然的积极的、建设性的影响。甚至还有学者对环境史学的认识论和历史的叙述方式进行了探讨。环境史学的文化批判色彩已经不再像以前那样浓厚了。

本书以 20 世纪 90 年代为界，力图全面梳理环境史研究在美国的发展。由于主客观条件的限制，很难对环境史学进行面面俱到的介绍，而挑选一些相关的问题从不同侧面进行专题研究，倒不失为一种明智选择。这些专题侧重于阐明环境史学在美国的诞生背景、发展概况及其学术贡献。以下对本书的基本写作框架进行简要介绍。

本书首先交代了选题的理由，介绍了环境史的国内外研究动态，并从兴起背景、理论基础、研究对象与价值取向四个方面对环境史这一贯穿本书的核心概念进行了界定。

第一部分从美国现代环保运动的兴起、环境史与年鉴学派、美国西部史学对环境史学的孕育等三个方面入手，分别阐述了环境史在美国兴起的现实背景及国内外学术背景。

第二部分探讨了 1990 年以前环境史研究在美国的发展。三个章节分别叙述了 1970—1990 年间环境史的学科体系建设、研究主题和研究特点。

第三部分联系 20 世纪 80 年代以来环保运动的发展变化，梳理了 90 年代以来美国环境史研究的一些重要成果，并对城市环境史、环境史研究的文化转向、全球环境史进行了阐释。

第四部分从三方面阐述了环境史的学术价值和现实意义。其一，它弥补了史学著述中长期以来忽视自然作用的不足；其二，环境史是跨学科研究的典范；其三，环境史对机械论自然观、极端人类中心主义价值观和传统发展观的批判具有现实意义。

本书结语指出，环境史学在未来要顺利发展，就必须与环境保护主义适当拉开距离。与此同时，环境史学者应该继续保持开放的心态。结语还对环境史学在西方史学发展史上的位置进行了初步评估。

需要说明的是，由于笔者才浅学疏，本书在对美国环境史学的总体把握、专题设计、材料取舍等方面肯定存在诸多纰漏。海洋环境史这一新兴领域、环境史学的现实功用及其局限，本书只是略有涉及，没有来得及做专题探讨。关于环境史学的文化批判，也只是力图做综合梳理。此外，书中的许多章节还有待提炼和深化。同时，由于环境史是一个新兴的学科，许多专业术语还未加规范，再加上语言水平的限制，肯定会存在对外文资料的理解与中文表达不准确的问题。学无止境，笔者希望，假以时日，将来能够做得更好一点。

第一章

美国环境史学研究的学术史回顾

　　环境史于 20 世纪六七十年代率先在美国兴起，经过长足发展，目前在美国渐渐成为一个日趋成熟的学科。环境史在美国不仅拥有专业学会、专业期刊，而且被越来越多的高校列入了教学规划。目前，美国环境史学会会员已经超过了 1400 人，其专业期刊——《环境史》的发行量已经超过了 2600 份。[①]

　　自环境史作为一门新的学科问世以来，美国学者撰写了大量的环境史著作，但这些著作基本上都是关于具体问题的研究，而专门对这门学科本身进行理论探讨的著作则比较少见。这一方面是由于历史学家往往轻视理论，另一方面也是由于这门学科正处于发展之中，环境史学者还未能对这门学科的一些基本问题达成共识。尽管如此，美国环境史学者在建构环境史理论体系、梳理学科发展历程方面进行了许多有益的探讨。在笔者看来，这些探讨大致可以分为如下四类：（1）什么是环境史；（2）为什么要研究环境史；（3）如何研究环境史；（4）环境史在美国的发展历程。本章拟从这四个方面叙述美国环境史学研究进展，并对中国学者引入和介绍环境史学的努力进行初步介绍。

一　环境史的界定

　　虽然美国环境史学会成立于 1977 年，但直到 20 世纪 90 年代，美国学

---

　　① Jeffrey K. Stine, "From the President's Desk: Indicators for the Future", *Newsletter of ASEH*, 2000, Winter, p. 2.

者并没有形成关于"什么是环境史"的统一认识。这可以通过 1989 年出版的《地球的结局》① 一书表现出来，主编沃斯特提到，该书的目标是通过一些具体问题的研究，便于读者对"什么是环境史"、"这一领域关注什么问题"有感性直观的认识。在 1993 年，麦茜特（Carolyn Merchant）提到，环境史仍处于"需要自我界定的阶段"②。这些至少可以说明，环境史在 90 年代以前的发展还很不成熟。

在 20 世纪 90 年代以前，美国环境史学者提出过关于环境史的多种解释。环境史一词最早是由美国学者纳什 1972 年在《美国环境史：环境史现状》一文中提出的，他认为，环境史研究"人类与其家园（habitat）之间的全部联系，涵盖从城市设计到荒野保护等所有方面"③。在克罗农 1983 年问世的《土地的变迁》那本书里，环境史等同于生态史，"是指将历史的界限延伸到人类制度以外的自然生态系统，经济、阶级和性别系统、政治组织、文化仪式均在自然生态系统中活动"④。1989 年，沃斯特在《地球的结局》中提出环境史研究"自然在人类生活中的地位和作用"⑤。

进入 20 世纪 90 年代以后，环境史学者已经能够就什么是环境史达成基本共识，关于环境史的定义也是大同小异。麦茜特指出，环境史是要"通过地球的眼睛来观察过去，它要探求在历史的不同时期，人类和自然环境相互作用的各种方式"⑥。奥佩（John Opie）指出，环境史强调"用生态科学的新视角来看待我们周围的世界"⑦。斯坦伯格（Ted Steinberg）认为，环境史

---

① Donald Worster, ed., *The Ends of the Earth：Perspectives on Modern Environmental History*, Cambridge：Cambridge University Press, 1989, Prface, p. viii.

② Carolyn Merchant, *Major Problems in American Environmental History*, Lexington：D. C. Heath and Company, 1993, p. 1.

③ Roderick Nash, "The State of Environmental History", in Herbert Bass, ed., *The State of American History*, Chicago：Quadrangle, 1970, p. 250；R. Nash, "American Environmental History：A New Teaching Frontier", *Pacific Historical Review*, Vol. 41, No. 3（Aug., 1972）, pp. 362 – 363.

④ William Cronon, *Changes in the Land：Indians, Colonists, and the Ecology of New England*, New York：Hill and Wang, 1983, Preface, p. vii.

⑤ Donald Worster, "Appendix：Doing Environmental History", in Donald Worster, ed., *The Ends of the Earth：Perspectives on Modern Environmental History*, p. 292.

⑥ Carolyn Merchant, *Major Problems in American Environmental History*, p. 1.

⑦ John Opie, *Nature's Nation：An Environmental History of the United States*, New York：Harcourt Brace College Publishers, 1998, p. 10.

学者"探求人类与自然之间的相互关系，即自然世界如何限制和塑造过去，人类怎样影响环境，而这些环境变化反过来又如何限制人们的可行选择"①。斯图尔特（Mart A. Stewart）认为，环境史是"关于自然在人类生活中的地位和作用的历史，是关于人类社会与自然之间的各种关系的历史"②。麦克尼尔（John R. McNeill）认为，环境史研究"人类与自然中除人以外的其他部分之间的相互关系"③。

上述有关定义基本都是从研究对象来界定环境史。如果仅仅从字面意思来看，恐怕很难对环境史究竟是什么有非常清楚的认识。笔者以为，关于环境史的界定，首先需要明确的是，环境史并不是与人无关的关于环境的历史，所谓环境，是相对于人类这一主体而言，所以环境史主要是指与人类相始终的环境史。要理解环境史，除了那些比较抽象的定义，或许要通过环境史著作来把握不同时期人们对环境及环境史的理解。

自环境史诞生以来，美国学者对环境史的界定、理解和实践，发生过很大的变化。依笔者看来，在 20 世纪 80 年代以前，环境史研究的主要问题，大都局限在自然保护（Preservation）和资源保护（Conservation）及环保运动的狭窄范围之内；在 80 年代，环境史热衷于农业生态问题。进入 90 年代，环境史开始大量关注城市环境、族裔与环境、女性与环境等问题。总的来看，美国学者在不断拓展和延伸对环境及对环境史的理解。

纳什在 1972 年发表的《环境史：一个新的教学领域》中认为，环境史是对环境保护呼声的回应，环境史学者应该像生态学家一样，将自然视为平衡的、相互联系的共同体。尽管他提到环境史研究"历史上人类及其家园之间的全部联系"④，他设计的美国环境史教案，却只包括北美的拓殖经历、边疆环境及其影响、20 世纪上半叶的资源保护运动等。海斯也是美国环境

①　Ted Steinberg, "Down to Earth: Nature, Agency, and Power in History", *The American Historical Review*, Vol. 107, No. 3 (June 2002), p. 803.

②　Mart A. Stewart, "Environmental History: Profile of a Developing Field", *The History Teacher*, Vol. 31, No. 3 (May 1998), p. 351.

③　J. R. McNeill, "Observations on the Nature and Culture of Environmental History", *History and Theory: Studies in the Philosophy of History*, Vol. 42, No. 4 (Dec. 2003), p. 6.

④　R. Nash, "American Environmental History: A New Teaching Frontier", *Pacific Historical Review*, Vol. 41, No. 3 (Aug., 1972), pp. 362 – 363.

史研究的鼻祖之一，他主要是从政治的角度研究资源保护运动和环保运动的历史。海斯提到，《资源保护与效率至上》在 1959 年出版时，还属于资源保护史的范畴，这个领域现在被称为环境史。① 纳什主要是从思想文化史的角度，研究美国人对自然和荒野的观念转变。总之，在环境史兴起之初，环境史学家理解的环境的范围是比较狭窄的，环境史研究的主要领域都没有超出资源和自然保护运动的界限。

从 20 世纪 80 年代开始，环境史学者开始着手打破环境史研究的固定模式。萨德·泰特（Thad W. Tate）在《环境史定义的有关问题》一文中提到，环境史与环境保护主义之间的关系，已经引起了激烈的争论。他认为，环境史学强烈的道德与伦理诉求应该弱化，价值中立、不偏不倚，更有利于环境史学的长远发展。他还提到，环境史除了要研究思想史与政治史之外，还应该研究生产方式和自然生态的历史。② 泰特在当时已经敏锐地察觉到，环境史要发展，就必须突破环保运动史的范畴。

在拓展环境史的研究领域方面，唐纳德·沃斯特发挥了不可替代的重要作用。在 1982 年举行的第一届美国环境史学会学术会议上，沃斯特宣读了《没有区隔的世界：环境史的国际化》的论文，表达了他对"美国环境史倾向等同于环境保护主义史"的不满。沃斯特建议，对"在每个国家、地球上的各个角落都存在的基本的历史问题"进行比较研究。他同时指出环境史研究的两个基本问题：其一，人们对自然的理解和行动，"从依靠民间经验向依靠专业科学知识的转移"；其二，"从自给自足到卷入全球市场体系中"所经历的经济和生态演变。③ 沃斯特把资本主义的兴起视为人与自然关系变化的一个重要转折点，对资本主义的批判一直贯穿在他的著述之中。

在推动环境史的学科建构方面，沃斯特的巨大贡献是有目共睹的。为了使环境史研究能够被历史学者接受，他在《作为自然史的历史：理论与方

① Samuel P. Hays, *Explorations in Environmental History: Essays*, Pittsburgh: University of Pittsburgh Press, 1998, Introduction, p. xiv.

② Thad W. Tate, "Problems of Definition in Environmental History", *American Historical Association Newsletter*, 1981.

③ Donald Worster, "World without Borders: The Internationalizing of Environmental History", in Kendall E. Bailes, ed., *Environmental History: Critical Issues in Comparative Perspective*, Lanham: University Press of America, 1985, pp. 664 – 665.

法》一文中，追溯了生态视角在历史学中的发展。他认为，就美国的历史学
家而言，韦布（Walter Webb）和马林（James Malin）在 20 世纪三四十年代
就已经开始从环境、生态角度分析历史问题，而魏特夫则已经触及人与土地
之间的辩证生态关系。克拉克·维塞勒（Clark Wissler）、朱利安·斯图尔特
（Julian Steward）、罗伊·拉帕波特（Roy Rappaport）和马文·哈里斯（Mar-
vin Harris）等人类学家，则在不断尝试发展和完善从生态角度解释文化进
化，并使这种分析模式逐渐完善。①

　　在环境史学科建构方面，沃斯特除了界定环境史，还提出环境史的分析
框架。沃斯特在《地球的结局》这本环境史论文集中提出，环境史研究
"自然在人类生活中的地位和作用"。他认为环境史着重研究三个层面：一
是自然本身；二是利用自然的社会经济层面，包括工具、劳动、生产关系、
生产方式、权力的配置与布局等；三是精神或思想方面，包括观念、伦理、
法律、神话等。三个层面构成为一个统一的、动态的、辩证的整体。②

　　在《地球的结局》一书里，沃斯特有两处论述值得注意。他说，环境
史的很大一部分内容是要计量发展"所付出的巨大的生态和社会代价"，它
教导人们"要学会约束和管制自己，同自然相互依存，放纵和征服自然的想
法只能是自取灭亡"。他还提到，"自然是指主要不是由人类社会创造的非
人类世界"，即"第一自然"；而人工环境，即"第二自然"被排除在环境
史所指的"自然"之外。在 20 世纪 90 年代以前，沃斯特是美国环境史学界
最有影响的学者，他的《地球的结局》一书出版于 1989 年，是对 90 年代以
前美国环境史的阶段性总结，折射出那一时期美国环境研究的两个特点：其
一，环境史具有鲜明的文化批判色彩。其二，环境史学者理解的环境，范围
相当有限，主要是指荒野和乡村环境，而没能将城市包括在内。

　　在环境史学科建构方面，沃斯特还努力推动农业环境史研究。在 1990
年发表的《地球的变迁：史学研究的农业生态视角》一文中，沃斯特认为，

---

①　Donald Worster, "History as Natural History: An Essay on Theory and Method", *Pacific Historical Re-
view*, Vol. 53, No. 1 (Feb., 1984), pp. 1 – 19.

②　Donald Worster, ed., *The Ends of the Earth: Perspectives on Modern Environmental History*, pp. 292 –
293. 沃斯特为该书所写的长跋对环境史进行了界定，并提出了环境史的分析框架，该长跋已被译为中文发
表，参见唐纳德·沃斯特《环境史研究的三个层面》，侯文蕙译，《世界历史》2011 年第 4 期。

对所有的社会而言，从自然中获取食物是最基本和最重要的活动，获取食物这一过程把人与自然联系起来，沃斯特因此提出要以农业生态体系建构环境史的基本研究模式，揭示资本主义兴起所带来的"社会关系的重组与自然的重组"。沃斯特还进一步阐释了环境史研究的三个层次，指出环境史研究的第二个层次还亟待加强。

《地球的变迁：史学研究的农业生态视角》发表在《美国历史杂志》1990年第4期。该期杂志还发表了几篇对沃斯特论文的争鸣文章（克罗农的文章后文介绍）。① 克罗斯比认为，农业生态系统是一个价值很高、亟待研究的领域，还应重视对世界环境史的宏观、整体研究。怀特（Richard White）认为，获取食物并不纯属于沃斯特所谓的纯粹属于第二层次的问题，它也是一个文化观念的问题。麦茜特主张重视妇女的作用，运用性别分析方法研究环境史，她认为还应该研究生物学和社会学意义上的再生产。而派因则以自然中的野火为例，说明自然本身就是混沌无序的。

《美国历史杂志》的这组文章具有很重要的理论价值，可以视为环境史学发展的风向标。首先，这组文章能够在《美国历史杂志》这一权威期刊上发表，就至少说明，环境史已经成为学术前沿问题，开始受到学界的重视。其次，这组文章预示了20世纪90年代以后环境史研究的新方向。怀特、克罗农和派因对平衡生态系统理论、环境史的道德诉求，都提出了一些批评。最后，这组文章也说明，在90年代以前，还很少有人对农业生态模式提出异议，但克罗农则是一个明显的例外。

在美国环境史的发展过程中，克罗农是一位继往开来、承前启后的重要学者。首先，他于1983年出版的《土地的变迁》② 一书，将人与自然互动这一环境史的主旨体现得淋漓尽致。其次，在前文提到的《美国历史杂志》那组讨论文章里，仅有克罗农指出沃斯特的农业生态模式过于狭隘。他

① Donald Worster, "Transformation of the Earth: Toward an Agroecological Perspective in History"; Alfred W. Crosby, "An Enthusiastic Second"; Richard White, "Environmental History, Ecology, and Meaning"; Carolyn Merchant, "Gender and Environmental History"; William Cronon, "Modes of Prophecy and Production: Placing Nature in History"; Stephen J. Pyne, "Firestick History"; Donald Worster, "Seeing beyond Culture", *The Journal of American History*, Vol. 76, No. 4 (March, 1990), pp. 1087 – 1147.

② William Cronon, *Changes in the Land: Indians, Colonists, and the Ecology of New England*, 1983.

提到，沃斯特的模式，根本不能涵盖城市环境史等内容。他于 20 世纪 90 年代初还出版了《自然的大都市：芝加哥与大西部》① 一书，从而开辟了城市环境史这一重要领域。再次，克罗农提到，遵循克莱门茨顶级群落理论的逻辑，将人类视为和谐稳定的自然的破坏力量，也值得推敲。他还批评沃斯特对资本主义的批判充满道德说教。克罗农主编的《各抒己见》一书，推翻了自然的顶级理论模式——早期环境史所依赖的生态学基础。② 另外，克罗农将历史认识论和历史叙事引入环境史研究，回应后现代史学提出的挑战。他在这方面的成果主要体现在《一个地方的不同故事：自然、历史与叙述》③ 一文中。最后，克罗农指出，环境史的弱点在于将人视为一个整体，而不利于发现"社会集团内部的冲突与区别"，不利于探讨环境变化对不同社会集团的意义。他认为，环境史亟待引入社会史的性别、种族和阶级分析方法，从而为环境史在 90 年代摆脱困境指明了出路。

在 20 世纪 90 年代以后，环境史的研究领域才真正得以拓宽，人们所理解的环境，不再局限于荒野和农村，城市，性别、种族和阶级都被纳入环境史的分析框架之内。在《平等、生态种族主义和环境史》④ 一文中，梅洛西（Martin Melosi）提出，20 世纪 90 年代前后兴起的环境正义运动以社会底层和城市为基础，提倡人类中心主义和激进的环境平民主义，受其影响，城市、种族、公众健康和社会平等将更多地融入以荒野为主的美国环境史研究。

环境史与社会史合流，在 20 世纪 90 年代以后成为一种趋势。艾伦·泰勒（Alan Taylor）认为，社会史与环境史是相容的。二者都关注日常的、以前不引人注目的人和事物；都发掘了许多新资料，都对弱势群体充满同情。这种共性使它们能够彼此相容以至相互加强。

---

① William Cronon, *Nature's Metropolis：Chicago and the Great West*, New York：W. W. Norton & Company，1991.

② William Cronon, ed., *Uncommon Ground：Toward Reinventing Nature*, New York：W. W. Norton & Company，1995，pp. 223 - 255.

③ William Cronon, "A Place for Stories：Nature, History, and Narrative", *The Journal of American History*，Vol. 78，No. 4（Mar., 1992），pp. 1347 - 1376.

④ Martin V. Melosi, "Equity, Eco - racism and Environmental History", *Environmental History Review*，Vol. 19，No. 3（Fall, 1995），pp. 1 - 16.

从以上介绍可以看出，美国学者所理解的环境（自然）最初局限于荒野和自然资源，后来延伸至农村，现在则将城市包括在内。与此同时，环境史研究的内容越来越丰富多彩。这些变化，如果单从环境史的字面解释来看，恐怕很难察觉。而且美国学者关于环境史的定义主要是涉及研究对象本身，即历史上人与自然的关系。但仅此并不能把环境史同历史地理学等相关学科区分开来，而且它很容易忽视环境问题的社会性质。

二 环境史的价值

奥康纳说过：环境史主要源于"环境保护运动以及全球性的、多方面的环境危机"[①]，这种危机促使人们为保护自然而开展了各种斗争。受环境保护主义的影响，许多环境史学者都具有深切的忧患意识和救亡图存的强烈愿望。在讨论环境史研究的重要性时，他们往往着眼于环境危机的严峻现实，希望环境史作品能够充分发挥教化作用，使公众转变观念，实现与自然的和解，使人类文明转危为安。刘易斯的《讲述关于将来的故事：环境史和末世科学》[②] 一文就表达了这种愿望。

美国比较有名的多本环境史教科书都强调了环境史研究的重要性。

沃斯特在《地球的结局》中指出："环境史在转变人们的观念方面可以发挥很大的作用，它能够更好地解释我们过去的发展及我们现在的处境……它可以帮助人类为摆脱生态危机——20世纪末期以来人类面临的最严重的问题——寻找出路。"[③]

奥佩在《自然的国家：美国环境史》一书中指出，环境史"最重要的贡献是让人意识到：人从自然中产生，人是自然的产物，不能须臾离开自然而存在，我们依靠对自然的改造而得以生存；即便仅仅为了人类自己的利

---

① ［美］詹姆斯·奥康纳：《自然的理由：生态学马克思主义研究》，唐正东、臧佩洪译，南京大学出版社2002年版，第100页。

② Chris H. Lewis, "Telling Stories about the Future: Environmental History and Apocalyptic Science", *Environmental History Review*, Vol. 17, No. 3 (Fall 1993), pp. 43–60.

③ Donald Worster, ed., *The Ends of the Earth: Perspectives on Modern Environmental History*, p. vii.

益，我们也要珍惜和保护自然"①。奥佩还提到，"当前，环境较人类而言更显脆弱，研究环境史能够纠正人类中心主义的偏差"②，为保护和改善美国环境质量服务。

在《美国环境史中的主要问题：文献及论文》一书的"前言"中，麦茜特指出环境史具有如下价值："环境史……可为政府制定政策提供指导；另外，环境史向人们说明，要重视人与自然关系的复杂性，对历史有更完备详尽的认识；此外，环境史表明自然资源如何满足人在衣食住行、能源方面的日常需要，并强调一旦珍贵的自然资源被视为商品，而导致的急剧退化；同时，环境史还教导人们认识和欣赏自然的美学价值和精神价值；最后，环境史揭示了不同阶级、种族、性别在对待和利用自然方面的差异，从而提供许多有价值的信息。"③

麦茜特在《美国环境史：哥伦比亚指南》一书的"前言"中指出，"环境史学者笔下的历史常常与进步—启蒙的历史形成对照……解释往昔人类与自然世界交往的各种后果，并提醒我们在做影响目前和未来生活的重大决策时，要关注那些潜在的问题"④。肯德尔·拜莱斯认为，环境史可以破除一些神话，其"功能是提倡道德伦理，指引未来"⑤。

迄今为止，只有克罗农和沃斯特就"环境史的作用"撰写专文，进行高屋建瓴的分析。相对而言，克罗农看到了环境史作用的相对性，从而具有更多的哲学思辨色彩，而沃斯特的论述，则更强调环境史的普遍意义。

克罗农在《环境史的功用》一文中指出，环境史的阅读对象包括历史学家、环保人士和普通公众，三者对环境史的预期和要求有很大的差别。在他看来，环境史的作用主要是改变人的思维方式，使人们充分意识到，人类历史都是在一定的自然背景中展开的，自然和文化都不具有稳定性，环境知

---

① John Opie, *Nature's Nation: An Environmental History of the United States*, 1998, p. 3.

② John Opie, "Environmental History: Pitfalls and Opportunities", in Kendall E. Bailes, ed., *Environmental History: Critical Issues in Environmental History*, p. 27.

③ Carolyn Merchant, *Major Problems in American Environmental History*, 1993, Preface, p. viii.

④ Carolyn Merchant, *The Columbia Guide to American Environmental History*, New York: Columbia University Press, 2002, Introduction, pp. xv – xvi.

⑤ Kendall E. Bailes, ed., *Environmental History: Critical Issues in Comparative Perspective*, p. 12.

识全都是文化建构。①

沃斯特在《重思两种文化：环境史与环境科学》② 中提出，环境史为彼此隔离的自然科学和人文科学的融合架起了一座桥梁，环境史学者要借助自然科学的成果。同样，科学家也应该向环境史学家学习，因为自然、自然观念都是历史和文化的产物，"环境危机的根源还在于文化本身，在于世界观和价值观"。

在《我们为什么需要环境史》③ 一文中，沃斯特指出，环境史是观察历史的全新视角。在现实生活中，环境史可以对资源保护以及环境保护主义的兴起提供更深刻的理解；它有助于生态学以及其他环境科学提出更富有创见、更加成熟的解决问题的方法；环境史有助于我们更深刻、更富批判性地了解我们的经济文化和制度，特别是占有统治地位的资本主义的经济文化及其对地球所造成的后果；环境史可以让我们对我们所栖居的每一个特定的地方有更深邃的了解。

除了克罗农和沃斯特，还有学者通过举例来说明环境史的价值。

在《回到现实：历史中的自然、人类及其力量》 一文中，西奥多·斯坦伯格（Theodore Steinberg）提出，历史学家对自然的作用还缺乏认识，环境实际上是人类历史的一个关键影响因素；采用环境史的视角，将改写美国乃至整个世界的历史。④

在《世界史中的生态演变过程》⑤ 一文中，唐纳德·休斯（J. Donald Hughes）指出，现有的世界史著述往往以发展为主线，忽视了发展所付出的环境代价，不利于人们以史为鉴。休斯建议，以人与自然交相作用的生态演化变过程（ecological process）作为主线，重新撰写世界历史。

---

① William Cronon, "The Uses of Environmental History", *Environmental History Review*, Vol. 17, No. 3 (Fall 1993), pp. 2 – 22.

② Donald Worster, "The Two Cultures Revisited: Environmental History and the Environmental Sciences", *Environment and History*, Vol. 2, No. 1 (Feb. 1996), pp. 3 – 14.

③ ［美］唐纳德·沃斯特：《我们为什么需要环境史?》，侯深译，《世界历史》2004 年第 3 期。

④ Ted Steinberg, "Down to Earth: Nature, Agency, and Power in History", *The American Historical Review*, Vol. 107, No. 3 (June 2002), pp. 798 – 820.

⑤ J. Donald Hughes, "Ecological Process in World History", in J. Donald Hughes, ed., *The Face of the Earth: Environment and World History*, New York: M. E. Sharp, Inc., 2000.

总的来说，美国学者往往强调环境史的现实价值，尤其是伦理教化方面的功能。但在文化价值观方面，究竟哪些方面需要加以批判和扬弃，同时取而代之的新价值观的具体内容应该是什么？关于这些问题，虽然有一些零星的叙述，但还很不系统。这一状况同样也适用于关于环境史学术价值的有关论述。

三　相关理论问题

美国环境史学者就如何推动环境史的发展也进行了摸索和探讨，涉及的问题主要包括：环境史的理论分析模式，对国外环境史学的借鉴，环境史与生态学、环境保护主义之间的联系，环境史的未来发展方向等。

环境史在美国兴起以来，对它的理论探讨就没有停止过。《环境评论》于 1987 年推出了一期关于环境史学理论的专刊。芭芭拉·莱布哈特（Barbara Leibhardt）依次介绍了韦布、克罗斯比、克罗农、约翰·珀金斯（John Perkins）和亚瑟·麦克沃伊（Arthur McEvoy）等学者分析人与自然关系的一些理论模式①。蒂莫西·魏斯克（Timothy Weiskel）提出，扩张主义总会导致生态环境的急剧单一化，西方的发展以非西方的不发展为前提。由于自然资源是有限的，西方式的发展道路不可能在世界推广。② 伊丽莎白·伯德（Elizabeth Bird）认为，环境问题是一种社会历史建构，因此，不能把环境问题简单地看作是自然问题，要了解环境问题的历史，就需要从社会文化观念和政治经济结构方面进行分析。③

环境史在兴起的过程中，较多地借鉴了地理学的一些成果，地域、空间分析成为环境史研究的重要工具。沃斯特、克罗农、怀特等许多学者都倾向于认为，应该选择一个具体的地方着手环境史研究。在《地方：对生物区域

---

① Barbara Leibhardt, "Interpretations and Causal Analysis: Theories in Environmental History", *Environmental Review*, Vol. 12, No. 1 (Spring 1988), pp. 23 – 36.

② Timothy C. Weiskel, "Agents of Empire: Steps toward an Ecology of Imperialism", *Environmental Review*, Vol. 11, No. 4 (Winter, 1987), pp. 275 – 288.

③ Elizabeth Ann R. Bird, "The Social Construction of Nature: Theoretical Approaches to the History of Environmental Problems", *Environmental Review*, Vol. 11, No. 4 (Winter, 1987), pp. 255 – 264.

史的讨论》① 一文中，唐·弗洛里斯（Dan Flores）认为，环境史学者最重要的任务之一，是撰写生物区域史，生物区域史"强调生态（locale）和人类文化之间的紧密联系，要求采用自然的而非政治的边界，研究一个地方地质、地貌、气候和生态等方面的历史，承认自然的混乱无序以及持续不断的文化适应问题"②。

保罗·萨特（Paul Sutter）在《反思：美国环境史学者能从国外环境史研究中学习什么?》一文中认为，同注重探讨资本主义与自然关系的美国环境史学相比，印度、非洲的环境史学者则强调殖民主义与当地环境之间的关系，他们尤其重视国家的作用；由于历史文献相对缺乏，他们较多地借助于科学、考古、语言的方法；一些欧洲环境史著作把人视为有助于自然"稳定的、而非破坏的力量"，这些都值得美国同行思考和借鉴。与此同时，美国学者还应该开展对环境史的国际比较研究。

环境史与生态学、环保运动之间的关系，是困扰环境史发展的一个问题。尽管环境史能够从环保运动中汲取养分，但也为环保运动所困扰。一些学者已经指出了环境史与环境保护主义之间的紧张关系。奥佩在《环境史：困境与机遇》③ 一文中提出，受生态学的影响，环境史学者大多相信"存在着人与自然之间的普遍和谐"，以此为参照，现实社会则极其糟糕，"强烈的道德诉求像无法摆脱的幽灵"；由于生态学关注的是种群而不是个体，环境史学者往往也把人当一个整体来处理。环境史学者必须熟悉生态科学，但还是"要以人文科学为起点"。

在《生态学中的有序及混沌思潮》④ 一文中，沃斯特概述了 80 年代以来生态学研究的一些新思想，并将其与此前的生态学思想作了对比。在 20 世纪 80 年代以前，"生态学基本是研究平衡、和谐与秩序的科学，而今天，

① Dan Flores, "Place：An Argument for Bioregional History", *Environmental History Review*, Vol. 18, No. 4（Winter 1994），pp. 1 – 17.

② Paul Sutter, "Reflections：What Can U. S. Environmental Historians Learn from Non – U. S. Environmental Historiography?", *Environmental History*, Vol. 8, No. 1（Jan. 2003），pp. 109 – 129.

③ John Opie, "Environmental History：Pitfalls and Opportunities", in Kendall E. Bailes, ed., *Environmental History：Critical Issues in Environmental History*, pp. 22 – 35.

④ Donald Worster, "The Ecology of Order and Chaos", in Char Miller and Hal Rothman, eds., *Out of the Woods：Essays in Environmental History*, University of Pittsburgh Press, 1997, pp. 3 – 17.

生态学则成了研究混乱、无序与混沌的科学"。之所以会出现这种变化，是
因为提出混沌理论的科学家大多是在生态系统科学的某个分支领域接受训
练，对生态系统缺乏整体的理解。这种变化也反映了不同时期学者心态的变
化，60 年代的学者有政治参与的热情，而 80 年代都滑向了雅皮士的虚无主
义。另外，混沌理论含有鼓吹社会达尔文主义、反对国家干预的政治意图。
尽管如此，混沌理论让我们能更充分地意识到自然的复杂性，从而"发现尊
重自然的更多理由"。

　　在《克丽奥的新温室》① 中，彼得·科茨（Peter Coates）叙述了环境史
在美国和欧洲的发展状况。作者指出，环境史学者往往对前资本主义社会及
自然环境浪漫化和理想化，以 1492 年作为欧洲以外地区环境变化的开端，
以此说明资本主义对自然的滥用。但自我平衡、稳定的生态系统往往只在理
论上存在，而不存在于现实生活之中。而后现代的生态观则使环境史学者无
所适从。此外，环境史还需要加强与社会史之间的联系，对城市环境史给予
更多的重视。

　　《历史与理论》2003 年第 4 期是关于"环境与历史"的专刊②，这组文
章重在强调自然与文化之间不能分割的联系，反对将自然与文化对立起来，
认为没有独立于自然的文化，也没有独立于文化的自然。以下对这组文章分
别介绍。

　　约翰·麦克尼尔的文章《环境史研究现状与回顾》提纲挈领地概述了
环境史的发展，包括它的起源，它与其他临近学科之间的关系，它在全球的
发展情况。作者认为，环境史在历史学领域已占据一席之地，其前景光明。
作者对环境史中的一个基本理论前提——自然与环境的二元划分，进行了

---

① 　Peter Coates，"Clio's New Greenhouse"，*History Today*，Vol. 8，No. 2（August 1996），pp. 15 – 22.

② 　Brian Fay，"Environmental History：Nature at Work"；J. R. McNeill，"Observations on the Nature and Culture of Environmental History"；Olena V. Smyntyna，"The Environmental Approach to Prehistoric Studies：Concepts and Theories"；Kristin Asdal，"The Problematic Nature of Nature：The Post – constructivist Challenge to Environmental History"；Ellen Stroud，"Does Nature Always Matter？Following Dirt through History"；Theodore R. Schatzki，"Nature and Technology in History"；Matthew W. Klingle，"Spaces of Consumption in Environmental History"；Aaron Sachs，"The Ultimate 'Other'：Post – Colonialism and Alexander von Humboldt's Ecological Relationship with Nature"，*History and Theory：Studies in the Philosophy of History*，Vol. 42，No. 4（Dec. 2003），pp. 1 – 135.

批评。

在《史前史研究中的环境分析：概念和理论》一文中，奥莱娜·斯迈恩泰纳梳理了学界用以分析狩猎—采集社会中人类活动的一些模式。在 20 世纪 70 年代以前，地理因素的作用往往被过分强调；自 70 年代开始，引入了"适应"、"张力"和"调节"等概念进行分析，该模式强调人的生物性，而忽视了人的社会性。作者建议使用能够反映人的社会属性的"生活空间"（living space）这一概念。

在《后结构主义对环境史研究的挑战》一文中，克里斯廷·阿斯达尔提出，在后结构主义者看来，自然和自然科学都属于文化建构，而环境史学者却对此缺乏认识。另外，在结构主义看来，任何要素只有与结构中的其他要素发生联系时，才有意义，因此，环境史学对自然与文化的二元划分并不合理。

埃伦·斯特劳德在《自然总是很重要吗?》一文中认为，从整体上看，环境史在美国学术中仍然处于边缘地位，它还缺少一种足以促使史学转向的分析框架，还不能将环境分析方法类比为分析社会关系的阶级、种族和性别分析方法。

西奥多·舍茨基在《历史中的自然和技术》一文中提出，大多数历史著述都假定自然独立于社会与历史之外。但事实并非如此，自然是社会的一部分，社会与自然共存，人类历史因此是自然—社会史。技术作为中介，将人类与自然连接起来。

在《环境史视野下的消费空间》一文中，马修·克林勒（Matthew Klingle）指出，许多消费品都不是在生产地消费，而是跨空间消费。仅从物质方面，或仅从文化方面分析消费对物质世界和自然界的影响，均存在不足。研究消费的空间环境史，可以揭示生产与消费、文化与自然之间的关系，从而可以超越和打破地区、民族国家的固定边界。

《后殖民主义与洪堡对自然的态度》是一篇翻案文章。阿龙·萨克斯不同意后殖民主义的观点，即欧美的精英往往对发展中国家的人民和自然资源采取欺压和剥削的态度。作者通过分析洪堡的著作，说明上述观点并不正确，从而为洪堡正名。

休斯在《环境史的三个维度》① 一文中则提出，环境史研究中要重视自然与文化、历史与科学、时间与空间这三组关系的研究。这三组关系分别侧重于环境史的主题、方法和范围，各自都可视为一个统一体，环境史研究要在构成这个统一体的两极之间找到平衡。

四　环境史学发展概况

关于环境史学的兴起及发展状况，可以参考怀特、克罗斯比、哈尔·罗斯曼、斯图尔特等人的文章，这些为数不多的文章散见于《太平洋历史评论》、《美国历史杂志》、《环境史》、《历史教师》等杂志。

克罗斯比追溯了美国环境史的由来②。作者指出，长期以来，美国历史学者缺乏生态视角，对人为的生态变迁和环境破坏缺乏兴趣，这与他们过于狭隘的专业训练、生态学的稚嫩和工业狂飙突进时代人们的自大心理有关。美国环境史的源头可以追溯到西部史，20 世纪上半叶考古学、生态学、地理学和法国年鉴学派的发展也有助于它的产生。第二次世界大战后环保运动促进了环境史这一学科在美国的诞生。

怀特的文章③回顾和总结了 1972—1985 年美国环境史研究的发展，介绍了这一领域的主要成果。怀特认为，马林可以被称作环境史之父。真正的环境史研究始于海斯和纳什，最初只是从政治或思想的角度研究自然资源及荒野保护。除了研究领域比较狭窄外，许多研究都着眼于对美国社会进行批判，而不是要理解人与自然之间的互动关系。这种情况到沃斯特那里才有所改变，"沃斯特的著作标志着历史学家重新开始真正研究社会与环境变化之间的关系"。怀特还指出，研究近代以来不同区域和地方的环境问题，不能不考虑欧洲生物入侵和资本主义的全球扩张这两个宏大背景。应该采用跨学

①　J. Donald Hughes, "The Three Dimensions of Environmental History", *Environment and History*, Vol. 14, No. 3 (August 2008), pp. 319 – 330. 该文已由梅雪芹译为中文，参见［美］休斯《环境史的三个维度》，梅雪芹译，《学术研究》2009 年第 6 期。

②　Alfred Crosby, "The Past and Present of Environmental History", *The American Historical Review*, Vol. 100, No. 4 (Oct., 1995), pp. 1177 – 1189.

③　Richard White, "American Environmental History: The Development of a New Historical Field", *Pacific Historical Review*, Vol. 54, No. 3 (Aug. 1985), pp. 297 – 335.

科研究的手段对过去的生态加以重建。环境史既要反对西部史的环境决定论，又不能只研究人类对自然的破坏性影响及代价。它的未来出路在于研究自然和社会的相互变动关系。

《太平洋历史评论》2001年第1期围绕"环境史：回顾与展望"发表过一组知名环境史学者的文章①，对环境史自1985年以来的发展状况进行评价，对环境史的未来发展方向进行展望。塞缪尔·海斯在《趋向整合的环境史研究》中指出了环境史要研究人口增长和消费模式的环境影响。环境史学者既要研究人口增加及其利用环境的方式，又要研究人类活动引起的环境变化。在海斯看来，城市是人口和消费的主要场所，对环境影响最为明显，城市已经成为环境史中一个新的研究热点。查尔·米勒（Char Miller）在《开放的领域》中提到，环境史研究中的一些传记作品常常简单地将人物分为正反两种角色，需要研究这些人物如何影响，又如何受制于环境。弗拉明·诺伍德（Vera Norwood）的《面向21世纪的环境史：混乱的景观，令人不安的过程》是对2000年夏天森林火灾的反思，认为它削弱了将文化与荒野对立的知识传统，将使混沌生态学被更多学者接受了，同时应该加强分析环境问题的种族、阶级、性别因素。唐纳德·休斯则在《环境史的国际维度》中对过去20年间的国际环境史著作进行了概述。理查德·怀特在《见证一个历史领域的成熟》一文中分析20世纪80年代以来环境史研究的传承与创新，认为：自然和社会的界限变得越来越模糊不清，克莱门茨的顶级演替理论逐渐为环境史学者所抛弃；环境史学也不再是悲观史学，它与环境保护主义在逐渐拉开距离。

哈尔·罗思曼（Hal Rothman）在任《环境史》主编期间（1992—2002），苦心孤诣，以刊物为平台，引领了环境史的学术发展方向。他的文章《十年编辑生涯》②，回顾了20世纪90年代以来美国环境史不断突破环

① David A. Johnson, "Forum Environmental History, Retrospect and Prospect"; Samuel P. Hays, "Toward Integration in Environmental History"; Char Miller, "An Open Field"; Vera Norwood, "Disturbed Landscape /Disturbing Processes: Environmental History for the Twenty – first Century"; J. Donald Hughes, "Global Dimensions of Environmental History"; Richard White, "Environmental History: Watching a Historical Field Mature", *Pacific Historical Review*, Vol. 70, No. 1 (February 2001), pp. 55 – 111.

② Hal Rothman, "A Decade in the Saddle: Confessions of a Recalcitrant Editor", *Environmental History*, Vol. 7, No. 1 (Jan. 2002), pp. 9 – 21.

境保护主义的重重束缚而向前发展的学术轨迹。环境史学者越来越关注城市，带动了城市环境史的振兴与环境史研究的文化转向，环境史不再是环境保护主义的历史。

　　罗思曼在《环境史和美国研究》① 一文中简要追溯了美国环境史学的发展。他以 20 世纪 90 年代为界，把环境史分为前后两个阶段，在前一个阶段流行的和谐稳定的自然观念，到 90 年代已经分崩离析，90 年代以后的环境史学引入了社会史的分析框架，更注重分析与综合。该文还谈到了环境史与西部史、文化史的关系。

　　斯图尔特通过《环境史：一个方兴未艾的领域》② 一文，简要介绍了环境史在美国的发展状况："80 年代以前是资源保护和环保运动的政治和思想史"，以及以克罗斯比为代表的瘟疫疾病史。20 世纪 80 年代以来，环境史研究领域被不断拓宽，显得日趋成熟。自 90 年代中期以来，环境史研究的问题主要包括：自然、文化、荒野的含义；环境正义；环境政治；地区生态史；全球环境史。

　　菲力普・泰里（Philip Terrie）、邓肯・贾米森（Duncan R. Jamieson）梳理了 20 世纪 90 年代以前美国环境史领域的主要成果。泰里在《环境史近来的作品》③ 一文中，对环境史作品分门别类进行了专题介绍，这些专题包括：土著与印第安人、美国文化研究、传记研究、资源保护与政策、森林史、国家公园、水、能源。贾米森的文章《美国环境史》④ 介绍了有关环境史的重要书目，这些书目包括通论、环境保护主义的哲学根源、区域研究、水、国家公园、人物传记、环境灾难、能源等方面的著作。总的来看，这两篇文章的信息量都非常有限。

　　彼得・科茨是一位研究美国环境史的英国学者。他在一篇概述美洲环境史发

　　① Hal Rothman, "Conceptualizing the Real: Environmental History and American Studies", *American Quarterly*, Vol. 54, No. 3 (Sep. 2002).

　　② Mart A. Stewart, "Environmental History: Profile of a Developing Field", *The History Teacher*, Vol. 31, No. 3 (May 1998).

　　③ Philip Terrie, "Recent Work in Environmental History", *American Studies International*, Vol. 27, No. 2 (Oct., 1989).

　　④ Duncan R. Jamieson, "American Environmental History", *Choice*, Vol. 32, No. 1 (Sep., 1994), pp. 49 – 60.

展的文章中①，重点梳理了 1995—2004 年间美国环境史研究的一些变化：自然与环境的边界日益模糊；环境保护主义对环境史的影响削弱；城市渐渐受到关注；环境史和社会史的融合日益明显。他虽然没有提到"文化转向"，但敏锐而准确地把握了美国环境史研究的一些新趋势。

萨拉·菲利普斯（Sarah T. Phillips）梳理了有关美国不同历史时期的一些重要环境史著作。② 由于环境史的成果难以计数，她不求面面俱到，而侧重于环境史以外领域的研究人员通常会感兴趣的四类专题著作。"征服与商品"专题介绍了环境史学界有关殖民征服和掠夺的研究；"环境与世俗"专题则探讨了有关资本主义扩张及其影响的一些环境史作品；"权力的性质与自然的权力"则分析了体现环境史文化转向的力作；"阳光下的新事物"则叙述了有关美国环保运动的一些作品。

斯图尔特指出，美国环境史总体上起源于西部史，重视边疆和荒野研究，常常体现出美国的独特之处。而美国南部环境史则体现了一种不同的发展方向：将自然视为人类生产和生活的场所，强调种族关系及不同阶层与土地的联系。南部环境史因而与美国以外地区的环境史研究有更多的近似之处。③

《环境史》2005 年第 1 期推出了以"环境史前沿"为主题的一组笔谈文章。编辑罗姆（Adam Rome）在约稿时要求作者放开思路，只要围绕这一主题写作即可。29 位作者畅谈了环境史的未来发展方向。从主题来看，多位作者提到要研究生产消费活动与环境之间的联系，要追踪"环境足迹"和"生态足迹"，要关注海洋环境史，要探讨太空环境史乃至纳米技术。从时空尺度来看，一些学者提到要开展长时段的研究，要开展全球环境史研究。还有学者提到要开展跨学科研究，将人与生物的协同进化作为环境史的重要研究内容。还有学者建议环境史要保持历史学的本色，加强和社会史的融

---

① Peter Coates, "Emerging from the Wilderness (or, from Redwoods to Bananas): Recent Environmental History in the United States and the Rest of the Americas", *Environment and History*, Vol. 10, No. 2 (May 2004).

② Sarah T. Phillips, "Environmental History", in Eric Foner and Lisa McGirr, eds., *American History Now*, Temple University Press, 2011.

③ Mart A. Stewart, "If John Muir Had Been an Agrarian: American Environmental History West and South", *Environment and History*, Vol. 11, No. 1 (February 2005).

合等。

《美国历史杂志》于 2013 年 6 月编发了一组环境史的文章。[①] 这组文章一共 8 篇，7 位学者就 1990 年以来的美国环境史研究进行讨论，并主要围绕保罗·萨特的综述文章展开。萨特在《我们身边的世界：美国环境史现状》一文中，从政府的环境管理、农业环境史、疾病与健康、人工环境四个方面梳理了该领域的一些重要成果。在他看来，近 20 多年，自然和文化的分野在美国环境史研究中日益模糊，所有的环境都成了混合景观。混合景观研究的兴盛，导致了相对主义的价值判断在环境史研究中的蔓延。随后的几篇文章则是对该文的评论和萨特的回应。戴维·伊格莱尔（David Igler）指出，要重视全球环境史和前现代环境史的研究成果。毛赫（Christof Mauch）指出，同欧洲同行相比，美国学者更强调环境破坏和混合景观，要用普遍联系的观点和比较的方法开展环境史研究。米特曼（Gregg Mitman）认为，环境史要更重视社会分层研究和科技史研究。林达·纳什（Linda Nash）认为，科技史和帝国史应该受到更多关注，进一步推动对混合景观的研究，推动环境史与史学其他领域的融合。海伦·罗兹瓦多夫（Helen M. Rozwadowski）强调海洋环境史研究的重要性，而布龙·泰勒（Bron Taylor）指出，环境史不能没有道德判断。萨特在回应中指出，环境史学者要对人类陷入的困境进行解释，并总结经验教训。

近年来，有关海洋环境史的研究逐渐增多，海洋史逐渐成为一大研究热点。早在 1986 年，麦克沃伊（Arthur McEvoy）就出版了《渔民问题》[②]，该书是有关海洋环境史的第一本重要著作，曾在 1989 年荣获首届环境史年度最佳图书奖。泰勒于 1999 年出版的《鲑鱼生产》[③] 是关于海洋

---

① Paul S. Sutter, "The World with Us: The State of American Environmental History"; David Igler, "On Vital Areas, Categories, and New Opportunities"; Christof Mauch, "Which World Is with Us? A Tocquevillian View on American Environmental History"; Gregg Mitman, "Living in a Material World"; Linda Nash, "Furthering the Environmental Turn"; Helen M Rozwadowski, "The Promise of Ocean History for Environmental History"; Bron Taylor, " 'It's Not All about Us' : Reflections on the State of American Environmental History"; Paul S. Sutter, "Nature Is History", *The Journal of American History*, Vol. 100, No. 1 (June, 2013), pp. 94 – 148.

② Arthur McEvoy, *The Fisherman's Problem: Ecology and Law in the California Fisheries*, Cambridge University Press, 1986.

③ Joseph Taylor III, *Making Salmon: An Environmental History of the Northwest Fisheries Crisis*, Seattle: University of Washington Press, 1999.

环境史的另外一本著作。进入新世纪以来，海洋环境史受到了更多的关注，《环境史》所刊登的这方面的文章明显增多。2005 年《环境史》刊登的那组关于"环境史前沿"的笔谈文章中，索卢瑞和斯蒂特两位作者都提到了海洋史，斯蒂特在以"地表另外的 70%"为题的那篇文章里，呼吁重视海洋史研究，并对他所参与的海洋动物数量变化史这一跨学科合作项目进行了介绍。① 博尔斯特在 2006 年刊登的《海洋环境史的机遇》②一文中分析了海洋环境史的重要性，梳理了近 30 年来该领域的一些开创性成果以及可以利用的丰富资料，并据此指出，海洋可能会成为环境史研究的新领域。2013 年，《环境史》推出了"海洋环境史"专题，刊登的文章多达十篇。③ 这组文章的撰稿人具有环境史、科学史、建筑史、生态学等多种专业背景，而且涉及挪威、中东等美国以外的国家和地区，体现了海洋环境史跨学科、跨国别地区的特点。这组文章也可以反映出海洋环境史研究在进入新世纪以后所取得的巨大进步。同 2000 年前后相比，海洋环境史不再拘泥于以往关于科学与人文如何融合的争论，而是倡导要大力推动这种融合。与此同时，多篇文章都涉及人们对海洋的认知、影响这种认知的深层次的社会文化因素以及这种认知的社会影响，表明了"文化转向"在这一领域的渗透和影响。这组文章的发表，从某种程度上表明环境史学界对海洋的重视。这种重视也可从《美国环境史研究指南》这本工具书中

---

① John Soluri, "History's Freaks of Nature"; Lance Sittert, "The Other Seven Tenths", in Special Issue "What's Next for Environmental History?", *Environmental History*, Vol. 10, No. 1 (Jan. 2005), pp. 30 – 109.

② W. Jeffrey Bolster, "Opportunities in Marine Environmental History", *Environmental History*, Vol. 11, No. 3 (July, 2006), pp. 567 – 597.

③ Michael Chiarappa and Matthew McKenzie, "New Directions in Marine Environmental History: An Introduction"; Michael J. Chiarappa, "Dockside Landings and Threshold Spaces: Reckoning Architecture's Place in Marine Environmental History"; Brian Payne, "Local Economic Stewards: The Historiography of the Fishermen's Role in Resource Conservation"; Victoria Penziner Hightower, "Pearls and the Southern Persian/Arabian Gulf: A Lesson in Sustainability"; Joseph E. Taylor III, "Knowing the Black Box: Methodological Challenges in Marine Environmental History"; Loren McClenachan, "Recreation and the 'Right to Fish' Movement: Anglers and Ecological Degradation in the Florida Keys"; Jennifer Hubbard, "Mediating the North Atlantic Environment: Fisheries Biologists, Technology, and Marine Spaces"; Vera Schwach, "The Sea Around Norway: Science, Resource Management, and Environmental Concerns, 1860 – 1970"; Christine Keiner, "How Scientific Does Marine Environmental History Need to Be?"; Poul Holm, et al, "HMAP Response to the Marine Forum", *Environmental History*, Vol. 18, No. 1 (Jan. 2013), pp. 3 – 126.

将"海洋"单列一章体现出来，该章简要梳理了海洋环境史在美国的发展及"文化转向"在这个次分支领域的体现。①

近20年来，尤其是进入21世纪以来，为满足教学和科研需要，美国学者出版了多部美国环境史研究的参考书。麦茜特主编过数本美国环境史的参考书。她于1993年出版了《美国环境史中的主要问题：文献及论文》。该书摘编了美国历史上有关人与自然关系的诸多原始文献及环境史学者的一些重要论文。该书基本上是资料汇编，按时期、分地区进行编排。麦茜特于2002年又推出了《环境史：哥伦比亚指南》，该书是一部关于美国环境史研究的入门指导读物，全书分为4个部分：美国环境通史、专业术语简编、大事年表、电子资源导航及书目。该书的修订版于2007年以"美国环境史导论"为题出版。②

路易斯·沃伦（Louis S. Warren）主编的《美国环境史》③在编排上匠心独具，该书以时间和专题为序，通过编排一些重要文章和一手资料，力图展示自殖民地时期以来一直到当前的美国人与自然之间的相处，并将环境变迁、环境观念和环境政治置于中心位置，力图将环境史和社会史熔于一炉。该书是布莱克维尔美国社会与文化史读本（reader）系列中的一种，被广泛用作美国环境史的教材。

休斯于2006年出版的《什么是环境史》④一书是环境史研究的重要入门书。休斯是环境史学科的创始人之一，在欧美环境史研究方面成就卓著，于1983—1985年间曾经担任过《环境评论》的主编，他还参加了美国环境史学会所组织的历届年会，并同世界多国的知名环境史学者保持着密切联系。这些经历为休斯撰写环境史研究的入门书提供了一种独

---

① Helen M. Rozwadowski, "Oceans: Fusing the History of Science and Technology with Environmental History", in Douglas Cazaux Sackman, ed., *A Companion to American Environmental History*, Malden, A : Wiley - Blackwell, 2010, pp. 442 - 461.

② Carolyn Merchant, *Major Problems in American Environmental History: Documents and Essays*, Lexington, MA: D. C. Heath, 1993; Carolyn Merchant, *The Columbia Guide to American Environmental History*, New York : Columbia University Press, 2002; Carolyn Merchant, *American Environmental History : An Introduction*, New York : Columbia University Press, 2007.

③ Louis S. Warren, ed., *American Environmental History*, Malden, MA : Blackwell Pub., 2003.

④ J. Donald Hughes, *What Is Environmental History*, Cambridge, UK ; Malden, MA : Polity, 2006. 该书中译本《什么是环境史》于2008年由北京大学出版社出版，译者是梅雪芹。

特的视角。该书概述了环境史在全球多个国家和地区的发展，并揭示了环境史研究中的一些理论问题和趋势。该书的优点是面面俱到，但过于简略。

凯瑟琳·布罗斯南（Kathleen Brosnan）主编的《美国环境史百科全书》①（4 卷本）是一本环境史研究的重要参考书。编委会由沃斯特、兰斯顿、福莱德（Susan Flader）等 28 位知名专家组成，350 多位专家参与编撰。该书以 8 篇综述文章打头，涉及"什么是环境史"、"美国历史上的自然观念"、"奴隶制与环境"、"工业化与环境"、"城市生态学"、"性别环境史"、"能源与环境"、"自然与国家"等环境史研究中的一些重大理论问题。紧随其后的 775 个条目构成全书的主要内容，每个条目都附有延伸阅读书目，部分条目还补充了关于该条目的一些文献资料。该书还包括大事记、书目、索引等。

道格拉斯·萨科曼主编的《美国环境史研究指南》②（2010）是近年来问世的环境史的权威工具书。该书分为五大部分。第一部分"环境史的元素"分专题对空气、土壤、火、水等自然因素进行了分析。第二部分"自然与社会认同的建构"则分别叙述了种族、性别、阶级在环境史研究中的运用与体现。第三部分"美国文化中的自然"主要论述了不同时期人们的自然观念。第四部分"界面：美国人与自然的接触"则分别论述了环境史研究中的动植物、水利、矿业、森林、农业、海洋、城镇、能源和交通、商品和食物等。第五部分"网络之外：地方、边境和尺度"主要论及环境史研究中的时间与空间维度。

五　国内研究简介

国内史学界对西方环境史和环境史学的引进与介绍，是与侯文蕙、包茂红和梅雪芹三位学者的努力直接联系在一起的。

侯文蕙是国内美国环境史领域的开拓者。从 20 世纪 80 年代开始，她就

---

① Kathleen Brosnan, ed., *Encyclopedia of American Environmental History*, New York: Facts On File, 2010.
② Douglas Cazaux Sackman, ed., *A Companion to American Environmental History*, pp. xvi – xvii.

一直致力于美国环境史研究。《美国环境观的演变》（1987）一文与《征服的挽歌——美国环境意识的变迁》一书（1995 年），都开风气之先，是国内美国环境史领域的最早成果。她还撰文分析了 90 年代以来美国环保运动的新动向。在环境史学理论方面，她对与环境史有密切关系的美国新西部史学、环境史研究的生态学意识、《尘暴》在美国环境史学史中的地位，都进行过研究。同时，她还翻译过《沙乡年鉴》、《封闭的循环》、《自然的经济体系》、《尘暴》、《荒野与美国思想》等绿色经典和环境史经典著作，她在译介方面的贡献和影响甚至超过了她的那些研究成果。①

　　包茂红在系统梳理全球范围内的环境史研究方面效力尤多，其成果集中体现于《环境史学的起源和发展》② 一书。该书探讨了环境史的兴起及其在世界多个国家和地区的发展，并通过对环境史领域多位权威学者的深入访谈，力图展现世界环境史学史的完整图景。该书由 22 章组成，其中直接涉及美国的有 4 章。上编的第一章即为"美国环境史研究"，该章探讨了美国环境史的兴起和发展，对 1990 年以来美国环境史研究的成果和趋势进行了初步的归纳和总结。下篇的前三章分别为对沃斯特、梅洛西和约翰·麦克尼尔三位美国学者的访谈和评论，突出了这些学者对推动环境史研究所做的贡献。该书对全面了解环境史在国外的发展有重要的参考价值。

　　梅雪芹多年来一直在努力推动中国环境史学科体系的建设和发展。她在环境史领域的主要成果是《环境史学与环境问题》、《环境史研究叙论》③ 两部文集。《环境史学与环境问题》一书除考察西方主要国家的环境问题外，

---

　　①　《征服的挽歌——美国环境意识的变迁》，东方出版社 1995 年版；《美国环境观的演变》，《美国研究》1987 年第 3 期；《特纳边疆论题的历史地位》，《世界史研究动态》1991 年第 10 期；《评美国"新西部史学"》，《世界历史》1994 年第 4 期；《20 世纪 90 年代美国的环境保护运动和环境保护主义》，《世界历史》2000 年第 6 期；《环境史和环境史研究的生态学意识》，《世界历史》2004 年第 3 期；《〈尘暴〉及其对环境史研究的贡献》，《史学月刊》2004 年第 3 期；《雨雪霏霏看杨柳》，《读书》2001 年第 6 期；《荒野无言》，《读书》2008 年第 11 期。她的译著主要包括：［美］奥尔多·利奥波德：《沙乡年鉴》，吉林人民出版社 1997 年版；［美］巴里·康芒纳：《封闭的循环——自然、人和技术》，吉林人民出版社 1997 年版；［美］唐纳德·沃斯特：《自然的经济体系：生态思想史》，商务印书馆 1999 年版；［美］唐纳德·沃斯特：《尘暴：1930 年代美国南部大平原》，生活·读书·新知三联书店 2003 年版。

　　②　包茂红：《环境史学的起源和发展》，北京大学出版社 2012 年版。

　　③　梅雪芹：《环境史学与环境问题》，人民出版社 2004 年版；梅雪芹：《环境史研究叙论》，中国环境科学出版社 2011 年版。

还细致探讨了环境史学的兴起和发展、定义与对象、资料与方法以及中国环境史研究和学科建设等问题。而《环境史研究绪论》一书则对环境史研究的学术特征、根本宗旨、指导思想、研究方法等诸多问题进行了深入的理论探讨。该书多处涉及美国环境史研究，并专辟一章论述了美国著名环境史学家休斯的学术成就。梅雪芹还翻译了休斯所著的《什么是环境史》① 这一美国环境史研究的入门书。

除以上三位学者之外，在外国环境史学的引进和介绍方面，还有一些零星的成果②，这里只择其要者简单介绍。首先应该提到的是台湾学者曾华璧的《论环境史研究的源起、意义与迷思：以美国的论著为例之探讨》一文③，该文简要介绍了环境史的定义，国外学者对环境史研究层面的分类，环境史的兴起背景和贡献。在她看来，美国的环境史研究可分为三个发展阶段：萌芽期（1960 年以前）；确立期（1960—1986 年）；理论建构期（1987 年至今）。它面临的挑战是来自跨学科研究的难度及其与现实环境政治之间的联系，城市环境史、环境种族主义、生物区域主义将是环境史未来的发展方向。高岱的《美国环境史研究综述》一文④概述了美国环境史，尤其是环保运动史的研究状况，介绍了美国学者就北美环境变化的缘由、水资源、荒野与国家公园等问题上的一些争论，以及美国学者关于推动环境史研究进一步深入的认识。

环境史学理论及其方法不是空中楼阁，可以通过具体的研究成果体现出来。所以，简单介绍国内对环境史著作的译介并非多余。除了侯文蕙的有关译著外，还应该提及的作品包括：克罗斯比的《生态扩张主义》、纳什的

---

① ［美］J. 唐纳德·休斯：《什么是环境史》，梅雪芹译，北京大学出版社 2008 年版。

② 张聪：《美国环境史研究问题》，《世界史研究动态》1992 年第 1 期；景爱：《环境史：定义、内容与方法》，《史学月刊》2004 年第 3 期；夏明方：《中国灾害史研究的非人文化倾向》，《史学月刊》2004 年第 3 期；石楠：《关于环境史分层研究的构想》，《史学月刊》2004 年第 3 期；刘向阳：《环境政治史理论初探》，《学术研究》2006 年第 9 期；刘向阳：《环境、权力与政治——论塞缪尔·黑斯的环境政治史思想》，《郑州大学学报》（哲学社会科学版）2010 年第 3 期；毛达：《城市环境史研究发展过程中的重要学术现象探析》，《世界历史》2011 年第 3 期；滕海键：《美国环境政治史研究的兴起和发展》，《史学理论研究》2011 年第 3 期；付成双：《从征服自然到保护荒野：环境史视野下的美国现代化》，《历史研究》2013 年第 3 期；侯深：《没有边界的城市：从美国城市史到城市环境史》，《中国人民大学学报》2013 年第 3 期。

③ 曾华璧：《论环境史研究的源起、意义与迷思：以美国的论著为例之探讨》，《台大历史学报》第 23 期，1999 年 6 月。

④ 高岱：《美国环境史研究综述》，《世界史研究动态》1990 年第 8 期。

《大自然的权力》、卡洛琳·麦茜特的《自然之死》、帕金斯的《地缘政治与绿色革命——小麦、基因与冷战》、戴蒙德的《枪炮、病菌与钢铁：人类社会的命运》、奥康纳的《自然的理由——生态学马克思主义研究》、庞廷的《绿色世界史：环境与伟大文明的衰落》、拉德卡的《自然与权力：世界环境史》等。① 这些著作多是著名环境史学家的名作，都不失为了解环境史的有益参考。

　　总之，从有关美国环境史学的国内外研究状况来看，环境史学理论都还未受到应有的重视，这方面的研究还亟待加强。仅就美国而言，虽然环境史方面的著作洋洋大观，而关于这门学科本身的理论探讨则明显滞后，迄今为止，系统的研究专著屈指可数。就已有的成果来看，对环境史学理论的许多方面虽然都已经有所涉及，但除了沃斯特等少数学者，这方面还多属零敲碎打的努力。环境史理论研究的滞后，在说明环境史是一门新兴学科的同时，也是环境史未能成为史学主流的原因之一。今后，美国环境史研究的推进，很重要的一个方面就是要大力加强理论和方法的探讨，将实证分析的成果升华到理论的高度。国内的环境史学科建设，同样也应该重视这一问题。

---

① ［美］克罗斯比：《生态扩张主义》，许友民、许学征译，辽宁教育出版社2001年版；［美］纳什：《大自然的权力》，杨通进译，青岛出版社1999年版；［美］卡洛琳·麦茜特：《自然之死》，吴国盛等译，吉林人民出版社1999年版；［美］帕金斯：《地缘政治与绿色革命——小麦、基因与冷战》，王兆飞、郭晓兵等译，华夏出版社2001年版；［美］戴蒙德：《枪炮、病菌与钢铁：人类社会的命运》，谢延光译，上海译文出版社2000年版；［美］奥康纳：《自然的理由：生态学马克思主义研究》，唐正东、臧佩洪译，南京大学出版社2002年版；［英］庞廷：《绿色世界史：环境与伟大文明的衰落》，王毅、张学广译，上海人民出版社2002年版；［德］拉德卡：《自然与权力：世界环境史》，王国豫、付天海译，河北大学出版社2004年版；［美］克罗斯比：《哥伦布大交换：1492年以后的生物影响和文化冲击》，中国环境科学出版社2010年版；［美］威廉·麦克尼尔：《瘟疫与人》，余新忠、毕会成译，中国环境科学出版社2010年版；［美］威廉·克罗农：《土地的变迁：新英格兰的印第安人、殖民者和生态》，鲁奇、赵欣华译，中国环境科学出版社2010年版；［美］亚当·罗姆：《乡村里的推土机——郊区住宅开发与美国环保主义的兴起》，高国荣、孙群郎、耿晓明译，中国环境科学出版社2010年版；［美］ J. R. 麦克尼尔：《阳光下的新事物：20世纪世界环境史》，韩莉、韩晓雯译，商务印书馆出版2013年版。

第二章

什么是环境史

　　环境史于 20 世纪六七十年代在美国率先兴起，着重探讨自然在人类生活中的地位和作用，研究历史上人类社会与自然环境之间的互动关系。目前，环境史在美国史学界已经产生了很大的影响，并受到世界其他地区学者的广泛关注。但迄今为止，关于环境史学的学理性阐释，即便在美国，成果也非常有限。

　　由于环境史是一门方兴未艾的、正处于发展中的、开放的新学科，美国学者对环境史的界定也各不相同（此处可参考第一章第一节有关环境史界定的部分内容）。美国环境史学会提出："环境史研究历史上人类与自然之间的关系，它力求理解自然如何为人类行动提供选择和设置障碍，人们如何改变他们所栖息的生态系统，以及关于非人类世界的不同文化观念如何深刻地塑造信念、价值观、经济、政治以及文化，它属于跨学科研究，从历史学、地理学、人类学、自然科学和其他许多学科汲取洞见。"①

　　一般说来，美国学者是以研究对象来界定环境史的，对环境史以历史上人与自然之间的关系为研究对象，他们基本能够形成共识。但在笔者看来，对环境史的上述界定既不能把环境史同其他相关的学科——人文地理学、环境考古学、文化人类学区别开来，因为这些学科同样也以历史上人与自然的关系为研究对象；也不能涵盖环境史丰富的研究内容，而把以自然生态环境为中介的各种社会关系排除在外了。笔者以为，环境史是在战后环保运动推动之下在美国率先出现、以生态学为理论基础、着力探讨历史上人类社会与

---

　　① "The American Society for Environmental History, Mark Your Calendar", http://ncph.org/PDFS/ASEH/pdf.

自然环境之间的相互关系以及以自然为中介的社会关系的、具有鲜明批判色彩的新学科。

一　兴起背景

　　环境史受到了第二次世界大战后环保运动的直接推动，于 20 世纪六七十年代在美国率先兴起。

　　环境史之所以直到战后才开始出现，是因为战后兴起的现代环保运动的推动。而就现代环保运动而言，又以美国环保运动最有声势。这是由于：第二次世界大战结束以后，美国一跃而为资本主义世界中最强大、最富有的国家，其生活水平远远超出了其他国家。① 在这种情况下，提升生活品质就成为公众的追求，环境质量的好坏也日益受到人们的关注。可是，自战后以来，美国的环境污染事件却层出不穷。在世界范围内，美国高科技最为发达，高科技滥用所导致的新污染——放射性尘埃污染、杀虫剂污染——的严重后果在美国表现得最为典型。另外，美国自然环境变化的激烈程度和破坏程度，也远远超出了欧洲。在白人到来以前，美洲土著印第安人尚处于原始部落阶段，他们对美洲大陆自然景观的改变也非常有限，但在白人到达以后的几个世纪之内，这里的景观已经发生了天翻地覆的变化。西进运动促成了美国的崛起，但也造成了自然资源的严重浪费和破坏，这些都促成了资源保护与自然保护运动在美国的兴起。

　　可以这样说，没有现代环保运动，就不会有环境史。环境史是现代环保运动推动下产生的一个新的史学分支。如果理解和把握住这一点，我们就可以明确，关于人地关系的记载和研究虽然由来已久，但这些记载和研究并非是作者出于对环境问题的关切，它们与现代环保运动也毫无联系，所以不能牵强附会地把它们也归入环境史的范畴。还应看到，在环保运动的冲击和影响下，许多传统学科都开始关注和研究环境问题，从而出现了诸如环境史学、环境伦理学、环境社会学、环境法学、生态文学、环境经济学等一批新学科，这些学科都立足于自身的优势，从本学科的角度探讨人与自然关系的

---

　　① 有关数据可参考［美］卡普洛《美国社会发展趋势》，刘绪贻等译，商务印书馆1997年版。

不同层面。

二   理论基础

环境史是一门以生态学为理论基础的学科。之所以如此，是因为生态学本身就是一门探讨生物与环境之间关系的科学。生态学一词最早是由德国动物学家厄恩斯特·赫克尔（E. Haeckel）于 1866 年提出的，从词源学的角度来看，Ecology（生态学）是由希腊文 Oikos 派生出来的，而 Oikos 的意思是"家"，所以生态学本身就包含"地球是我们的家"① 这一含义。

到 20 世纪六七十年代之前，生态学这一学科在发展过程中至少经历了以下三种变化：其一，研究范围从最初局限于动物与植物的关系扩展到包括人与环境的关系，这在第二次世界大战后尤其明显，并衍生出人类生态学这一分支学科。生态学研究逐渐从以生物为主体发展到以人类为主体，从主要研究自然生态系统发展到研究人类生态系统。人类生态学成为生态学中最活跃的一个分支学科，从某种意义上说，它代表着生态学在当代发展的一个新趋势。其二，生物群落的发展演替逐渐成为生态学研究的中心内容②，在自然状态下，其发展演替不断趋向和谐有序。由此就可以引申，环境问题缘于人对自然的过分干扰，人往往是自然的破坏者。这一提法使生态学自身有着一种反文明的倾向。③ 其三，生态学还朝计量化和伦理化的方向发展。林德曼的"百分之十规律"（生态系统在相邻的两级之间的能量转换率只有10%）和奥德姆对生态系统的划分（生产者、消费者和分解者），都体现了生态学开始从定性分析向定量分析转化。根据生态系统金字塔，人处于食物链的顶端，其数量必须保持适度；另外，人靠大自然供养，所以人类应该善待自然。生态学伦理化突出表现为利奥波德于 1949 年提出的土地伦理，土地伦理简而言之，就是"要把人类在共同体中以征服者的面目出现的角色，

---

① ［美］霍尔姆斯·罗尔斯顿：《哲学走向荒野》，刘耳、叶平译，吉林人民出版社 2000 年版，第26 页。

② ［美］唐纳德·沃斯特：《自然的经济体系：生态思想史》，侯文蕙译，商务印书馆 1999 年版，第 248 页。

③ 同上书，第 292 页。

变成这个共同体中的平等的一员和公民。它暗含着对每个成员的尊敬，也包括对这个共同体本身的尊敬"①。利奥波德认为，地球上的每一种生物，都有生存的权利，而人类有责任，也有义务来保护地球上的生物。另外，生态系统的复杂性也说明，人类对生态系统的干扰，最终都会对人类产生直接或间接的影响。

　　生态学的这些观念，恰恰正是环保运动、环境史学要着力弘扬的。生态学能够成为环境史学的基础，一方面是由于它可以为环境史学所倡导的一些理论主张提供自然科学的依据，另一方面是由于生态学研究为衡量人为环境变化提供了参照标准。一般而言，生态学主要研究不以人类为主体的各种不同的生态系统——诸如森林生态系统、草原生态系统、湖泊生态系统——在自然条件（无人状态）下的演化状况。这些不同的生态系统恰恰就构成了环境史学研究对象之一极——相对于人而言的自然环境。通过对自然（理想）条件下和有人类因素参与条件下的同一地区的环境演化进行对比，就可以大致了解该地区在某一时段之内的人为环境变迁。在此基础上，就可以从各层面分析人为因素对环境变迁的影响。大致也可以说，对环境史学而言，它研究的是历史上各个特定的、不同时空条件下的人类生态系统，其中人是主体，相对于人而言，自然就构成人类生态系统中的环境。

　　环境史学既然以生态学为理论基础，它就必然受到生态思想变迁的影响。这其中最明显的莫过于关于自然的观念变化，"比如在保罗·西尔斯（Paul Sears）的时代，生态学基本上是研究自然的平衡、和谐、有序的科学"，顶级演替理论为那一时期多数环境史学者所信奉，生物群落、生态平衡、生态破坏等名词就经常出现在环境史著作中。而"当前，生态学变成了研究混乱、无序和混沌的科学"，自然又被认为是混乱无序的，完全丧失发展方向的，无法预测的，生态破坏被生态变迁、混沌等名词取而代之。② 理解和把握环境史以生态学为理论基础这一特点，我们就可以把环境史学同法国年鉴学派、美国西部史学区别开来。

---

　　① ［美］奥尔多·利奥波德：《沙乡年鉴》，侯文蕙译，吉林人民出版社1997年版，第194页。

　　② Donald Worster, "The Ecology of Order and Chaos", in Char Miller and Hal Rothman, eds., *Out of the Woods: Essays in Environmental History*, University of Pittsburgh Press, 1997, p. 5.

三　研究对象

环境史学研究历史上人与自然之间的互动关系以及以自然为中介的社会关系。事实上，人与自然的关系是众多学科——比如人文地理学、文化人类学、人类生态学、环境伦理学——的研究对象。这些交叉学科的出现，本身就体现了人与自然的关系在当前已经日益受到世人的重视。人与自然本来是一个整体，但自近代以来，人（社会）与自然被各学科人为地割裂开来，这就容易导致对人与自然关系的片面错误认识，误以为人外在于自然，人的生产社会活动可以不受自然的限制。人与自然的有机统一关系，社会与自然本身的内在复杂性，都要求打破画地为牢的学科藩篱，对人与自然关系的跨学科研究就正好体现了这一要求和趋势。在环境问题成为世人关注的热点之后，许多传统的学科都从本学科的角度出发，在立足于本学科的基础上研究环境问题，从而出现了一些新的学科分支。

环境史学所研究的人，是参与社会实践的人，因而能够体现一个时代的政治、经济、文化等多方面的特点。恰如马克思所言，人的本质是人在实践过程中表现出来的"一切社会关系的总和"[①]，人的本质是其社会性。但环境史学在强调人的社会性的同时，并不忽视人的生物性，人的生物性体现出人是自然的产物，人必须在一定的自然环境中生活。人同时兼具社会性与生物性，而不可能将二者剥离，因而应该尽量协调人的两重属性。对人的社会性的塑造，也只有在顺应人的本性时才能获得比较理想的结果。美国著名环境史学家克罗斯比有一句名言：人首先是一个生物性的实体，然后才是一位罗马天主教徒、资本家，或其他社会身份。[②] 在他的研究中，饮食结构、人口消长、疾病都是重要内容。

在环境史学中，人依然是主体，自然相对于人而言则构成人类环境。人类环境"是指环绕于我们周围的各种自然因素的综合，是指人类赖以生存、

---

① 《马克思恩格斯选集》第一卷，人民出版社1995年版，第56页。
② ［美］克罗斯比：《哥伦布大交换——1492年以后的生物影响和文化冲击》，郑明萱译，中国环境科学出版社2010年版，"初版作者序"。

从事生产和生活的外界条件"。人类环境由自然环境和人工环境两部分组成。
所谓自然环境，"是指由地球表层的大气圈、岩石圈、水圈和生物圈所组成
的相互渗透、相互制约和相互作用的庞大、独特、复杂的物质体系"。所谓
人工环境，"从人类生态学角度讲，主要是指聚落环境，它以人群聚集和活
动作为环境的主要特征和标志。这种环境是以人工因素占优势的、人类有目
的有计划创造出来的生存环境，是人类利用自然、改造自然环境以及更加良
好的生存环境的产物和基地"①。根据自然受人类影响的程度，人类环境也
可以大致分为三种，即荒野、农村和城市。荒野受人类影响相对最小，最接
近自然状态；城市受人类影响最大，离自然状态最远；而农村则居于二者之
间。不论荒野、农村和城市，都可以视为一个完整的生态系统。美国著名环
境史学家乔尔·塔尔（Joel Tarr）就说过，"正如生物的新陈代谢离不开阳
光、能源、营养物质、水、空气，在城市生活也需要清洁的空气、水、食
物、燃料和物质才能维持生存。这些物质中的一部分最初可能来自城市自身
的某个地区，但随着时间的流逝，随着城市扩展它的生态足迹，它们越来越
多地取自不断扩大的城市的内地"②。在塔尔和梅洛西等学者的倡导下，城
市环境越来越受到环境史学者的重视。

　　一般来说，对环境的人为干扰越多，环境问题就越严重。就荒野、农村
和城市而言，我们可以肯定地说，城市的生态系统最脆弱、最容易导致环境
问题。城市的自然资源非常有限，但城市是人口高度集中的地方。城市化使
人口流、物质流、能量流、信息流在一定的"时间和空间范围内迅速集结。
人类为了求生存、求发展、求生活的舒适，必然加大活动强度和频率，从而
盲目加快开发利用环境资源，同时对资源的利用又不充分，造成高投入、低
产出、高消耗、低效率的现象；缺乏自然生态系统那种循环再生的结构功能
关系。这样，给城市生态环境造成了沉重压力，使人与其周围环境之间的生
态关系失调，破坏了原有的生态平衡，出现了全球性的城市膨胀、交通拥
挤、资源短缺、住房紧张、就业困难、环境污染、居住条件恶劣等城市生态

---

①　夏伟生：《人类生态学初探》，甘肃人民出版社 1984 年版，第 15、17 页。
②　Joel A. Tarr，"The Metabolism of the Industrial City：The Case of Pittsburgh"，*Journal of Urban History*，Vol. 28，No. 5（July 2002），p. 511.

危机"①。城市化的发展趋势和城市环境问题的严重性，使城市成为环境史学家不能不研究的重要问题。

诚如许多历史学家所言，环境史研究历史上人与自然之间的互动关系。这种互动关系自人类文明产生以来就一直存在。在人类文明诞生之初，自然起初是作为一种完全异己的、有无限威力的和不可制服的力量与人类对立的，人类文明的发展，在一定程度上就是人类对自然的依附地位的不满、反抗和修正。但自然的运行有其自身的规律，因而在自然环境的客观属性和人类的主观要求之间，在自然环境的客观发展过程和人类有目的的活动过程之间，不可避免地存在着矛盾。有矛盾就有斗争，人类文明正是在同自然的斗争中发生、发展起来的，而在这一过程中，自然始终影响着人类文明的发展。人类与自然之间的互动关系始终存在，一方面，人类在自身的发展中不断征服自然，不断改造周围的地理环境，另一方面，自然环境始终影响和制约着人类对自然的征服和改造过程。

人与自然相互作用的桥梁就是人类的生产活动。通过自己的生产活动，人类不断地改变着周围的地理环境，在自然身上打下文明的烙印。同时，自然环境又通过它对生产活动的影响制约着人类社会的发展，对社会的发展进程起着加速或延缓的作用。随着文明的发展，人类在自然面前越来越自由，但这种自由是以人类的行为符合自然规律为前提的。人类永远不可能对自然为所欲为，当他们试图打破自然法则时，通常只会加剧对自身赖以生存的自然环境的破坏。而一旦环境迅速恶化，又会直接殃及人类自身，这已为中外历史所反复证明。

近代以来，人类文明的发展可谓日新月异，但恰恰从 20 世纪中期开始，在取得对自然的史无前例的优势和成就之时，人类整体却遭遇了前所未有的严峻的生存困境。环境史学就是对这一过程和局面进行反思，多数环境史著作讲述的是哥伦布环球航行以来近 500 年的故事，所以环境史又被许多学者称为"现代环境史"②。当然，这并不等于环境史学者就不研究公元 1500 年

---

① 本书编委会：《21 世纪议程——环境保护与综合治理》，科学技术文献出版社 2000 年版，第 821 页。

② Donald Worster, ed., *The Ends of the Earth: Perspectives on Modern Environmental History*, p. vii；曾华璧：《论环境史研究的源起、意义与迷思：以美国的论著为例之探讨》，《台大历史学报》第 23 期，1999 年 6 月，第 412 页。

之前的人与自然之间的互动关系。

除研究历史上人与自然之间的互动关系外，环境史还研究以自然为中介的各种社会关系。环境史固然是以生态学为基础，以人与自然的关系为研究对象，但环境史所研究的是具有不同社会文化特征的集团和个人，而不是像生态学、生物学一样把人当作一个整体。环境史研究人类在开发和改造自然过程中所形成的各种社会关系，研究历史上特定时空条件下不同种族、不同性别和不同阶级开发利用自然资源的不同方式和对待自然的不同态度，研究生态危机——表面上看是自然的生态系统出现结构与功能的紊乱——背后错综复杂的社会关系。在自然资源开发方面，有人成为受益者，有人成为受害者。在生态危机背后，往往隐藏着错综复杂的社会矛盾和社会冲突，人与自然的矛盾实际上又成为人与人之间的矛盾。有学者指出，"地球的危机不是自然的危机，而是社会的危机。环境破坏的主要原因不是生物的，或是个人选择的结果。它们是社会的、历史的，扎根于生产关系、技术推动和人口趋势。总之，由于危机的社会根源，解决办法必须包括社会关系的转变，形成人与社会之间的协调关系"[1]。环境史学注重研究环境问题的社会因素。城市环境史、环境与种族、环境与女性等问题日益受到环境史学者的重视，阶级分析、种族分析和性别分析都成为环境史学的重要研究方法。

总之，环境史不仅研究历史上人与自然之间的互动关系，它还研究以自然为中介的各种社会关系。对于这一点，我们不妨以瘟疫史的研究来加以说明。从 20 世纪 70 年代以来，瘟疫史就一直是环境史研究的重要内容。瘟疫史并不着重研究瘟疫的医学临床表现、药物的成分及性状和疾病的医学治疗，它主要研究瘟疫对人类社会的影响和人类对瘟疫的控制，还研究以瘟疫为中介的各种社会关系。在笔者看来，2003 年在我国肆虐的"非典"日后有可能成为中国环境史研究的一个典型案例。而将来的环境史学家在研究"非典"时，当然会谈及"非典"的发病机理、传播途径、典型症状，但这肯定不是重点，他着重研究的问题至少可以包括："非典"对北京等疫区市民、对政府威信、对中国社会经济产生了哪些影响？中国政府采取了哪些措

---

① John B. Foster, *The Vulnerable Planet: A Short Economic History of the Environment*, Monthly Review Press, 1999, p. 12.

施来防治"非典"？如果对"非典"的研究仅仅到此为止，那么这种研究无疑是比较简单的。但如果我们进一步研究以"非典"为中介的多种社会关系，比如在"非典"问题上，为什么部分政府官员瞒报感染人数，他们的行为造成了哪些社会后果？普通公众、医疗单位、不同政府部门、世界卫生组织对这些不负责任的政府行为各有什么反应？哪些人群、哪些阶层、哪些行业最容易受到"非典"威胁和伤害？在防治"非典"方面，社会各界进行了哪些卓有成效的合作？是否出现了一些不和谐音符？社会各界对政府管制的加强有何反应？为什么"非典"能够在短期内得到控制？"非典"对政府工作、对第三产业部门、对普通公众的生态观念提出了哪些警示和启示？对这些问题的追问，将大大深化对"非典"的研究。

四 价值取向

环境史属于新史学的一种，但和经济史、社会史、妇女史和族裔史等新史学的其他分支相比，它的批判色彩和教育警示功能或许更加突出。其所以如此，首先与环境恶化的严峻现实有密切关系。自人类文明诞生以来，在人类生产活动的影响下，自然生态系统的协调平衡关系经历了一次又一次的破坏与重建。随着人类生产力水平的提高，人对自然的干预越来越多，越来越强，人与自然的关系由相对和谐逐渐走向紧张对抗。正如汤因比所言，现在，人类已经成为"生物圈中的第一个有能力摧毁生物圈的物种。摧毁生物圈，也就消灭了他自己"[1]，"如果人类仍不一致采取有力行动，紧急制止贪婪短视的行为对生物圈造成的污染和掠夺，就会在不远的将来造成这种自杀性后果"[2]。

其次，环境史学的批判色彩和教育警示功能与环保运动的主张也是一脉相承的。就美国而言，诸多环境史学家，比如纳什、唐·弗洛里斯、苏珊·福莱德、马丁·梅洛西、塞缪尔·海斯都是环保运动的直接参加者，他们在从事环境史研究时，会不同程度地受到环境保护主义的影响。

---

[1] ［英］阿诺德·汤因比：《人类与大地母亲》，徐波等译，上海人民出版社1992年版，第21页。
[2] 同上书，第10页。

在笔者看来，发达国家环保运动的指导思想，已经从 20 世纪 70 年代的生态中心主义转向 90 年代以来的人本主义，从强调对荒野自然的保护转向强调不同社会阶层平等享有免受环境侵害的权利，保护弱势人群的环境权益。

尽管如此，环保运动始终在倡导不同于现行主导价值观的绿色价值观。绿色价值观荟萃了环保人士的诸多观点，并形成了关于自然、关于人、关于科技、关于生产和经济、关于政治的一整套比较系统的看法。就自然观而言，它认为人是自然的一部分；人必须尊重和保护自然；人必须服从自然规律。就人类而言，绿色世界观认为，人天生就是具有合作性的；社会等级是非自然的、不合理的和可避免的；生活的精神质量比物质拥有更重要；感情、直觉和其他形式的知识至少同样重要。就技术而言，提倡绿色世界观，解决环境问题，不能仅仅依靠科技；技术是仆人而不是主人；应该采用整体主义的思考方式，综合解决环境问题。就生产和经济而言，绿色世界观强调，应该生产社会需要的产品和服务，而不论它们是否有利可图；如果经济的发展带来社会和环境危害，它就没有效率；不加区分的、不能持续的经济增长并不可取；经济规划的时间应该是长期的（几百年）而不是短期的（5—10 年）；国家和地区间的贸易关系应该减少，最终使各地区和社区能够自给和自我支撑。就政治而言，提倡绿色世界观，全球思考，地方行动，地方社区是最重要的政治单位；解决环境问题的唯一出路，是社会、经济和政治的全方位变革，必须废除工业生活方式；专家可以献计献策，但不应该掌握过分的权威和权力；主张直接民主。[①]绿色价值观或多或少被环境史学者接受，因此，毫不奇怪，许多环境史著作具有鲜明的批判现实的特点。

环境史鲜明的批判性，可以从 20 世纪 90 年代以前的环境史著作中得到充分反映。克罗斯比的《生态扩张主义》、克罗农的《土地的变迁》、沃斯特的《尘暴》和《帝国之河》、麦茜特的《自然之死》、怀特的《依附的根源》描述的都是资本主义发展扩张所导致的生态灾难和社会悲剧。这些著作震撼人心，充分发挥了环境史深刻的教育警示功能。第二次世界大战后环境

---

① David Pepper, *Modern Environmentalism: An Introduction*, London and New York: Routledge, 1997, pp. 10 – 11.

问题层出不穷，但多数民众对自身的困境还缺乏清醒的认识，这一状况让人不寒而栗。在这种社会背景下问世的许多环境史著作，字里行间都渗透着环境史学者对未来的重重忧虑和对现状的深刻反思。正是环境史学者的社会责任感使 90 年代以前的美国环境史著作具有明显的道德与伦理诉求，在警示背后充盈着对世人的殷切期望和对人类出路的漫漫求索。如果理解了这一点，我们即便在阅读以生态悲剧为主题的环境史著作时，在忧叹之外，是不是会有更多救亡图存的危机感与紧迫感呢？既然是我们使地球满目疮痍，我们对拯救家园理应责无旁贷。在忏悔之外，我们要振奋人心，赶紧行动，对社会进行全方位的变革，开辟一条人与自然相互和谐、人与人相互和谐的发展道路。

但同时应该指出的是，环境史批判现实的特点在 20 世纪 90 年代以后有所弱化。其所以如此，首先与现实社会政治的变化有直接关系。从社会现实来看，美国甚至整个西方社会的环境问题，尤其是空气污染和水污染在经过 20 多年的治理后已经初见成效，环境质量较 20 世纪五六十年代污染的集中爆发期，已经得到明显改善。正是在这种情况下，西方发达国家的经济政策乃至环保政策普遍从自由主义转向保守主义，这方面最典型的表现就是里根在美国执政和撒切尔夫人在英国上台。从政治方面来看，随着环保运动发展，环保观念逐渐深入人心，环保政策或多或少地被采纳和执行，与此同时，环保运动的一些激进主张逐渐被抛弃了。从国际形势来看，在 20 世纪 90 年代前后，社会主义运动遭遇了重大挫折，两种社会制度的较量暂时告一段落。在这种胜败似乎已成定局的情况下，发达国家沾沾自喜，对资本主义的批判力度也明显弱化。

其次，它与环境史学的理论基础——生态学本身发生变化也有关系。在 20 世纪 90 年代以前，由克莱门茨提出的顶级理论模式处于主导优势，这种模式认为自然的发展演替不断趋于和谐有序。既然如此，环境危机就应该归咎于人类及其文明。而在 90 年代以后，生态混沌理论、盖娅理论、共生理论等新的生态学思潮流行开来，它们强调自然的混乱与无序。依照这种观念，人类及其文明不必对环境问题负担全部责任。生态学思想的这种转变，使以之为基础的环境史学的批判锋芒在 90 年代以后明显弱化。

最后，环境史学批判特色的弱化，20 世纪与 90 年代以来环境史与社会史的融合也有直接联系。社会史不同于传统政治外交史的一个方面，就是要抛弃精英史观，关注并书写占社会多数的普通民众的历史。社会史和环境史的融合，在一定程度上得益于 80 年代兴起的环境正义运动所创造的有利契机。环境正义运动"以环境种族主义和环境阶级主义为理论前提，认为环境灾害对少数民族社区、贫困人口的不利影响要严重得多"，反对环境保护中的种族和阶级歧视，争取环境保护方面的平等权利，因此环境正义运动又被称为"20 世纪 90 年代的民权运动"①。环境史和社会史的合流，在赋予环境史更多人文关怀的同时，削弱了环境史中生态中心主义的倾向；另外，环境史的社会史化，使之更加丰富多彩，更容易被主流史学接纳和吸收。

在某种程度上，环境史批判现实的特点，正是其生命和活力所在。在全球生态环境呈现局部好转、整体恶化的严峻形势面前，人类要想转危为安，就必须改变观念，不再以自然的主宰自居，而应该敬畏自然，守护家园。同时，要改变不合理的政治、经济和社会结构，推动各种社会关系不断趋于公正和谐。推动上述转变，应该成为社会各界不懈的追求。从这个意义上说，环境史的道德伦理诉求，环境史的现实批判锋芒，在环境危机面前还是非常必要的。② 在 2003 年美国环境史学会年会上，沃斯特做了题为《环境史中的变化》的发言，对当前美国环境史研究缺少现实批判精神提出批评，沃斯特的主张尽管被有的学者认为是不合时宜，但同时也愈发显示其难能可贵。

总之，环境史是在第二次世界大战后环境危机、现代环保运动推动下在美国首先产生的历史学的一个新分支，它以生态学为理论基础，从历史的角度审视人与自然的关系和以自然为中介的人与人之间的关系，它对现实的批判、对文明的反思都旨在为人类摆脱生态困境探寻出路。环境史的出现及其特点，说明了历史学总是随时代发展而不断更新嬗变，唯其如此，历史学才能生生不息，历久弥新，常写常新。

---

① James P. Lester, David W. Allan, Kelly M. Hill, *Environmental Injustice in the United States: Myths and Realities*, Boulder, Colo.: Westview Press, 2001, p. 1.
② ［美］唐纳德·沃斯特：《环境史中的变化——评威廉·克罗农的〈土地的变迁〉》，侯深译，《世界历史》2006 年第 3 期。

第一部分

兴 起 背 景

第三章

美国现代环保运动的兴起及其影响

环境问题成为一个令世人忧虑和关切的问题，是在 20 世纪五六十年代之后。虽然环境问题自古有之，在过去也长期存在，但它毕竟是局部的、区域性的问题。而到 60 年代中期，"环境退化几乎在所有工业化国家都成为一个新的、尖锐的社会问题"①。环境恶化使人类陷入困境，使人类的生存与发展受到了前所未有的威胁，"今天对环境的过分行为使我们的子孙后代必须居住的环境每况愈下。在全球范围内，一代人把负面的遗产留给他们的子孙后代，这恐怕还是第一次"②。

正是在生态危机的严峻现实面前，欧美等发达工业国家在第二次世界大战后相继兴起了现代环保运动，其中以美国环保运动的声势最为浩大。美国现代环保运动是 19 世纪以来资源保护运动和荒野保护运动的发展。本章拟对美国现代环保运动的发展情况、兴起背景及其影响进行初步分析。

一　资源保护运动

美国环保运动的历史可以追溯到 19 世纪末、20 世纪初的资源保护运动。资源保护运动的出现，与美国现代化过程中严重的生态破坏是直接联系在一起的。

美国是一个自然条件得天独厚的国家，丰富的自然资源是美国能够崛起

---

① ［加］O. P. 德怀维迪：《政治科学与环境问题》，王爵鸾译，《国际社会科学杂志》第 4 卷，1987 年第 3 期，第 49 页。

② ［英］麦克迈克尔：《危险的地球》，罗蕾、王晓红译，江苏人民出版社 2000 年版，第 4 页。

的一个重要因素。但也应该看到，在商业、矿业、牧业和农业依次将美国的西部开发向前推进的过程中，自然资源遭到了惊人的浪费和破坏。马什于1864 年出版的《人与自然》对人为环境问题的严重性进行了大量记载。

17 世纪初，当第一批白人移民到达北美之际，那里还是丛林密布的荒野，这可以从布雷德福的《普利茅斯开发记》中得到反映。到独立战争前夕，阿巴拉契亚山以东的森林，已经被大量砍伐。到 19 世纪中叶，密苏里河以东的广大地区，森林几乎被砍伐殆尽。

在内战以前，商人的足迹就已经遍布美国内地，他们主要从事毛皮贸易，猎取、收购和贩卖动物毛皮。毛皮贸易兴盛了很长一段时间，后来因为河狸等动物被过度捕杀，数量锐减而衰落。

19 世纪五六十年代，在美国加州、内华达、科罗拉多、蒙大拿等地相继发现金矿、银矿和铜矿，吸引了许多移民前来开采。由于采矿技术落后，许多矿区变成了废墟。矿物冶炼及矿渣对空气、水源和土地造成了程度不一的污染和破坏。

19 世纪 60 年代以后，农业开始向密苏里河以西推进，在野牛被大量消灭以后，飞速发展的畜牧业使西部草场严重退化。19 世纪 80 年代以后，在西部又开始了大规模的毁草垦荒运动，草地的大面积消失加剧了西部的水土侵蚀，并为西部的大片地区在 20 世纪 30 年代成为尘暴重灾区埋下了隐患。

总之，对自然的掠夺式开发贯穿了美国西部开发的始终，在移民西进的过程中，"他们清除了土地上的自然植被……他们差一点砍光了从大西洋畔一直伸展到大平原区的一望无际的硬木森林；他们杀死了绝大多数为捕兽者所遗漏的野生动物；他们还使一度清澈的河流中填满了从被侵蚀的田地上冲刷下来的泥泞。但更严重的是：他们毁坏了土地本身"[1]。这场被标榜为征服大陆的美国西进运动，造成了自然的严重破坏。有学者指出，"19 世纪美国开发利用森林、草原、野生动物和水资源的经历，是有史以来最狂热和最具有破坏性的历史"[2]。

---

[1] [美] 弗·卡特、汤姆·戴尔：《表土与人类文明》，庄崚、鱼姗玲译，中国环境科学出版社 1987 年，第 18 页。

[2] Fairfield Osborn, *Our Plundered Planet*, Boston: Little, Brown and Company, 1948, p. 175.

到 19 世纪末，在美国开拓大陆边疆的任务已基本完成，人们对自然的态度发生了显著变化，人们已经意识到自然和荒野的价值，并认识到保护自然资源的重要性和必要性。1890—1920 年，美国兴起了资源保护及荒野保护运动，它是美国环境保护的第一个高峰。

荒野保护的哲学基础是浪漫主义，其思想可以追溯到亨利·梭罗（1817—1862），其主要代表人物为约翰·缪尔。

梭罗是一个超验主义者，其代表作是《瓦尔登湖》。梭罗相信，"人可以通过认识自然来认识自身"[①]，"自然在人与上帝的沟通中起着重要的中介作用"。自然是有生命的，它本身也是自足的，它不因人的存在而存在。梭罗的思想中含有自然中心论的成分，其主张成为日后荒野保护运动的思想基础。

约翰·缪尔（1838—1914）是继梭罗之后美国最著名的荒野保护主义思想家。他以笔为号角，引导公众学会欣赏自然的美学价值，从而影响并敦促政府建立了一系列自然保护区。他还领导创立了美国第一个自然保护组织——塞拉俱乐部。

在自然保护的实践方面，其成果主要体现在 19 世纪下半叶以来创建的一些国家公园。国家公园大多是一些自然奇观，但国会批准建立国家公园的初衷并"不在于自然保护和荒野保护"[②]，只是因为"它被看成一件值得放到博物馆的古玩，可以供人们观赏"[③]。1872 年建立的黄石国家公园是美国，也是世界上第一个国家公园。此后建立的国家公园还有：阿迪朗达克国家公园（1885）、约塞米蒂国家公园（1890）、红杉国家公园（1890）、雷尼尔山国家公园（1899）、火山口湖国家公园（1902）等。[④]

如果说自然保护运动主要强调自然的审美与精神价值，那么资源保护运动的哲学基础则是理性主义，它从经济的、功利的角度说明合理规划及高效使用自然资源的必要性。吉福特·平肖是自然资源保护主义的主要代表，他的许多主张引起了政府当局的重视和采纳。

[①] 侯文蕙：《征服的挽歌——美国环境意识的变迁》，第 13 页。

[②] 同上书，第 84 页。

[③] 侯文蕙：《美国环境观的演变》，《美国研究》1987 年第 3 期，第 142 页。

[④] 刘绪贻、李世洞：《美国研究词典》，中国社会科学出版社 2002 年版，第 288—289 页。

20 世纪初，自然资源保护运动在美国兴起，保护自然资源开始被提上国家议事日程。西奥多·罗斯福就任总统期间，建立林业局和土地管理局，推行自然资源保护政策，在干旱地区兴修水利，增加国有林地保护面积约 1.5 亿英亩，创立野生动物保护区 51 个。[1] 20 世纪上半叶，林业局和土地管理局一直是资源保护政策的主要执行机构。[2]

1933—1943 年被视为美国资源保护运动的第二个高峰。20 世纪 30 年代，美国出现了严重的经济萧条，自然灾害不断。为摆脱危机，富兰克林·罗斯福总统采取了许多措施，包括颁布资源保护立法，以工代赈，植树种草，兴修水利。其中，成效最为卓著的是对田纳西河流域的综合整治、对美国大平原尘暴重灾区的治理，及在西部兴修的一系列水利水电工程。

20 世纪早期的资源保护运动虽然和现代环保运动有联系，但局限性也相当明显：当时的环境立法，"主要是有关单个问题的以利用为导向的部门性协议和立法"，主要是禁止采猎野生动物、鸟类和鱼类，"其目标主要是对它们的开发进行管理，并维持其经济上的有用性，而不是保护它们本身"[3]。就被纳入保护范围的自然资源而言，生态系统中的物种被人为地进行道德划分，自然资源保护部门甚至将一些食肉动物作为害兽，加以消灭，这就说明在当时人们对物种间相互依赖的生态学规律缺乏基本的认识。从主导的思想观念来看，自然资源仍然被公众认为是取之不尽、用之不竭的，人为的自然破坏司空见惯；资源破坏往往被归咎于技术，而没有将其与社会经济问题联系起来。从主要的资源保护组织的性质来看，它们基本上是有钱人的户外休闲俱乐部，资源保护运动缺乏社会基础，还缺乏大众的参与。

在这一时期，生态学的重大发展主要体现在克莱门茨的顶级演替学说，同时利奥波德提出了"土地伦理学"，从伦理学的角度论证自然保护的必要性，他的《沙乡年鉴》后来成为现代环保运动的"圣经"。

---

① 关于这个问题，可以参考孙港波《西奥多·罗斯福政府自然资源保护政策研究》，博士论文，东北师范大学，1999 年，第 67 页。

② Robert Gottlieb, *Forcing the Spring：The Transformation of the American Environmental Movement*, Washington, D. C.：Island Press, 1993, p. 23.

③ 联合国环境规划署：《全球环境展望 2000》，中国环境科学出版社 2000 年版，第 183 页。

二　现代环保运动

美国现代环保运动是资源和荒野保护运动的继续，除了对早期的自然资源和荒野保护继续给予关注之外，它以生态学为理论武器，强调环境污染对人体健康的危害。

工业污染当然不是第二次世界大战后才出现的新问题，它自工业化开始以来就一直存在，而且不断加剧。从欧美国家的历史来看，工业文明的发展和推进，总是使环境问题日趋严重。首先，工业化是靠大量消耗自然资源而发展起来的，工业化和城市化的发展，使运往工业中心和城市的各种物质成倍增加，导致"提供这些资源的非城市地区环境退化、资源损耗；而城市地区则被这些资源利用后的排泄物——烟尘、垃圾和其他废物所污染"①。其次，工业化带来了生产的大发展，营养状况的改善和医疗事业的进步"导致了在人口增长与财富积累之间"②的正反馈系统。再次，率先实现工业化的国家，把亚非拉等广大地区变成了它们的原料产地和商品的输出市场，这种不平等的殖民体系加剧了世界范围内的自然资源的破坏，是造成不发达国家环境问题的根源之一。另外，工业化和城市化的进程，使农业成为商业生产的一个环节。推动农业发展的那些手段和技术往往对自然资源造成了破坏，其中最严重的莫过于土壤侵蚀，"就世界整体而言，在上一个世纪（19世纪——引者注）之内，人为造成的土壤侵蚀超过了以往任何10个世纪中土壤侵蚀的总量"③。最后，工业革命的成就使人们以为"人类是技术与社会文化环境的独一无二的创造者，具有改变、操纵以及有时超越自然环境限制的能力"④，人类中心主义的观念恶性膨胀，致使环境问题层出不穷。

在美国，工业和城市污染对人体健康的损害当然也不是新鲜事物。但直

---

① 陈静生、蔡运龙、王学军：《人类—环境系统及其可持续性》，商务印书馆2001年版，第122页。

② ［美］查尔斯·哈珀：《环境与社会——环境问题中的人文视野》，肖晨阳等译，天津人民出版社1998年版，第56页。

③ ［美］弗·卡特、汤姆·戴尔：《表土与人类文明》，第156页。

④ ［美］查尔斯·哈珀：《环境与社会——环境问题中的人文视野》，第60页。

到 19 世纪后期，只有少数学者意识到环境污染和人体健康之间的联系。艾丽斯·汉密尔顿在美国最早注意到城市工业环境与人体健康之间存在联系。[①] 她本人是一个医生，注意到伤寒的流行与生活用水不卫生直接相关，注意到化学溶剂、含铅汽油对人体健康的损害。早在 20 世纪 20 年代，她就呼吁重视工人的职业健康与安全。但在那一时期，政府对工业排放基本采取听之任之的态度，因为担心对工厂的限制会损害城市的繁荣，而且工厂也矢口否认工作场所环境与健康之间的关系，将工人的健康问题归因于"不良的卫生习惯"[②]。这就使得城市环境更趋恶化。在美国进步主义运动时期，城市环境问题在《城市之羞》、《屠场》等书中被大量揭露，纽约等城市还开展了城市卫生运动，建立全面的垃圾收集与处理系统。1912 年，联邦政府成立了美国公共卫生管理局。到 20 世纪二三十年代，细菌学说开始在临床医学上用于诊断与治疗疾病，这就为发现疾病与环境之间的联系提供了依据。

　　"二战"之后，环境污染更加严重。此时，美国已经成为一个名副其实的"轮子上的国家"，汽车尾气的排放进一步加剧了空气污染，"空气污染在四五十年代成为最主要的环境问题"[③]。1943 年的洛杉矶光化学烟雾事件、1948 年多诺拉烟雾事件都是震惊世界的公害。石化产品——塑料制品、杀虫剂、燃料和食品添加剂、洗涤剂、溶剂等的广泛使用，带来了新的化学污染。在"用电量以每年 7% —10% 的速度递增"[④] 的情况下，核能发电被认为是提供廉价电力的最理想的选择，但它又导致了核辐射污染。如果说"在战后初期，环境问题主要是烟尘污染，而到了六七十年代，对空气污染的担心已经被化学污染和核污染的恐惧所替代了"[⑤]。

　　美国现代环保运动的兴起，就是从反对核污染和化学（杀虫剂）污染起步的。在这个过程中，生态学家发挥了核心作用。生态学家反对污染的斗争促进了公众生态意识的觉醒。

---

① 　Robert Gottlieb, *Forcing the Spring: The Transformation of the American Environmental Movement*, p. 47.

② 　Ibid., p. 56.

③ 　Ibid., p. 77.

④ 　Ibid., p. 76.

⑤ 　［美］巴里·康芒纳：《与地球和平共处》，王喜六等译，上海译文出版社 2002 年版，第 24 页。

1945 年 6 月，美国在新墨西哥州试爆了第一枚原子弹。原子弹的巨大威力虽然使它的发明者惊喜不已，它的巨大杀伤力也引起了科学家的深切忧虑。原子弹的发明，使人类首次拥有了"一种可能导致地球上很多生命死亡的技术力量"①，但人类是否有足够的理智和能力控制这种技术力量，却很令人怀疑。在许多人看来，"核能象征着科技的被滥用：像神话里的精灵再也放不回魔瓶里"②。原子弹的问世促进了生态学时代的到来。

在冷战的大背景下，大国之间的核军备竞赛使世界安全面临着严重威胁。核能一旦用于战争，甚至可以使地球上的所有文明毁于一旦，所以许多科学家反对发展核武器。1955 年，爱因斯坦和罗素联合多位科学家，发表了《罗素—爱因斯坦宣言》，呼吁禁止核军备竞赛。史怀泽——"敬畏生命"的伦理学的倡导者——通过广播电台，号召人们反对发展核武器，他说：核武器"最可怕的毁灭生命的能力已成为当今人类面临的厄运。只有销毁核武器，我们才能避免这一厄运"③。

核能的和平开发利用也潜藏着巨大风险。利用核能发电并不能做到万无一失，核辐射、核泄漏和核废料处置在技术上都是很棘手的问题，一旦发生事故，对环境会造成很大的破坏。核辐射会导致白血病、不孕不育和各种癌症。因此，以康芒纳为代表的许多学者反对发展核能。

放射性物质的存在及散播是核能开发的主要危险，它可以通过多种途径进入环境。在大气层进行核试验，放射性物质将通过大气环流随雨雪"散布到整个地球上"。而地下核试验、核电站事故和核废料处置不当，将使放射性物质直接污染水源和土壤。进入环境中的放射性物质可以通过食物链在所有生物体内聚集。即便是远在北极的驯鹿和因纽特人，体内均检测到了锶90。而且"试验证明，每一种射线的影响，不论其多少，都携带着某种危险，以遗传的形式或癌症的形式出现；试验也说明，绝对无害的射线影响是

---

① ［美］唐纳德·沃斯特：《自然的经济体系》，第 397 页。
② ［美］米契欧·卡库、詹尼弗·特雷纳编：《人类的困惑——关于核能的辩论》，李晴美译，第 106 页。
③ ［法］阿尔贝特·史怀泽：《敬畏生命》，陈泽环译，上海社会科学院出版社 1992 年版，第 17—18 页。

不存在的"①。

　　核能开发已经使人类的安全直接受到威胁，因此，核问题就已经不是"由专家来决定"的科学问题，"它取决于公众的意见，因此，是一个政治问题，而且是一个道德问题"②。1956 年，在埃德莱·E. 斯蒂文森和戴维·D. 艾森豪威尔竞选美国总统的辩论中，核辐射问题作为一个议题，首次被提出。在反对核能开发方面，康芒纳、奥德姆兄弟不遗余力，他们对核能开发的抨击与辩论，通过各种媒体，进入千家万户，使越来越多的公众站到他们一边，迫使核能开发放慢脚步。1963 年 7 月 25 日，苏联、美国和英国政府在莫斯科签署协定，决定不再在大气层中和水中进行核试验。这是世界各国人民反核反战运动的一个重大成果。

　　反对核污染的斗争在 20 世纪 60 年代初期刚刚趋于平息时，反对杀虫剂污染的斗争又拉开了序幕，正是反对杀虫剂的斗争使生态观念真正深入人心。这就不能不提到卡逊于 1962 年出版的《寂静的春天》及其引起的那场万众瞩目的激烈争论。③

　　在《寂静的春天》出版之前，杀虫剂（农药）因成本低、效果好、使用方便等优点，被人们普遍认为是防治农林有害生物的首选方法，在美国被大规模推广使用，而它的滥用所造成的问题，在当时还没有被美国化工界、农业部、联邦公共健康署、美国食品药物管理局以及绝大多数科学家所注意。

　　在《寂静的春天》一书中，卡逊历数滥用杀虫剂对环境造成的灾难性后果：它不仅污染了人类赖以生存的空气、水和土地，而且通过食物链，有毒物质被从低等生物向高等生物不断传递和富集，使虫鱼鸟兽因中毒而大量死亡，另外它还破坏人的免疫系统，改变人类的遗传物质。卡逊在该书中宣称："现在每个人从未出生的胎儿期直到死亡，都必定要和危险的化学药品接触，这个现象在世界历史上还是第一次出现的。"④

　　卡逊作品的问世石破天惊，声震全国，美国朝野上下围绕杀虫剂滥用展

---

① ［美］巴里·康芒纳：《封闭的循环——自然、人和技术》，吉林人民出版社 1997 年版，第 42 页。
② 同上书，第 42—43 页。
③ 高国荣：《20 世纪 60 年代美国的杀虫剂论战及其影响》，《世界历史》2003 年第 2 期。
④ ［美］蕾切尔·卡逊：《寂静的春天》，吕瑞兰、李长生译，吉林人民出版社 1999 年版，第 12 页。

开了一场大规模的旷日持久的辩论。杀虫剂的滥用，涉及经济、政治，甚至道德问题。杀虫剂导致的食品污染，与每个人的健康都有直接关系。因此，公众不可能不关注这场争论。在长达数年的辩论中，《纽约时报》、《华盛顿邮报》、《时代》、《生活》、《读者文摘》、《今日美国》等全美最有影响的报刊，以及全美收视率最高的哥伦比亚广播公司（CBS）都对这场辩论进行了大量的报道。美国联邦最高法院法官威廉·道格拉斯、美国总统肯尼迪也表示了对这场争论的关注。

在这场辩论中，势力强大的化工界动用各种手段，攻击和诋毁《寂静的春天》及其作者。许多科学家和环保人士挺身而出，捍卫卡逊一书的观点。在公众的推动下，肯尼迪总统授意科学顾问委员会对杀虫剂问题展开调查，并于 1963 年 5 月 15 日公布了政府的杀虫剂调查报告。报告支持了卡逊的观点，对化工界和农业部的大规模喷药计划持批判态度，并建议："联邦有关各部门和机构开始实行公众宣传计划，向大众说明杀虫剂的用途及其毒性。"[①]尽管势单力薄，卡逊及其支持者最终取得了胜利。

核辩论和杀虫剂辩论，触发了美国人的环境危机感，增强了美国人的环保意识，推动了美国现代环保运动的发展。核污染和杀虫剂污染均可通过食物链，直接威胁人类的健康，并导致癌症、胎儿畸形等许多让人不寒而栗的严重问题。这些事实越来越让公众坐立不安，生态系统、生态观念、生态伦理正是在这种情形下深入人心的。

在杀虫剂辩论的前后，保罗·埃利希（Paul Ehrlich）的《人口爆炸》（1968 年）、巴里·康芒纳的《封闭的循环》（1972 年）等书在公众中引起了强烈的反响，并引发了关于环境问题的广泛争议。所有这些活动汇集成一股强大的潮流，使环保意识被弘扬传播，并推动了美国现代环保运动的发展。

1969 年，美国国会通过了《国家环境政策法》；1970 年，联邦政府成立了美国环保局。1970 年 4 月 22 日，美国各地都举行了声势浩大的环境保护示威游行，这一天后来被联合国定为地球日。从此，环境问题成为学校、媒

---

① ［美］小弗兰克·格雷厄姆：《〈寂静的春天〉续篇》，罗进德、薛励廉译，科学技术文献出版社 1988 年版，第 78 页。

体和立法部门经常讨论的热门话题。有关环境问题的报道越来越多地成为《时代》、《财富》、《新闻周刊》、《生活》、《纽约时报》、《华盛顿邮报》等报刊的头版文章或封面要目。"生态学"、"环境代价"、"资源枯竭"、"河流富营养化"①、"环境保护主义"、"环保人士"等词汇很快流行开来。

三　消费社会的形成和社会运动的推动

美国现代环保运动的兴起及其浩大声势，与第二次世界大战后美国消费社会的形成和社会运动的推动有密切关系。

从 1900 年到大约 1980 年，美国一直走在现代化的最前列，在电话、汽车、公路、工农业生产率、电子媒体、高等教育、实际工资、住宅自有率，以及几乎所有其他技术进步与富裕的量度方面，美国都遥遥领先于其他工业国。到"二战"结束时，"美国的生产与消费，大约与世界其余部分加起来一样多"②，所谓"美国世纪"的提法也就是在这一时期出现的。美国的物质生活水平，在全球也是首屈一指的。就人均电话机数而言，1950 年，仅有 5 个国家（瑞典、加拿大、瑞士、澳大利亚和英国）"能达到或超过美国在 1910 年达到的水平"③。普通家庭早在"二战"前就已经拥有了电话、电冰箱等电器设备，而到第二次世界大战之后，汽车已经开始走进千家万户。电视的家庭拥有率，"1950 年在 10% 以下，全部为黑白电视机，1980 年增长到 98%，几乎全部为彩色电视机，大多数家庭还不止 1 台"④。电视丰富了人们的生活，在向公众传播环境资讯方面发挥了重要作用。

战后，美国逐渐向中产阶级社会过渡。人们受教育的机会变得更多了，17 岁人口中，中学毕业生的比例，1930 年为 29%，1965 年则达到了 76%，

---

① Kirkpatrick Sale, *The Green Revolution：The American Environmental Movement，1962 - 1992*，New York：Hill and Wang, 1993, p. 23.

② ［美］卡普洛：《美国社会发展趋势》，商务印书馆 1997 年版，第 38 页。

③ 同上书，第 41 页。

④ 同上书，第 115 页。

18—24 岁人口的大学入学率在 1930 年为 8%，而到 1970 年则为 32%。[①] 与此同时，白领工人同蓝领工人的比率，"从 1960 年的 0.49:1 上升到 1970 年的 0.61:1 和 1986 年的 1.24:1"[②]。白领从少数变成多数，反映了美国社会日益中产阶级化这一事实。

另外，虽然人们的劳动时间"自 1935 年以来一直在每周 38 小时左右摆动，但是全年的劳动时间则逐渐减少"，这也意味着人们有了更多的休闲时间。即便是蓝领工人，"现在也打高尔夫球、滑雪和出席交响音乐会"[③]。在所有的休闲方式中，选择出游的人数遥遥领先，参观国家公园的游客，"在 1960 年为 7900 人次，在 1975 年则达到了 2.39 亿人次"[④]。

随着美国社会的日益中产阶级化，人们对生活质量的要求也在提高，进而要求拥有健康清洁的自然环境。而且，在公众心目中，环境的外延也在扩大，在资源保护运动时期，环境主要是指与多数人生活并不是太密切的荒野，而到第二次世界大战后，环境就包括空气、水质、工作和居住场所的卫生状况、噪声等与日常生活息息相关的所有外部条件。环境观念的转变拓宽了环保运动的社会基础，并预示着环境保护主义时代的到来。

美国环境保护主义的发展，还可以通过有关争论体现出来。在 20 世纪 50 年代初期，《生存之路》和《我们被掠夺的星球》两本著作激起了关于人口、资源和技术的争论，争论集中在是否存在"资源短缺"和"经济的持续增长是否有不可克服的上限"等问题，但争论的双方都认为应该通过市场调节而不是政府干预加以解决。[⑤] 到 20 世纪 60 年代，在资源问题上，"争论焦点已经从资源短缺转移到影响资源充分利用的外部因素，诸如效率低下的工程、水污染、废物排放、废气排放等"[⑥]。污染问题已经引人注目地成为一项主要问题，迫使"政府和公众就要不要无保留地赞成那种盲目追求发展的道德观重新作出评估"[⑦]。

---

① ［美］卡普洛：《美国社会发展趋势》，第 115 页。

② 同上书，第 113 页。

③ 同上书，第 112 页。

④ 同上书，第 113 页。

⑤ Robert Gottlieb, *Forcing the Spring*: *The Transformation of the American Environmental Movement*, p. 38.

⑥ Ibid., p. 40.

⑦ ［加］O. P. 德怀维迪：《政治科学与环境问题》，《国际社会科学杂志》第 4 卷，1987 年第 3 期。

　　尽管如此，环保运动注定要经历许多风雨。这是因为，在美国这个典型的消费社会中，人们优越的物质生活条件是靠消费大量能源而维持的，高消费的生活方式，在美国是得到鼓励的，因为消费能够刺激和驱动经济增长，美国总统尼克松甚至为美国人的高能源消耗而自豪。① 在这个物欲横流的社会里，人们往往以消费数量作为衡量幸福的标准，消费成为身份和地位的象征，攀比、浪费和被人艳羡的满足感等病态的观念左右着人们的消费行为。过度消费成为时尚，个人已经成为商品的俘虏。为图方便省事，人们大量使用一次性产品；许多商品甚至还未用过就被扔掉，这一方面浪费资源，另一方面制造大量垃圾，"在美国，从住宅、工厂和公共场所所收集的固体垃圾，每人每年平均接近一吨"②。过度消费因此成为环境问题的一个重要根源。据统计，"发达国家消费了地球每年自然资源产量的 60% 到 70%"③，"作为一个长远目标，发达国家的资源消耗应该减少 10 倍"④。

　　在 20 世纪六七十年代，各种社会运动在欧美风起云涌。这些运动彼此呼应，促成了美国现代环保运动的浩大声势。

　　就反战运动而言，在冷战的大背景下，美苏两国的军备竞赛，对世界和平与安全构成严重威胁。核武器、生化武器的应用，除了会带来对环境的巨大破坏外，甚至可能使整个文明毁于一旦。这样，环保运动便和反战运动结合起来。在越南战争期间，美国有意把破坏自然环境作为战争手段，在越南南部大面积喷洒落叶剂，使树林枯死面积达到 1800 万亩⑤，使受害地区的人们患上了各种怪病，而那些美国士兵在回国后也饱受各种疫病的折磨。在反对越南战争的示威游行队伍里，就有不少环保人士的身影。

　　就新左派运动而言，该派的主要思想家包括默里·布克钦（Murray Bookchin）、保罗·古德曼（Paul Goodman）和马尔库塞（Herbert Mar-

---

　　① ［美］莱斯特·R. 布朗：《建设一个持续发展的社会》，祝友三译，科学技术文献出版社 1984 年，第 285 页。
　　② 同上书，第 152—153 页。
　　③ ［美］查尔斯·哈珀：《环境与社会——环境问题中的人文视野》，第 208 页。
　　④ 联合国环境规划署：《全球环境展望 2000》，第 10 页。
　　⑤ 中国科学技术情报研究所编：《国外公害概况》，科学出版社 1975 年版，第 47 页。

cuse）。布克钦认为，在工业社会里，工业的需要高于人对清洁空气和水的需要，污染使人们的身心受损，食品添加剂的使用，导致一些新的慢性病和疑难病的出现。古德曼和马尔库塞都对现代科技、美国生活方式进行了尖锐批评，认为现代社会是技术统治社会，一切都趋向雷同和单一，科技带来对人性的摧残和对环境的破坏，"对自然的统治必然导致对人的统治"。新左派运动也反对战争和核军备竞赛，这些主张和环保人士的观点不谋而合。

就反文化运动而言，参与者都是在第二次世界大战后出生的、过惯了养尊处优生活的年轻一代。这批和原子弹几乎同时出生的一代人，尽管物质生活优越，但是他们内心的脆弱、敏感、焦虑也是前所未有的。冷战背景下对自由的钳制、核战争的阴影和被污染了的生活环境，使许多年轻人感到压抑和苦闷，而被奉为"精神导师"的马尔库塞的悲观情绪也使他们彷徨，所以"他们一直过着一种明天世界末日可能就要降临的生活"①。他们对进步、理性提出质疑，因为在现代化过程中，人成为机器的附庸，人与自然的对立也造成人的生存环境恶化，这与人们追求现代化的目标完全是背道而驰的，他们要求打破美国生活方式。所以环保运动可以从反文化运动那里汲取理论养分。

"就民权运动而言，它反对的是种族歧视和贫困。有学者指出，真正的民主不可能存在于一个大多数人挨饿的国度里"，一个国家如果不能为人民提供基本生活保障，它就不能保障"人人都有生存、自由和追求幸福的权利。换句话说，为得到真正的民主，我们必须要有足够的资源来维持一种相当高的生活水平"②。战后，随着人类生存环境的恶化，享有卫生健康的栖息环境，被视为人类的一项基本权利。反对贫困及争取环境权益被联系起来，成为环保运动和民权运动的结合纽带。另外，一些学者还根据权利的主体不断扩大——最先是白人男性，然后是白人女性，之后是少数民族和黑人——这一事实，提出了生态伦理学思想，主张权利也应该为生物与自然界中无生命的物质所享有。

---

① ［美］巴里·康芒纳：《与地球和平共处》，第50页。
② ［美］弗·卡特、汤姆·戴尔：《表土与人类文明》，第18页。

环保运动和女权运动的结合，可以通过生态女性主义①得以体现。生态女性主义认为，妇女和自然的相通性表现在：首先，女性在创造和延续生命方面同自然具有相似性，因此能够更容易同周围的环境保持和谐关系；其次，在历史上，妇女和自然一样长期处于被压迫、被剥削的地位；最后，对自然的压迫和对妇女的压迫，与近代科学革命导致机械世界观取代有机世界观有直接联系。

四　环保运动的影响

20世纪六七十年代的美国环保运动成效卓著，影响深远。

首先，环保运动"提高了整个社会对环境退化的认识"，公众的生态环保意识明显增强。环境问题的严重性，使已经破损的自然这个伊甸园的价值更显得弥足珍贵，这对公众来说是一个很深的触动，激发了人们保护环境的热情。20世纪60年代以后，环保运动不仅关注荒野和自然资源，还关心影响人类健康和生存的一切外部因素，诸如空气质量、水质、职业健康与安全、工业污染、城市污染等，从而大大拓宽了环境的概念；杀虫剂污染和核污染的辩论弘扬与传播了生态思想，即自然是一个有机的整体，人是自然的一部分，人对自然系统的局部干预，往往会引起难以预料的连锁反应；60年代以来，环境保护的指导思想是"所有的物种应该得到可持续的开发或者根本不加以开发，而且它们的生境被保护、扩展或改善"②；1966年以来人类从太空拍摄的"地球"照片，"向人们灌输地球是一个脆弱和统一的生态系统的观念"③，从而使人们更加珍视我们的地球，以免对其造成无法恢复的伤害。另外，既然环境是一个整体，那么环境污染就没有国界，"每个人显然地有两个国家，一个是自己的祖国，另一个就是地球这个行星"④。环

---

① ［美］威廉·坎宁安：《美国环境百科全书》，张坤民主译，湖南科学技术出版社2003年版，第180页。

② 联合国环境规划署：《全球环境展望2000》，第184页。

③ 同上书，第310页。

④ ［美］芭芭拉·沃德、雷内·杜博斯主编：《只有一个地球》，《国外公害丛书》编委会译校，吉林人民出版社1999年版，第10页。

境观念的变化还表现在，以前环境污染被认为是工业化不可避免的代价，但到 60 年代后，"至少已有一批政治家深信不疑，并认为环境问题不仅可以解决，而且一旦解决，确实能获得良好的成本效益"①。

环保运动促成了众多环保组织和机构的建立。其中比较重要的包括 1967 年成立的环境保护基金会和动物保护基金会、1969 年成立的地球之友、1970 年成立的自然资源保护委员会、1971 年成立的绿色和平组织、1974 年成立的环境政策研究所、1975 年成立的世界观察研究所、1980 年成立的地球优先组织等。② 战后环保组织的一个显著特点是专业化，有许多知识分子参与其间，从而使得环保斗争更有成效。

其次，环保运动使环境问题从潜在的、边缘的问题变成了在政治舞台上倍受瞩目的问题，迫使各级政府对这些问题作出反应。核安全和核污染问题在 1956 年的美国总统大选中就已经成为一个不可回避、公开争论的问题，但提出重视这个问题的史蒂文森最终败北，这就反映出环境问题还未引起公众的足够重视。但到 20 世纪 70 年代中后期，环境保护已经成为州长竞选和总统竞选中的一面旗帜，加利福尼亚、科罗拉多、亚利桑那、蒙大拿当选的州长和吉米·卡特总统都支持环保，"他们的上台使环境政治在联邦、州及地方政府中显得势不可挡"③。吉米·卡特在 1977 年指示环境质量委员会和国务院，会同其他联邦机构，共同研究"到本世纪末，世界人口、自然资源和环境可能发生的变化"，以此作为"我们长期规划的基础"④。这就是《公元 2000 年的地球》之由来。

环境保护日益受到政府的重视，也可以从环保机构的设置和环保立法反映出来。1969 年，美国通过了《国家环境政策法》，1970 年成立了国家环保局。此外，还成立了由总统领导的环境质量委员会等专门机构。另外，关于

---

① ［英］戴维·莱因德：《地理信息系统与环境问题》，仕琦译，《国际社会科学杂志》第 9 卷，1992 年第 4 期。

② 关于美国自 1955 年以来成立的主要环保组织，可以参考 Kirkpatrick Sale, *The Green Revolution：The American Environmental Movement, 1962 – 1992*, New York：Hill and Wang, 1993, Timeline。

③ Robert Gottlieb, *Forcing the Spring：The Transformation of the American Environmental Movement*, p. 130.

④ 美国环境质量委员会：《公元 2000 年的地球》，郭忠兰译，科学技术文献出版社 1981 年，前言，第 5 页。

环境问题的专门法也逐渐制定，修改完善。重要的法律包括 1970 年的《清洁空气法》、《职业安全与健康法》、《美国工业污染控制法》，1972 年的《水污染控制法》、《联邦杀虫剂控制法》，1973 年的《濒危物种法》和 1974 年的《饮用水安全法》等。① 环境保护已经成为跨部门的、以保护生态系统为导向的、综合性的整体行动。

再次，环保运动引起国际社会对环境问题的高度重视。1972 年，"全世界只有 10 个国家有某种形式的环境管理"，而到 1987 年，"这样做的国家大概已接近 120 个，其中包括 80 个发展中国家"②。在国际层面上，1972 年在联合国的倡导与组织下，共有 113 个国家参加了斯德哥尔摩会议，这是人类历史上关于环境问题的首次全球会议，这次会议的主题是"只有一个地球"。除斯德哥尔摩会议外，联合国在 20 世纪 70 年代还召开了一系列关于环境问题的大型会议，主题分别是："人口（1974）、粮食（1974）、人类居住地（1976）、水（1977）、沙漠化（1977）、科学技术用于发展（1979）"③。联合国环境规划署、联合国贸易和发展会议、联合国粮食及农业组织、世界卫生组织、经济合作和发展组织、联合国教科文组织在全球环境保护方面发挥了重要作用。

最后，环保运动推动了许多新学科的诞生。从 20 世纪五六十年代以来，环境问题已经不是一个潜伏的问题，而是一个人类面临的生死攸关的问题。而解决这一问题的前提，是呼吁全社会对环境问题达成共识，让公众认识到环境问题的紧急性和迫切性。在环保运动兴起过程中，许多学者都努力通过他们的著作和行动来唤醒公众。环境问题还促使学术界对环境问题进行研究。正是在这种情况下，环境社会学、环境政治学、环境经济学、环境伦理学、环境史学、环境法学等一些新的学科就应运而生，它们从不同的方面对环境问题的研究作出贡献。

---

① 关于美国自 1955 年以来通过的主要环保法律，可以参考 Kirkpatrick Sale, *The Green Revolution: The American Environmental Movement, 1962 - 1992*, Timeline。

② "环境问题·社论"，《国际社会科学杂志》第 4 卷，1987 年第 3 期，第 3 页。对各国环保机构的数目，也有不同的说法，有人认为 1972 年是 26 个，而 21 年后为 144 个，见［英］戴维·莱因德《地理信息系统与环境问题》，《国际社会科学杂志》第 9 卷，1992 年第 4 期，第 57 页。

③ 美国环境质量委员会：《公元 2000 年的地球》，前言，第 2 页。

　　就环境史学而言，它研究历史上人与自然之间的互动关系。因为要了解环境变化，就只有放在历史的长河中去认识，环境破坏到什么程度，也只能通过与环境的原初状态进行对比才能凸显出来。从这个意义上说，环境史研究的是时代提出的新问题、新课题，环境问题也迫使史学对人类历史的发展、人类文明的功过重新做出评价，这恰好应验了克罗齐的一句名言："一切历史都是当代史。"

　　环保运动对环境史学产生了明显影响。环保运动及其前身——资源保护运动与自然荒野保护运动成为美国环境史研究的重要内容。环保运动的许多主张，即环境保护主义，使环境史具有鲜明的批判现实的色彩。

第四章

年鉴学派与环境史学

环境史学以生态学为基础，着重探讨历史上人与自然的关系以及以自然为中介的社会关系。环境史学率先在美国兴起，是在 20 世纪六七十年代环保运动的推动下产生的，并受到了美国西部史学和年鉴学派的明显影响。所以，美国学者在追溯环境史学的源头时，往往要提到环境史学与西部史学、年鉴学派之间的亲缘关系①，但均语焉不详。本章仅对环境史学与年鉴学派之间的关系略作探讨。

一　来自年鉴学派的启示

年鉴学派对环境史学的启示，首先在于它重视自然地理因素对历史发展

① Donald Worster, "Doing Environmental History", in Donald Worster, ed., *The Ends of the Earth*: *Perspectives on Modern Environmental History*, Cambridge: Cambridge University Press, 1989, p. 291; Alfred Crosby, "The Past and Present of Environmental History", *The American Historical Review*, Vol. 100, No. 4 (Oct, 1995), p. 1184; Hal Rothman, "Conceptualizing the Real: Environmental History and American Studies", *American Quarterly*, Vol. 54, No. 3 (Sep 2002), p. 488; Char Miller and Hal Rothman, eds., *Out of the Woods: Essays in Environmental History*, University of Pittsburgh Press, 1997, Introduction, p. xii.; Timo Myllyntaus and Mikko Saikku, *Encountering the Past in Nature: Essays in Environmental History*, Ohio University Press, 2001, p. 143; Peter Burke, *New Perspectives on Historical Writing*, Pennsylvania State University Press, 2001, p. 270; Ted Steinberg, "Down to Earth: Nature, Agency, and Power in History", *The American Historical Review*, Vol. 107, No. 3 (June 2002), p. 803; Andrew C. Isenberg, "Historicizing Natural Environments: The Deep Roots of Environmental History", in Lloyd Kramer and Sarah Maza, eds., *A Companion to Western Historical Thought*, Malden, Mass.: Blackwell, 2002, p. 376; Shepard Krech III, John McNeill, and Carolyn Merchant, *Encyclopedia of World Environmental History*, Routledge, 2003, Introduction, p. xi; 曾华璧：《论环境史研究的源起、意义与迷思：以美国的论著为例之探讨》，《台大历史学报》第 23 期，1999 年 6 月。

的作用。年鉴学派所以重视这种作用，与法国历史学地理学化的传统有很大关系，而该传统可以"上溯到 16 世纪法国著名历史理论家波丹（1530—1596）"，但只是从孟德斯鸠"开始才具有了真正的史学研究形式"①。法国史学界善于从法国地理学中汲取理论养分，并受到了具有鲜明特色的法国地理学的影响。

自近代以来，法国地理学与德国地理学就形成了双峰对峙、二水分流的格局。法国的维达尔学派与德国的拉采尔学派交相辉映。与德国不同的是，法国地理学界没有在是否应该把地理学分为自然地理学和人文地理学两支这个问题上纠缠不休，而一贯主张自然地理学与人文地理学密不可分的有机联系。另外，法国地理学区别于德国地理学的一个重要方面，是反对德国学者拉采尔的地理环境决定论，而主张地理或然论。维达尔学派认为，在同样的环境条件下，人们选择的生活方式相同，因此在人地关系中并不存在必然的因果关系，他们更倾向于强调"由于不同文化和个人决定所产生的人地关系中的不肯定因子"，认为"自然并不决定人应该做什么，但决定一些有限定的可能途径，人可从中选择"②。

年鉴学派对自然地理条件等结构因素的重视，与法国地理学的影响不无关系。勒高夫提到，年鉴学派从自然科学和其他人文社会学科受益良多，"其他社会科学，首先是指地理学"③。他承认，法国的地理学对"年鉴学派的领袖人物——吕西安·费弗尔、马克·布洛赫和费尔南·布罗代尔有过很大影响"④。

吕西安·费弗尔多次倡导人文地理学与历史学的结合。1922 年，应法国新史学的先驱——贝尔之邀，他撰写出版了《大地和人类演进：地理学视野下的史学引论》（*A Geographical Introduction to History*），该书成为沟通历史学与地理学的桥梁。⑤ 布洛赫在《法国农村史》一书中，以大量篇幅叙述

---

① 姚蒙：《法国当代史学主流——从年鉴派到新史学》，三联书店（香港）1988 年版，第 5 页。

② ［美］R. 哈特向：《地理学性质的透视》，黎樵译，商务印书馆 1983 年版，第 57 页。

③ ［法］雅克·勒高夫：《〈年鉴〉运动及西方史学的回归》，刘文立译，《史学理论研究》1999 年第 1 期。

④ ［法］R. 夏蒂埃、J. 勒高夫、J. 勒韦尔、P. 诺拉主编：《新史学》，姚蒙编译，上海译文出版社 1989 年版，第 3 页。

⑤ 姚蒙：《法国当代史学主流——从年鉴派到新史学》，第 34 页。

了当地的自然环境。1949 年，布罗代尔出版了《菲利普二世时代的地中海和地中海世界》。该书分为 3 个部分，其中第一部分的标题是"环境的作用"，该部分"论述一种几乎静止的历史——人同他周围环境的关系史。这是一种缓慢流逝、缓慢演变、经常出现反复和不断重新开始的周期性历史"①。到年鉴学派第三代那里，以拉杜里为代表的学者已经尝试从生物学、人类学角度来研究人类历史，并带动了对疾病医疗史、体质史、灾害史、气候史、性史等的研究。

年鉴学派对环境史学的启示之二，在于它的总体史观念。在年鉴学派看来，实证史学将政治事件史、政治精英史看作历史的全部，以偏概全，是对历史的肢解，"从而离科学历史认识越来越远"②。布洛赫提出，"惟有总体的历史才是真历史，历史研究不容画地为牢，若囿于一隅之见，只能得出片面的结论"③。总体的历史包括人类社会的各个层次：政治、经济、社会、文化等各个方面。年鉴学派的这一主张可以从其于 1929 年创办的《经济与社会史年鉴》杂志的发刊词体现出来。费弗尔和布洛赫指出，他们所以采用经济史和社会史的提法，其中的一个缘由就在于这两个词比较模糊，涵盖面较宽，可以包容各种跨学科的研究。1946 年，《经济与社会史年鉴》杂志更名为《经济、社会、文明年鉴》，使其更加具有包容性。勒高夫指出："任何形式的新史学都试图研究历史总体。"④ 依照总体史的观念，自然史、生态史和环境史就必然应该纳入新史学的研究范畴。环境史无疑属于新史学衍生的分支，是实践和贯彻新史学理论主张的必然结果。正如有学者指出："新史学希望建造一种置身于社会时间中的、无所不包的人的科学，某些伟大的生物学家希望把生物学的历史改造成一种研究工具，并把他们的研究扩大到包括历史学、地理学、人类学、社会学、人口学在内的人类生态的范围，这两种努力的汇合预示着广阔的前景。新史学在这里起着决定性的作

①　［法］布罗代尔：《菲利普二世时代的地中海和地中海世界》，唐家龙、曾培耿等译，商务印书馆 1996 年版，第 1 版序言，第 8 页。
②　姚蒙：《法国当代史学主流——从年鉴派到新史学》，第 53 页。
③　［法］布洛克：《历史学家的技艺》，张和声、程郁译，上海社会科学院出版社 1992 年版，第 39 页。
④　［法］勒高夫：《新史学》，载蔡少卿主编《再现过去：社会史的理论视野》，浙江人民出版社 1988 年版，第 94 页。

用。"① 尽管年鉴学派并没有提出生态史和环境史的概念，但他们非常重视自然地理环境等结构因素的作用，其著作为众多美国环境史学者所推崇。

撰写总体史，就必然离不开跨学科研究。跨学科研究是第二次世界大战后学术发展的一个趋势，学科之间的相互交叉渗透不仅体现在人文社会科学、自然科学内部各学科之间，甚至还突破了人文社会科学与自然科学的界限，产生了包括环境史学在内的许多新学科。就环境史而言，与它联系特别密切的学科包括生态学、环境科学、地理学、地质学、人类学、考古学、社会学、伦理学、经济学等。仅就人类生态学而言，它包含一些公认的准则："1. 社会是由许多相互依存的生物群落构成的，人类只是这许多物种之中的一种。2. 复杂的因果关系及自然之网中的反馈，使得有目的社会行动产生许多意外的后果。3. 世界是有限度的，因此，对于经济增长、社会进步以及其他社会现象，都存在着自然和生物学上的潜在的限制。"② 这些准则在大量的环境史著作中得到了反复的阐述。

年鉴学派对环境史学的启示，还在于它强调历史和现实之间的联系，"强调今昔之间的相互作用，毫不犹豫地认为当代实践能昭示历史上迄今未引起注意的种种联系"③。布洛克提出，要"通过过去而理解现在，通过现在而理解过去"④，他认为，即便历史学可以被定义为处在时间长河中的人的科学，那也并不意味着历史学家可以埋首故纸堆而不理会现实。费弗尔则反复提到，历史学既是关于过去的科学，也是关于现在的科学。⑤布罗代尔也多次重申费弗尔的观点，认为现实和过去应该互为说明。⑥ 尽管历史学家对于历史认识的目的长期争论不休，但越来越多的学者都尝试将历史研究与现实需要结合起来。在他们看来，研究历史绝不是为了要将

---

①　[法] 勒高夫：《新史学》，载蔡少卿主编《再现过去：社会史的理论视野》，第114页。

②　[美] 弗雷德里克·H. 巴特尔：《社会学与环境问题：人类生态学发展的曲折道路》，冯炳昆译，《国际社会科学杂志》第4卷，1987年第3期。

③　[法] 保罗·利科：《法国史学对史学理论的贡献》，王建华译，上海社会科学院出版社1992年版，第37页。

④　姚蒙：《法国当代史学主流——从年鉴派到新史学》，第46页。

⑤　[法] 保罗·利科：《法国史学对史学理论的贡献》，第37页。

⑥　[法] 布罗代尔：《历史和社会科学——长时段》，载蔡少卿主编《再现过去：社会史的理论视野》，第61页。

历史当作一种文化装饰品以附庸风雅，而是要将它作为了解社会的有力工具。只有求真务实，历史研究才有意义和前途。历史研究和现实的结合，有利于发挥历史学的社会功能，它也说明人对过去的认识深度受当前现实条件的制约，这也正是克罗齐"一切历史都是当代史"这一著名命题的要义之一。环境史学的兴起，受到了现实社会因素的推动。而研究环境史的目的之一，就是为了让人们理解当前人类面临的生态困境。

年鉴学派对环境史学的启示还在于对结构因素的重视。布罗代尔在《历史学和社会科学——长时段》一文中说："史学不仅能够分离出结构"，而且它首先感兴趣的也是结构，在史学家眼里，"一个结构也许是一种组合，一个建筑体，但更是一种现实，时间对这种现实的磨损很小，对它的推动也非常缓慢。某些长期生存的结构成为世代相传的稳定因素：这些结构在历史中到处可见，它们阻碍着历史因而也支配着历史的进程。"他同时提到，"结构并不仅仅是一个由一系列因素组成的协调一致的整体，在这一整体中只要有一个因素发生了变化就将导致所有其他因素的变动。这样一个整体，事实上只有在也满足了其他条件时才会使史学家感兴趣，特别是这一整体应当维持一个长达数世纪的时期，应当成为一种长时段的现象"[1]。在布罗代尔那里，研究对象的重要性依据它们存在的时间长短而有所区别，"对象的存在时段越久，时段赋予对象的重要性也就越大"[2]。研究对象因此可以分为结构、情势和事件。地理环境、生理现实、生产方式、文化心态都属于结构的范畴，它们在许多历史现象或事件的背后真正发挥决定性作用，因此就必须深入这些幕后和深层结构中去探索、分析和解释真正的历史活动。

布罗代尔承认："我感兴趣的是几乎不动的历史，重复的历史，被波动和事件的表面覆盖着的历史。"[3] 他认为，结构决定历史，环境决定历史。人不创造历史，人只是历史的承受者。[4] 有人据此批评布罗代尔是环境或生

---

① 转引自 R. 夏蒂埃、J. 勒高夫、J. 勒韦尔、P. 诺拉主编《新史学》，第 262 页。

② 同上书，第 288 页。

③ 鲍绍霖、姜芃、于沛、陈启能：《西方史学的东方回响》，社会科学文献出版社 2001 年版，第 204 页。

④ ［法］保罗·利科：《法国史学对史学理论的贡献》，第 22 页。

态决定论者。笔者以为，这种批评是断章取义，并不具有说服力，因为布罗代尔说这番话的意思还是要强调结构因素的重要性，而这里的结构既包括自然生态结构，也包括社会结构，这两种结构对历史进程的作用也不能等量齐观，起更多作用的还是社会结构。人与自然之间总存在作用与反作用，承认这一点，就不会把布罗代尔承认自然作用的主张等同于生态或环境决定论。事实上，生态或环境决定论恰恰是年鉴学派所要反对的。在人与自然关系问题上，年鉴学派与环境史学都反对极端的"自然决定论"或"文化决定论"，主张或然论，承认人与自然之间变动不居的关系。

美国环境史学家唐纳德·沃斯特把环境史研究分为三个层次，即自然生态、生产方式、自然观念①，他的主张基本被美国环境史学界所接受，尽管克罗农、麦茜特为这一模式添加了历史叙述和人口再生产等新内容，但这些添加都只是对沃斯特范式的局部修正。沃斯特所提出的自然生态、生产方式、自然观念，都属于年鉴学派所说的结构因素，但应该看到，沃斯特不仅从年鉴学派，而且也从人类学等多种学科汲取了养分，这是沃斯特在他的文章中曾经多次提到的。

年鉴学派在《经济与社会史年鉴》发刊词中就提到，不崇尚方法论和理论的空谈，而强调个案和具体的研究②，他们并不认可以宏大叙事闻名的汤因比，他们提到："汤因比的历史观虽然以其高屋建瓴和无所不包令人炫目，但这种历史必定因采用大量第三手材料和不费力气的泛泛空谈而搞成一笔糊涂账，这绝不是我们的治学方法。"③ 在这个问题上，环境史学者和年鉴学派也比较一致。迄今为止，大部分环境史著作都是选择一个特定的地区研究，所从事的是具体的实证研究，而关于环境史学理论的探讨则还需要大力加强。对微观研究的重视，也使环境史学与年鉴学派面临同样的困境，即历史的碎化。

年鉴学派的理论和方法为环境史提供了不少启示。不仅如此，年鉴学派中以拉杜里为代表的学者在自然生态史研究方面作出了卓越贡献。拉杜里

① Donald Worster, "Doing Environmental History", in Donald Worster, ed., *The Ends of the Earth: Perspectives on Modern Environmental History*, p. 293.
② 张广智：《西方史学史》，复旦大学出版社 2000 年版，第 273 页。
③ ［法］勒高夫：《新史学》，载蔡少卿主编《再现过去：社会史的理论视野》，第 100 页。

（又译为"拉迪里"）作为年鉴学派第三代的代表人物之一，对气候、人口、瘟疫等问题饶有兴趣，并有大量的成果问世。他于 1967 年出版了《公元 1000 年以来的气候史》一书，《静止的历史》（1967）、《疾病带来的全球一体化》（1973）、《危机和历史学家》（1976）等论文①都着重探讨了 14 世纪以降瘟疫在欧洲和美洲的横行肆虐及其所引起的生态和人口危机。《蒙塔尤》（1982）一书第一部分题为"蒙塔尤的生态"，作者详细介绍了朗格多克地区地形地势、动植物分布、人口及其心态等。拉杜里在人口—生态问题研究方面的卓越建树，使他荣膺剑桥大学出版社"环境与历史研究"（Studies in Environment and History）丛书的唯一海外（美国以外）特约编委。该丛书是迄今为止最负盛名的环境史系列丛书，其编委会成员包括唐纳德·沃斯特、艾尔弗雷德·克罗斯比、卡罗琳·麦茜特、威廉·麦克尼尔（William McNeil）等美国著名环境史学家。

　　年鉴学派对生态环境问题的重视，还表现在《经济、社会、文明年鉴》（下称《年鉴》）杂志 1974 年的"历史与环境"专刊，探讨的内容涉及气候、瘟疫、地震、灌溉等方面，篇幅达到 100 多页（第 537—647 页）。拉杜里为该专刊撰写了一个简短的前言，他指出，"环境史把历史编纂学中最古老和最时新的话题结合到了一起。瘟疫和气候变化，是人类生态系统中不可或缺的基本要素。一系列自然灾难，或是出于缺乏远见，或是由于人类将其妄想凌驾于自然身上而造成的；人口激增和工业对资源的过度消费和掠夺，都导致了自然破坏；城市垃圾和工业废物引起空气污染和水污染；城市化的迅猛推进，又会使城区出现交通堵塞和噪音"。拉杜里认为，对这些层出不穷的环境问题的历史探讨，绝不是转瞬即逝的风尚，而是通向生态史的一个组成部分。②

　　尽管该专号在法国历史学界引起了不小的反响，但应该看到的是，"专号中的文章大都是外国学者写的，而且作者大都不是历史学家，而是一些地理学家、经济学家和人类学家。这些文章肯定没有让法国史学界扫兴，但也

---

① ［法］拉迪里：《历史学家的思想和方法》，杨豫等译，上海人民出版社 2002 年版。

② Donald Worster, "Doing Environmental History", in Donald Worster, ed., *The Ends of the Earth：Perspectives on Modern Environmental History*, pp. 291–292.

不能就此断言法国历史学从此就完全被环境问题裹挟而去了"①。在该专号推出之后直到现在，《年鉴》杂志没有继续推出关于环境问题的专刊。不仅如此，《年鉴》杂志关于环境问题的文章在数量上也没有什么增加。据麦克尼尔统计，《年鉴》杂志在1974年以后，"几乎没有再发表过可称为环境史的文章。1989—1998年间只发表过4篇，此后就连1篇都没有了"②。

法国环境史学家热纳维耶芙·马萨－吉波认为，把年鉴学派看作是环境史的先驱是值得商榷的。持类似观点的还有美国环境史学家约翰·麦克尼尔，他说："年鉴学派在非常有限的程度上从事环境史研究。在1974年以前，他们从未采用环境史这一术语。……然而环境史学者却从他们与研究方法中受益匪浅。"③ 因此不可夸大年鉴学派对美国环境史学的影响和美国环境史学对法国历史学界的影响。法国历史学界大多不用"环境"（Environment）一词，而用"境地"（milieu）一词。直到现在，法国自称为环境史学家的学者和加入欧洲环境史学会的历史学者的人数都还非常有限。④

二　与年鉴学派的差异

环境史学的诞生，固然受到了年鉴学派的诸多启发，但也应该看到，二者之间存在差异。它们不仅在产生背景、研究重点方面有较大差别，而且在人与自然的关系方面也持不同观点。环境史学强调人与自然的相互影响，而年鉴学派则强调社会结构等因素的决定性；环境史学强调生态的变化，而在

① ［法］热纳维耶芙·马萨－吉波：《从"境地研究"到环境史》，高毅、高暖译，《中国历史地理论丛》2004年第2期，第131页。

② J. R. McNeill, "Observations on the Nature and Culture of Environmental History", *History and Theory*：*Studies in the Philosophy of History*, Vol. 42, No. 4（Dec. 2003），p. 6. 麦克尼尔并没有说明他用以判断文章与环境史相关的衡量标准，因此笔者对以上数据多少持怀疑态度。另外，笔者也见到一种完全相反的说法，比如伊格尔斯就提到，"在60年代和70年代初的《年鉴》中关于气候和生物学方面的，以确凿事实为依据的文章比比皆是"，见［美］伊格尔斯《欧洲史学新方向》，赵世玲、赵世瑜译，华夏出版社1989年版，第195页。

③ J. R. McNeill, "Observations on the Nature and Culture of Environmental History", *History and Theory*：*Studies in the Philosophy of History*, Vol. 42, No. 4（Dec. 2003），p. 14.

④ 包茂红：《环境史学的起源和发展》，北京大学出版社2012年版，第310页。

年鉴学派那里，生态则基本上是固定的；环境史学具有非常强烈的现实批判精神，而年鉴学派相对来说则显得更为冷静客观。

首先，年鉴学派之诞生，主要是传统史学面临危机而出现的一种学术转型。传统史学以 19 世纪兰克的实证史学为代表，往往将历史研究局限于政治、军事、外交方面，重视民族国家的历史和政治精英的历史；注重文字史料的考证与历史的编年叙事，以为借此就可以客观如实地再现历史。而年鉴学派之问世，与 20 世纪后民主在西方的逐渐实现、社会经济在国民生活中的重要地位有很大关系，这就要求撰写人民大众的历史和除政治以外的社会生活的各个方面的历史。年鉴学派在一定程度上反映了社会现实的变化，但它主要是为克服传统史学之弊端而出现的学术转型。年鉴学派作为新史学的代表，充分体现了新史学不同于传统史学的一些特点：在内容上，新史学反对传统史学局限于民族国家范围内的政治史，而主张尽量扩大史学研究范围，反对传统史学只注重社会上层人物的那种精英史观，要求重视下层平民群众的历史作用并撰写民众的历史；在方法论上，新史学强调借鉴其他人文和社会科学的理论方法和概念，采用跨学科的研究方法；新史学在认识论方面的主要特征是反对传统史学崇拜单纯幼稚的客观主义，反对将史学研究的客体与主体截然分离，公开承认史学家主体的作用。

而环境史学之诞生，是与人类生存环境恶化、环保运动兴起紧密联系在一起的。麦克尼尔认为，"环境史学最重要的推动力是学院外的生态环保运动"[1]。在推动环境史学的诞生方面，现实社会因素的影响超出了学术因素的影响。在 19 世纪中叶以前，许多学者都认为，对自然的干预会使自然变得更好，这种乐观情绪在布丰的著作中体现得非常明显。[2] 但自马什于 1867 年发表《人与自然》开始，乐观情绪就开始消解，许多有识之士已经注意到人对自然的破坏。这种风气的转变，沃斯特归之于西欧人口的急剧增长和资本主义的快速发展。[3] 19 世纪末 20 世纪初，美国兴起了自然荒野保护和

---

① J. R. McNeill, "Observations on the Nature and Culture of Environmental History", *History and Theory: Studies in the Philosophy of History*, Vol. 42, No. 4 (Dec. 2003), p. 15.

② ［美］普雷斯顿·詹姆斯：《地理学思想史》，李旭旦译，商务印书馆 1982 年版，第 130 页。

③ Donald Worster, "The Vulnerable Earth: Toward a Planetary History", in Donald Worster, ed., *The Ends of the Earth: Perspectives on Modern Environmental History*, p. 8.

资源保护运动，分别从自然的美学价值和经济价值着眼，呼吁要保护自然和珍惜资源。战后，生态环境问题已经从一个地区性的局部问题变成一个全球性的普遍问题，在此背景下兴起了现代环保运动。人类生存条件的恶化和现代环保运动的兴起对人文社会科学提出了许多新的研究课题，从而推动了环境史学、环境伦理学、环境法学和环境经济学等一系列新学科的诞生。

其次，从研究的重点来看，年鉴学派主要研究景观和农村，而美国环境史学则更关注荒野。之所以会产生这样的差异，与法国、美国的国情差异不无关系。

法国是一个历史悠久的国家，在很长的时间内，基本上都是农业社会，农民的比例高于其他国家。年鉴学派重视对乡村的研究，勒费弗尔的《法国大革命期间北方省的农民》（1924）与《恐怖时期农业问题》（1932）、布洛赫的《法国农村史》　（1931）、拉杜里的《公元 1000 年以来的气候史》（1967）和《蒙塔尤：1294—1324 年奥克西坦尼的一个山村》（1975）都是关于农业乡村史的典范之作。有学者指出，"年鉴学派的著作奠定了法国深厚的地区史和乡村史的传统"，"法国历史研究中没有环境史的概念……而法国对景观和环境的研究主要是栖居环境和是耕作农业景观"。法国很少有荒野，"人们对荒无人烟的景观也不感兴趣"[1]。

对美国而言，它是一个后起的殖民国家，是在新大陆的基础上建立起来的，新大陆的面貌在白人到来以后出现了急剧变化。美国的崛起和现代化过程，在很大程度上就是不断向西拓殖，对荒野进行开发和改造。荒野在特纳那里被称为边疆，对美国历史的影响是非常深刻的，对美利坚民族个性之形成也打上了明显的烙印，亦即美国自由、平等风气形成的基础。随着美国现代化进程的迅速推进，荒野的面积在不断缩小。工业化和都市化也使人们逐渐远离自然。所以，荒野就特别容易勾起美国人对这个国家历史的浪漫回忆。而且荒野的奇特自然景观为欧洲所罕见，是激发美国人民族自豪感的重要源泉。荒野在美国环保运动中占据重要地位，众多知名环保组织以保护荒野为宗旨，主张进一步扩大自然保护区域的范围，使更多的荒野被保护起

---

[1]　Caroline Ford, "Landscape and Environment in French Historical and Geographical Thoughts : New Directions", *French Historical Studies*, Vol. 24, No. 1 （Winter 2001）, p. 125, 127.

来。荒野的特殊地位使它在美国环境史研究中一直占据重要地位，成为长盛不衰的研究热点。美国最早的环境史经典之作便是纳什的《荒野与美国精神》。[①]

最后，年鉴学派和环境史学在人与自然的关系问题上也有着不同的认识。

年鉴学派强调地理自然条件的稳定性。自然环境作为结构因素，就是因为它们在很长的时间内，几乎没有变化或者很少变化。布罗代尔提到，自然条件等结构因素既是历史的支撑，又是历史的障碍，"说它们是障碍物，是因为它们表现为一系列的限制，人类和人类的经验很少能超越这些限制。试想一下，打破某些地理环境、某些生理现实……是多么困难"[②]。总之，年鉴学派强调的是地理自然环境的稳定性，自然因素总在固定地、周期性地发挥作用。在布罗代尔那里，地中海就成了亘古不变、几乎不受人类活动影响的永恒因素。而拉杜里于1975年在法兰西学院发表的那篇纲领性演说就是以"静止不动的历史"为题的。[③]

与此相反，环境史学者意在表现自然生态环境的历时性变化，强调自然的脆弱性及其不稳定性，强调人与环境之间的互动关系。大量环境史著作就是要突出时过境迁，表现沧海桑田、海枯石烂等地貌景观的急剧变化。在多数环境史学者眼里，自然生态系统本来就比较脆弱，其平衡很容易被人类活动所打破，在人为的过分干预下就会出现突变、质变和灾变。洪水、干旱、生物入侵、环境污染、荒漠化、气候变暖、臭氧层空洞、酸雨、生物多样性减少等灾害变都受到了环境史学者的关注。环境史学者认为，在人的作用下，自然地理环境即便在短时间内也会发生剧烈变化。克罗斯比的《生态扩张主义》强调了1492年哥伦布到达前后美洲的沧桑巨变；克罗农的《土地的变迁》则描述了白人到来后新英格兰地区自然和社会生态的破坏，而沃斯特的《尘暴》也凸显了大平原在1870—1940年间由于过度开发、由草原王

---

① Roderick Nash, *Wilderness and the American Mind*, New Haven: Yale University Press, 1982.

② 转引自［波兰］克里齐斯托夫·波米安《结构史学》，载 R. 夏蒂埃、J. 勒高夫、J. 勒韦尔、P. 诺拉主编《新史学》，第262—263页。

③ ［法］拉迪里：《历史学家的思想和方法》，上海人民出版社2002年版。

国变成不毛之地的经历。①

年鉴学派承认，结构对历史发展起着主导的、决定性的作用，但一般来说，社会结构因素的重要性要超出自然结构因素，自然生态环境往往构成为人类活动的背景。有学者指出，年鉴学派"长期以来都将环境作为研究过去的重要方法。在布罗代尔对地中海的研究中，自然是一个重点，环境力量在缓慢地、周期性地发挥作用，影响人类历史进程。但这一部分事实上只是该书的开场白，是随后的社会与政治研究的序曲"②。年鉴学派强调社会结构因素而不是自然结构因素可突出表现在布罗代尔的另外一部代表作，即《15—18 世纪的物质文明、经济和资本主义》一书中。但无须否认的是，在年鉴学派第三代史学家那里，以拉杜里为代表的学者已经对自然结构因素显示出超乎寻常的兴趣，开始"从生物学、人类学角度来研究人类的历史"，在这种情况下兴起了疾病医疗史、体质史、灾害史、气候史的研究。正是这些研究，使年鉴学派与环境史具有较多的相似性。但这种情况在年鉴学派内部是个例外。热纳维耶芙·马萨－吉波女士提到，拉杜里"在法国没有追随者，但在瑞士、德国、奥地利有很多追随者"③。

环境史则力求把自然的演化与人类的演化结合起来，把自然纳入历史叙述，强调自然与人类的不可分离和相互作用，探求人类与自然之间变动不居的互动关系，即自然世界如何限制和影响人类活动，人类怎样改变环境，而这些环境变化反过来又如何限制人们的可行选择。总之，自然在环境史学者笔下成为历史舞台上的活跃角色。由于人类的生产实践，自然与社会被紧密地结合起来，从而带来了自然的社会化和以自然为中介的社会关系的重新组合。

年鉴学派显得比较冷静持中，很难说它有明确的政治主张和道德诉求。年鉴学派重视长时段的结构因素，对现实社会政治较少涉及和评论。它与现

---

① Alfred Crosby, *Ecological Imperialism*: *The Biological Expansion of Europe*, 900 – 1900, Cambridge: Cambridge University Press, 1988; William Cronon, *Changes in the Land*: *Indians*, *Colonists*, *and the Ecology of New England*, New York: Hill and Wang, 1983; Donald Worster, *Dust Bowl*: *The Southern Plains in the 1930s*, New York: Oxford University Press, 1979.

② Ted Steinberg, "Down to Earth: Nature, Agency, and Power in History", *The American Historical Review*, Vol. 107, No. 3 (June 2002), p. 803.

③ 包茂红：《环境史学的起源和发展》，第 317 页。

代的政治运动很少有直接联系，所以不受现实政治之争的影响，也不受意识形态的牵连。它在很大程度上克服了传统史学的弊端，使史学能够顺利转型，进而成为新史学的代表。年鉴学派创立以来的七八十年间，几代学者推出了大量足可传世的史学佳作，极大地推动了世界各地尤其是西方世界历史学的发展。勒高夫不无自豪地宣称："新史学似乎基本上是法国的史学，这在很大程度上是个事实。"①年鉴学派对马克思的学说也比较重视，甚至把马克思视为年鉴学派的先驱。勒高夫就提到："马克思是新史学的大师之一，马克思和马克思主义的历史分期学说……仍是一种长时段的理论。即使关于经济基础和上层建筑不能说明历史现实不同层次间的复杂关系，但这里毕竟揭示了代表新史学一个基本倾向的结构概念。把群众在历史上的作用放在首位，这与新史学重视研究生活于一定社会中的普通人也不谋而合。"② 这种态度使年鉴学派也很容易被社会主义国家接受。不论在西方，还是在东方，年鉴学派都得到了高度的评价。

与年鉴学派相比，环境史还有一个比较明显的特点，即对现实的批判色彩。在严峻的生态危机面前，环境史学者从多方面探求危机的症结所在，他们意识到，现存的社会制度、科学技术和文化观念都造成了人类当前面临的困境。人类作为"万物之灵"，就在于他拥有一种独一无二的能力，可以改变自然环境以适合自身的需要。由于文化呈现加速发展的趋势，"人类改造和干预自然环境的能力也是加速式地发展"③。但人类为了眼前利益和一己之私，往往滥用这种能力，使环境破坏呈愈演愈烈之势。在严峻的环境形势和环保运动的推动下，许多环境史学者以唤醒公众的环保意识、推进环保运动为己任，呼吁对现实进行变革。为此，环境史的作品往往存在着美化资源保护运动和环保运动的一面，并通过讲述一个又一个骇人听闻的生态悲剧来警醒世人。环境史学与现实、环保运动的紧密联系，一方面使环境史学受益，容易受到关注，另一方面也使环境史学受累，被认为是新左派史学，不

---

① ［法］R. 夏蒂埃、J. 勒高夫、J. 勒韦尔、P. 诺拉主编：《新史学》，第 24 页；蔡少卿主编：《再现过去：社会史的理论视野》，第 110 页。
② ［法］勒高夫：《新史学》，载 R. 夏蒂埃、J. 勒高夫、J. 勒韦尔、P. 诺拉主编《新史学》，第 35 页。
③ 黄春长：《环境变迁》，科学出版社 1998 年版，第 160 页。

能本着求真求实的精神客观地研究历史，同时还使一些学者有意识地拉开了
与环境史的距离。这又反过来影响了环境史被主流史学接纳吸收。迄今为
止，环境史虽然在美国取得了不俗成绩，但斯坦伯格等多位环境史学者认
为，它仍然处于美国历史学的边缘位置。[①]

　　自 20 世纪 90 年代以来，美国环境史加快了和社会史融合的步伐，城市
环境史成为美国环境史研究领域的热点，阶级分析、种族分析和性别分析等
研究方法被环境史学者广泛采用。环境史的这一转向，在赋予环境史更多人
文关怀的同时，削弱了环境史中自然中心主义的倾向；另外，环境史的社会
史化，使环境史研究更加丰富多彩，更容易被主流史学接纳和吸收。另一方
面，生态分析也越来越多地出现在社会史学者的著作之中。环境史和社会史
能够彼此提供借鉴，以至于有学者提出，"环境史就应该是社会史，社会史
就应该是环境史"[②]。从这个意义上说，环境史和年鉴学派在未来仍然可以
相互促进，推动历史学不断前进。

---

　　① Ted Steinberg, "Down to Earth: Nature, Agency, and Power in History", *The American Historical Review*, Vol. 107, No. 3 (June 2002), p. 797.

　　② Alan Taylor, "Unnatural Inequalities: Social and Environmental Histories", *Environmental History*, Vol. 1, No. 4 (Sep., 1996), p. 16.

第五章

西部史学与环境史学

环境史学之所以在美国率先出现，与美国西部史学重视地理环境的传统有密切关系。美国西部史学的兴起，是与弗雷德里克·特纳（Frederick Turner）、沃尔特·韦布（Walter P. Webb）、詹姆斯·马林（James Malin）等人联系在一起的，他们都以重视地理环境的作用而闻名。因此，有学者认为，西部史学是美国环境史学的源头，而特纳、韦布和马林是美国环境史学的先驱。①

一　特纳与环境史学

在特纳（1861—1932）之前，美国没有西部史学。西部史学是和特纳联系在一起的。特纳不是一位著作等身的学者，但著述有限并不妨碍他成为美国的史学巨擘。他的两篇极有影响的论文——《边疆在美国历史上的重要性》和《地域在美国历史上的重要性》——分别提出了"边疆学说"和"地域学说"②，奠定了他在美国学术史上的重要地位。特纳的学说为环境史

---

① Martin V. Melosi, "Equity, Eco – racism and Environmental History", *Environmental History Review*, Vol. 19, No. 3（Fall, 1995）, p. 14, note1.

② 国内学者对特纳的边疆学说有一定的研究，主要成果包括：丁则民《美国的"自由土地"与特纳的边境学说》，《吉林师大学报》（哲学社会科学）1978 年第 3 期；丁则民《特纳的"地域理论"评介》，《吉林师大学报》（哲学社会科学）1979 年第 3 期；丁则民《"边疆学说"与美国对外政策》，《世界历史》1980 年第 3—4 期；蒋湘泽《特纳的"边疆论"历史观批判》，《中山大学学报》1964 年第 2 期；厉以宁《美国边疆学派"安全活塞"理论批判》，《北京大学学报》（人文科学）1964 年第 3 期；杨生茂《"新边疆"是美帝国主义侵略扩张政策的产物》，《南开大学学报》（哲学社会科学）1965 年第 1 期；杨生茂《论弗雷德里克·杰克逊·特纳及其假说》，《南开大学学报》（哲学社会科学）1982 年第 3 期；杨生茂《论弗雷德里克·杰克逊·特纳的边疆和区域说》，见杨生茂编《美国历史学家及其学派》，商务印书馆1984 年版。这些论文出自名家手笔，但受时代氛围影响，持论往往比较激烈，对特纳学说进行讨伐和否定。

提供了理论养分。

在《边疆在美国历史上的重要性》（1892）一文中，特纳开宗明义地提到，以前研究美国民主的学者"过分注意日耳曼根源，而对于美国自身的因素却注意得十分不够"，但"只有把视线从大西洋沿岸转向大西部，才能真正理解美国的历史"，因为"直到现在，一部美国史大部分可说是对于大西部的拓殖史。一个自由土地区域的存在及其不断的收缩，以及美国向西的拓殖，就可以说明美国的发展"。①这就是特纳"边疆学说"的主要内容。

特纳所谓的边疆，是一个相当模糊的概念。它有时是指拓殖的最远边界，有时是指拓殖的区域，有时成为拓殖这一过程的代名词，有时又用来指美国的思想特性。总之，边疆的概念很不明确，但边疆总是与移民向西拓殖有关。特纳把美国的历程看作是边疆不断向西推进的历史。特纳认为，瀑布线是 17 世纪的边疆；阿勒格尼山脉是 18 世纪的边疆；密西西比河是 19 世纪第一个 25 年的边疆；密苏里河是 19 世纪中叶的边疆（向加利福尼亚移民的运动除外）；落基山脉和干旱地带则是 19 世纪最后的边疆。因此，特纳的西部史学基本上就是西进史学。

在特纳看来，边疆是理解美国历史的关键。他认为，边疆促进了美国民族主义的兴起和民族经济的发展，推动了美国政治制度的演变和包括关税、土地和交通建设等在内的一系列改革。更重要的是，边疆是培育和弘扬民主的理想场所，也是孕育美国特色文化的温床。②

特纳边疆学说的主旨是"美国的民主生于本土"，以此反对认为美国的民主起源于欧洲的"生源论"。他认为，要从美国自身的角度，特别是环境的角度来看待美国的历史。美国历史的"主题就是欧洲生源在美国环境中的发展"，这种环境主要是指"未被开发的丰富资源"③。特纳还提到，"美国的民主不是出自理论家的臆想。它并非随'苏珊·康斯坦特号'来到弗吉

① Turner, "The Significance of the Frontier in American History", in Frederick Turner, *Frontier and Section: Selected Essays of Frederick Jackson Turner*, Englewood Cliffs, N. J. : Prentice – Hall, Inc. , 1961, pp. 37 – 39；特纳：《边疆在美国历史上的重要性》，见杨生茂编《美国历史学家及其学派》，第3—5 页。译文有少量调整。——引者注

② ［美］特纳：《边疆在美国历史上的重要性》，见杨生茂编《美国历史学家及其学派》，第23—36 页。

③ Turner, "Problems in American History", in Frederick Turner, *Frontier and Section: Selected Essays of Frederick Jackson Turner*, p. 30.

尼亚，也不是随'五月花号'来到普利茅斯。美国的民主来自美国的森林，它从新边疆的每一次开拓中不断获取新的力量。不是宪法，而是对合适的人都开放的自由土地和丰富的自然资源，使美国在过去的 300 年内能够成为一个民主社会。"①

特纳的地域学说堪与其边疆学说相提并论。1925 年，特纳发表了《地域在美国历史上的重要性》这篇重要论文。他认为，根据自然条件以及在其基础上形成的不同的政治经济文化特点，可以将美国分为不同的区域，这些区域具有各不相同的特殊利益。因此，"国家的立法与其说是由党派，不如说是由地域的投票来决定的"②，一部美国史，在很大程度上可以看作是三个区域的矛盾和斗争、分歧与妥协的历史。特纳后来认为，"不同区域的形成及其相互作用，是美国历史上最为深远和最有影响的力量"③。

很大程度上，地域学说可以被看作是边疆学说的发展，是特纳在新的社会背景下对美国历史所作的新解释。20 世纪初期，特纳忧心忡忡地察觉到，"工业化的发展将导致西部的东部化，国家的趋同发展和西部重要性的丧失"。地域学说的初衷，在很大程度上与边疆学说同出一辙，都是为了突出西部的作用。他提到，区域主义与国家主义并行不悖，"它将长期存在，并和国家主义相互竞争"。因此，西部的作用不会随着 19 世纪末期农业边疆的消失而减弱。在特纳看来，区域主义的基本形成因素不是社会因素，而是地理和生物因素，因为后者影响到"经济利益、环境状况和人们的心理"④。

总之，特纳非常重视地理环境和西部的作用。其边疆学说旨在说明，西部的地理环境和自由土地塑造了美国的民主制度；其地域学说则提出，自然条件的差异决定了区域之间的冲突和矛盾。因此，特纳学说具有明显的地理环境决定论的倾向。其所以如此，在笔者看来，与特纳受社会进化论的影响有莫大关系。

---

① Turner, "The West and American Ideals", in Frederick Turner, *Frontier and Section: Selected Essays of Frederick Jackson Turner*, pp. 100 – 101.

② ［美］特纳:《地域在美国历史上的意义》，见杨生茂编《美国历史学家及其学派》，第 121 页。

③ Richard Etulain, *Writing Western History: Essays on Major Western Historians*, Albuquerque: The University of New Mexico Press, 1991, p. 104.

④ Richard Hofstadter, *The Progressive Historians: Turner, Beard, Parrington*, Chicago: The University of Chicago Press, 1979, pp. 99 – 100.

社会进化论是在达尔文的进化学说的基础上发展起来的。在《物种起源》一书中，达尔文提出"物种可变"和"自然选择"的理论，从而建构起进化学说。所谓"物种可变"，是指现在的各种生物（包括人）是由过去的生物不断演化而来的；所谓"自然选择"是指在激烈的生存斗争中，适应环境变化而不断演化的物种能够生存和繁衍，而不能适应环境变化的物种就会被淘汰，即"适者生存"。需要指出的是，"适者生存"是达尔文从赫胥黎那里借用过来的。总之，达尔文的进化论是关于生物与环境相互关系的理论，是生物不断适应环境而进化的理论，而"生活条件的改变决定了变异的性质和方向"[1]。

社会进化论是套用达尔文关于自然选择中的适者生存的理论，对社会作生物学的庸俗比拟和解释，以此说明人类历史的进程。社会进化论反对历史的循环论和倒退论，认为社会的进化是一个由低级到高级、由简单到复杂的过程，但这一过程是由外力，尤其是自然环境的因素所推动的。这种理论认为，社会的进化是一个不断趋向和谐与均衡的过程，但在这一过程中，冲突或竞争被视为社会的常态，从而掩盖和抹杀阶级冲突的本质和社会原因。社会进化论的鼓吹者主要是赫伯特·斯宾塞。

与社会进化论相联系的一个概念是社会达尔文主义，但它们彼此之间还是有很大的区别。生存竞争所导致的优胜劣汰是二者都包含的内容，但社会达尔文主义以此为重点，尤其将弱肉强食的丛林规则美化为文明的推动力量，从而为资产阶级对内加强剥削压迫、对外推行侵略扩张服务。此外，社会达尔文主义如同大杂烩一般，其内容还包括自由放任的经济学说，坚持"管得最少的政府才是最好的政府"和"财产所有权神圣不可侵犯"[2] 等原则。

比林顿认为，特纳学说的基础是"社会进化论"[3]。在笔者看来，特纳学说本身的确有比较明显的社会进化论的痕迹，这主要表现在以下几个

---

① 方宗熙：《懂一点达尔文的进化论》，中国青年出版社 1979 年版，第 23 页。

② ［美］塞缪尔·莫里森等：《美利坚共和国的成长》下卷，南开大学历史系美国史研究室译，天津人民出版社 1991 年版，第 97 页。

③ Ray Allen Billington, "Introduction：Frederick Jackson Turner—Universal Historian", in Frederick Turner, *Frontier and Section：Selected Essays of Frederick Jackson Turner*, p. 2. 丁则民和杨生茂两位史学前辈在他们的论文中对此略有提及。

方面：

首先，特纳学说主要是关于美国民主与美国环境之间关系的学说。在特纳以前，"美国民主制度不过是欧洲制度在北美的延伸"的观点在学界占据主导地位。黑格尔曾经提到："到现在为止，新世界里发生的种种，只是旧世界的一种回声———一种外来生活的表现而已。"①美国学者拾人牙慧，照搬了欧洲学者的观点，在这方面，最典型的代表为特纳在霍普金斯大学求学时的指导老师赫伯特·亚当斯（Herbert Baxter Adams）。亚当斯受到了达尔文进化论的明显影响，特别是关于基因和遗传学说的影响，他提出了日耳曼的种源说，主张美国的制度应该从欧洲寻找根源。而特纳本人是一个有强烈民族情结、对美国的制度倍加推崇的学者，所以他别出心裁，强调美国自身的因素，主要是美国独特的地理环境因素，以西部的大量自由土地来解释美国历史的发展。特纳关于西部土地与美国民主关系的学说，也就是环境与社会关系的学说。

其次，特纳学说强调边疆在美国历史上的重要性，突出地理环境对美国历史的塑造作用。特纳认为，边疆促进了美利坚民族主义的兴起和民族经济的发展，边疆推动了美国政治制度的演变和包括关税、土地、交通建设等在内的一系列改革。更重要的是，边疆是培育和弘扬民主的理想场所，是孕育美国特色文化的温床。② 这与社会进化论强调外力的决定性作用有很大的关系。

最后，特纳对资源渐趋匮乏、社会发展与环境制约之间的紧张关系、美国边疆的消失忧心忡忡。他在 1910 年的一个演说中提到："300 年前，勇于冒险的英格兰人在弗吉尼亚海滨开始向荒野发动进攻。3 年前，合众国总统召集 46 州的州长，对国家面临的自然资源的危机进行商议。"③同年，他在另一个演说中再次提到："按现在速度开采，煤的供应不会比过

---

① ［德］黑格尔：《历史哲学》，王造时译，生活·读书·新知三联书店 1956 年版，第 131 页。

② ［美］特纳：《边疆在美国历史上的重要性》，见杨生茂编《美国历史学家及其学派》，第 23—36 页。

③ ［美］特纳：《拓荒者理想和州立大学》，见杨生茂编《美国历史学家及其学派》，第 79 页。此处译文略有调整。——引者注

去制宪的时间更长就枯竭了。"① 特纳还提醒人们，"美国的人口比粮食的供应增长要快"，"对科学农业和自然资源保护的呼声取代了迅速征服荒野的呼声"②。

特纳对资源和生存空间的忧患意识也能够从进化论那里找到思想的源头。马尔萨斯的人口理论及达尔文的"生存斗争"学说，都是基于一个事实，即生物（包括人类）普遍具有高速率的繁殖力，因此，它们的数量都出现几何级数增长的趋势，但生存空间和食物总是有限的，因此资源的匮乏与短缺将是不可避免的。从这个意义上说，我们能从特纳的忧叹中看到进化论的影子。特纳的地域学说，将美国史看作各区域冲突和竞争的历史，对冲突的强调也带有进化论的痕迹。

总之，特纳学说受到了进化论的明显影响，重视社会与自然之间的关系，强调自然环境的主导作用。特纳在强调重视地理的决定作用的同时，并没有完全忽视其他因素的影响。他说："将自然地理或经济利益作为解释政治组合的唯一因素，并不能令人信服，把它作为一般规则是错误的。理想和心理的因素以及继承下来的思想习惯，也都发挥作用……物种、地理条件、经济利益、是非观念彼此联系，相互影响。"③ 在一定程度上可以认为，特纳学说具有地理环境决定论的倾向，但他并不是一个简单的地理环境决定论者。

特纳的地域学说对环境史学也有一定的贡献。虽然地域学说主要研究区域之间的动态关系，而不是具体特定的区域。尽管如此，地域学说强调以具有一定特性的地域作为研究单位，这对 20 世纪三四十年代韦布的大平原研究和马林的北美草地研究具有一定的启示。地域、生物区域后来也成为环境史学中的重要概念。

二　韦布与环境史学

沃尔特·韦布是继特纳之后最有名的西部史学家，他著述甚丰，主要作

---

① ［美］特纳：《美国历史中的社会力量》，见杨生茂编《美国历史学家及其学派》，第88 页。

② Turner, "The West and American Ideals", in Frederick Turner, *Frontier and Section: Selected Essays of Frederick Jackson Turner*, p. 101.

③ Ibid., pp. 133 – 134.

品包括《大平原》、《得克萨斯突击队》、《我们立场的分歧》和《大边疆》。①《大平原》作为韦布的代表作，奠定了韦布在学术史上的重要地位。该书出版后获得了多种图书奖，在 1950 年被认为是"在世历史学家所写的最有影响的历史著作"②，在 20 世纪 70 年代还"被西部史学家公认为是继特纳 1893 年的那篇论文之后关于西部的最重要的著作"③。

《大平原》共 11 章，大致可以分为四部分，分别为大平原的自然条件和土著印第安人、西班牙和美国对大平原的早期探险、对大平原的征服、大平原地区的文化。该书讲述西进移民如何适应西部环境、不断向西部拓殖的经历。在韦布看来，西部独特的地理环境孕育出一个不同于东部的新社会，西部在自然与社会方面的特性使它真正成为一个独特的区域。《大平原》一书集中体现了韦布在西部史研究方面的一些新探索。

首先，韦布把西部作为一个独特的区域，对西部的范围作了明确的界定。韦布在"导言"中交代，他所谓的大平原，是一个"比人们通常以为的要大得多的地区"④，这一地区能够从地形、植被和降雨量三方面进行界定，具有地势平坦、林木稀疏、气候干旱的特点。因此，大平原包括了西经98 度以西、除美国西太平洋沿岸的大部分地区。在韦布那里，大平原基本就等同于西部。韦布关于西部地理界限的划分，不同于以密西西比河作为美国东西部分界线的通常观点。而特纳认为美国的民主来自森林，他所谓的美国西部"位于密西西比河以东"⑤，还不是现代意义上的干旱西部，而只有韦布才抓住了西部的典型特征。

---

① Walten P. Webb, *The Great Plains*, Boston: Ginn and Company, 1931; *The Texas Rangers: A Century of Frontier Defense*, Boston: Houghton Mifflin Company, 1935; *Divided We Stand: The Crisis of a Frontierless Democracy*, New York: Farrar & Rinehart, 1937; *The Great Frontier*, Boston: Houghton Mifflin Company, 1952.

② Elliott West, "Walter Prescott Webb and the Search for the West", in Richard Etulain, *Writing Western History: Essays on Major Western Historians*, p. 178.

③ W. Eugene Hollen, "Walter Prescott Webb's Arid West: Four Decades Later", in Kenneth R. Philp & West Elliott, eds., *The Walter Prescott Webb Memorial Lectures*, *Essays on Walter Prescott Webb*, Austin: University of Texas Press, 1976, p. 57.

④ Walter P. Webb, *The Great Plains*, Boston: Ginn and Company, 1959, p. 3.

⑤ Frederick Turner, *Frederick Jackson Turner's Legacy: Unpublished Writings in American History*, edited by Wilbur Jacobs, Lincoln, Nebraska: University of Nebraska Press, 1965, p. 13.

1957 年，韦布的文章《美国西部——永远的幻想》在《哈泼杂志》发表。[1] 他认为，沙漠是西部最典型的地理特征。西部有 17 个州，其中 8 个州位于沙漠的中心，另外 9 个州都有面积广阔的干旱或半干旱区，可以被看作是沙漠边缘州。在韦布以前，许多探险家把美国西部的很大一部分区域称为"美洲大荒漠"。韦布的观点无疑受到了这些探险家的启发，但他进一步扩大了沙漠的范围。韦布认为，沙漠成为"塑造、改变和决定干旱区的诸多事物的力量"[2]。

其次，韦布一贯关注环境与文化之间的关系。韦布在《大平原》"导言"中明确指出，该书旨在探讨大平原地区自然环境和人类之间的相互影响，"从一开始，这片土地就对作为自然之子的人类产生了无法改变的影响，而到最后，显而易见的历史事实就是，大平原改变和塑造了英裔美国人的生活，破坏了旧有的传统，显著地影响了各种制度"[3]。有学者指出，韦布的著作"均以地理经济学（一门研究地理对资源、人口等影响的学科——引者注）的内容为研究主题"[4]。在韦布那里，新的地理环境往往等同于边疆，他的主要著作，除了《大平原》外，几乎都以边疆冠名，他曾说，"边疆是他的著作的共同要素"。韦布的可贵之处在于，他能够从微观研究入手，进而开展中观和宏观研究。与此同时，韦布的研究视野不断拓宽，他所关注的边疆的地域范围不断扩大，"《得克萨斯突击队》是地方性的，《大平原》是区域性的，《我们立场的分歧》是全国性的，而《大边疆》则是全球性的"[5]。

复次，韦布强调环境对文化的影响，坚持地理环境决定论。韦布在《大平原》一书的"导言"中提到，大平原独特的自然环境，"使它与周边地带毫无共性而区别开来"，"它构成了一个地理整体，其影响之大，使能在这

---

[1]　Walter P. Webb, "The American West: Perpetual Mirage", *Harper's Magazine*, May, 1957, pp. 25 – 31.

[2]　W. Eugene Hollen, "Walter Prescott Webb's Arid West: Four Decades Later", in Kenneth R. Philp & West Elliott, eds. , *The Walter Prescott Webb Memorial Lectures*, *Essays on Walter Prescott Webb*, p. 57.

[3]　Walter P. Webb, *The Great Plains*, p. 8.

[4]　E. C. Barksdale, "An Explanation", in Walter P. Webb, *History as High Adventure*, edited by E. C. Barksdale, Austin: The Pemberton Press, 1969, p. xi.

[5]　［美］韦勃：《作为高级冒险事业的历史学》，载《美国历史协会主席演说集，1949—1960》，何新等译，商务印书馆 1963 年版，第 249 页。

里幸存的各种生物都留下了特殊的印记；它改变了来自东部湿润森林地带的制度和文化共同体，而且恰如鲍威尔所言，开创了雅利安文明的新的发展阶段"。① 在韦布看来，"自然力量在大平原地区一直并将持续发挥作用，如果对此缺乏清晰的认识，任何企图理解大平原对美国文明影响的努力都将是徒劳无益的……因此，自然力量便成为历史解释中的一个永恒因素"②，"自然地理条件在一定程度上对人们的行动及其结果进行了限制和规定"③。韦布在书中着重阐明：不论是动植物还是人类，只有适应西部独特环境条件，才能在这里生存；西裔和英裔美国人在大平原的早期殖民活动都因照搬东部经验而失败；美国人后来能够成功拓殖，就在于他们采用了不同于东部、但适合西部环境、新的生产生活方式。

复次，韦布主张用地理学的方法观察历史。韦布认为，从地理学的角度解释历史不失为一种有用的方法，他"有意识地把他的历史著作牢固地建立在地理学的基础之上"④。韦布对地理学情有独钟与他的经历有关。他幼年随着父母从东部来到了大平原南部，对东西部在环境和文化方面的差异印象至深。在得克萨斯大学念书的时候，他师从基斯贝伊（Lindly Miller Keasebey）教授。和同时代的其他学者相比，基斯贝伊是"一个比较超前的学者，他在当时就主张从跨学科的角度来理解历史，其治史方法和战后很有影响的年鉴学派近似"，他主张，"研究应该从地质和气候开始，继而是动植物，人类社会结构，最后才是各种形式的制度和文化"⑤。从老师那里，韦布知道并阅读了拉采尔（Frederich Ratzel）、雷克吕（J. J. E. Reclus）、亨廷顿（Ellsworth Huntington）等地理学家的著作，初步形成了他的治学方法。在读大学期间，韦布就尝试从地理的角度来解释人类历史，这可以从他留存下来的大学时的一些习作反映出来，其中一篇就是《地理特征：美国历史的一个

① Walter P. Webb, *The Great Plains*, Preface, p. 2. 此处参考了袁鹏的译文，个别地方有调整。袁鹏：《韦布的〈大平原〉与美国西部史学发展》，《东北师大学报》1995 年第 5 期。

② Walter P. Webb, *The Great Plains*, p. 10.

③ Walter Webb, "Geographical – Historical Concepts in American History", in Walter P. Webb, *History as High Adventure*, Austin: Pemberton Press, 1969, p. 57.

④ Ibid., p. 55.

⑤ Elliott West, "Walter Prescott Webb and the Search for the West", in Richard Etulain, *Writing Western History: Essays on Major Western Historians*, p. 168.

影响因素》。① 而《大平原》一书，就完全是按照他的老师主张的研究序列展开的。韦布说过，尽管地理学的方法"常常被一些评论家认为是十足的唯物主义……甚至被同马克思联系起来"，但对他来说却是"最好的方法"，他同时申明，"我从未说过这是（研究历史）唯一的方法"②。

最后，韦布坚持技术决定论，认为技术发明是西部成功开发的关键。韦布的这一观点受益于爱默生·霍夫（Emerson Hough）。霍夫在《西行之路》（*Way to the West*）一书中提出，马匹、舟楫、斧子和步枪使美国人赢得了这个新国家。韦布基本同意这一观点，但他认为，这些工具仅适用于多雨的森林地带③，它们在西部的干旱地区就丧失了用武之地。在韦布看来，西进拓荒者正是借助技术发明——手枪、钢犁、铁蒺藜、铁路、灌溉和旱作技术——才能够在西部干旱地区定居下来。手枪用来对付印第安人，钢犁和铁蒺藜用来犁田和圈地，铁路用来运送往来人员和各种物资，而灌溉和旱作技术则用于解决农业中的缺水问题。有学者认为，韦布具有技术决定论的嫌疑。

总之，《大平原》是美国西部史学史中的一座丰碑，是继特纳之后对西部史研究的重大推进。韦布的西部史研究与特纳存在不少联系：作为西部史学的代表人物，他们都强调西部的重要性，都重视区域研究，研究主题都是关于环境与文化之间的关系，强调环境的影响和文化对环境的适应，受进化论的影响明显。从年龄上说，韦布是晚特纳一辈的学者。因此，人们往往认为，韦布直接受到了特纳的影响。对这种说法，韦布不以为然，他师承基斯贝伊，韦布说过："教导我如何解释和欣赏环境和环境所产生的文化二者之间的关系的是基斯贝伊，教导我和其他许多人要从地质和地理着手，在这个基础上来建立植物群、动物群和人类学等上层建筑，最后达到从这个基础上成长起来的现代文化的也是基斯贝伊。"④而上述研究方法也并没有被特纳采用。

韦布认为，他与特纳之间的相似之处是受欧洲思想，尤其是意大利学者

---

① Elliott West, "Walter Prescott Webb and the Search for the West", in Richard Etulain, *Writing Western History*: *Essays on Major Western Historians*, p. 188, note 3.

② Walter Webb, "Geographical – Historical Concepts in American History", in Walter P. Webb, *History as High Adventure*, p. 57.

③ Walter P. Webb, *The Great Plains*, Preface, p. 1.

④ ［美］韦勃：《作为高级冒险事业的历史学》，载《美国历史协会主席演说集 1949—1960》，何新等译，商务印书馆 1963 年版，第 250 页。

罗利阿（Achille Loria）的影响。罗利阿说过："有了自由土地就自然而然地……使暴政……受到约束；在奴隶制度尚未产生时，自由土地的存在，本身就是使真正暴虐的政府不能为所欲为；原因是臣民们常常采用抛弃君主、到无主的领土上去安家立业的方法来逃避他们的压迫。"①特纳对罗利阿很是推崇，引为知音，特纳的边疆学说受到了罗利阿的启发。而罗利阿的著作是通过基斯贝伊译介给美国学者的。所以韦布并不认为与特纳有师承关系，尽管他把"常常被认为是特纳学派的一员""当作荣誉来接受"②，并强调"只是无意间成为了特纳边疆学派的我是通过基斯贝伊，而不是通过特纳去师承欧洲的学者"③。

　　韦布和特纳的西部史研究，也存在不少差异：特纳的史学是西进史学（to the west），而韦布的史学是西部史学（in the west）④；特纳所说的西部主要还是指东部，关于西部的概念并不明晰，而韦布则以西经 98 度为界，明确划定了东西部的界限；在历史编纂上，特纳以分析见长，重视第一手资料，而韦布则是讲故事的能手，以利用第二手资料为主；韦布的地理环境决定论倾向比特纳要明显和强烈得多；特纳的边疆学说为联邦干预提供了理论依据，特纳更像是一个国家主义者，而韦布提出殖民主义理论，为受东部控制的西部鸣不平，更像是一个地区主义者。

　　《大平原》的成功，与它问世的时机不无关系。当时，学术界对美国区域多样性的关切蔚然成风。弗兰克·赖特（Frank Lloyd Wright）研究各地的建筑风格，格兰特·伍德（Grant Wood）、约翰·柯里（John Steuart Curry）和托马斯·本顿（Thomas Hart Benton）则比较各地的艺术特色，艾伦·泰特（Allen Tate）、克罗·兰塞姆（Crow Ransom）、罗伯特·沃伦（Robert Penn Warren）从事区域文学创作和文学批评；在史学界，特纳转向研究区域在美国历史上的重要性。此外，"美国例外论"思想在美国很有市场，而当时的

---

　　①　［美］韦勃：《作为高级冒险事业的历史学》，载《美国历史协会主席演说集 1949—1960》，何新等译，商务印书馆 1963 年版，第 251 页。

　　②　同上书，第 249 页。

　　③　同上书，第 251 页。

　　④　关于这个问题，可以参考丁则民《20 世纪以来美国西部史学的发展趋势》，《东北师大学报》1995 年第 5 期；袁鹏《20 世纪美国西部史学发展的历史考察》，博士论文，东北师范大学，1997 年。

许多学者也非常重视地理因素在历史上的作用。埃伦·森普尔（Ellen Churchill Semple）认为，"和其他因素相比，自然环境——历史的物质基础——几乎对历史的一切方面都产生了永恒的影响"①。可以说，《大平原》博采众长，它的价值"不在于原创性，而在于韦布充分论述了上一代学者提出的得到公认的观点"②。

《大平原》的成功，还与它满足了时人的需要有关。长期以来，西部作为"美国梦"的一部分，令人心驰神往。拓荒英雄的探险，牛仔的浪漫传奇广为流传。总之，西部是令人向往的地方。人们对西部充满了无穷想象，并期待着有震撼力的西部史著作问世。在20世纪30年代之前，特纳的边疆学说虽然风行一时，可是特纳学说的模糊性与抽象性使普通民众很少问津；特纳所谓的西部含混不清，似乎近在眼前，又远在天边，让人很难把握；特纳所谓的边疆随19世纪90年代未开发地带的不复存在而消失，其边疆学说局限于18—19世纪，不能对20世纪的美国历史作出解释。而韦布的《大平原》一书恰恰避免了特纳的上述弱点。另外，韦布叙事风格流畅，他的作品具有很强的可读性，非常引人入胜。

当然，《大平原》一书也并非无懈可击。

首先，韦布过于强调环境对文化的影响。马林认为，韦布的大平原是一个过于静态（稳定）的概念，这片土地固然能够影响人，但人也能够影响这片土地。自然环境、人们的思想观念以及社会制度往往相互影响，因此存在着多种多样的可能性。马林认为，这个地区的历史，远比《大平原》所描述的变化复杂。

其次，韦布过于强调差异，而忽视了历史发展的连续性。韦布认为西部在自然与社会两方面与东部迥异，夸大了东西之间差别。事实上，东西部在政治制度、法律、家庭和社区习惯、民俗和语言等方面的同质性大于异质性。另外，环境确实能改变生活方式，但这种变化并不是突然发生的，而是逐渐完成的。

---

① Elliott West，"Walter Prescott Webb and the Search for the West"，in Richard Etulain，*Writing Western History: Essays on Major Western Historians*，p. 172.

② Ibid.，p. 171.

再次，韦布的研究方法也受到质疑。和通常从材料入手，再得出结论的治史方法不同，韦布往往是先提出问题和形成观点，之后再去选择甄别材料。韦布的方法遭到了香农（Fred Shannon）的猛烈抨击。香农认为，偶然获得的一些概念必须要用大量的材料来检验；历史研究要从收集和鉴别材料开始，从材料中得出结论。否则，结论应该抛到一边，而不论它显得多么正确。在两人的交锋中，韦布并不反对收集和分析材料的重要性，但是他相信灵感和直觉的作用。

最后，韦布具有明显的种族主义偏见。在《大平原》一书中，印第安人是作为白人向西扩张的障碍物出现的。在韦布眼里，印第安人就是野人。所以，用于杀害印第安人的手枪才会被韦布当作一项重大技术发明，韦布对印第安人的悲惨命运毫无怜悯之心。韦布的种族偏见在《得克萨斯突击队》中表现得更为明显。[①]

对韦布的批评还包括，他忽视了大平原在种族和文化方面的多样性，他将大平原称作一个地区是否恰当还值得斟酌。还有学者认为，韦布夸大了技术的作用，而且他的研究主要依据二手资料，缺少原创性；文学部分也只局限于当代。还有人批评这本书的研究视角和结论都过于简单。

三　马林与环境史学

马林（1893—1979）是一位著作等身的西部史学家，长期在堪萨斯大学执教，在北美草地研究、人口研究和计量史学研究等方面成就卓著，但他却是一位生前寂寞的学者。马林的著作主要包括：《堪萨斯冬小麦种植区：适应半湿润地理环境的研究》、《史学理论文集》、《北美草地历史绪论》和《草地历史研究：运用科技开发自然资源》。[②] 马林首先提出了"生态史"

---

① Elliott West，"Walter Prescott Webb and the Search for the West"，in Richard Etulain，*Writing Western History：Essays on Major Western Historians*，p. 178.

② James C. Malin，*Winter Wheat in the Golden Belt of Kansas：A Study of Adaptation to Subhumid Geographical Environment*，Lawrence：University of Kansas Press，1944；*Essays on Historiography*，Lawrence，Kan.，1946；*Grassland of North America：Prolegomena to Its History*，Lawrence，Kan.，1947；*Grassland Historical Studies：Natural Resource Utilization in a Background of Science and Technology*，Geology and Geography，Lawrence，Kan.，1950.

（Ecological History）这一术语，从生态史的角度对北美草地进行深入研究，被人誉为"环境史学之父"。

《北美草地历史绪论》是马林的代表作。该书共计 21 章，分为前后两部分。前一部分"科学与区域主义"包括前 10 章，后一部分"历史编纂学"包括后 11 章。马林在"前言"中提到，"生态学、农学、土壤学和地理学为历史学家提供了新手段和新方法，但它们的潜在价值很少被探讨"，该书的主旨之一是"归纳总结这些对历史学很重要的边缘学科的文献"，着重介绍"这些学科的新方法和新观点"，"并用它们解释一些具体的历史问题"。这本书不是"一部关于北美草地的一般性通史，而是关于历史编纂学、史料与方法、个案研究的专题论文集"[1]。该书第一部分简要梳理了"与人地关系研究相关的生态学、气候学、地质和地理学、土壤学的发展状况"[2]。第二部分则是马林借鉴自然科学的理论和方法对北美草地的一系列专题研究，这些专题包括"科学与社会理论"、"通信革命"、"对草地区域主义的探索"、"人口研究"和"农业研究"等。马林的草地研究突破了传统西部史学，他因此成为一位承前启后的学者，他对特纳学说的批判为环境史学的诞生提供了养分。

首先，马林的草地研究是对西部的区域研究。马林终身都以北美的草地为研究对象。他认为，密西西比河可以作为美国植被的东西分界线，东部基本为森林，而西部基本为草地。马林所说的草地，是指"密西西比河以西"[3] 的区域。他认为，草地位于北美的中心，"向东延伸到位于五大湖与俄亥俄河之间的三角形地带，向西则穿过落基山脉的山口，直到西南部的沙漠地带和美国濒临太平洋的西北部，向北则一直延伸到加拿大"[4]。大致可以认为，马林所说的草地是指位于密西西比河与落基山脉之间的大平原地区。

---

① James C. Malin, *Grassland of North America*: *Prolegomena to Its History*, *with Addenda and Post-script*, Gloucester, Mass., 1967, Preface, p. iii.

② Ibid., p. 3.

③ Ibid., Preface, p. iii.

④ James C. Malin, *Grassland of North America*: *Prolegomena to Its History*, *with Addenda and Postscript*, p. 1.

其次，马林侧重于研究环境与文化的关系，并强调文化的影响。在他看来，人类历史在地球形成以来的时间长河里不过是短短的一瞬间。历史学家的任务就是"重建过去和现在的、作为全部自然史一部分的人类史"，"讲述特定的人群在特定时空里的故事，重点考察人与自然相处的成功或失败的各种方式，人既改造自然，也被自然改造"①。马林认为，自然环境虽然为人类的行为设置了一些限制，但是人在自然面前还是有相当大的选择自由，人类的勤劳智慧所发明的先进技术与文化，为逾越自然条件的限制创造了条件。而且人的勤劳智慧可以"永无止境地不断创造出新资源和新机会"②。总之，"人，而非自然，是主要的决定力量。"③ 马林认为，人不可能在自然面前随心所欲，"人们不能期望成功地将文明移植到新的地方，除非引进和利用能够适应新环境的动植物。成功取决于在多大程度上能够适应当地的自然条件"④。

最后，马林对特纳边疆学说的批判表现在两个方面：既反对特纳所谓的"封闭的边疆"，也反对特纳的"连续不断的边疆"。在马林看来，边疆过去和现在都是一个无止境的、通过智力利用资源的永久过程。土地利用的效率与方式，而不是土地的大量存在，是边疆最主要的因素。另外，"太空时代的来临将开辟交通与电信大发展的新时代"⑤，并为人类提供新的机遇，所以他反对特纳的封闭的边疆，认为世界的边疆没有终点。马林的这一信念，建立在他对科技进步永无止境的信心之上。他提到："地球拥有各种已知的和未知的资源，但资源只对那些在技术上拥有开发能力的文化才有价值。在地球上的任何地区，根本不存在自然资源的耗尽问题，除非有确凿的证据表明根本不存在开发和利用那个地区物质的技术发明。历史的经验已经说明，

---

① James C. Malin, *History & Ecology: Studies of the Grassland*, edited by Robert P. Swierenga, Lincoln, Nebraska: University of Nebraska Press, 1984, Preface, p. ix.

② Cited from "editor's introduction", in James C. Malin, *History & Ecology: Studies of the Grassland*, p. xiv.

③ James C. Malin, *History & Ecology: Studies of the Grassland*, Preface, p. x.

④ James C. Malin, "Grassland, 'Treeless', and 'Subhumid': A Discussion of Some Problems of the Terminology of Geography", in James C. Malin, *History & Ecology: Studies of the Grassland*, Preface, p. 22.

⑤ James C. Malin, "Space & History: Reflections on the Closed-Space Doctrines of Turner and Mackinder", in James C. Malin, *History & Ecology: Studies of the Grassland*, p. 68.

当人类拥有开发利用的技术能力时，新的未曾预料到的资源又大量地涌现出来。"① 可以认为，马林对技术的迷信比韦布有过之而无不及。

马林也反对特纳的所谓连续不断的边疆。在特纳看来，美国的边疆是由年轻人前赴后继，一波一波不断向前推进的，州际的人口流动非常频繁。但马林的研究结论却与此大相径庭。他根据移民是否从出生的州直接迁往堪萨斯州将他们分为直接移民和间接移民。1933 年，马林先后选取堪萨斯州的两个小镇——爱德华兹（Edwards）县的韦恩（Wayne）和道格拉斯（Doug-las）县的堪瓦卡（Kanwaka）镇——的人口流动进行个案研究。② 这两个镇分别位于堪萨斯州的东部和西部，在自然条件，特别是在降雨量方面有明显区别；建镇的时间分别为 1854 年（还未通铁路）和 1877 年（铁路已经贯通）。后来他又对另外十几个城镇的人口流动进行研究。研究结果均表明，1905 年前，在迁往堪萨斯的移民中，来自临近州（内布拉斯加、艾奥瓦、密苏里、阿肯色）的移民比例相当低，来自非临近州的移民比例则相当高③，这就意味着：边疆的推进并不是渐次的，而是跨越式的。

根据特纳的学说，人们往往认为，边疆是非常年轻化的，居民主要由那些刚刚开始新生活的年轻夫妇组成，而他们的后代将在更新的边疆上开辟新生活。马林发现，边疆地区农业经营者的年龄结构在 1885 年、1895 年、1925 年都基本一致，中位数年龄在 43—45 岁之间，29 岁以下的农业人口如此之少，完全有别于特纳的"年轻边疆"假说。④ 同时，在美国人口中占比例很高的英裔美国人，在农业经济方面竞争不过来自德国、北欧和捷克的移民，因而大量向城市迁移。从这个意义上说，人口主要不是流向荒野，而是流往城市。马林的这一观点对特纳学说也构成了挑战。

在马林的"总体史"中，生态史是与政治史、经济史和文化史并列的

① James C. Malin, "Ecology and History", in James C. Malin, *History & Ecology: Studies of the Grass-land*, p. 107.

② James C. Malin, *Grassland of North America: Prolegomena to Its History, with Addenda and Postscript*, p. 323.

③ James C. Malin, "Local Historical Studies and Population Problems", in James C. Malin, *History & E-cology: Studies of the Grassland*, Lincoln, Nebraska: University of Nebraska Press, 1984, p. 264.

④ James C. Malin, "Local Historical Studies and Population Problems", in James C. Malin, *History & E-cology: Studies of the Grassland*, p. 266.

一支。① 生态史将自然纳入了历史的范畴，研究的时间跨度溯及史前史，运用的资料也不仅仅限于文字史料，采用的是真正的跨学科的研究方法。马林通过提出生态史这一概念，对人类中心主义和欧洲中心主义提出了质疑，这种质疑在他对一系列术语的批评中最为鲜明地反映出来。

马林反对"地理大发现"、"新大陆"和"处女地"等提法。马林认为，"发现"和"新大陆"只是相对欧洲而言，而对美洲土著来说，这块土地早就存在。这两个词都以欧洲为中心，带有很强的主观性，既不科学也不准确。而特纳的"边疆"一词也带有同样的弱点，边疆显然是相对欧洲而言的，所以就把欧洲以外的其他地区视为欧洲文化的边疆。欧洲人和美国人认为他们的文化具有优越性，认为他们是统治种族，所以想到"发现"、"新大陆"和"边疆"等非常主观和自我中心的术语，他们否认其他被征服的文化拥有任何价值，否认那些人拥有应该受到尊重的权利。

马林要求破除分类学上的人类中心主义。在他看来，地球上的任何区域，无所谓优劣好坏之分，因为每个地方的自然环境，对当地经长期演化而形成的动植物来说，都是适宜的。比如伊利诺伊对小麦来说是湿润的，而南加州沿海对水稻、古巴对甘蔗、西经 100 度以外对格兰马草（牧草）、南爱达荷沙漠对三齿蒿是湿润的②，尽管上述几个地区的降水量有很大差别。此外，马林也反对各个地方均以自己作为衡量标准。如果东部人可以将西部草地称为林木稀疏、气候不湿润的地区。那么西部人也有理由将东部称为无草的、过于湿润的地区。马林对边际土地、次边际土地等提法也提出了批评。总之，这些术语都存在自我中心主义、具有褒贬等情感色彩的弊端，因而不客观，不科学。

马林对许多术语的质疑，是与他力图将历史学纳入科学的范畴，反对主观主义和相对主义的主张联系在一起的。自近代以来，受自然科学的成就和实证主义思潮的影响，史学家有意无意之间强烈地倾向于以自然科学的方法治史，乃至史学有向自然科学看齐的趋势。史学家天真地相信，在认识和再

---

① James C. Malin, "Ecology and History"; "On the Nature of the History of Geographical Area", in James C. Malin, *History & Ecology: Studies of the Grassland*, p. 109; p. 129.

② James C. Malin, "Grassland, 'Treeless', and 'Subhumid': A Discussion of Some Problems of the Terminology of Geography", in James C. Malin, *History & Ecology: Studies of the Grassland*, p. 22.

现客观历史真实的过程中，可以不受自己主观因素的影响。把历史认识的主体和客体完全割裂开来，是传统史学共有的弊端。新史学自19世纪与20世纪之交出现之后，越来越受到各国学者的重视。新史学的基本特点之一，是承认历史学家主观因素的影响，承认历史研究的相对性。新史学在美国的代表人物包括鲁滨逊（James Harvey Robinson）、贝克尔（Carl Becker）和比尔德（Charles Beard）等。贝克尔提出，"人人都是他自己的历史学家"。马林对新史学中的相对主义非常不满，尽管他本人开创了人口史、社会史和农业史等领域，被认为是美国新史学的开山鼻祖。由于马林性格孤僻、不善言辞，文风晦涩，不仅生前寂寞，而且迄今为止，他的思想都还未受到应有的重视。

虽然马林具有丰富的生态学知识，但是他缺乏生态意识也是不争的事实。这可以从以下三方面反映出来：

首先，在马林看来，20世纪30年代美国尘暴重灾区的形成纯粹就是一场自然灾害，与人类过度开发大平原没有关系。马林认为，在1870年白人移民开始在大平原大规模定居之前，很难说大平原是一个非常稳定的生态圈。因为在此前100多年间，马的引进和大平原最典型的骑马游牧部落——苏族的到来就已经使大平原出现了剧烈的生态变化。此外，沙尘暴在南部大平原是一种司空见惯的自然现象。马林提到，"没有比麦克伊（Isaac McCoy）对1830年在堪萨斯中北部出现的沙尘暴更生动的描述，而当时作家关于1850—1900年间发生的沙尘暴的记载也屡见不鲜。再没有比《破坏大平原的犁》引起的对30年代尘暴的指责更荒谬的愚弄易受骗公众的诺言了"[1]。

和对尘暴重灾区的解释联系在一起的，是马林对克莱门茨学说的攻击。马林甚至反对资源保护运动。克莱门茨认为，在白人到来之前，大平原生态圈非常完美稳定。而马林认为，这一稳定的生态圈从来就是一个神话，它从来就没有出现过，甚至在人类来到这里以前。马林认为，"不稳定的平衡"比"稳定的平衡"更合乎大平原的实际情况。他提到，从一般的意义上来

① James Malin, "The Grassland of North America: Its Occupance and the Challenge of Continuous Reappraisals", in James C. Malin, *History & Ecology: Studies of the Grassland*, p.10. 《破坏大平原的犁》是20世纪30年代美国拍摄的一部纪录片，它将尘暴归咎于开垦大平原的技术。

说，"从来就没有不受干扰的草地。在自然界里，草原犬鼠打洞，野牛群践踏，时刻都在进行。与此同时，在结冰和化冻时期，地表还会出现隆起。而人类用犁翻耕草地，不过是一种更充分的耕耘土地的过程"。从他的话可以看出，他把动物对环境的影响和人对环境的影响混为一谈。马林反对克莱门茨把人看作破坏者的观点，他信奉以亨利·C. 考尔斯（Henry C. Cowles）为首的芝加哥学派的观点。这一学派认为，草原是一个开放变动的生态体系，其植被随着气候、土壤中的微生物和动植物的活动变化而不断改变，因此人类必须学会在这个开放的不断变动的世界中生存。这一观点同克莱门茨学派的观点有很大区别，后者认为，大平原原本的生态平衡被人破坏之后，只能采用限制开发、让自然休养生息的方式恢复平衡。

其次，马林对鲍威尔的西部开发计划进行了批评。曾任美国地质调查局负责人的约翰·鲍威尔在 1878 年发表的《关于美国干旱地区土地的报告》中提出，美国西部的半干旱气候，只适宜发展占地面积较大的畜牧业，因此不可能支撑太多的人口。在马林看来，鲍威尔低估了科技的力量和人的创造性，未免过于悲观。

最后，马林对放射性尘埃的态度也显示其缺乏生态意识。1955 年 3 月 11 日，在内华达的沙漠里，一枚热核炸弹爆炸。红色的放射性尘埃甚至落到了东部 2200 多英里的马里兰州的巴尔的摩。放射性尘埃引起人们的恐慌。当时的气象专家认为，这种红尘和尘暴并没有什么区别。而马林也力图证明，红尘早在三叠纪时代就已经有了，因此认为人们大可不必为此惊慌，红尘仅仅"表明，更新世的地质和土壤形成过程还在不间断的活动之中"。马林缺乏生态观念，由此可见一斑。如果和康芒纳相比，他在这方面的局限性就会更加明显。

马林对特纳学说的攻击，除了与他对历史的理解有关，还与个人政治信仰有关。在马林看来，历史是非常复杂的，是多种因素相互作用的结果。基于这一认识，马林反对用单一的因素解释历史。另外，马林对特纳学说的批评，与他的政治信仰不无关系。特纳的边疆学说之所以深得资产阶级的赏识，就在于这一学说可以被资产阶级用作对外扩张和对内加强国家干预的理论依据。按照他们的理解，边疆是维护自由和民主的最重要的基础。但到 19 世纪末，边疆随着美国大陆扩张的结束而消失。在这种情况下，在国内，就只能通过加强国家干预维护民主和自由。而这和传统的民主自由观念发生了很大的冲突。按照传统的民主理论，国家对个人的权利和自由是一种威胁，但它又是维护社会稳定所必需。因此，人们往往认为，要维护公民的自由，就需要尽可能地限制国家的权力。对政府的不信任使人们对国家权力的扩张持有戒心。在这种信念指引下，马林强烈抵制国家权力的扩张。而在现实生活中，法西斯国家建立了极权政治，而苏联也建立了被资产阶级视为洪水猛兽的社会主义政权，这也使得许多资产阶级的知识分子忧心忡忡，他们对国家权力扩张惊恐万状。正是在这种思想和现实背景下，马林才不遗余力地抨击特纳的边疆学说和"新政"时期的许多救济政策。

从特纳、韦布和马林的理论主张来看，美国西部史学一贯强调地理环境的作用，重视地域研究。之所以如此，与西部非常典型的自然特征有直接关系。西部干旱少雨，气候恶劣，自然环境对人类活动的影响尤其明显，历史上曾经长期使移民望而却步，对移民适应环境的能力提出过严峻考验。与东部湿润地区的森林景观完全不同，西部地广人稀，植被以草地为主，是牛仔的故乡和美国畜牧业的主要基地。西部也是土著印第安人最集中的区域。直到现在，农业、畜牧业和采矿业仍然是西部经济结构的重要支柱，西部在全国经济生活中处于不利地位。在美国文化中，西部往往被视为净土和圣地，西部神话、西部精神经久不衰。所有这些，都是西部明显的区域特征。

美国西部史学正是由于对地理作用的重视及其区域研究方法，而同美国环境史学联系起来。对美国而言，西部史学对环境史学的推动，同地理学尤其是历史地理学在英国、法国、德国、中国、印度等国对环境史的孕育，起到了类似的作用。在美国，地理学是从欧洲大陆引入的，根基本来就不深厚，而它在20世纪上半叶又沾染上明显的西方中心主义和种族偏见的痼疾，最终使美国许多名校在第二次世界大战后相继撤销了地理系。考虑到美国地理学先天不足、命运多舛这一事实，我们就不难理解，美国学者在对环境史追根溯源时，都要溯及受地理学浸染很深的西部史学那里。

另外，通过特纳、韦布和马林的不断努力，美国西部史学确实逐渐打开了通向环境史的大门。特纳的边疆学说，强调环境对美国民主的塑造，突出环境的塑造作用，与此同时，还把边疆的推进视为进步，所以荒野、印第安人都是作为文明的障碍物出现的，这样一种意识，必然使特纳很难看到文明向西推进导致的生态后果。而在韦布那里，地域分析则日臻成熟，同时地理环境几乎成为支配人类生活的主导力量，其影响就不再局限于民主制度方面了，这是韦布对特纳的突破。但与此同时，韦布对地理作用的过分强调，使他成为环境决定论者。总的来看，特纳和韦布都较多地强调了自然对人的单向制约作用，而较少意识到人与自然之间的互动关系。

马林则将人与自然之间关系的研究向前推进了一大步。首先，马林削弱了早期西部史学的环境决定论倾向，在研究中已经开始广泛利用自然科学和社会科学领域的成果，他的研究在很大程度上已经是跨学科研究，这些都使区域研究更加成熟。其次，马林将人类史看作是自然史的一部分，提出了生态史这一概念，将生态纳入历史的分析框架之内，甚至将历史研究的时间范围推进到史前史和地质史。但马林对自由放任主义的捍卫，使他缺乏生态意识，对已经出现的环境问题置若罔闻。尽管如此，马林已经打开了通向环境史的大门，在著名环境史学家怀特看来，马林"很可能是现代环境史的创始人"[1]。

在看到环境史与传统西部史学联系的同时，对二者之间的差异也应该保持清醒认识。环境史对传统西部史学中的进步史观、地理环境决定论、美国例外论、白人种族主义和男性视角提出质疑，将人与自然之间的相互关系作为研究重点，强调发展和进步的阴暗面，要求揭示西部经受的失败、挫折及付出的社会和生态代价，主张文化多元主义，重视对社会史的研究。如果说西部史主要研究自然对人的影响和人对自然的适应，那么早期环境史则强调人对自然的破坏性影响。

之所以会出现上述差异，主要是因为时代及其氛围的变化。在边疆开拓时代，征服自然和控制自然反映了多数人的愿望，也显示出那一时代人们乐观自信、甚至狂妄自负的精神状态。而在第二次世界大战后，由于生产力和科技的发展，人类越来越凌驾于自然之上，成为破坏自然的角色。在生态环境恶化、人类生存与发展面临困境的今天，环境史学显示出强烈的现实关怀，其对生态的忧思、对现实的警示和对文化的批判无疑奏出了时代的强音，在倡导绿色文明、可持续发展的今天，环境史学的价值将得到充分的体现。

---

[1]　Richard White, "American Environmental History: The Development of a New Historical Field", *Pacific Historical Review*, Vol. 54, No. 3 (Aug., 1985), p. 297.

第二部分

早 期 发 展

第六章

美国环境史学会和著名环境史学家

环境史于 20 世纪六七十年代率先在美国兴起，经过长足发展，目前在美国渐渐成为一个日趋成熟的学科。环境史不仅在美国拥有专业学会、专业期刊，而且被越来越多的高校列入了教学规划。目前，美国环境史学会会员已经超过 1400 人，其专业期刊——《环境史》的发行量超过了 2600 份[①]，其引用率在历史类杂志中仅次于《美国历史杂志》和《太平洋历史评论》。[②]环境史在美国成为一个正式的学科，可以美国环境史学会的成立、《环境评论》的创刊为标志，二者对推动环境史的发展起了积极的作用。另外，美国环境史的兴起，也造就了一批著名学者。本章拟从学术团体、学术刊物、学界中坚三个方面，来介绍美国环境史学的兴起状况。

一　美国环境史学会

人类文明的发展，从来就离不开利用和改造自然。在古今中外的历史文献中，关于人与自然关系的各类记载俯拾即是。这些记载都是环境史研究的宝贵资料。笔者以为，环境史在美国发展成为一个正式的学科，应该是在 20 世纪 70 年代中后期，以美国环境史学会的成立和《环境评论》的创刊为标志，因为它们都是环境史成为一个学科的基本条件。

环境史是在第二次世界大战后环保运动推动下产生的，大致可以把战后

[①]　Jeffrey Stine, "Indicators for the Future", *Newsletter of ASEH*, Winter, 2000, p. 2.

[②]　Hal Rothman, "A Decade in the Saddle: Confessions of a Recalcitrant Editor", *Environment History*, Vol. 7, No. 1 (Jan. 2002), p. 9.

环保运动兴起到美国环境史学会成立之前视为环境史学科的萌生阶段。在这一时期，出现了一批最早的环境史著作，一些目光敏锐的学者已经开始尝试在高校教授"环境史"。

在环境史成为一个学科之前，已经出现了一些有价值的成果。1956年，为纪念乔治·马什出版《人与自然》100周年，众多知名学者参加了在普林斯顿大学举行的学术研讨会。会议论文后来汇编成书，题为《人在改变地球面貌中的作用》。① 该书探讨了史前人类对生态系统的改变，对贯穿历史的人类活动的生态后果作了极有价值的描述，但该书并没有对现代技术或社会进行批判。1967年，格拉肯（Clarence J. Glacken）出版了其经典著作《自古至18世纪末期西方思想中的自然和文化》②。书中指出，西方思想史不外乎对地球被创造出来的原因、地球对人类生活的塑造和人类对地球的影响这三个问题的追问，作者追溯了自远古以来西方人在不同时代对以上三个问题的解答。作者认为，西方思想总是倾向于把对社会和自然现象的思考同预先假定的人和自然的对立联系起来。克罗斯比1972年出版的《哥伦布大交换》一书，探讨了新航路开辟所带来的重要而深远的生态和社会后果。1976年，威廉·麦克尼尔出版了《瘟疫与人》，该书探讨了瘟疫对人类历史进程的影响。这几本书开辟了一些新的研究领域，对环境史的形成产生过很大影响。同一时期问世的《资源与效率至上》（1959）、《荒野与美国精神》（1967）成为美国环境史的奠基之作。对美国的环境史学来说，这两本书的意义在于它们关注的资源保护与自然保护、环境政治和环境思想成为日后美国环境史的两种类型和范式。

在20世纪70年代，"环境史"作为一门课程开始在高校出现。在环境史的教学方面，纳什、约翰·奥佩、佩图拉（Joseph Petulla）、沃斯特等人都进行了大胆的探索。1970年春，纳什率先在加利福尼亚大学圣芭芭拉分校开设"美国环境史"的新课程，深受学生欢迎，在两个星期内，有约450

---

① William L. Thomas, Jr., ed., *Man's Role in Changing the Face of the Earth*, Chicago, 1956.
② Clarence J. Glacken, *Traces on the Rhodian Shore: Nature and Culture in Western Thought from Ancient Times to the End of the Eighteenth Century*, Berkeley: University of California Press, 1967.

名学生报名听课。他还撰文阐述了开设这门新课的经验体会。[①] 同年秋天，
奥佩也开始在迪凯纳（Duquesne）大学教授环境史。1972—1978 年，佩图
拉在加州伯克利大学教授美国环境史。从 1974 年起，沃斯特也开始在布兰
德斯大学教授美国环境史。这些学者还编写了一些环境史的教材和参考读
物。尽管如此，环境史在当时还不能称为一个正式学科。比如纳什开列的书
单非常有限，甚至没有包括《资源与效率至上》，这说明当时环境史学者彼
此之间不通声气，对环境史这一学科只有非常模糊的认识。

　　美国环境史学会的建立、《环境评论》的创刊和 1982 年第一届环境史学
会的召开，是美国环境史兴起和发展过程中的重大事件。2001—2002 年，
恰逢美国环境史学会成立 25 周年，《美国环境史学会通讯》接连发表了一系
列当事人的追忆文章，还计划通过访谈等多种形式来及时记录和整理学会的
历史。

　　美国环境史学会成立于 1977 年，其核心人物是奥佩，他是学会的发起
人和主要组织者。[②] 奥佩在 1969 年的一次旅行中对荒野保护的历史产生了浓
厚兴趣。作为迪凯纳大学的一名教师，他意识到历史学家应该积极开展环境
问题的讨论，应该从生态的角度研究历史，或者说在历史研究中加入生态的
内容。奥佩的这一灵感与他从小热爱自然有关。他小时候经常在由著名建筑
师弗雷德里克·奥姆斯特德（Frederick Olmsted）设计的河滨公园玩耍，喜
欢摄影、远足等多种户外活动。[③] 在那次旅行之后，他开始大量阅读勒内·
杜博斯（Reno Dubos）、刘易斯·芒福德、伊恩·麦克哈格（Ian McHarg）、

---

　　① Roderick Nash, "American Environmental History: A New Teaching Frontier", *Pacific Historical Re-view*, Vol. 41, No. 3（Aug. 1972）, p. 362.

　　② 美国环境史学会主席大都在环境史领域作出过杰出贡献。历届美国环境史学会主席名单依次是：
John Opie（1977 – 1979）；Wilbur L. Jacobs（1979 – 1980）；Donald Worster（1980 – 1982）；Morgan Sher-wood（1982 – 1985）；Clayton R. Koppes（1985 – 1987）；John F. Richards（1987 – 1989）；William Cronon（1989 – 1993）；Martin Melosi（1993 – 1995）；Susan Flader（1995 – 1997）；Donald Pisani（1997 – 1999）；Jeffrey K. Stine（1999 – 2001）；Carolyn Merchant（2001 – 2003）；Douglas Weiner（2003 – 2005）；Stephen Pyne（2005 – 2007）；Nancy Langston（2007 – 2009）；Harriet Ritvo（2009 – 2011）；John McNeill（2011 – 2013）；Gregg Mitman（2013 – 2015）。

　　③ "ASEH Founders – Oral Histories: Interview with John Opie by Lisa Mighetto", http://aseh. net/a-bout – aseh/copy_ of_ oral – histories – with – aseh – founders/John% 20Opie. pdf, p. 1.

卡逊、康芒纳等人的作品。①1970 年秋天，他就开始讲授环境史，并于次年汇编出版了《美国人与环境：有关生态的争论》这本资料集。在此前后，他遇见了志同道合的威尔伯·雅各布斯（Wilbur Jacobs）。奥佩从 1972 年以来就积极参加美国史学会、美国历史学家组织、美国研究学会等重要学术机构的年会，并通过组织小组研讨，将对环境问题感兴趣的学者集合起来。1973 年在得克萨斯州圣安东尼奥市参加美国研究学会学术年会之际，奥佩和沃斯特、苏珊·福莱德等人酝酿筹建环境史的专业学会。1974 年美国历史学家组织的年会在丹佛市举行，"环境史的教学"是会议分组讨论的一个题目，参加者达到 18 人。②成立独立学会和创办刊物，成为很多人的共识。奥佩作为联络人，于 1974 年 4 月推出了第一期《通讯》，虽然只发送了 52份，却收到了 62 人的热烈反馈。通过参与各类学术会议，奥佩发现了越来越多的志同道合的学者，他制作的通讯录名单也越来越长，到 1975 年 6 月，《通讯》已经寄达给 140 位学者。奥佩在 1976 年 3 月的《通讯》上发出了创办刊物和成立学会的倡议，并得到了佩图拉、邓拉普（Thomas Dunlap）、约翰·帕金斯、威尔伯·雅各布斯、纳什等众多学者的大力支持。奥佩最初提议成立"美国土地研究学会"，创办题为《土地与生命》的刊物。但这样的名称在很多人看来过于狭隘，包容性不够，因此，学会和刊物的名称确定为美国环境史学会和《环境评论》（*Environmental Review*）。1976 年 12 月，《环境评论》正式出版，1977 年美国环境史学会宣告成立，并通过了学会章程。

《美国环境史学会章程》对会员、管理机构、会议、选举和登记、会费、章程修订等方面进行了规定，它于 1984 年、1993 年、1997 年、2000 年及 2002 年多次修订。依据该章程，学会的管理机构包括：1 名主席、2 名副主席、1 名秘书长、1 名财务主管以及 7 名常务理事，学会刊物主编、最近卸任的 3 位主席也成为管理机构的成员。主席、副主席每届任期 2 年，秘书长、财务主管、理事会成员每届任期 4 年，均可竞选连任。此外，学会还邀请知名学者组成顾问委员会。《环境史》主编需经环境史学会及森林史学会

---

① "History of ASEH", http：//aseh. net/about – aseh/history – of – aseh.
② Thomas R. Cox, "A Tale of Two Journals：Fifty Years of *Environmental History* and Its Predecessors", *Environmental History*, Vol. 13, No. 1（Jan., 2008）, p. 19.

管理委员会多数成员同意并任命。学术会议应该定期组织召开。

美国环境史学会自成立以后，经历了一个逐步专业化的过程。这一过程从该会专业刊物名称的改变得到明显反映。刊物自创办以来曾经两度易名，在 1976—1989 年为《环境评论》，1990—1995 年更名为《环境史评论》（*Environmental History Review*），1996 年以来采用现在的名称《环境史》。刊物名称的变化，可以表明环境史日渐专业化，并逐步成为历史学的一个分支学科。《环境评论》创刊之初，强调该刊"将人文科学和环境科学结合起来"，"用历史的和交叉学科的方法研究人与自然之间的关系"①，要"影响公众"。刊物的这一定位与第一任主编奥佩本人的取向有很大关系。奥佩是一位环保人士，相比而言，他重视学术研究，同时也强调通过学术普及动员公众。《环境评论》的编委明显具有多学科的专业背景，所登载的文章则涉及环境文学、环境伦理、环境社会学等多个领域。这固然可以体现环境史跨学科的背景，在一定程度上也可以反映环境史研究的薄弱状况。

《环境评论》在创办初期，面临着缺少经费、稿源不足等诸多困难。刊物的维持主要靠编辑去寻求所在学校的支持。没有专门的编辑，大量工作主要靠第一任主编奥佩（1977—1982）独自支撑，没有匿名审稿制度，也难以对稿件进行严格的编校。刊期不固定，各期的印张也不固定。《环境评论》在 1977 年出版了 5 期，1979 和 1980 年出版了 2 期，1981 年出版了 3 期。第 1 卷第 1 期为 48 页，第 1 卷第 2 期为 64 页，第 7 卷第 1 期为 128 页，而第 7 卷第 2 期则为 96 页。刊物的栏目也不固定，书评时有时无；没有统一的排版格式，页面边距也未对齐，有时只是一些打字稿。那一时期的《环境评论》处于摸索阶段，显得较为粗糙。

在 20 世纪 80 年代，《环境评论》在困境中逐步提高刊物质量。1983—1985 年间，科罗拉多州丹佛大学的休斯担任刊物主编。《环境评论》开始按季度出版。那时的投稿量依然很低，在发稿时并没有太多的挑选余地。刊物所采用的稿件有不少来自提交学会学术会议的论文。但由于推行专家匿名审稿制度，刊物的学术质量有所提高，刊物的发行量在 1983—1986 年间从 250

---

① 对该刊定位的这句话印在《环境评论》的扉页（封 3）上。

本增加到了近 500 本，其中约半数为机构图书馆所订阅。[①] 1986—1988 年在俄勒冈州立大学的威廉·罗宾斯（William G. Robbins）担任主编期间，《环境评论》遭遇严峻挑战。罗宾斯在任期间，严格用稿标准，倡导实证研究而摈弃煽情、玄奥的空论，编校也更为细致认真。但由于学校紧缩开支，罗宾斯原本期望的校方资助大都落空，而他从学会得到的支持又很有限，因为难以开展工作最后只好辞职。在这种困境下，奥佩临危受命，于 1988 年出任临时主编。他接任之初一个月仅能收到 2 篇投稿，投稿的采用率为 40%。[②] 但这一颓势因为奥佩出色的组织才能而渐渐化解，他的工作得到了其所在的新泽西理工学院的大力支持。到 1992 年年底他辞去主编之前，每年的投稿量达到 80 多篇，采用率则下降到 20% 以下；而学会的会员增加到了 800 多人。

进入 20 世纪 90 年代以后，学会刊物在经历两次调整后，学术质量稳步提高，并跻身于美国最有影响的史学刊物之列。第一次调整发生在 1990 年，该年《环境评论》更名为《环境史评论》。这次调整与 80 年代学会的会员构成变化有很大关系。学会会员在 80 年代上半期稳定增加，从 1983 年的 158 人上升为 1984 年的 413 人。[③] 而到 80 年代中后期，学会会员人数锐减。这主要是由于一些会员退出了美国环境史学会，这些退出者大都是热心政治而不是学术的环保人士。环保人士在美国环境史学会的大量存在，虽然给学会增加了活力，但也带来了一些困扰。学会曾一度被一些人误认为是环保组织而非学术团体，奥佩本人甚至还受到一些反环保人士的威胁。在意识到学会越来越重视学术而非环保斗争时，环保人士因在学会难有作为而逐渐退出。与此同时，学者，尤其是历史学者在环境史学会的主导地位日益明显。正是在这种情况下，美国环境史学会理事会、学会刊物编委会经过投票后决定，《环境评论》从 1990 年起更名为《环境史评论》。[④]

学会刊物的第二次调整出现在 1996 年。该年，《环境史评论》与美国森林史学会的刊物《森林史》合并，并更名为《环境史》（*Environmental His-*

---

① Thomas R. Cox, "A Tale of Two Journals: Fifty Years of *Environmental History* and Its Predecessors", *Environmental History*, Vol. 13, No. 1 (Jan., 2008), p. 22.

② Ibid., p. 24.

③ Ibid., p. 22.

④ "Special Notices", *Environmental History Review*, Vol. 14, No. 1/2 (Spring – Summer, 1990), p. 6.

tory）。这一调整体现了美国环境史学会与森林史学会日益密切的合作。美国
环境史学会自建立以来一直与森林史学会保持着友好合作关系。在美国环境
史学会成立之前，森林史学会曾有意让环境史学者可以加入森林史学会而无
须成立单独的学术组织。森林史学会受木材行业的影响过大，因而并没有很
强的学术性。奥佩、海斯、威廉·罗宾斯等人坚持成立独立的学会。尽管如
此，两个学会之间的合作始终存在。《森林史》杂志刊登过《环境史》创刊
的通知。哈罗德·平克特（Harold Pinkett）、哈罗德·斯蒂恩（Harold
K. Steen）、福莱德等森林史学会的负责人都是《环境评论》的编委。森林史
学会也向环境史学会征求建议。1984 年，两个学会还在丹佛共同举办了为
期 2 天的会议，讨论落基山脉地区的森林史。这两个学会的会员也经常参加
对方组织的学术活动。森林史学会的刊物《森林史杂志》（*Journal of Forest
History*）自 20 世纪 80 年代以来不断扩大研究领域，并在 1990 年更名为
《森林与资源保护史》（*Forest & Conservation History*）。森林史学会实际上也
受会员减少和刊物稿源不足的困扰。森林史学会主席、《森林与资源保护
史》杂志主编哈罗德·斯蒂恩在参加 1995 年环境史学会学术会时，同环境
史学会时任主席梅洛西、副主席福莱德（Susan Flader）就刊物合并进行讨
论。这一提议在克罗农、邓拉普等学者的支持下变成了现实。[1] 自 1996 年
《环境史》由美国环境史学会和森林史学会共同创办以来，办刊条件逐渐改
善，栏目设计更趋合理，学术质量也不断提高。到 2000 年，《环境史》的发
行量已经超过了 2600 份[2]，成为美国最有影响的史学期刊之一。2003 年，
《环境史》加入了由美国史学会、美国历史学家组织、伊利诺伊大学出版社
等合办的"历史合作网"（History Cooperative），实现了刊物成果的电子化，
为读者提供了极大便利。2010 年以来，《环境史》由牛津大学出版社出版，
借助这一平台，《环境史》的影响力进一步扩大，其引用率在美国史学刊物
中排名第三。[3]

　　近 20 年来，《环境史》的学术质量稳步提高，与多位主编的励精图治是

①　Hal Rothman, "From the Editor", *Environmental History*, Vol. 1, No. 1（Jan. 2006）, p. 6.

②　Jeffrey Stine, "Indicators for the Future", *Newsletter of ASEH*, Winter, 2000, p. 2.

③　Thomas R. Cox, "A Tale of Two Journals: Fifty Years of *Environmental History* and Its Predecessors",
Environmental History, Vol. 13, No. 1（Jan. , 2008）, p. 31.

分不开的。担任主编的先后有哈尔·K. 罗思曼（Hal K. Rothman，1993—2002）、罗姆（Adam Rome，2003—2005）、马克·乔克（Mark Cioc，2006—2010）、南茜·兰斯顿（Nancy Langston，2011—2013）、利萨·布雷迪（Lisa Brady，2014— ）。罗思曼在任期间致力于引导环境史的学术发展方向，在刊物上以醒目位置接连刊登了多篇重要理论文章，涉及城市、环境正义等重大问题，极大地拓展了环境史研究的范围，引起了广泛反响。罗姆为每一期都加上"编者按语"，新增了"画廊"和"回顾"栏目，"编者按语"对当期的重要文章进行简要介绍，"画廊"力图揭示一些有关自然的图片的意义，"回顾"栏目主要是关于环境史教学的研讨。这些举措使刊物变得图文并茂，扩大了读者群，提高了读者的阅读兴趣。2007 年乔克担任主编后，新增了"访谈"栏目，对环境史领域的开拓者进行访谈，介绍了环境史领域的开拓者的治学道路、学术贡献及其对一些重要理论问题的理解。到 2011 年，共刊出访谈文章 12 篇。[①] 而兰斯顿则就重要问题编发了一系列专题文章，作为一名科学家，她还致力于推动环境史的跨学科研究。近年来，《环境史》刊登了多位女性和外国学者的文章，其多元化和国际化的趋势日益明显。

作为《环境史》的补充，《美国环境史学会通讯》现在每年出版 4 期，主要发表学会的动态性消息，《美国环境史学会通讯》2001 年以来的电子版可在美国环境史学会的网页（www. aseh. net）上浏览。

除办刊物外，美国环境史学会的另外一项重要工作就是组织学术会议。在 1980 年之前，环境史学者实际上还无力单独组织会议，他们往往是在美国史学会、美国历史学家组织、森林史学会、西部史学会、美国地理学家组织等学术团体的学术会议上组织关于环境问题的小组讨论。1980 年 4 月 21—24 日，为庆祝地球日 10 周年，唐纳德·休斯与罗伯特·舒尔茨（Robert C. Schultz）在丹佛大学举行学术会议，并于会后出版了题为《生态意识：地球日 10 周年研讨会文选》。[②]学会单独组织会议始于 1982 年。

---

① http：//environmentalhistory. net/interviews/.

② Robert C. Schultz and J. Donald Hughes, eds., *Ecological Consciousness: Essays from the Earthday X Colloquium*, *University of Denver*, *April 21 - 24*, *1980*, Washington, D. C.: University Press of America, 1981.

1982 年 1 月 1—3 日，美国环境史学会在加州大学欧文分校首次自行组织会议，有 100 多名学者参加。这次会议盛况空前，吸引了这个领域的众多知名学者参加。与会者除国际知名的技术史专家林恩·怀特（Lynn White, Jr.）及地理学家格拉肯外，还包括海斯、克罗斯比、纳什、卡罗尔·珀塞尔（Carroll Pursell）等美国著名学者。沃斯特、麦茜特、休斯、佩图拉、福莱德、梅洛西、邓拉普、卡尔文·马丁（Calvin Martin）、帕金斯、塔尔、考克斯（Thomas Cox）、韦纳（Douglas Weiner）、科佩斯（Clayton Koppes）等一大批崭露头角的年轻学者参加了此次会议，他们中的很多人日后成为该领域的权威学者。奥佩作为环境史领域的奠基人和《环境评论》的主编，作了题为《环境史：困境与机遇》的主题报告，唐纳德·沃斯特作为学会时任主席，在晚宴上作了《没有区隔的世界》的发言。会议议题广泛，而且具有前瞻性。环境观念、环境政治和环境政策、土著与环境、资源保护史、生态和气候史、城市环境史、全球环境问题、前工业文明的历史、科学家与环境等问题都受到了关注。会议论文后来被编成文集，题为《环境史：比较视野中的关键问题》。

这次会议在多方面推动了环境史研究的发展。其最重要的成就在于，它明确了该领域要探讨的问题。会议"回顾了环境史的已有成绩，指明了未来发展方向"[①]。会议能在美国著名的加州大学举行，实际上也表明环境史在当时已经受到了一定程度的认可。从一开始，就有外国学者参加美国环境史学会的学术会议，这也表明了这个领域的开放性和吸引力。这次会议搭建了一个重要的学术交流平台，加强和加深了学者之间的联系。此后，学会定期组织学术会议作为一种机制延续下来，在 1982—1999 年间，会议每两年召开一次，共组织了 9 次会议，与会者在 2000 年前后已经达到三四百人。为了向这个领域的学者提供更多的交流机会，从 2000 年起，美国环境史学会开始组织年会，会议一般是在每年三四月间召开。近年来，参加美国环境史学会年会的人数还在逐渐增加，2007 年曾超过 700 名，2011 年约为 600 人。

[①]　Kendall E. Bailes, ed., *Environmental History: Critical Issues in Comparative Perspective*, Lanham: University Press of America, 1985.

　　从美国环境史学会的发展来看，1990 年前后可谓是一个转折点。在此之前，尤其是在 20 世纪 80 年代中后期，学会遭遇了重重困难。当时，既没有稳定的经费和固定的工作人员，也没有充足的稿源，会员人数也在下降。很多学者忧心忡忡，甚至担心学会和刊物是否能够支撑下去。在此危难关头，奥佩、克罗农和沃斯特等学者发挥关键作用。奥佩再次出任《环境评论》主编，而在沃斯特等人的举荐下，克罗农担任了两届美国环境史学会主席（1989—1993）。克罗农为学会捐赠了一笔 1.5 万美元的基金，暂时缓解了学会经费短缺的局面。他还任命理查德·贾德（Richard Judd）为首的一个委员会就改进刊物质量提出具体意见。在克罗农任内，美国环境史学会设立了一些奖项，对该领域的优秀成果予以奖励，对知名学者予以表彰。1989 年，学会设立了乔治·马什奖（环境史最佳图书奖），当年的获奖图书是《渔民问题》。1993 年，学会又设立了蕾切尔·卡逊奖（环境史最佳博士论文奖）与利奥波德 – 希迪奖（Leopold – Hidy Prize，《环境史》年度最佳论文奖）。这些举措有效地化解了环境史学会的危难局面，并在此后得到弘扬。1997 年，美国环境史学会又增设了爱丽丝·汉密尔顿奖，对在《环境史》以外的期刊上刊登的优秀论文予以奖励。同年，学会还设立了杰出学术奖和突出贡献奖。近年来，学会还设立了海斯研究奖励基金，鼓励人们积极扩大环境史的社会影响。上述奖项都是在环境史学会年会召开期间颁发，对激励学者潜心研究、推出精品力作起到了积极作用。到 2013 年 4 月，共有 23 本著作获环境史年度最佳图书奖，6 位学者获杰出学者奖，8 位学者获突出贡献奖。

　　特别需要指出的是，环境史学会非常重视年轻人的培养。学会主席麦茜特曾经提到，"研究生是我们的未来"①。学会通过降低学生会费、设立年会差旅补助、奖励优秀博士论文，鼓励更多的后学者加入环境史研究的行列。近年来，为鼓励研究生潜心撰写论文，一些学者还慷慨解囊，在学会设立了罗思曼博士论文研究基金。在 2001 年，参加年会的研究生达到 97 人，几乎为与会者人数的 1/4。在 2000 年美国环境史学会的学术评奖活动中，有 50 本书竞争马什奖，有 33 篇文章竞争汉密尔顿奖，11 篇博士论文竞争卡逊奖。这些数字都说明，环境史研究在美国后继有人。

---

① Carolyn Merchant, "Greetings from the New ASEH President", *Newsletter of ASEH*, Spring, 2001, p. 2.

二　环境史领域的拓荒者

在美国环境史学发展的过程中，多位学者因其在学术上所取得的卓越成就或对学会所作出的突出贡献，受到了美国环境史学会的表彰。1997 年至 2013 年间，6 位学者因在环境史领域杰出的学术成就荣获美国环境史学会授予的杰出学者奖（名单见表 6—1），另有 8 位学者因对美国环境史学会的巨大贡献而荣获该会授予的突出贡献奖（名单见表 6—2）。另外，《环境史》杂志自 2006 年以来推出 "访谈" 项目和环境史学会的口述史项目，对该领域部分权威学者的贡献进行了介绍。一些环境史学者因其学术贡献而当选美国艺术与人文科学院院士。本节主要按成名先后对以上学者作简单介绍。[1]

表 6—1　　　　　　　美国环境史学会杰出学者奖获得者名单

年份	获奖人
2012	理查德·怀特（Richard White）
2010	卡洛琳·麦茜特（Carolyn Merchant）
2008	威廉·克罗农（William Cronon）
2004	唐纳德·沃斯特（Donald Worster）
2001	艾尔弗雷德·克罗斯比（Alfred W. Crosby）
1997	塞缪尔·海斯（Samuel P. Hays）

资料来源：http：//aseh. net/awards－funding/award－recipients/distinguished－scholar－award。

表 6—2　　　　　　　美国环境史学会突出贡献奖获得者名单

年份	获奖人
2013	凯瑟琳·布罗斯南（Kathleen Brosnan）
2012	托马斯·邓拉普（Thomas Dunlap）
2011	杰弗里·斯泰恩（Jeffrey Stine）
2009	马丁·梅洛西（Martin Melosi）

---

[1]　这部分内容是笔者根据 Gale 数据库中的传记资料（Biography Resource Center）编写的。

续表

年份	获奖人
2006	哈尔·罗思曼（Hal K. Rothman）
2004	苏珊·福莱德（Susan Flader）
2000	唐纳德·休斯（J. Donald Hughes）
1997	约翰·奥佩（John Opie）

资料来源：http：//aseh. net/awards – funding/distinguished – service – award。

　　塞缪尔·海斯（Samuel P. Hays），1921 年生于印第安纳州，1948 年获斯沃斯莫尔学院（Swarthmore College）学士学位，1949 年、1953 年在哈佛大学分获硕士、博士学位。海斯曾在政府资源保护部门工作，同塞拉俱乐部等环保组织保持着密切联系。这种实践经验使他对环境政治的复杂性有深刻的认识，并在研究中重视环保支持人士、反环保势力、政府等三方之间的政治博弈。他曾经在艾奥瓦大学任教（1953—1960），之后一直任匹兹堡大学历史系教授。他是美国环境政治史研究方面的权威学者，其主要作品有《资源保护与效率至上》。该书并没有简单地将资源保护运动视为一场"民众与利益集团"之间的道德战争，而对资源保护的不同层面进行了分析，强调政治社会精英对这场运动的领导。由于当时很难找到教授资源保护史的职位，海斯转向研究民众的选举模式，将社会史和文化史融于其中，开创了政治史研究的新局面。20 世纪 80 年代以来，海斯转向环境政治史的研究，并出版了《美丽、健康和永恒：美国环境政治，1955—1985》，该书结合美国产业结构的主体在 20 世纪中叶前后从制造业转向服务业，分析了消费社会对现代环保运动的促进作用。海斯的著作还有《1945 年以来美国的环境政治史》、《环境史探径集》等。①

---

　　① *Conservation and the Gospel of Efficiency*：*The Progressive Conservation Movement*，*1890 – 1920*，Cambridge：Harvard University Press，1959；*Beauty*，*Health*，*and Permanence*：*Environmental Politics in the United States*，*1955 – 1985*，in collaboration with Barbara D. Hays，Cambridge University Press，1987；*City at the Point*：*Essays on the Social History of Pittsburgh*，Pittsburgh，Pa. ：University of Pittsburgh Press，1989；*Explorations in Environmental History*：*Essays*，Pittsburgh，Pa. ：University of Pittsburgh Press，1998；*History of Environmental Politics since 1945*，Pittsburgh，Pa. ：University of Pittsburgh Press，2000.

纳什（Roderick Nash），1939 年生于纽约，1960 年在哈佛大学取得文学士学位，1961 年、1964 年在威斯康星大学分获硕士与博士学位。他的博士论文探讨了美国人荒野观念的变化及其影响。论文完成当年适逢《荒野法》在美国通过。他以博士论文为基础出版的专著《荒野与美国精神》获得了巨大成功，该书是美国环境史的奠基之作。纳什自 1966 年起一直在加州大学圣芭芭拉分校任教，他倡导生态中心主义，并积极投身环境保护运动。他是最早开设环境史课程的美国学者之一，是荒野史研究方面的权威。他的作品还包括《美国环境保护主义》（1968）、《美国西部的激流险滩》（1978）、《大自然的权利》（1989）等。①

克罗斯比（Alfred W. Crosby），1931 年生于波士顿，1952 年、1956 年先后在哈佛大学取得文学士与硕士学位，1961 年在波士顿大学取得博士学位。他曾在俄亥俄州立大学（1961—1965）、华盛顿州立大学（1966—1977）任教，从 1977 年起，一直任得克萨斯大学美国研究中心教授。他是美国史学会的成员。他特别善于揭示植物、动物和疾病对历史进程的深刻影响。主要著作包括：《哥伦布大交换：1492 年的生物影响和文化冲击》、《瘟疫与和平》、《生态扩张主义》、《哥伦布航行、哥伦布大交换和研究这些问题》、《细菌、种子和动物：生态史研究》等。②

沃斯特（Donald Worster），1941 年生于加利福尼亚，1963 年、1964 年在堪萨斯大学分获学士、硕士学位，1971 年获耶鲁大学博士学位。他曾先

---

① *Wilderness and the American Mind*, Yale University Press, 1967; *The American Environment*: *Readings in the History of Conservation*, Addison – Wesley, 1968; *The Nervous Generation*, Rand – McNally, 1970; *The Call of the Wild*, Braziller, 1970; *Grand Canyon of the Living Colorado*, Ballantine, 1970; *Environment and Americans*: *The Problem of Priorities*, Huntington, N. Y.: R. E. Krieger Pub. Co., 1979; *Nature in World Development*: *Patterns in the Preservation of Scenic and Outdoor Recreation Resources*, New York, NY, 1978; *Tourism, Parks, and the Wilderness Idea in the History of Alaska*, Anchorage, AK, 1981.

② *America*, *Russia*, *Hemp and Napoleon*, Columbus: Ohio State University Press, 1965; *The Columbian Exchange*: *Biological and Cultural Consequences of 1492*, Westport, CT: Greenwood Press, 1972; *Epidemic and Peace*, *1918*, Greenwood Press, 1976, reprinted with a new preface as *America's Forgotten Pandemic*: *The Influenza of 1918*, Cambridge University Press, 1989; *Ecological Imperialism*: *The Biological Expansion of Europe*, *900 – 1900*, Cambridge University Press, 1986; *The Columbian Voyages*, *the Columbian Exchange*, *and Their Historians*, Washington, D. C., 1987; *Germs*, *Seeds*, *and Animals*: *Studies in Ecological History*, Armonk, NY, 1994; *The Measure of Reality*: *Quantifications and Western Society*, *1250 – 1600*, Cambridge University Press, 1997; *Throwing Fire*: *A History of Projectile Technology*, Cambridge University Press, 2002.

后在布兰德斯大学（1971—1974）、夏威夷大学（1975—1983）、布兰德斯大学（1984—1989）任教，从 1989 年起任堪萨斯大学霍尔杰出讲席教授。他是美国历史学家组织、环境史学会、森林史学会、荒野协会、塞拉俱乐部的会员。在回顾他的研究领域时，沃斯特说过："我着迷于发现——我自己、我的家庭和其他人——在这个脆弱的星球上的新的生活方式，这种方式对星球的影响最小，又能最充分地体现人性化，还能获得与生态完整相协调的最大限度的个人自由。"他的主要作品包括：《尘暴》、《自然的经济体系》、《帝国之河》、《大河向西流：鲍威尔传》等。①

约翰·奥佩（John Opie），1934 年生于芝加哥。他长期学习宗教史，于 1956 年在印第安纳州迪堡大学获得文学士学位，1963 年在芝加哥大学获得神学博士学位。他曾在伊利诺伊大学（1963—1965）、匹兹堡的迪凯纳大学（1965—1986）和新泽西理工学院（1987—）任教，并从宗教史逐渐转向思想文化史和环境史研究。他是美国环境史学会的主要发起人和创建者，长期担任学会刊物《环境评论》的主编，通过种种努力，使学会和刊物得以保存下来。奥佩对美国，尤其是大平原的农业开发有深入研究，并就此出版过《土地法：200 年来的美国农业用地政策》（1987）、《奥加拉拉含水层》（1993）。他的作品还包括《自然的国家：美国环境史》、《美国映像：天堂梦游》。② 奥佩还是一名杰出的摄影家，其作品多次在美国获奖。

唐纳德·休斯（J. Donald Hughes）1932 年生于加利福尼亚，1954 年获

① *American Environmentalism: The Formative Period, 1860 – 1915*, Wiley, 1973; *Nature's Economy: The Roots of Ecology*, Sierra Books, 1977, 2nd edition, Cambridge University Press, 1984; *Dust Bowl: The Southern Plains in the 1930s*, Oxford University Press, 1979; *Rivers of Empire: Water, Aridity, and the Growth of the American West*, Oxford University Press, 1985; *The Ends of the Earth: Perspectives on Modern Environmental History*, Cambridge University Press, 1988; *Under Western Skies: Nature and History in the American West*, Oxford University Press, 1992; *The Wealth of Nature: Environmental History and the Ecological Imagination*, Oxford University Press, 1993; *An Unsettled Country: Changing Landscapes of the American West*, University of New Mexico Press, 1994; *Bust to Boom: Documentary Photographs of Kansas, 1936 – 1949*, University Press of Kansas, 1996; *A River Running West: The Life of John Wesley Powell*, Oxford University Press, 2001; *Passion for Nature: The Life of John Muir*, Oxford University Press, 2008.

② *Americans and Environment: The Controversy over Ecology*, Heath, 1971; *The Law of the Land: Two Hundred Years of American Farmland Policy*, University of Nebraska Press, 1987; *Ogallala: Water for a Dry Land*, Lincoln, NE: University of Nebraska Press, 1993; *Nature's Nation: An Environmental History of the United States*, Harcourt, 1998; *Virtual America: Sleepwalking through Paradise*, Universting of Nebraska Press, 2008.

加州大学文学士学位，1957 年、1960 年分获波士顿大学神学学士和博士学位。唐纳德·休斯在任《环境评论》的编辑时，希望该刊物"发展成为对环境研究感兴趣的所有读者来说都必要的、真正的国际学术刊物"。他是美国史学会、古代历史学家协会、美国环境史学会、美国印第安人历史协会、国家公园与自然保护协会、塞拉俱乐部的会员。他先后在西加州大学（California Western University，San Diego）、希腊雅典的皮尔斯学院（Pierce College）任教，自 1967 年以来，他一直在科罗拉多州的丹佛大学历史系任教。他的著作包括《大峡谷地区居民的故事》、《古代文明的生态环境》、《科罗拉多的土著印第安人》、《生态意识》、《北美印第安人的生态实践》、《古代希腊和罗马的环境问题》《地球的面貌：环境和世界史》、《世界环境史》。①

麦茜特（Carolyn Merchant），1936 年生于纽约州，1962 年、1967 年在威斯康星大学分获硕士与博士学位。她是美国环境史学会、科学史学会、技术史学会、行为科学高级研究中心的成员。她曾经在旧金山大学工作过（1969—1978），从 1979 年起，她一直在加州大学伯克利分校任教。麦茜特提到："70 年代的妇女运动与生态运动对我的著述产生了重要影响，它们引导我从这些运动和问题的根源入手，重新确定学术研究方向。"她把妇女史、女性主义和环境史联系起来，是"妇女与环境"研究方面的权威学者，主要作品包括《自然之死：妇女、生态和科学革命》、《生态革命：新英格兰地区的自然、性别与科学》、《关心地球：妇女与环境》等。②

苏珊·福莱德（Susan Flader），生于 1941 年，1963 年在威斯康星大学获

---

① *The Story of Man at Grand Canyon*, Grand Canyon Natural History Association, 1967; *Ecology in Ancient Civilization*, University of New Mexico Press, 1975; *American Indians in Colorado*, Pruett, 1976; *Ecological Consciousness*, University Press of America, 1981; *American Indian Ecology*, Texas Western Press, 1983; *Pan's Travail: Environmental Problems of the Ancient Greeks and Romans*, Johns Hopkins University Press, 1994; *The Face of the Earth: Environment and World History*, Sharpe, 2000; *The Environmental History of the World: Humankind's Changing Role in the Community of Life*, Routledge, 2001.

② *The Death of Nature: Women, Ecology, and the Scientific Revolution*, Harper, 1980; *Ecological Revolutions: Nature, Gender, and Science in New England*, Chapel Hill, NC: University of North Carolina Press, 1989; *Radical Ecology: The Search for a Livable World*, New York: Routledge, 1992; (Editor) *Major Problems in American Environmental History: Documents and Essays*, Lexington, MA: D. C. Heath, 1993; *Ecology*, Atlantic Highlands, NJ: Humanities Press, 1994; *Earthcare: Women and the Environment*, New York: Routledge, 1996; (Editor) *Green Versus Gold: Sources in California's Environmental History*, Washington, D. C.: Island Press, 1998.

得文学士学位，1965 年和 1971 年在斯坦福大学取得硕士和博士学位，自 1971
年以来一直在密苏里大学任教。她是美国历史学家组织的成员。福莱德于
1974 年出版了《像山一样思考：利奥波德及其关于鹿的生态观念转变》。该书
通过梳理利奥波德对鹿和狼的态度转变，分析了利奥波德整体生态观念的形
成及其深远影响。福莱德是研究利奥波德的权威学者，在森林史和公园史方
面也有深入研究，出版过《五大湖区的森林：环境与社会史》、《密苏里州自
然与文化遗产探寻》等力作。① 福莱德热心环保公益事业，积极参与了密苏里
公园协会、利奥波德基金会等多个环保组织的活动。她是森林史学会董事会
成员，在任美国环境史学会主席期间（1995—1997），积极促成了环境史学会
和森林史学会合作出版《环境史》。她曾获得过美国环境史学会授予的特殊贡
献奖，数次来华从事学术交流。

　　怀特（Richard White），1947 年生于纽约，1969 年在加州大学圣克鲁斯分
校获文学士学位，1972 年、1975 年在华盛顿大学分获硕士和博士学位。他是美
国历史学家组织、美国人种史学会的会员，曾任西部史学会主席。他曾经在密
歇根州立大学（1976—1989）、华盛顿大学（1990—1998）任教，现任斯坦福
大学历史系教授。他是美国西部史和印第安人史的权威学者，主要著作包括
《土地利用、环境和社会变迁：华盛顿州艾兰县的形成》、《依附的根源》、《中
间地带：五大湖区的印第安人、殖民帝国和印第安部落，1650—1815》等。②

　　克罗农（William Cronon）1954 年出生于康涅狄格州纽黑文，1976 年在
威斯康星大学获得文学士学位，1980 年在耶鲁大学获文科硕士与哲学硕士

---

　　① *Thinking Like a Mountain：Aldo Leopold and the Evolution of an Ecological Attitude toward Deer，Wolves，and Forests*，Columbia：University of Missouri Press，1974；*The Great Lakes Forest：An Environmental and Social History*，Minneapolis：University of Minnesota Press，1983；*Exploring Missouri's Legacy：State Parks and Historic Sites*，Columbia：University of Missouri Press，1992.

　　② *Land Use，Environment，and Social Change：The Shaping of Island County，Washington*，University of Seattle，WA：Washington Press，1980；*It's Your Misfortune and None of My Own：A New History of the American West*，Norman，OK：University of Oklahoma Press，1991；*The Middle Ground：Indians，Empires，and Republics in the Great Lakes Region，1650 – 1815*，Cambridge University Press，1991；*The Organic Machine：The Remaking of the Columbia River*，New York，NY：Hill & Wang，1995；*The Roots of Dependency：Subsistence，Environment，and Social Change among the Choctaws，Pawnees，and Navajos*，University of Nebraska Press，1983；*Remembering Ahanagran：Storytelling in a Family's Past*，New York，NY：Hill and Wang，1998；（Editor，with John M. Findlay）*Power and Place in the North American West*，Seattle，WA，University of Washington Press，1999.

学位，1981 年在耶鲁大学获博士学位。他是美国史学会、美国环境史学会、美国历史学家组织、美国生态学会、经济史学会、西部史协会、森林史学会、农业史学会的会员。他曾在耶鲁大学任教，现在是威斯康星大学特纳讲席教授。克罗农的代表作包括《土地的变迁》和《自然的大都市：芝加哥与大西部》，这两本书都开风气之先，均获多项大奖。他还编过《在开阔的天空下》、《各抒己见》等文集。①

托马斯·邓拉普（Thomas Dunlap），1943 年生于威斯康星，1965 年在堪萨斯州的劳伦斯大学本科毕业，1968—1970 年在军队服役，1972 年在堪萨斯大学获化学硕士学位，1975 年在威斯康星大学获历史学博士学位。1975—1991 年在弗吉尼亚理工学院暨州立大学任教，1991 年以来在得克萨斯农业科技大学任教。他出版过《滴滴涕、科学家、公众与公共政策》、《拯救美国的野生动物》、《自然与英国人的移居》、《相信自然》，并编过《滴滴涕、〈寂静的春天〉与美国环保主义的兴起》等著作。②

乔尔·塔尔（Joel A. Tarr），1934 年生于新泽西，1956 年、1957 年从罗格斯（Rutgers）大学分获学士与硕士学位，1963 年从西北大学获得博士学位。自 1967 年起，他一直在卡内基—梅农（Carnegie Mellon）大学工作。其主要著作包括《交通革新对匹兹堡空间变化模式的影响：1850—1934》、《技术与欧美管网城市的兴起》、《寻找终极归宿：历史视野中的城市污染》、《破坏与复兴：匹兹堡及其周边地区的环境史》。③

---

① *Changes in the Land*: *Indians*, *Colonists*, *and the Ecology of New England*, Hill & Wang, 1983; *Nature's Metropolis*: *Chicago and the Great West*, W. W. Norton, 1991; (Editor with George Miles and Jay Gitlin) *Under an Open Sky*: *Rethinking America's Western Past*, W. W. Norton, 1992; (Editor with Mark J. McDonnell and Steward T. A. Pickett) *Humans as Components of Ecosystems*: *The Ecology of Subtle Human Effects and Populated Areas*, Springer – Verlag, 1993; (Editor) *Uncommon Ground*: *Toward Reinventing Nature*, W. W. Norton, 1995.

② *DDT*: *Scientists*, *Citizens*, *and Public Policy*, Princeton: Princeton University Press, 1981; *Saving America's Wildlife*, Princeton: Princeton University Press, 1988; *Faith in Nature*, Seattle: University of Washington Press, 2004; *DDT*, *Silent Spring*, *and the Rise of Environmentalism*: *Classic Texts*, Seattle: University of Washington Press, 2008; *Nature and the English Diaspora*: *Environment and History in the United States*, *Canada*, *Australia*, *and New Zealand*, New York: Cambridge University Press, 1999.

③ *The Impact of Transportation Innovation on Changing Spatial Patterns*: *Pittsburgh*, *1850 – 1934*, Chicago: Public Works Historical Society, 1978; *Technology and the Rise of the Networked City in Europe and America*, Philadelphia: Temple University Press, 1988; *The Search for the Ultimate Sink*: *Urban Pollution in Historical Perspective*, Akron, Oh: University of Akron Press, 1996; *Devastation and Renewal*: *An Environmental History of Pittsburgh and Its Region*, Pittsburgh, Pa.: University of Pittsburgh Press, 2003.

梅洛西（Martin V. Melosi），1947 年出生于加州，1969 年、1971 年在蒙大拿大学分获文科学士和医学硕士，1975 年在得克萨斯大学获博士学位。他是美国历史学家组织、公共工程历史协会、美国环境史学会、美国外交关系历史学家协会、技术史协会、人文科学与技术协会的成员。他是休斯敦大学历史系教授，以研究城市污染和城市卫生而闻名，主要作品包括：《美国城市的污染和改革》、《城市垃圾：垃圾、改革和环境，1880—1980》、《应对丰裕：美国工业化时期的能源和环境》、《城市公共政策：历史模式与方法》、《环卫城市：从殖民地时代到当代美国城市的城卫设施》。①

派因（Stephen J. Pyne），1949 年生，被公认为野火研究的世界权威。他于 1949 年出生于加州的旧金山，1971 年在斯坦福大学获文学士学位，1974 年和 1976 年在得克萨斯大学分获硕士和博士学位。他是科学史学会、美国史学会、森林史学会和环境史学会的成员。他曾经在艾奥瓦大学工作，现任亚利桑那州立大学教授。其作品包括《美洲之火》、《美国野火管理导论》、《燃烧的丛林》、《世界之火》、《火之简史》等。②

哈尔·罗思曼（Hal Rothman），1958 年生于路易斯安那州，1980 年在伊利诺伊大学获学士学位，1982 年、1985 年在得克萨斯大学分别获硕士和博士学位，其博士论文探讨了美国的风景名胜和文化古迹保护。此后，他与美国国家公园管理局签约，撰写了一系列关于国家公园的著作。他曾经在堪萨斯威奇塔州立大学（1987—1992）、内华达大学（1992—2007）执教，在

① *Pragmatic Environmentalist: Sanitary Engineer George E. Waring, Jr.* , Public Works Historical Society, 1977; *Pollution and Reform in American Cities, 1870 - 1930*, University of Texas Press, 1980; *Garbage in the Cities: Refuse, Reform, and the Environment, 1880 - 1980*, Texas A & M University Press, 1981; *Coping with Abundance: Energy and Environment in Industrial America*, Knopf, 1984; *Thomas A. Edison and the Modernization of America*, Little Brown, 1990; *Urban Public Policy: Historical Modes and Methods*, Pennsylvania State University Press, 1993; *The Sanitary City: Urban Infrastructure in America from Colonial Times to the Present*, John Hopkins University Press, 2000.

② *Fire in America: A Cultural History of Wildland and Rural Fire*, Princeton, NJ: Princeton University Press, 1982; *Introduction to Wildland Fire: Fire Management in the United States*, New York, Wiley, 1984; *Fire on the Rim: A Firefighter's Season at the Grand Canyon*, New York, 1989; *Burning Bush: A Fire History of Australia*, New York, NY: Holt, 1991; *World Fire: The Culture of Fire on Earth*, New York, Holt, 1995; *America's Fires: Management on Wildlands and Forests*, Durham, NC: Forest History Society, 1997; *Vestal Fire: An Environmental History, Told through Fire, of Europe and Europe's Encounter with the World*, Seattle, WA: University of Washington Press, 1997; *Fire: A Brief History*, Seattle, WA: University of Washington Press, 2001.

1996—2002 年担任《环境史》杂志主编期间，努力拓展环境史的研究领域，使环境史从"道德鼓吹转向学术研究"①。罗思曼于 2006 年被美国环境史学会授予突出贡献奖。罗思曼是美国公认的旅游史专家，善于揭示各方围绕建立国家公园所展开的政治博弈，其主要作品包括：《魔鬼的交易：20 世纪美国西部的旅游业》（1998）、《拯救地球：20 世纪美国人对环境的反应》（2000）、《霓虹灯闪烁的都市：引领 21 世纪的拉斯维加斯》（2002），还主编过《走出森林：环境史文选》（1997）。② 他于 2007 年 2 月因病不幸去世。

杰弗里·斯泰恩（Jeffrey Stine），美国国家历史博物馆馆员。他于 1975 年、1978 年和 1984 年分别在加州大学圣芭芭拉分校获得硕士和博士学位。他长于技术史研究，致力于通过各种展览扩大环境史的社会影响。他策划过《尘土飞扬：修建巴拿马运河》、《北极石油：阿拉斯加输油管道》、《改变天气》、《隧道》等诸多展览；曾担任《森林与资源保护史》、《公共历史学家》、《技术与文化》、《环境史》、《技术与环境》、《环境正义》等多家刊物的编委；合编过《20 世纪美国陆军工程兵团书目》、《隧道：过去、现在与未来》、《环境、政治与田纳西—汤比格比水道的修建》等著作。③ 他先后担任美国环境史学会主席（1999—2001）、公共工程建设历史学会主席（2002—2003）。他于 2011 年获美国环境史学会突出贡献奖。

凯瑟琳·布罗斯南（Kathleen Brosnan），1960 年生，1985 年、1999 年分别在伊利诺伊大学、芝加哥大学获法学博士及史学博士学位。她先后在田纳西大学（1999—2003）、休斯敦大学（2003—2012）任教，2012 年加盟俄克拉何马大学历史系。布罗斯南主要研究美国西部城市史、法律史及环境史。她曾担任

---

① Mark Cioc and Char Miller, "Interview: Hal K. Rothman", *Environmental History*, Vol. 12, No. 1 (Jan., 2007), p. 143.

② *The Greening of a Nation?: Environmentalism in the U. S. since 1945*, New York, NY: Harcourt, Brace, 1997; *Devil's Bargains: Tourism in the Twentieth - Century American West*, Lawrence, KS: University Press of Kansas, 1998; *Saving the Planet: The American Response to the Environment in the Twentieth Century*, Chicago, IL: Ivan R. Dee, 2000; *Out of the Woods: Essays in Environmental History*, Pittsburgh, PA: University of Pittsburgh Press, 1997.

③ *Mixing the Waters: Environment, Politics, and the Building of the Tennessee - Tombigbee Waterway*, Akron, Ohio: The University of Akron Press, 1993; *The U. S. Army Corps of Engineers and Environmental Issues in the Twentieth Century: A Bibliography*, with Michael C. Robinson, eds., Washington: GPO, 1984; *Going Underground: Tunneling Past, Present, and Future*, with Howard Rosen, Kansas City, Mo.: American Public Works Association, 1998.

《环境史》、《城市史杂志》和《西部史季刊》的编委。她的作品包括《山区与平原的一体化：城市、法律和弗兰特山脉的环境变迁》、《美国环境史百科全书》、《能源资本：全球及地方影响》等。① 她于 2013 年获得美国环境史学会授予的突出贡献奖。

---

① *Uniting Mountain and Plain：Cities，Law，and Environmental Change along the Front Range*，Albuquerque：University of New Mexico Press，2002；Kathleen Brosnan，ed.，*Encyclopedia of American Environmental History*，New York：Facts On File，2010；Kathleen Brosnan and Amy Scott，eds.，*City Dreams，Country Schemes：Community and Identity in the American West*，University of Nevada Press，2011；Joseph A. Pratt，Martin V. Melosi，and Kathleen A. Brosnan，eds.，*Energy Capitals：Global Influence，Local Impact*，University of Pittsburgh Press，2014.

第七章
美国环境史早期研究主题

在 20 世纪 90 年代以前，美国环境史研究的主要成果大致可以归为以下专题，即印第安人与环境、森林史、水利史、荒野史、人物传记等。围绕上述专题，大量优秀成果面世，而且涌现出一批权威专家和学者。以下笔者分专题介绍有关成果。需要说明的是，在笔者看来，环境史是一个开放的学科，所以对环境史的成果不宜作狭隘的理解。这里介绍的一些成果或许不是专业环境史学者所作，但其价值之大，使它们频繁出现在不同环境史学者开列的推荐书单之中。恰如沃斯特在编《地球的结局》时所说："也许这些文章的作者从来没有想到他们是环境史学者，但他们确实研究的是环境史范围以内的问题，因此值得关注。"①

一　印第安人与环境

印第安人与环境是美国环境史研究的一个重要方面，在这方面出现了理查德·怀特、唐纳德·休斯、威廉·克罗农、艾尔弗雷德·克罗斯比、谢泼德·克雷希（Shepard Krech）等著名环境史学家。怀特指出，有关印第安人与环境的研究，明显受到了环境保护主义和文化生态学的影响。环境保护主义重视思想和文化方面的研究，而文化生态学则把人简单地视为

---

① Donald Worster, ed., *The Ends of the Earth: Perspectives on Modern Environmental History*, Cambridge: Cambridge University Press, 1989, Preface, p. vii.

普通生物，探讨人类对环境变化的不断适应，而忽视了人类的认知能力。[①]
美国学者对这一领域的研究概况，可以参考理查德·怀特的《土著与环境》以及卡利柯特（J. Baird Callicott）的《土著的土地智慧：研究问题举要》。[②]

土著人口锐减是新旧大陆接触以后美洲发生的生态巨变之一。在哥伦布到达美洲以前，北美印第安人的人口总数至今仍然是个未知数。有人认为是2000万，有人认为是800万。尽管存在这些分歧，但一个谁也无法否认的事实是，美洲土著人口在白人到达后急剧减少。以往的学者常从政治、经济、军事诸方面来解释新旧两个世界的不同命运。在20世纪70年代，克罗斯比则从生物学的角度提出了一种全新的解释。[③] 在克罗斯比看来，欧洲白人殖民者之所以能够在美洲顺利扩张，而美洲印第安人却在白人入侵者面前一败涂地，其中的一个重要原因是，在旧世界的生物入侵面前，新大陆的生物往往成为失败者，其地盘被旧世界的生物所占领，从而为欧洲在美洲的殖民扩张准备了条件。这就是克罗斯比著名的生物箱理论。在克罗斯比看来，印第安人对白人携带的病菌——天花、麻疹和梅毒——缺乏免疫力，瘟疫肆虐致使土著人口大量减少，克罗斯比的解释目前已经被多数学者所接受。亨利·多宾斯（Henry Dobyns）也在《土著人口数量评估》一文中强调了病菌对土著人口的灾难性影响。[④]

在20世纪六七十年代环保运动兴起之际，印第安人几乎成为资源保护主义者和环保主义者的代名词。威尔伯·雅各布认为，印第安人在对待自然方面主张清静无为，"他们的活动没有给土地打上任何印记"。雅各布后来对这一观点有所修正，认为印第安人对环境的改变确实存在，但这种改变是

---

① Richard White, "Native Americans and the Environment", in W. R. Swagerty, ed., *Scholars and the Indian Experience*, Indiana University Press, 1984, pp. 183 – 184.

② J. Baird Callicott, "American Indian Land Wisdom? Sorting out the Issues", *The Journal of Forest History*, Vol. 33, No. 1 (January 1989), pp. 35 – 42.

③ Alfred W. Crosby, *The Columbian Exchange: Biological and Cultural Consequences of 1492*, Westport, CT: Greenwood Press, 1972; Alfred W. Crosby, *Ecological Imperialism: The Biological Expansion of Europe, 900 – 1900*, Cambridge University Press, 1986; Alfred W. Crosby, "Virgin Soil Epidemics as a Factor in the Aboriginal Depopulation in America", *William and Mary Quarterly*, Vol. 33, No. 2 (April 1976), pp. 289 – 299.

④ Henry Dobyns, "Estimating Aboriginal American Population: An Appraisal of Techniques with a New Hemispheric Estimate", *Current Anthropology*, Vol. 7, No. 4 (Sep., 1996), pp. 395 – 412.

良性的。① 休斯在《森林里的印第安人》中认为，印第安人改变了自然，但他们是尽可能少地改变环境。在《北美印第安人的生态实践》一书里，休斯提出，印第安人的实践符合生态学的一些基本原则。② 休斯把未开化的印第安人加以美化，并不意味着他主张回到印第安人的原始生活状态，他只是借此批评美国社会③，希望这个社会能重新实现人与自然的和谐相处。

从 20 世纪 70 年代以后，美化印第安人的提法引起了诸多质疑。派因的《美洲之火》和马丁的《火和土著时期的东部森林结构》都认为，印第安人的生产技术虽然落后，但通过利用火，他们显著提高了改变环境的能力。④ 怀特的《土地利用、环境和社会变迁：华盛顿州艾兰县的形成》⑤ 一书以华盛顿州艾兰县为个案，探讨了自古以来，人为导致的生态变迁和社会变迁之间的联系。作者分别叙述了印第安人、农民、伐木者、旅游者和户外运动爱好者对自然环境的塑造，这些群体有意识改造环境的行动带来了诸多无法预料的后果。怀特认为，印第安人对土地的利用及对当地景观的改造，在这片土地上留下了许多痕迹。这是对传统看法——印第安人没有改变环境——的直接修正。另外，亚内尔的《五大湖上游地区土著文化与植被的关系》、刘易斯的《加利福尼亚印第安人的烧荒模式》、亨利·多宾斯的《从火到洪水：历史上人类对索诺兰沙漠河岸绿洲的破坏》⑥ 均表明：印第安人确实改

---

① Wilbur R. Jacobs, "The White Man's Frontier in American History", in Christopher Vecsey and Robert W. Venables, eds., *American Indian Environments: Ecological Issues in Native American History*, Syracuse, NY: Syracuse University Press, 1980; Wilbur R. Jacobs, "The Great Despoliation: Environmental Themes in American Frontier History", *Pacific Historical Review*, Vol. 47, No. 1 (February 1978), pp. 1 – 26.

② J. Donald Hughes, "Forest Indians: The Holy Occupation", *Environmental Review*, Vol. 1, No. 2, 1976, pp. 2 – 13; J. Donald Hughes, *North American Indian Ecology*, Texas Western Press, 1996.

③ Richard White, "American Environmental History: The Development of a New Historical Field", *Pacific Historical Review*, Vol. 54, No. 3 (Aug., 1985), p. 314.

④ Calvin Martin, "Fire and Forest Structure in the Aboriginal Eastern Forest", *Indian Historian*, 6 (Summer 1973), pp. 23 – 26; S. J. Pyne, *Fire in America: A Cultural History of Wildland and Rural Fire*, Princeton, NJ: Princeton University Press, 1982.

⑤ Richard White, *Land Use, Environment, and Social Change: The Shaping of Island County, Washington*, Seattle, WA: University of Washington Press, 1980.

⑥ Richard Yarnell, *Aboriginal Relationships between Culture and Plant Life in the Upper Great Lakes Region*, University of Michigan, 1964; Henry Lewis, *Patterns of Indian Buring in California: Ecology and Ethnohistory*, Ballena Press, 1973; Henry F. Dobyns, *From Fire to Flood: Historic Human Destruction of Sonoran Desert Riverine Oases*, Socorro, NM: Ballena Press, 1981.

变了环境，但多数变化是良性的（benign），生态系统依然稳定；不考虑人类行为，就无法解释生态变迁；而且印第安人对土地的累积性影响几乎无处不在，所以用荒野来描述白人到来以前的北美大陆有失偏颇。①

部分学者通过研究毛皮贸易，了解印第安人对自然的影响。珍妮·凯（Jeane Kay）在《威斯康星州印第安人的捕猎模式》② 中提到，默诺默尼族（Menominees）参与毛皮贸易之前，他们狩猎只是为了生存，参与毛皮贸易后便出现了滥杀猎物的行为。《阿拉斯加的大型猎物：野生动物和人的历史》③ 一书认为，直到 20 世纪，土著猎人都在滥杀滥捕野生生物资源，将印第安人作为生态主义者，无异是一种神话。印第安人对野生动物的滥杀滥捕行为也造成了环境破坏。那么应该如何对滥杀行为进行解释呢？

阿瑟·J. 雷（Arthur J. Ray）和唐纳德·B. 弗里曼（Donald B. Freeman）从经济的角度对此进行阐释。在《给我们大量财富》④ 一书中，两位学者分析了 1763 年以前哈德逊海湾公司和印第安人的贸易，提出了印第安人在和白人做毛皮生意的过程中，对经济利益的追逐已经远远超过对自然的信仰。他们指出，片面强调毛皮贸易的政治和文化因素，而不考虑经济因素，印第安人在毛皮贸易中的行为就无法得到解释。⑤

卡尔文·马丁另辟蹊径，从印第安人的自然观入手研究毛皮贸易。他的著作《猎物的监护人》⑥ 于 1979 年获得了美国史学会的阿尔伯特·贝弗里奇（Albert J. Beveridge）奖。马丁认为，印第安人与自然间有一种宗教色彩很浓

---

① Richard White，"Native Americans and the Environment"，in W. R. Swagerty, ed. ，*Scholars and the Indian Experience*，Indiana University Press，1984，p. 181.

② Jeanne Kay，"Wisconsin Indian Hunting Patterns，1634 – 1836"，*Annals of the Association of American Geographers*，Vol. 69，No. 3（Sep. ，1979），pp. 402 – 418.

③ Morgan B. Sherwood，*Big Game in Alaska*：*A History of Wildlife and People*，New Haven，CT：Yale University Press，1981.

④ Arthur J. Ray and Donald B. Freeman，*Give Us Good Measure*：*An Economic Analysis of Relations between the Indians and the Hudson's Bay Company before 1763*，Toronto：University of Toronto Press，1978.

⑤ John McManus，"An Economic Analysis of Indian Behavior in the North American Fur Trade"，*Journal of Economic History*，Vol. 32，No. 1（March，1972），pp. 36 – 53；John Baden，Richard Stroup，Walter Thurmon，"Myths，Admonitions and Rationality：The American Indian as Resource Manager"，*Economic Inquiry*，19（1981），pp. 132 – 143.

⑥ Calvin Martin，*Keepers of the Game*：*Indian – Animal Relationship and the Fur Trade*，Berkeley：University of California Press，1978.

的类似契约的关系，这种契约关系要求印第安人保护而不能滥杀猎物。但这种和谐关系在白人到来后因土著人口的大量死亡而被破坏了。印第安人把自己的不幸归咎于猎物作祟，因此要发动针对动物的战争。他们对猎物的过度捕杀，完全是要复仇，而不是受要得到欧洲商品的无节制欲望的驱使。

《猎物的监护人》引起了广泛的争议，由克雷希主编的《印第安人、动物与毛皮贸易：对〈猎物的监护人〉的批判》① 就是专门批评马丁著作的文集，这些文章大多强调物质因素而非文化因素在毛皮贸易中的重要性。艾德里安的著作《把动物带回家》② 叙述了靠狩猎为生的克里族印第安人的社会组织、文化与环境三者的关系，特别强调了宗教仪式在联结人与自然方面的作用。

印第安人对自然的态度，往往通过他们的宗教信仰体现出来。在印第安人的宗教研究方面，瑞典学者奥克·胡尔特克兰茨是一个权威，他强调文化和自然之间错综复杂的关系，在环保运动兴起之前发表过许多作品。这些作品后来由美国学者克里斯托夫·韦切伊汇编成册，包括《美国印第安人的宗教》、《北美土著的信仰和崇拜》。③ 此外，韦切伊还编过《美洲土著的生存环境》④ 一书，但这本文集论述的重点是霸权而非自然，他在"导论"《印第安人的环境宗教》中分析了土著宗教的环境维度、土著与自然关系的宗教维度。卡尔·吕克特的《纳瓦霍人的狩猎传统》⑤ 分析了土著原始宗教的环境含义，他认为宗教仪式的作用在于缓解猎人内心的紧张。《通过土著的眼睛来观察》一书比较了白人和印第安人看待自然的不同方式和对自然意义的不同理解。《向乌鸦座祈祷》⑥ 一书通过叙述生活在阿拉斯加西部的土著一

① Shepard Krech III, ed., *Indians, Animals, and the Fur Trade: A Critique of Keepers of the Game*, Athens, GA: University of Georgia Press, 1981.

② Adrian Tanner, *Bringing Home Animals: Religious Ideology and Mode of Production of the Mistassini Cree Hunters*, New York: St. Martin Press, 1979.

③ Ake Hultkrantz, *Religions of the American Indians*, University of California Press, 1981; Ake Hultkrantz, *Belief and Worship in Native America*, Syracuse University Press, 1982.

④ Christopher Vecsey and Robert W. Venables, eds., *American Indian Environments: Ecological Issues in Native American History*, Syracuse, NY: Syracuse University Press, 1980.

⑤ Karl W. Luckert, *The Navajo Hunter Tradition*, Tucson: University of Arizona Press, 1975.

⑥ Richard K. Nelson, *Make Prayers to the Raven: A Koyukon View of the Northern Forest*, Chicago: University of Chicago Press, 1983.

年四季的渔猎生活及其对周围自然世界的信念与态度，反映出土著对自然和精神生活的热爱。该书后来被编成剧本，搬上荧屏。

怀特是美国知名的西部史学家和环境史学家，撰写了许多很有影响的有关印第安人的环境史作品。强调印第安人与白人的互动，而不是把印第安人仅仅看作消极被动的一方，强调环境和文化的互动，而不是一种单向的决定关系，始终是其作品的鲜明特色。在《依附的根源》[①] 一书里，怀特叙述了白人到来所引起的自然环境变迁，以及乔克托族、波尼族、纳瓦霍族印第安人在经济上由自给自足向依附的转变。怀特最有名的作品应数《中间地带：五大湖区的印第安人、殖民帝国和印第安部落，1650—1815》。[②] 该书讲述了 1650—1815 年间，在位于密西西比河、俄亥俄河和五大湖区之间的地带（所谓中间地带），印第安人与白人相互的适应和调整。在中间地带，不同民族和文化之间、帝国和部落之间的文化碰撞与交流非常频繁激烈。人们都企图说服对方接受自己的文化。相互间的融合并不成功，印第安人最终归于失败。本书出版后佳评如潮，曾经获得过包括阿尔伯特·贝弗里奇（Albert J. Beveridge）历史学大奖在内的多个奖项。

《土地的变迁》是克罗农的成名作，也是美国环境史的经典作品。该书是一部关于殖民地时期（1620—1800）新英格兰地区的生态史，旨在阐明"新英格兰的生态是如何随着欧洲人的到来而发生变化的"。克罗农认为，在前殖民地时代，新英格兰地区也并不是处女地，但印第安人对环境的压力较小，这是因为他们随着季节变换而迁徙，并依靠丰富多样的资源而生活。克罗农比较了白人与印第安人不同的土地权观念，印第安人的土地权是一种使用权，而且往往属于村落这一集体，是一种生态上的用益权，即以不损害生态为前提。而白人的土地权则是一种所有权，他们把土地及自然资源当作资本积累的手段。这种对待自然的不同态度，在生产实践上产生了完全不同的生态影响。在殖民者到来之后，新英格兰地区的印第安人被逐渐纳入世界资本主义的经济体系。瘟疫通过毛皮贸易泛滥成灾，使印第安人人口锐减，进

---

① Richard White, *The Roots of Dependency: Subsistence, Environment and Social Change among the Choctaws, Pawnees and Navajos*, Lincoln, NE: University of Nebraska Press, 1983.

② Richard White, *The Middle Ground: Indians, Empires, and Republics in the Great Lakes Region, 1650 – 1815*, Cambridge University Press, 1991.

而导致社会和政治危机。正是在这种情况下，过度捕杀动物的行为开始出现，致使许多动物灭绝；在经济利益的驱使下，森林被大肆砍伐；家畜饲养、单一种植导致了土地退化。在巨大的生态变化面前，印第安人再也不可能继续维持他们原来的生活。克罗农指出，资本主义的发展与生态破坏总是联系在一起的，资本主义的生产关系在生态上趋向于自我毁灭，总是滥用资源，而且因扩张不断扩大资源滥用的地区范围。这本书同时也表明，美国的环境问题早在殖民地时期就已经出现，它并非工业城市社会中才有的新问题。

总的来看，20 世纪六七十年代以来兴起的"印第安人与环境"研究热，从一开始就受到了环保运动的推动。在环保人士那里，印第安人几乎成为资源保护与自然保护的代名词。在 70 年代，有一则非常流行的反对污染的广告，该广告通过一个落泪的印第安人来传递这样一个信息：印第安人善待土地，而白人却毁了这片家园。受环保思潮的影响，许多学者研究印第安人与环境的关系，主要是出于批判现实的需要。他们对印第安人究竟如何看待和影响自然本身并没有多大兴趣，他们所以重视印第安人的未开化状态，其意义就在于通过汲取印第安人原始的生态智慧，为倡导一种新的生态文明观提供助益。同时，在他们笔下，印第安人往往能够善待自然，将土著的观念与实践同白人滥用自然的行为相比照，不失为是对现实的一种有力批判。

考虑到上述因素，在分析印第安人与环境的相关研究成果时，就必然要对环保人士的假定进行回答和评价。在笔者看来，印第安人对自然的干预总的来看较小，远不能同白人相比。但不能由此认为，印第安人就是资源保护主义者和环保主义者，因为现代环境保护主义的基础是生态学，而不是出于对自然神秘力量的崇拜。

在破解印第安人的环境神话方面，马丁、怀特和克雷希功不可没。马丁在《被误以为是生态主义者的美国印第安人》[①] 一文中指出，强行给印第安人的实践贴上资源保护的标签，就是忽略了印第安人行动的背景；指导印第安人对待猎物的精神信念，与 20 世纪资源保护的基本原理是不同的；宇宙哲学方面的巨大差异，使印第安人不可能成为白人的生态模范。在《生态的

---

① Calvin Martin， "The American Indian as Miscast Ecologist"，*The History Teacher*，Vol. 14，No. 2（Feb. 1981），pp. 243－252.

印第安人：神话和历史》① 一书里，克雷希探讨了关于印第安人和他们与自然关系的历史真实和浪漫神话。作者并不否认印第安人的宗教观中确实包含敬畏自然的大量知识，但这并不等于印第安人就是环保主义者或资源保护主义者。作者的观点无疑是很有见地的，但他并没有解释土著与自然和谐相处的神话与六七十年代环保运动之间的联系。关于这个问题，怀特在《环境保护主义和印第安人》② 一文中进行了解答。

二　森林史

森林史是环境史研究的重要方面。森林史研究与美国森林史学会的推动有密切关系。森林史学会是一个非营利的学术组织，致力于推动研究人与森林之间的相互关系，研究历史上人类使用自然资源等相关问题。自成立以后，该学会不断拓宽研究领域，从最初强调研究林产品的历史，到后来强调研究森林和自然资源保护史，现在已扩大到研究环境史。

森林史学会的历史可以追溯到 1946 年创建的"林产品历史基金会"。该基金会由西奥多·布利根（Theodore Blegen）、弗雷德里克·惠好（Frederick Weyerhaeuser）等人建立，挂靠在明尼苏达历史协会名下，强调要重视森林在美国历史中的作用，致力于收集、组织和出版有关森林史的资料。基金会的第一任主席是罗德尼·勒尔（Rodney Clement Loehr，1946—1950）。

在蒙德（Elwood Rondeau Maunder）接任基金会主席（1952—1978）期间，他开始实施口述史项目，创建了档案馆，出版了学会刊物。③ 1955 年"林产品历史基金会"与明尼苏达历史协会脱离关系，成为独立的机构，名为"森林史基金会"，1959 年更名为"森林史学会"。期间该学会秘书处曾

---

① Shepard Krech III, *The Ecological Indian: Myth and History*, New York: W. W. Norton & Company, 1999.

② Richard White, "Environmentalism and Indian Peoples", in Jill Convey, et al., eds., *Earth*, *Air*, *Fire*, *Water: Humanistic Studies of the Environment*, University of Massachusetts Press, 2000.

③ 学会刊物多次更名，1957—1958 年为《森林史通讯》（*Forest History Newsletter*），1959—1974 年为《森林史》（*Forest History*），1975—1989 年为《森林史杂志》（*Journal of Forest History*），1990—1995 年为《森林与资源保护史》（*Forest & Conservation History*）。从 1996 年起，森林史学会和环境史学会合作出版《环境史》（*Environmental History*）。

几度迁移，先是迁往耶鲁大学，后来又迁往加州大学圣克鲁斯（Santa Cruz）分校。

在斯蒂恩（Harold K. Steen，1978—1997）接任学会主席之后，除继续推进前任的一些项目外，还与美国林业局、森林工业组织、资源保护团体和社团建立了联系。1984 年，学会移往位于北卡罗来纳州达勒姆的杜克大学。在 20 世纪 90 年代，学会推出了森林史系列丛书，并在中学推行名为"如果树能开口说话"的环境教育课程，与美国环境史学会建立合作关系，合作出版《环境史》杂志。

森林史学会强调要通过理解过去，创造未来。它今后将一如既往地推行森林、资源保护和环境史教育。学会相信，大力推动环境史研究，将对教育民众产生建设性的影响，最终能够帮助政府合理决策，以改善自然资源管理和公众福利。

美国的森林史研究始于"二战"之后。《美国大森林》[1] 是关于美国森林史的第一本重要著作，该书受到了这一时期占主导地位的进步史观的影响。1977 年，杨奎斯特和弗莱切尔出版了《美国人生活中的森林：1776—2076》[2] 一书。该书探讨了森林在过去对美国人生活的影响。海斯的名著《资源保护与效率至上》和约瑟夫·佩图拉的《美国环境史：自然资源的开发与保护》都涉及了森林资源的开发与保护，但这两本书的叙述范围又远不止于森林。这一时期，森林史学会侧重于资料的收集、分类和整理。1977 年出版的《北美森林与资源保护史书目指南》[3] 是一本很有价值的工具书，为初学者提供了按图索骥的便利。该书与 1983 年出版的《美国森林与资源保护史百科全书》[4] 迄今都还是研究森林史的重要参考资料。

在美国森林史研究领域，威廉·罗宾斯、哈罗德·K. 斯蒂恩、苏珊·

---

[1]　Richard G. Lillard, *The Great Forest: The Influence of Forests on the History of the United States*, New York: Alfred A. Knopf, 1947.

[2]　W. G. Youngquist and H. O. Fleischer, *Wood in American Life, 1776 - 2076*, Madison, Wis.: Forest Products Research Society, 1977.

[3]　Ronald J. Fahl, ed., *North American Forest and Conservation History: A Bibliography*, A. B. C. - Clio Press, 1977.

[4]　Richard C. Davis, *Encyclopedia of American Forest and Conservation History*, New York: Macmillan Publishing Co., 1983.

福莱德、查尔·米勒等人都是知名森林史学家。关于这一领域的研究概况，笔者拟从美国人的森林观、森林资源的开发、森林资源的保护等方面进行简要介绍。

美国人对森林的看法经历过很大变化，早期殖民者认为森林是荒蛮之地，那里因为有印第安人和各种野兽出没而很不安全。清除森林，征服这片大陆，被许多人视为神圣使命。直到19世纪下半叶，人们才意识到森林资源的珍贵。不同时代背景下森林观的演变是许多学者很感兴趣的问题。

关于殖民地时期人们的森林观，可以参考《16世纪的北美：欧洲人眼中的土地与人民》、《发现美洲：1700—1875年》、《清教主义和荒野：新英格兰边疆在文化上的重要性》、《自然和美国人：三个世纪的观念变化》。[①]

美国独立以后人们对森林和土地的看法，可以参考《蛮荒之地，希望之地：欧洲人眼中的美国边疆》、《处女地：作为象征和神话的美国西部》、《丰裕的人民：经济丰裕和美国特性》、《美国人和自然》[②] 以及《自然和文化：美国的风景和文化》。《森林：文明的影子》[③] 一书探讨了森林在西方思想中的作用。

在欧洲人到来之前，美国东部几乎全部为浓密的森林所覆盖，这片从大西洋沿岸一直向西延伸到大平原边缘的森林被称为阿巴拉契亚森林。在17—20世纪之间，人们如何征服和清除这些森林以推进工农业发展，成为有关20世纪以前美国史的重要主题。

在《美国人和他们的森林：历史地理学》[④] 一书中，威廉斯（Michael

---

① Carl O. Sauer, *Sixteenth Century North America: The Land and the People as Seen by the Europeans*, Berkeley: University of California Press, 1971; Henry Savage, Jr. , *Discovering America*, *1700 – 1875*, New York: Harper & Row, 1979; Peter N. Carroll, *Puritanism and the Wilderness: The Intellectual Significance of the New England Frontier*, *1629 – 1700*, New York: Columbia University Press, 1969; Hans Huth, *Nature and the American: Three Centuries of Changing Attitudes*, Berkeley, CA: University of California Press, 1957.

② Ray Allen Billington, *Land of Savagery*, *Land of Promise: The European Image of the American Frontier*, New York, 1981; Henry Smith, *Virgin Land: The American West as Symbol and Myth*, Cambridge, Mass. , 1950; David M. Potter, *People of Plenty: Economic Abundance and the American Character*, Chicago, IL: University of Chicago Press, 1954; Arthur A. Ekirch, *Man and Nature in America*, New York: Columbia University Press, 1963.

③ Robert Harrison, *Forests: The Shadow of Civilization*, Chicago: University of Chicago Press, 1992.

④ Michael Williams, *Americans and Their Forests: A Historical Geography*, Cambridge: Cambridge University Press, 1989.

Williams）分析了森林在美国历史和文化中的意义，探讨了 1600 年之前的森林，1600—1859 年间美国森林的变化，1860—1920 年工农业大发展所导致的地区和遍及全国的森林滥伐，1870—1933 年以后对森林资源的关注和保护。《林木苍苍：美国森林史》[1] 由托马斯·考克斯、罗伯特·马克斯韦尔、菲利普·托马斯和约瑟夫·马隆等学者合作撰写，该书分为"殖民地时期的美国人及其森林"、"新国家及其森林，1776—1850"、"大转折时期的森林，1850—1909"、"美国的森林与现代世界，1909—1976"四大部分。该书探讨了森林在美国发展历程中的作用，叙述了美国人对待森林的态度和行为转变，作者认为未来保护美国森林的关键在于对民众的教育、长远的眼光和有力的领导。托马斯·D. 克拉克在《南部的绿化：土地和森林的恢复》[2] 中叙述了美国南部农场主和木材公司对森林的破坏，以及由亨利·黑尔特（Henry Hardtner）在路易斯安那、平肖在北卡罗来纳领导的卓有成效的植树造林活动。

在 20 世纪以前，森林的大面积减少，与农业扩张和工业对木材的大量需求有很大关系。为获取耕地和柴薪，西进移民采取剥皮、烧荒等各种手段来清除森林。从殖民地时期开始，造船业、建筑业、造纸业和铁路交通的兴起和发展，都是以大量消耗木材为前提的。

农业开发对森林的影响，可参考《清除美国森林的关键时代，1810—1860》、《纽约比克曼镇农业社区的森林边疆》以及怀特的《土地利用、环境和社会变迁：华盛顿州艾兰县的形成》。[3]

殖民地时期造船业、木材加工及其在经济和外交方面的重要性可以参考《美洲殖民地的造船业》、《森林和海权：皇家海军的木材问题，1652—

---

[1]　Thomas R. Cox, Robert S. Maxwell, Phillip Thomas, and Joseph J. Malone, *This Well - Wooded Land: Americans and Their Forests from Colonial Times to the Present*, Lincoln, NE: University of Nebraska Press, 1985.

[2]　Thomas D. Clark, *Greening of the South: The Recovery of Land and Forest*, University Press of Kentucky, 1984.

[3]　Michael Williams, "Clearing the United States Forest: Pivotal Years, 1810 – 1860", *Journal of Historical Geography* 8 (1982), pp. 12 – 28; Philip L. White, *Beekmantown, New York: Forest Frontier to Farm Community*, Austin: University of Texas Press, 1979; Richard White, *Land Use, Environment, and Social Change: The Shaping of Island County, Washington*, Seattle: University of Washington Press, 1980.

1862》、《松树与政治：海军店铺和殖民地时期英格兰的森林政策》、《新英格兰地区清教徒的木材经济》、《新泽西早期的锯木厂》。①

建筑、造纸和铁路建设对森林的吞噬和对木材的消耗，可以参见《美国的建筑材料和技术：从第一个殖民地建立到现在》、《美国的造纸业，1691—1969》、《越过阿迪朗达克山脉：瑞吉纸业公司的历史》、《林区铁路传奇》。②

内战以后，森林工业（主要是指木材采伐及运输）的发展对森林破坏也起了推波助澜的作用。关于这个问题，可以参考《1900 年以前太平洋沿岸的伐木业：工厂和市场》、《缅因州伐木业的历史》、《木屑帝国：得克萨斯州的木材采伐业，1830—1940》。③

到 19 世纪末期，政府内部一部分有识之士已经意识到了森林保护的重要性。1881 年美国农业部新设林业处，1891 年哈里森总统建立了美国第一个国家森林保护区。1905 年成立的美国林业局翻开了美国林业管理的新篇章。林业局隶属于美国农业部，第一任局长是著名资源保护主义者平肖。林业局在全国建立了多个分局，负责全国范围内的森林管理、林产品的开发。它的主要任务在成立之初是制止森林滥伐，缓解木材短缺，后来则包括保护水土和生物多样性，提供休闲服务。

林业局因其重要性成为美国森林史研究中的重要内容。威廉·罗宾斯在

---

①　Joseph Goldenberg, *Shipbuilding in Colonial America*, University Press of Virginia, 1976; Robert G. Albion, *Forests and Sea Power: The Timber Problem of the Royal Navy, 1652 - 1862*, Hamden, Conn., 1965; Joseph J. Malone, *Pine Trees and Politics: The Naval Stores and Forest Policy in Colonial New England, 1691 - 1775*, Seattle: University of Washington Press, 1964; Charles F. Carroll, *The Timber Economy of Puritan New England*, Brown University Press, 1974; Harry B. Weiss and Grace M. Weiss, *Early Sawmills of New Jersey*, Trenton, N. J., 1968.

②　Carl W. Condit, *American Building: Materials and Techniques from the First Colonial Settlements to the Present*, University of Chicago Press, 1968; David C. Smith, *History of Papermaking in the United States (1691 - 1969)*, New York: Lockwood Pub. Co., 1970; Eleanor Amigo and Mark Neuffer, *Beyond the Adirondacks: The Story of St. Regis Paper Company*, Westport, Conn.: Greenwood Press, 1980; Michael Koch, *Steam and Thunder in the Timber: Saga of the Forest Railroads*, Denver, Colo., 1979.

③　Thomas R. Cox, *Mills and Markets: A History of the Pacific Coast Lumber Industry to 1900*, Seattle: University of Washington Press, 1974; David C. Smith, *History of Lumbering in Maine, 1861 - 1960*, University of Maine Press, 1972; Robert S. Maxwell and Robert D. Baker, *Sawdust Empire: The Texas Lumber Industry, 1830 - 1940*, College Station: Texas A & M University Press, 1983.

《美国林业：联邦、州和私人合作的历史》① 一书中，探讨了美国林业局与
州林业部门、个人和公司之间的合作历史。该书包括 15 章，叙述了美国林
业局通过技术、资金援助，在植树造林、林火控制、病虫防治等领域与相关
部门的合作，同时探讨了政府、林业局和木材工业在森林管理问题上的分歧
和冲突。哈罗德·K. 斯蒂恩在《美国林业局的历史》② 一书中以时间为序
梳理了林业局的历史，探讨了美国林业政策的演变，并评价了历任林业局局
长的业绩。在 2005 年美国林业局成立 100 周年之际，斯蒂思对原作进行了
修订，添加了 1976 年以来林业局的变化和内部争论等内容。在《木材和林
业局》③ 一书中，戴维·克拉里叙述了林业局自成立到 20 世纪 70 年代的历
史。自成立到 20 世纪 50 年代，林业局一直备受赞誉，而到六七十年代之
后，该机构受到了猛烈抨击。战后美国的社会形势明显不同于进步主义时
期，在这种情况下，该机构依然致力于木材的可持续生产，不能与时俱进，
反而要将更多的荒野区纳入木材生产基地，这就是它遭遇困境的原因。除以
上著作以外，关于林业局的研究，还有许多有价值的参考成果。④

　　进步主义运动时期的资源保护政策，在"新政"时期及"二战"以后被
继承下来并得到新的发展。关于这一时期的森林史研究，除了有关林业局的著
作，还包括《森林资源保护政策，1921—1933》、《林木、草原和人民：大平原
诸州的植树史》、《美国林产品开发实验室的历史，1910—1963》、《美国中部林

---

① 　William G. Robbins, *American Forestry: A History of National, State and Private Cooperation*, Lincoln, NE: University of Nebraska Press, 1985.

② 　Harold K. Steen, *The U. S. Forest Service: A History*, Seattle: University of Washington Press, 1976.

③ 　David A. Clary, *Timber and the Forest Service*, Lawrence, KA: University of Kansas Press, 1986.

④ 　Robert W. Bates, *Historical Firsts in the Forest Service*, Albuquerque, N. M.: USDA Forest Service, Southwestern Region, 1978; William W. Bergoffen, *100 Years of Federal Forestry*, Washington, D. C.: U. S. Forest Service, 1976; Gilbert W. Davies and Florice M. Frank, eds., *Forest Service Memories: Past Lives and Times in the United States Forest Service*, Hat Creek, Calif, 1997; Michael Frome, *The Forest Service*, Boulder, Colo.: Westview Press, 1984; Harold K. Steen, ed., *Origins of the National Forests: A Centennial Symposium*, Durham, N. C.: Forest History Society, 1992; Proceedings of the Symposium "One Hundred Years of National Forests: National Forest History and Interpretation", Held at Missoula, Montana, June 20 – 22, 1991; U. S. Forest Service, *Remembering the Centennial: National Forests, 1891 – 1991*, Washington, D. C.: U. S. Forest Service, 1993; Terry L. West, *Centennial Mini – Histories of the Forest Service*, Washington, D. C.: U. S. Forest Service, 1992; Terry L. West, Dana E. Supernowicz and Enid Hodes, *Forest Service Centennial History Bibliography, 1891 – 1991*, Washington, D. C.: U. S. Forest Service, 1993; Gerald W. Williams, *The USDA Foerst Service: The First Century*, Washington, D. C.: USDA Forest Service, 2000.

业实验站的历史，1927—1965》、《西北太平洋沿岸的森林保护史》。①

有关这一时期森林史的研究还散见于许多有关资源保护的成果之中，这些成果包括《资源保护与效率至上》、《资源保护的政治：圣战和争论，1897—1913》、《进步运动和资源保护：巴林杰与平肖事件》、《缪尔及其遗产：美国的资源保护运动》、《民间资源保护队，1933—1942》、《新政规划：国家资源管理委员会》、《"二战"期间的自然资源管理，1939—1947》、《大坝、公园和政治：杜鲁门—艾森豪威尔时期的资源开发和保护》、《艾森豪威尔政府与资源保护，1952—1960》、《打破平衡：尼克松—福特执政时期的环境和自然资源政策》、《公共土地政策：利益集团对林业局和土地管理局的影响》。②

在林业开发的过程中，森林工业、农场主、政府部门和环保组织之间的矛盾和斗争延绵不断，此起彼伏，这些冲突自然是环境史学者非常关注的问题。在《考验：科罗拉多和西部的资源保护冲突，1891—1907》③ 一书中，

---

① Donald C. Swain, *Forest Conservation Policy, 1921 – 1933*, Berkeley, CA: University of California Press, 1963; William A. Droze, *Trees, Prairies, and People: A History of Tree Planting in the Plains States*, Denton, TX: Texas Women's University Press, 1977; Charles A. Nelson, *A History of the U. S. Forest Products Laboratory, 1910 – 1963*, Madison, Wis. , 1977; Robert W. Merz, *History of the Central States Forest Experiment Station, 1927 – 1965*, St. Paul, Minn. , 1981; Lawrence Rakestraw, *History of Forest Conservation in the Pacific Northwest, 1891 – 1913*, New York, 1979.

② Samuel P. Hays, *Conservation and the Gospel of Efficiency: The Progressive Conservation Movement, 1890 – 1920*, Cambridge, MA: Harvard University Press, 1959; Elmo R. Richardson, *The Politics of Conservation: Crusades and Controversies, 1897 – 1913*, Berkeley, CA: University of California Press, 1962; James Penick, *Progressive Politics and Conservation: The Ballinger – Pinchot Affair*, Chicago, IL: University of Chicago Press, 1968; Stephen Fox, *John Muir and His Legacy: The American Conservation Movement*, Boston, MA: Little, Brown, 1981; John A. Salmond, *The Civilian Conservation Corps, 1933 – 1942: A New Deal Case Study*, Durham, NC: Duke University Press, 1967; Marion Clawson, *New Deal Planning: The National Resources Planning Board*, Baltimore: Johns Hopkins University Press, 1981; Philip F. Cashier, "*Natural Resources Management during the Second World War, 1939 – 1947*" (Ph. D. diss. , State University of New York at Binghamton, 1980); Elmo R. Richardson, *Dams, Parks and Politics: Resource Development and Preservation in the Truman and Eisenhower Era*, Lexington, KY: University of Kentucky Press, 1973; George Van Dusen, "*Politics of Partnership: The Eisenhower Administration and Conservation, 1952 – 1960*" (Ph. D. diss. , Loyola University of Chicago, 1973); John C. Whitaker, *Striking a Balance: Environment and Natural Resource Policy in the Nixon – Ford Years*, Washington, D. C. : 1976; Paul J. Culhane, *Public Lands Politics: Interest Group Influence on the Forest Service and the Bureau of Land Management*, Baltimore, MD: Johns Hopkins University Press, 1981.

③ Michael G. McCarthy, *Hour of Trial: The Conservation Conflict in Colorado and the West, 1891 – 1907*, Norman: University of Oklahoma Press, 1977.

迈克尔·G.麦卡锡讨论了进步主义运动时期联邦土地管理在西部引起的一场危机。当时，罗斯福、平肖授权林业局对西部土地进行管理，而西部牧场主、伐木工和矿工认为政府不应该进行经济干涉。这场争论使美国东部与西部关系紧张，许多科罗拉多人反对东部的入侵，有的甚至扬言要退出联邦，这场危机在直到1907年才得以化解。《林业局管理牧业和牧场的历史》[1] 涉及林业局对西部牧场的管理，叙述了林业局在西部开辟牧场所激起的争论，西部的资源保护主义者认为"养牛业"巨头的过度放牧行为，损公肥私但却没有为此付出足够代价。《脆弱的威严：拯救北美最后一片大森林》一书叙述了关于砍伐太平洋西北部国有森林的一些争论。作者记录了伐木工人、环保人士、森林工业和林业管理部门的观点、期望和忧虑。作者认为，这些争论表明，原始森林的价值还未被充分认识，在如何开发和保护森林资源方面还缺乏适当的途径。《林业的憧憬和噩梦：西部内陆地区传统发展的困境》[2] 一书叙述了东俄勒冈和华盛顿州蓝山地区的林业管理。南希在这本书里提到，尽管人们将白人到来以前的这片土地视为荒野，但是印第安人几千年来不断改变环境。作者叙述了20世纪以来美国林业局的管理及其失误。作者认为，利用自然资源要因地制宜，而不要狂妄地把人类视为无所不能的上帝。《林区工人的故事：环境冲突和向城市迁移》[3] 是一本关于俄勒冈西南部地区的森林史，随着该地区社会和环境的快速变动，伐木集团和环保组织就原始森林的开发与保护发生激烈冲突。《五大湖区的森林：环境和社会史》[4] 则叙述了五大湖区因开发而导致的森林植被变化，以及在这里建立荒野保护区的故事。伐木工人有组织的反抗及其斗争，可以参见威廉·罗宾斯的《伐木工和立法者：美国木材工业的政治经济学，1890—1941》、《森林中的反抗：西北太平洋沿岸的世界产业工人组织》、《新南部和新竞争：南

---

① William D. Rowley, *U. S. Forest Service Grazing and Rangelands：A History*, College Station, TX：Texas A & M University Press, 1985.

② Nancy Langston, *Forest Dreams, Forest Nightmares：The Paradox of Old Growth in the Inland West*, Seattle：University of Washington Press, 1995.

③ Beverly A. Brown, *In Timber Country：Working People's Stories of Environmental Conflict and Urban Flight*, Philadelphia：Temple University Press, 1995.

④ Susan L. Flader, ed. , *The Great Lakes Forest：An Environmental and Social History*, Minneapolis, MN：University of Minnesota Press, 1983.

部杉树工业的贸易协会发展》① 等著作。

美国加州的红树林非常有名，开发和保护原始红树林的斗争异常激烈。《拯救红树林的战斗：环境改革的历史》② 讲述了拯救红树林同盟和塞拉俱乐部为保护加州红树林的长期战斗。作者认为，20 世纪中期，美国的自然保护运动已经从有节制的幕后说服转变成五六十年代富有战斗精神的激进行动。促成这种转变的主要是如下三个因素：首先，战后人口增长加大了对木材的需求，技术进步使森林工业的采伐能力迅速提高；其次，环境组织的成员人数更多，人员构成也发生了变化。最重要的是，科技的快速发展使人们开始怀疑社会趋向前进的进化理论。《红树林：沿海红树林的历史、生态和资源保护》③ 一书概述了拯救红树林同盟的总体努力。该书叙述了保护红树林的严峻形势。并汲取了最新的科研成果，对红树林的地质文化史、自然史、生态、动植物的管理和保护。

米勒主编的《美国森林：自然、文化和政治》④ 这本文集辑录了多位学者所写的关于美国森林的论文。这些论文按时间编排，分为四个部分，着重分析政治、社会和环境力量如何交互作用，影响美国森林资源的开发和滥用，论述了林业对 19 世纪中期以来的自然和人文景观的影响，并分析了林业发展过程中的一些政治和科学争论。

三　水利史

美国资源保护运动的兴起，是从关注西部稀缺的水资源开始的。1877

① William Robbins, *Lumberjacks and Legislators*：*Political Economy of the U. S. Lumber Industry*，*1890 – 1941*，College Station，TX：Texas A & M University Press，1982；Robert L. Tyler，*Rebels of the Woods*：*The I. W. W. in the Pacific Northwest*，Eugene，Or.：University of Oregon Books，1967；James E. Fickle，*The New South and the "New Competition"*：*Trade Association Development in the Southern Pine Industry*，Champaign，Ill.，1980.

② Susan R. Schrepfer，*The Fight to Save the Redwoods*：*A History of Environmental Reform*，*1917 – 1978*，Madison，WI：University of Wisconsin Press，1983.

③ Reed F. Noss，*The Redwood Forest*：*History*，*Ecology*，*and Conservation of the Coastal Redwoods*，Washington，D. C.：Island Press，2000.

④ Char Miller，ed.，*American Forests*：*Nature*，*Culture*，*and Politics*，Lawrence，Kan.：University Press of Kansas，1997.

年，美国地质勘探局负责人鲍威尔发表《关于美国干旱地区土地的报告》。
1902 年，美国国会通过《灌溉法》，拉开了美国西部水利建设的序幕。20 世
纪 30 年代罗斯福"新政"时期，联邦政府推行以工代赈的政策，在全国范
围内大力发展水利建设。"二战"以后，水利事业蓬勃发展。但由于过度开
发，或未能进行有效保护，水土流失、水供应紧张和水污染等问题日益明
显。在这种背景下，水资源保护便成为 60 年代环保运动的一个重要内容，
人类通过发展水利以调节和控制水资源的活动就进入了环境史学者的视野。

　　所谓水利，是指"人类为了生存和发展的需要，采取各种措施，对自然
界的水和水域进行调节和控制，以防治水旱灾害，开发利用和保护水资
源"①。美国水利史作为环境史的一个研究领域，是从海斯的《资源保护与
效率至上》一书开始的。② 单从书名就可以看出，海斯的著作并未局限于 20
世纪初期美国水资源的开发和利用。在这本书里，作者挑战了传统的观点，
没有把资源保护视为"民众"和"利益集团"之间的斗争，而将其视为社
会精英领导的运动，侧重于水利学、林学、农学和地质学在资源保护方面的
运用。作者关注的并不是资源保护本身，而是希望通过资源保护来理解更加
广阔的政治和经济形势的变化。

　　自海斯以后，水利史受到了环境史学者的重视，并涌现出唐纳德·沃斯
特、唐纳德·皮萨尼（Donald J. Pisani）和洛里斯·亨德利（Norris Hundl-
ey）等许多著名专家。笔者拟从美国西部水利建设、加利福尼亚州的水利开
发、河流开发和反开发、东部水利治理等方面来介绍美国环境史学者对水利
史的研究。

（一）西部水利建设

　　在干旱少雨的美国西部，水是最珍贵的资源。美国西部在 19 世纪下半
叶以来的蓬勃发展，在很大程度上得益于西部水资源的开发。西部史在一定
程度上也就成为开发、争夺与保护水资源的历史。美国环境史学家沃斯特将

---

① 钱正英主编：《水利》，《中国大百科全书·水利》，中国大百科全书出版社 2003 年版，第 1 页。
② Donald J. Pisani, "Deep and Troubled Waters: A New Field of Western History", *New Mexico Historical Review*, Vol. 63, No. 4（Dct, 1988）, p. 313.

西部称为"水利社会"。

没有发达的灌溉系统,就不会有美国西部的繁荣。马什在《人与自然》(1864)中涉及了灌溉系统的大规模修建及其对政府结构和社会的影响。在《帝国之河》[①] 中,沃斯特从兴修水利的角度,以 1890 年和 1945 年为界,将远西部的发展分为三个阶段。他认为,伴随着这三个阶段的演替,西部社会的地方自主性逐渐丧失,日益成为一个集权社会。在促成这一转变的过程中,联邦政府推行的社会政策,不利于小农而有利于大农场经营,并带来了许多灾难性的环境后果。沃斯特提出的"治水社会"和"集权社会"的概念,较多地受到了魏特夫《东方专制主义》一书的启发,在他看来:资本主义是建立在剥削人民和统治自然的基础之上,它并没有地域界限,不论在美国东部或西部,都是如此。[②]

《帝国之河》一书捍卫了魏特夫的观点。对这一观点,许多学者提出了质疑,认为灌溉农业并不必然促成集权,导致专制。马斯和安德森在《欢欣鼓舞的沙漠:干旱环境中的冲突、发展和正义》[③] 一书中提出:农场主在一定程度上能够控制他们的命运,参与决定有限水资源的分配和开发新的水资源。权力的集中,并不必然意味着地方控制权的彻底削弱。艾拉·克拉克在《新墨西哥州的水资源》[④] 一书中,采用自下而上的视角,把水资源政策的演化描述为地方、地区和国家力量的复杂作用,而非华盛顿独裁的中央集权政策。

尽管许多学者认为治水社会与专制集权并无直接联系,但沃斯特的另外一个观点——西部的水资源开发更有利于权势集团而不是小农场主的观点——则是许多学者所认可的。皮萨尼在《从家庭农场到大农场经营》[⑤] 一

[①] Donald Worster, *Rivers of Empire: Water, Aridity and the Growth of the American West*, Oxford, UK: Oxford University Press, 1985.

[②] Donald J. Pisani, "Deep and Troubled Waters: A New Field of Western History", *New Mexico Historical Review*, Vol. 63, No. 4 (Oct. 1988), p. 321.

[③] Arthur Maass and Raymond L. Anderson, *And the Desert Shall Rejoice: Conflict, Growth, and Justice in Arid Environments*, Cambridge, Mass.: MIT Press, 1978.

[④] Ira G. Clark, *Water in New Mexico: A History of Its Management and Use*, University of New Mexico Press, 1987.

[⑤] Donald Pisani, *From the Family Farm to Agribusiness: The Irrigation Crusade in California and the West, 1850 – 1931*, Berkeley, CA: University of California Press, 1984.

书中探讨了西部水资源法的发展和美国人的价值观，特别是与家庭农场理想之间渐行渐远的关系。作者认为特别具有讽刺意味的是，19 世纪七八十年代旨在促进小规模、多样化农业而成立的机构，到 20 世纪二三十年代都背离初衷，促进了农场经营规模的扩大。英格拉姆的《水资源政治：延续与变化》是在《水资源开发的政治模式》的基础上修订而成①，叙述了西部水资源稀缺对美国政治的影响。作者认为，迄至当时，利益集团而非民众依然主导着美国西南部的水资源开发。战后以来，民众有了更多的参与机会，从而带来了美国水资源管理政策的变化。在《掌握命运：围绕水的政治和权力》② 一书中，戈特利布（Robert Gottlieb）认为，美国关于水资源的争论已经从片面强调水资源的开发规模转向关心水的质量。作者分析了精英集团制定的水资源政策对广大民众利益的损害和对水资源的破坏。这些后果导致了民众起而反对一味推进水资源开发的美国陆军工程兵团，并推动国会通过《清洁水法》。

　　科罗拉多河是美国西部最重要的河流，对美国西部灌溉农业的发展具有举足轻重的作用。它流经 7 个州，其中怀俄明、科罗拉多、新墨西哥和犹他州位于它的上游，内华达、亚利桑那和加利福尼亚位于下游。它同时还是流经墨西哥的一条国际河流。流域内的各州、美墨两国之间通过签订用水协议解决水资源纷争。关于这个问题，最重要的著作要数亨德利的《水和西部：科罗拉多河协议与美国西部的水政治》③ 一书。该书讲述了地方、州、联邦政府以及各种利益集团之间在修建博尔德（Boulder）峡谷水利工程问题上，围绕水的分配、洪水控制和水力发电而展开的各种斗争。随着州际冲突的不断升级和土壤盐碱化等环境问题的出现，联邦政府在水资源分配方面最终掌

---

①　Helen Ingram, *Water Politics: Continuity and Change*, Albuquerque: University of New Mexico Press, 1990; Helen M. Ingram, *Patterns of Politics in Water Resource Development*, Albuquerque: University of New Mexico Press, 1969.

②　Robert Gottlieb, *A Life of Its Own: The Politics and Power of Water*, San Diego: Harcourt Brace Jovanovich, 1988.

③　Norris Hundley, Jr. , *Water and the West: The Colorado River Compact and the Politics of Water in the American West*, Berkeley: University of California Press, 1975.

握了更大的权力。弗拉德金的《不再奔腾：科罗拉多河与西部》① 也是一本关于开发科罗拉多河的重要著作。该书描述了由于西部灌溉农业的发展，科罗拉多河从一条自由流淌的河流被截成一系列受到控制的水面。作者认为，美国人对西部开垦和河流开发有一种近似宗教的狂热，直到出现水资源的紧张和日益凸显的环境问题，人们才首次对西部拥有能够无限发展的能力提出质疑；河流开发要适可而止，否则就会得不偿失。

除科罗拉多河外，其他河流开发过程中的冲突也受到了一定的关注。《为所经区域供水：高平原阿肯色河的开发：1870—1950》② 探讨了 1870—1950 年间阿肯色河流域的科罗拉多州和堪萨斯州企图通过修建各种水利工程来营造美好生活的失败。由于水被看作可以买卖和交易的商品，水渠修建公司和市政当局依靠市场力量来进行开发，而几乎没有考虑生态影响，结果导致了生态退化、社会冲突和无休止的州内和州际冲突。

利用地下水是美国西部水利开发的一个重要方面。格林在《依靠地下水的土地》③ 一书中，叙述了得克萨斯高平原依靠地下水进行灌溉的历史。格林指出，人们一直以为依靠技术能解决水资源短缺的问题，但地下水位下降后，并没有新的替代方法。查尔斯·鲍登在《破坏地下水》④ 一书中比较了印第安人持久的土地利用方式和贪婪、扩张的白人城市工业文化对资源的破坏。鲍登也警告人们，技术进步并不能克服资源瓶颈。

兴修水利给西部所带来的变化可以参考威利和戈特利布合著的《烈日下的帝国：美国新西部的兴起》⑤ 一书。该书对几个重要的阳光带城市进行了个案研究，追溯了西部自胡佛水坝修建以来的经济和政治发展，该书还较早地涉及了土著人的用水权这个问题。

---

① Philip L. Fradkin, *A River No More: The Colorado River and the West*, Tucson, AZ: University of Arizona Press, 1984.

② James Earl Sherow, *Watering the Valley: Development along the High Plains Arkansas River, 1870 – 1950*, University Press of Kansas, 1990.

③ Dolan Green, *Land of the Underground Rain: Irrigation on the Texas High Plains, 1910 – 1970*, Austin, TX: University of Texas Press, 1973.

④ Charles Bowden, *Killing the Hidden Waters*, University of Texas Press, 1985.

⑤ Peter Wiley & Robert Gottlieb, *Empires in the Sun: The Rise of the New American West*, New York: Putnam, 1982.

20 世纪以来西部水利建设方面的长足进步，不仅没有给美国土著带来好处，反而使他们的权利受到更多的损害。土著理论上的用水权往往无法得以实现，被迫让度法律上的权利以获取少量赔偿，似乎成为他们摆脱困境和消除贫困的唯一出路。对土著用水权的漠视和剥夺受到了学者的关注。有关这个问题，有两本比较重要的著作。麦库尔的《控制水资源：铁三角、联邦水开发和印第安人的用水权》[1]一书，从印第安人的角度叙述了白人与印第安人之间的用水冲突。他认为，印第安人的用水权虽然在一些联邦诉讼中得到确认，但它很难得以真正实现。这是由于，维护印第安人用水权的只有由印第安人事务局、部落代表和印第安人权利的拥护者组成的铁三角联盟，而反对印第安人的铁三角，则包括由农垦局、美国陆军工程兵团和这些机构的支持者组成的强大势力。由于两者力量悬殊，所以印第安人的用水权总是不能得到保护，这也反映了美国民主的缺陷。《土著的用水权和法律的缺陷》[2]一书分析了印第安人的用水权难以实现的那些制约因素。作者认为，白人与印第安人达成的诸多用水协议，违背了公平原则，不值得信赖。

（二）加利福尼亚州水利开发

在美国西部开发水资源的过程中，加利福尼亚一直走在前面。加利福尼亚州水资源分布严重不均，北部年降水量超过 2500 毫米，集中了全州 70% 的河川径流量，南部沙漠地区年均降水则不到 50 毫米。中南部气候温暖，集中了加利福尼亚州的大部分人口，这里还有旧金山和洛杉矶两个大都市，中南部的用水量约占全州需水量的 80%。但中南部的水资源本来就不充足，而人口和经济分布就更加剧了水资源的紧张。为满足工农业和城市用水，从进入 20 世纪以来，加州就开始实施大规模的调水工程。加州享有"美国水利工程师的故乡"的美誉。

加利福尼亚州中南部调水工程激起了各种错综复杂的矛盾，南北冲突、城乡冲突、水资源开发管理机构内部及其相互之间的冲突，一直贯穿着水利

① Daniel McCool, *Command of the Waters: Iron Triangles, Federal Water Development, and Indian Water*, Berkeley: University of California Press, 1987.

② Lloyd Burton Lawrence, *American Indian Water Rights and the Limits of Law*, University Press of Kansas, 1991.

建设的始终。《大饥渴：加利福尼亚人和水资源》[1] 讲述了加利福尼亚州境内使用和滥用水资源的历史，亨德利叙述了自古以来直到当代，土著、早期西班牙移民和墨西哥移民对水资源的使用和分享，以及淘金热过后工业与农业，旧金山与洛杉矶等大城市与小城镇、农场，各种利益集团对水资源的争夺。《卡迪拉克沙漠：美国西部及其正在消失的水资源》[2] 一书描述了早期的定居者、洛杉矶政府部门和商业利益集团为保证城市用水所采用的一些无情策略，记录了农垦局和美国陆军工程兵团之间的激烈冲突。赖斯纳认为，西部的水资源政策只图眼前利益而不顾及子孙后代，将成为美国西部文明的致命威胁。戈特利布在《发展面临的水饥荒》[3] 一书中讨论了加利福尼亚州南部相关的 6 个水资源管理机构受不同利益驱动，宗派主义和私下交易大行其道，机构内部和机构之间的冲突频繁，破坏水资源的事件层出不穷。在这种情况下，公众要求更多地参与管理和决策，实行强调环境和生活质量的新的水资源政策。

　　加利福尼亚州南部洛杉矶地区的供水一直是一个劳神费力的问题。1905—1913 年，加利福尼亚州修建了长达 233 英里的引水渠，这条水渠将欧文斯河谷和洛杉矶连接起来。直到今天，欧文斯河谷与洛杉矶的水源之争仍在持续，对当时推动修建水渠的马尔霍兰（William Mulholland）的评价莫衷一是。《善举或恶行：欧文斯河谷与洛杉矶水源之争的起源》[4] 一书追溯了这场争论的由来，霍夫曼认为修建水渠虽然有损当地居民的利益，但它更契合最大多数人的最大幸福的功利原则，因此，它在很大程度上是善举而非恶行。《水和权力：欧文斯河谷地区洛杉矶水供应问题上的冲突》[5] 一书运用了大量一手资料，勾勒了加州水政策的发展。卡尔认为，在欧文斯河谷修建

　　① Norris Hundley, Jr. , *Great Thirst*：*Californians and Water*，*1770s – 1990s* , Berkeley：University of California Press，1992.

　　② Marc Reisner, *Cadillac Desert*：*The American West and Its Disappearing Water*，Penguin，1993.

　　③ Robert Gottlieb, Margaret FitzSimmons, *Thirst for Growth*：*Water Agencies as Hidden Government in California*，University of Arizona Press，1991.

　　④ Abraham Hoffman, *Vision or Villainy*：*Origins of the Owens Valley – Los Angeles Water Controversy*，Texas A & M University Press，1981.

　　⑤ William L. Kahrl, *Water and Power*：*The Conflict over Los Angeles' Water Supply in the Owens Valley*，Berkeley：University of California Press，1982.

通往洛杉矶的引水渠是一个阴谋，他的策划者就是马尔霍兰这个权术高手。《沙漠之河：马尔霍兰和洛杉矶的形成》① 是关于马尔霍兰的传记，主要叙述了美国著名工程师马尔霍兰就任洛杉矶水利厅负责人以后的经历，马尔霍兰在这本书中是以英雄人物的身份出现的，他主持修建的引水渠附属工程事故使他郁郁而终。

20世纪初，缪尔领导发起的声势浩大的赫奇赫奇河谷保护运动，并没有能够阻止在该河谷修建水坝。这段悲壮的历史，在缪尔的有关传记中总是被不断提起。关于这段历史，纳什在《荒野与美国精神》中进行了比较详细的介绍。

与洛杉矶、旧金山面临的问题相反，位于北部的萨克拉门托河谷地区每到雨季就暴雨如注，洪灾频繁，出现绵延上百里的洼地，但这里后来却成为加州首府所在地。凯利的《排涝：美国政治文化、公共政策和萨克拉门托河谷，1850—1986》② 一书就叙述了这段历史。在作者看来，这件事劳民伤财，愚蠢至极。长期以来，为控制洪水，人们殚精竭虑，不辞劳苦。即便如此，这里也还没有成为一个非常安全的地区。作者认为，这个故事反映了人类企图重组自然的狂妄，人类不过是取得了暂时的胜利。

（三）河流开发和反开发

拦河筑坝蓄水，修建水库，是水利水电开发的重要形式。在20世纪70年代以前，修建水坝时，往往只从工程技术和经济方面考虑，而70年代以后，水坝建设带来的社会、环境问题及其长远影响慢慢显示出来。人们注意到，一些水利工程人为改变了河流周边的生态环境，导致盐碱化、水质下降、濒危物种增多等许多环境问题。许多水利工程接近甚至超过使用年限，不仅维护成本高昂，还存在诸多安全隐患。再加上环保人士的推动，美国近年来出现了"让河流自由奔腾"的呼声，政府也开始讨论或实施拆除部分

---

① Margaret Leslie Davis, *Rivers in the Desert*: *William Mulholland and the Inventing of Los Angeles*, New York: Harper Collins, 1993.

② Robert L. Kelley, *Battling the Inland Sea*: *American Political Culture*, *Public Policy*, *and the Sacramento Valley*, *1850–1986*, Berkeley, CA: University of California Press, 1989.

水坝。水坝和河流保护受到了环境史学者的重视。

哥伦比亚河流经美国西北多州，河段之间有很大落差，水力资源非常丰富。目前，这条大河的主干道及其支流已实现梯级开发，水电站星罗棋布，已有的水坝数量和发电总量都堪称世界之最。《西北走廊：哥伦比亚河》①一书叙述了哥伦比亚河变成一系列由计算机控制的水库的过程，迪特里希对这条河的历史、现状及面临的问题进行了多方面的探讨。在《有机的自然》②一书中，怀特用"自然的机器"来象征哥伦比亚河与当地居民之间的相互关系，所有生物，包括人都是自然这部机器的一部分。该书追溯了人们与这条河流相互作用所引起的生态变化。该书旨在说明，人在一定程度上能够改造自然，但永远也不要指望能完全控制自然。

美国西南部的科罗拉多河上也兴建了许多大坝，其中最著名的是胡佛水坝。该水坝位于内华达和亚利桑那之间的布莱克峡谷，它于1931年开工，1936年竣工。史蒂文斯在《胡佛水坝：美国的丰碑》③一书中认为，胡佛水坝是当时的一大工程杰作，作者深入探讨了胡佛水坝的规划与建设、参与规划施工的个人与公司以及该工程对南内华达的开发和美国劳工运动的影响。

希拉河（又名盐水河）是科罗拉多河的支流，在其沿岸有多处印第安人遗迹和保留地。由于过度开发，希拉河已经面目全非，沿岸自然生态、文化遗迹遭到严重破坏。麦克纳米的《希拉河：美国河流的厄运》④讲述的正是这段历史。希拉河曾经是美国西南部最重要的水系，但它现在已经濒临断流，沿岸生态植被被破坏殆尽。这场梦魇是由人类不合理的活动造成的，拯救这条濒危河流已经刻不容缓。《从前有条河》⑤一书讲述了在希拉河中游修建柯立芝水坝后的生态变化。关于希拉河上的水利工程，还可以参考《伟

①　William Dietrich, *Northwest Passage: The Great Columbia River*, New York: Simon & Schuster, 1995.

②　Richard White, *Organic Machine*, New York: Hill and Wang, 1995.

③　Joseph E. Stevens, *Hoover Dam: An American Adventure*, Norman, OK: University of Oklahoma Press, 1988.

④　Gregory McNamee, *Gila: The Life and Death of an American River*, New York: Orion Books, 1994.

⑤　Amadeo M. Rea, *Once a River: Bird Life and Habitat Changes on the Middle Gila*, Tucson, Ariz.: University of Arizona Press, 1983.

大的试验：修建盐水河灌溉工程》① 一书。

美国也不乏阻止水坝兴建的成功例子。荒野协会等环保组织通过不懈努力，说服国会于 1956 年否决内政部在科罗拉多大峡谷内的回声谷公园（Echo Park）修筑大坝的计划。在《荒野的象征：回声谷公园和美国的资源保护运动》② 一书中，哈维叙述了人们以生态学为理论武器捍卫自然的这场伟大战斗。作者认为，这次胜利可以视为自然保护运动的一个转折点，洗刷了 20 世纪初赫奇赫奇河谷被淹没的耻辱，反映了战后联邦水资源政策的变化。帕尔默的《挽救斯坦尼斯洛斯河》③ 一书讲述了 20 世纪 70 年代环保组织成功阻止在斯坦尼斯洛斯河白水峡谷修建水坝的故事。帕尔默后来还出版了《濒危河流和资源保护运动》④ 一书，叙述了阻止在河流上修筑水坝的一些成功或失败的故事。作者还列出了一些拟建的大坝工程名单，号召更多的民众参与河流保护运动。

美国的水坝修建过程也充满矛盾和斗争。在《美国西部修建水坝的历史》⑤ 一书中，杰克逊探讨了 20 世纪 30 年代以前修坝技术、资本主义经济和政治因素之间的复杂关系。作者认为，个人和社会因素往往凌驾于科学因素之上，这导致依斯特伍德（John S. Eastwood）发明的拱坝技术不能得到及时采纳，修坝成本特别昂贵，联邦干预不可避免。

推动美国水利建设的两大重要机构——美国陆军工程兵团和农垦局——自然也在一些学者的关注之列。《美国陆军工程兵团：阿尔伯克基地区，1935—1985》一书在突出陆军工程兵团作用的同时，也指出该机构在水利工程的决策方面并没有独断专行。但这本书的一大缺憾是没有联系与工程兵团有竞争关系的农垦局来进行分析。《1936 年洪水控制法的演化》一书讨论了

---

① Karen L. Smith, *The Magnificent Experiment: Building the Salt River Reclamation Project, 1890 – 1917*, Tucson: University of Arizona Press, 1986.

② Mark Harvey, *Symbol of Wilderness: Echo Park and the American Conservation Movement*, Albuquerque: University of New Mexico Press, 1994.

③ Tim Palmer, *Stanislaus: The Struggle for a River*, Berkeley, CA: University of California Press, 1982.

④ Tim Palmer, *Endangered Rivers and the Conservation Movement*, Berkeley, CA: University of California Press, 1986.

⑤ Donald C. Jackson, *Building the Ultimate Dam: John S. Eastwood and the Control of Water in the West*, Lawrence, Kan.: University Press of Kan., 1995.

美国陆军工程兵团的内部分歧。关于这个问题，还可以参考由该机构自编的《美国陆军工程兵团的历史》。[①]

（四）东部水利治理

和西部相比，美国东部的水资源则要充沛得多。东部属于季风气候区，从南向北跨越热带、亚热带和温带三个气候带，年均降水量在 1000 毫米至 1500 毫米之间。防治洪涝灾害就成为东部各州的一件大事。

布莱克是佛罗里达水患研究方面的权威。他在《水土流失：佛罗里达水资源管理的历史》一书里，着重分析了人类控制水的斗争及其对佛罗里达环境的影响、不同时代背景下各利益集团在水利工程规划方面的冲突。该书显示了经济增长引起的环境变迁及公众环境观的演变。路德·卡特的《佛罗里达的经历：土地和水资源政策》一书也探讨了类似的问题。[②]

罗斯福"新政"时期的田纳西河流域治理一直倍受瞩目。田纳西河发源于美国弗吉尼亚南部山区，流经北卡罗来纳、田纳西、佐治亚、亚拉巴马、密西西比和肯塔基等州，经俄亥俄河汇入密西西比河。历史上水灾频繁，交通不便，生产落后。1933 年，美国国会通过法案，成立田纳西河流域管理局，对该流域进行了大规模的整治。田纳西河流域治理开发可以追溯到 20 世纪早期。"一战"以后，美国计划在亚拉巴马州的马斯尔肖尔斯（Muscle Schoals）建造工厂，批量生产制造弹药和化肥所必需的硝酸盐。这一规划便是日后建立田纳西河流域管理局的源头。《田纳西河流域管理局的起源：马斯尔肖尔斯争论》[③] 一书对该规划引起的激烈争论进行了叙述。

---

① Michael E. Welsh, *US Army Corps of Engineers: The Albuquerque District, 1935 – 1985*, University of New Mexico Press, 1987; Joseph Arnold, *The Evolution of the 1936 Flood Control Act*, Washington, 1988; Office of History, U. S. Army Corps of Engineers, *The History of the U. S. Army Corps of Engineers*, University Press of the Pacific, 2004.

② Nelson M. Blake, *Land into Water, Water into Land: A History of Water Management in Florida*, Tallahassee: University Presses of Florida, 1980; Luther Carter, *The Florida Experience: Land and Water Policy in a Growth State*, Baltimore: Johns Hopkins University Press, 1974.

③ Preston J. Hubbard, *Origins of the TVA: The Muscle Schoals Controversy, 1920 – 1932*, Nashville, TN: Vanderbilt University Press, 1961.

《田纳西河流域管理局与特利科大坝：后工业时代美国官僚制度的危机》①
叙述了环保人士和工程技术人员长达几十年的权力斗争。对田纳西河流域管
理局的质疑，还可以参考《政府自我约束：国家环保局、田纳西河流域管理
局以及20世纪70年代的污染控制》② 一书。

　　密西西比河是北美大陆流程最远、流域面积最广、水量最大的河流。在
印第安人的语言里，"密西西比"意为"大河"或"众水之父"。该河源于
美国北部的明尼苏达州，沿途流经10个州，在河运时代是美国内陆交通的
动脉。密西西比河流域大部分为平原，河道曲折，历史上经常出现洪涝灾
害。关于密西西比河流域的生态和社会变迁，可以参考《密西西比河上游的
环境史》③ 一书。

　　五大湖位于北美洲中东部，美国和加拿大之间。它是世界上最大的淡水
湖群，总面积24.5万平方公里，自西向东分别为苏必利尔湖、密歇根湖、
休伦湖、伊利湖和安大略湖。五大湖区具有良好的航运条件，通过运河、航
道与大西洋和其他水系连接，成为国际上最重要的内陆航线之一。五大湖区
渔业资源、水电资源和矿产资源丰富，人口密集，是美国钢铁与汽车制造业
中心，这里有芝加哥、底特律和多伦多等著名城市。但长期以来，这里一直
深受水体污染、外来水族入侵等环境问题的困扰。在《五大湖区近期的环境
史》④ 一书中，威廉·阿什沃思叙述了这个地区对动物毛皮、森林、矿产的
开发，重工业、城市化的发展及其对水体的污染，航运和运河开凿带来的外
来物种入侵等生态问题，当地居民竟对环境问题无动于衷，作者对此深感困
惑，呼吁政府和公众不能等闲视之，要赶紧行动起来。

　　总的来看，美国水利史研究主要还是集中在西部，这与美国水资源西少
东多的自然分布有很大关系。西部水资源稀缺，水利工程浩大，水资源的开

　　① William Wheeler, Michael McDonald, *TVA and the Tellico Dam*, *1936 – 1979: A Bureaucratic Crisis in Post – Industrial America*, Knoxville, TN: University of Tennessee Press, 1986.

　　② Robert F. Durant, *When Government Regulates Itself: EPA, TVA, and Pollution Control in the 1970s*, Knoxville: University of Tennessee Press, 1985.

　　③ Philip V. Scarpino, *Great River: An Environmental History of the Upper Mississippi*, *1890 – 1950*, Columbia, MO: University of Missouri Press, 1985.

　　④ William Ashworth, *The Late, Great Lakes: An Environmental History*, Wayne State University Press, 1987.

发与争夺已经成为西部诸州冲突、东西部冲突的一个根源，所有这些因素都推动了西部的水利史研究。此外，美国水利史与 20 世纪六七十年代的环保运动几乎是同时出现的，因此，许多环境史学者对水利开发持消极甚至激烈反对态度。

同时也应该看到，环境史学者对水利工程也没有一味否定。比如林达·利尔（Linda Lear）撰文肯定了一些水利工程的功绩。斯特格纳的《西经100 度以西：鲍威尔和对西部的第二次探险》在批评的同时，也肯定"水坝对垦荒和防洪的价值"①。随着环境史学者逐渐摆脱环境保护主义的影响，他们对水利工程将作出更加客观的评价。

作为一个新的研究领域，现在还没有关于推动水利建设的联邦机构——农垦局、陆军工程兵团——的全面系统的著作。随着美国人口的增加，西部水资源供应将更加紧张，美国东部甚至也会出现水荒。由于这些现实问题的存在，水利史研究将受到更多的关注。

四　荒野史

迄今为止，荒野研究依然是美国环境史研究的重要特色。根据美国《荒野法》（1964）的有关规定，"国家荒野保护系统包括国家森林、国家公园及国家荒原保护区的土地"，所谓"荒原"是指地球及其生命群落未受人为影响、人类到此只为参观而不居留的区域，荒原区具有极大的与外界隔绝、原始和自由自在的乐趣。② 在一定程度上，荒野和中文的"自然保护区"的意义比较接近。荒野受人类影响相对较小，离自然的原初状态比较接近，在一定程度上就成为自然的代名词。荒野保护主要是指减少或制止人类活动对自然界的干扰和破坏，尽量保护荒野的原初状态，保护生态系统中的生物多样性及其自我更新能力，保护生态系统功能的平衡、完整及正常运行。

在美国环境史研究中，河流保护和国家森林均可纳入荒野研究的范畴，

---

① Norris Hundley, "Water and the West in Historical Imagination", *Western Historical Quarterly*, Vol. 27, No. 1 (Spring 1996), pp. 26 – 30.

② 转引自［美］瓦伦·弗雷德曼《美国联邦环境保护法规》，曹叠云等译，中国环境科学出版社1993 年版，第 164 页。

有关的内容，可参考本章"水利史"和"森林史"中的相关部分。这里只侧重于荒野观和国家公园的相关研究，这方面知名的学者有纳什、伦特（Alfred Runte）、罗思曼、米切尔·科恩（Michael P. Cohen）等。

（一）荒野观念

人类对待自然的行为，在很大程度上是由其荒野观念所决定的。因此，荒野观和环境观就成为环境史研究的重要内容。

首先要提到的是《荒野与美国精神》[①] 一书。该书是美国环境史学家纳什的代表作，也是美国环境史研究的经典。纳什在这本书中主要讲述了美国人对荒野的态度转变。在纳什看来，这种转变无异于一次思想革命，并大致可以 19 世纪 90 年代和 20 世纪 60 年代为两个分界点。白人移民到达之初，荒野被认为是黑暗与邪恶的象征，加之生存面临的威胁，他们对荒野充满敌意。但到 19 世纪中期，浪漫主义者、超验主义者已经意识到荒野的美学与精神价值，荒野不再被认为是文明的障碍，而被视为使美国有别于旧大陆的宝贵资源，是激发民族自豪感、思想文化独立的源泉，但征服荒野的思想仍占主导地位。到 19 世纪 90 年代以后，随着边疆的基本消失、大陆征服的基本结束，人们才开始意识到荒野的价值，并通过设立国家公园来保护荒野。当时荒野被认为是文明的有益补充。进入 20 世纪后，由于工业化和城市化的弊端日渐凸显，再加上战争及经济危机，人们对文明进步产生怀疑，这种怀疑在 60 年代反正统文化中达到了顶点。荒野被认为是神圣崇高的，而文明和都市却成了罪恶的渊薮，荒野成为文明的解毒剂。在纳什看来，这场思想革命是由梭罗发动的，并由缪尔、利奥波德等人不断弘扬光大，荒野保护的支持者也由少变多，荒野保护的思想不再被认为是荒唐的，而被广泛接受和认可。

纳什一书之所以产生重要影响，与它问世的时机有很大关系，它完稿的那年，恰逢《荒野法》被国会通过，而生态、环境也开始成为妇孺皆知的名词。另外，作者能够与时俱进，对该书不断进行修订，从而吸纳最新的内容，这是它长盛不衰重要原因。

---

① Roderick Nash, *Wilderness and the American Mind*, New Haven, CT: Yale University Press, 1982.

　　纳什的《大自然的权利：环境伦理史》① 也是一本有影响的著作。纳什在书中提出，权利被赋予非人类的生物和它们的共同体，是 20 世纪美国环境保护伦理的深刻转向。这一转向改变了美国人剥削自然的传统态度，是美国人从事自然权利运动的、逻辑的和情感的延伸，符合美国废奴运动、民权运动和妇女解放运动的传统。

　　在《从史前到生态学时代的荒野观念》② 一书中，厄尔施莱格联系人类文明从狩猎采集到城市工业社会的转变，分析荒野观念在历史长河中的演变。作者认为，一旦意识到社会发展并非简单地从原始到先进的线性进步，现代欧洲文化并非人类存在的标准形式，人们就会质疑彻底改造地球的合理性，并转而欣赏史前社会中的有机统一及人与自然之间的亲密关系。作者认为，人类或许正处于后现代社会的边缘，并将再次意识到人能力有限，属于神圣宇宙中的一部分。《自然和美国人：三个世纪的态度变化》③ 一书通过美国文学和艺术中对自然的描写和刻画，叙述了自 17 世纪以来美国人对自然的各种态度，说明资源保护扎根在美国文化之中。在《自然的经济体系：生态思想史》④ 一书中，沃斯特联系社会文化氛围不断的变动，叙述了 18 世纪以来以人为中心和以自然为中心的两种生态学思想的发展变迁。《从梭罗到卡逊：自然作家如何塑造美国》⑤ 主要叙述自然作家如何塑造了人们的自然观念。作者认为，早期作家书写野生自然的美丽和庄严，而现代作家则通过强调生态平衡或暴露技术的风险，来说明保护自然的重要性。在《自然和文化》中，作者通过分析 1825—1875 年间画家和作家笔下的自然，叙述了在此期间美国出现的一些有关自然的重要思想。自然被视为神圣庄严的，值得人类社会效仿的，这种自然观与当时超验主义的神学及哲学世界观不无

---

　　① Roderick Nash, *The Rights of Nature: A History of Environmental Ethics*, Madison, WI: University of Wisconsin Press, 1989.

　　② Max Oelschlaeger, *The Idea of Wilderness: From Prehistory to the Age of Ecology*, New Haven, CT: Yale University Press, 1991.

　　③ Hans Huth, *Nature and the American: Three Centuries of Changing Attitudes*, Berkeley, CA: University of California Press, 1957.

　　④ Donald Worster, *Nature's Economy: A History of Ecological Ideas*, Cambridge: Cambridge University Press, 1985.

　　⑤ Paul Brook, *Speaking for Nature: How Literary Naturalists from Henry Thoreau to Rachel Carson Have Shaped America*, Boston: Houghton Mifflin Co., 1980.

关系。但这种整体主义的自然观后来被内战、达尔文主义和技术进步所破坏。利奥·马克斯的《花园里的机器》① 通过分析 19 世纪美国作家爱默生、梭罗、霍桑、马克·吐温、梅尔维尔、菲茨杰拉德等人的作品，探讨了建设新大陆过程中田园主义理想和进步主义理想之间的分歧。田园主义和进步主义之争，构成 19 世纪早期美国文化的一道亮丽风景，实质上关涉工业革命的社会影响和生态影响，并成为环境问题争论的源头。《回归自然：城市化美国的阿卡狄亚神话》② 一书探讨了 20 世纪早期中产阶级的自然回归思潮，这股思潮通过拟人化的动物故事、夏日野营、荒野保护、荒野小说等多种形式体现出来，表达了人们对城市生活的厌恶和对自然的向往。中产阶级的这种思想逐渐被普通人所接受。该书把纳什在《荒野与美国精神》中提出的问题进一步引向深入，堪与《花园里的机器》、《处女地》等名作相媲美，具有很高的学术价值。

斯特格纳在《美国西部的生活空间》③ 一书中指出，美国西部总是与干旱、开荒、公共土地、开阔空间和牛仔神话联系在一起的。西部总被当作人类控制、改造和征服的对象，而人们现在应该转变观念，学会与这片干旱土地和谐共处。《美国沙漠之旅》④ 一书通过 8 位作家的作品，来研究人们对沙漠的态度变化，这种变化显示出人们对荒野的态度出现了从恐惧憎恨到学会欣赏的转变。洛佩斯的《狼和人》⑤ 一书探讨了自古以来人们对狼的各种意象和观念变化。它被爱斯基摩人和波尼人认为是高贵的生灵；在北欧神话里，它成为主神奥丁的亲密陪伴；而对西方历史而言，它又成了无恶不作的野兽。作者探讨了美国拓荒者对狼无与伦比的憎恶及其对荒野的恐惧与破坏之间的联系。曾几何时狼被视为荒野的象征，对文明生活造成威胁，人们歇斯底里地推行过恶狼灭绝计划。作者最后提出忠告：人类还需要学会与自然

---

① Leo Marx, *The Machine in the Garden: Technology and the Pastoral Idea in America*, Oxford: Oxford University Press, 1964.

② Peter J. Schmitt, *Back to Nature: The Arcadian Myth in Urban America*, New York: Oxford University Press, 1969.

③ Wallace Stegner, *The American West as Living Space*, Ann Arbor: University of Michigan Press, 1987.

④ Patricia Nelson Limerick, *Desert Passages: Encounters with the American Deserts*, Albuquerque: University of New Mexico, 1985.

⑤ Barry Lopez, *Of Wolves and Men*, London: Dent, 1978.

界的其他生物和平共处。

斯奈德的《好的土地、荒凉的土地和神圣的土地》①一书比较了澳洲土著、日本阿伊努人与欧美现代工业国家对好的土地、荒凉的土地和神圣的土地的不同认识。在采集—狩猎社会，荒野、好的土地和神圣的土地是联系在一起的。相反，现代社会把这些概念完全分割开来，除了在荒野保护主义者眼里，神圣只存在于寺庙、教堂等宗教场所，而良田也总是因大面积的单一种植而退化。作者预见到可能发生一场以深层生态学为圭臬的文化观念革命。《环境意识的觉醒：保护地球的新革命》②一书认为，20 世纪六七十年代荒野保护人士和公共健康专家联合参与环境保护，代表着文化观念的变革。这种新观念使人们开始意识到自然对支撑健康、安全和富足生活的重要性，同时拒绝接受为追求短期或私人利益而破坏生态系统的政治和社会方案。

在战后环保运动的推动下，国会于 1964 年通过了《荒野法》。法案的通过是荒野保护运动取得的重大胜利，它表明荒野保护越来越深入人心。曾担任美国联邦最高法院法官的道格拉斯在《荒野权法案》③一书中指出，人类需要文明，也需要荒野。荒野对美国人具有如下价值：重温美国历史；逃避城市生活压力；欣赏自然奇观和美景；教导所有生物相互依赖的道理。作者提出，享有和感受荒野是荒野爱好者和人类子孙应该得到保护的一项基本人权。《追逐荒野》④一书记录了 20 世纪 60 年代后期关于荒野保护的一些关键性的战斗。《荒野保护的政治》⑤联系不断变化的荒野价值观，叙述了《荒野法》的通过、实施及其影响。《为荒野战斗》⑥着重分析了《荒野法》得以通过的背景。作者提出，人们应就限制消费和人口增长达成共识，环境保护需要进行一场深刻的文化变革。《荒野保护和西部反抗》⑦一书探讨了

①　Gary Snyder, *Good Wild Sacred*, Madley, Hereford: Five Seasons Press, 1984.

②　Rice Odell, *Environmental Awakening: The New Revolution to Protect the Earth*, Cambridge, MA: Ballinger, 1980.

③　William Douglas, *A Wilderness Bill of Rights*, Boston, 1965.

④　Paul Brooks, *Pursuit of Wilderness*, Boston: Houghton Mifflin, 1971.

⑤　Craig W. Allin, *The Politics of Wilderness Preservation*, Westport, CT: Greenwood Press, 1982.

⑥　Michael Frome, *Battle for the Wilderness*, New York, 1974.

⑦　William L. Graf, *Wilderness Preservation and the Sagebrush Rebellions*, Savage, Md.: Rowman & Littlefield, 1990.

过去一个世纪联邦土地政策的演化如何影响国家荒野系统的发展。政府为制止掠夺性开发而推行的资源保护政策，尽管在西部不断遭到反对，但国家荒野保护体系在美国还是逐渐建立起来了，这是美国文化的独特贡献。

（二）美国的国家公园体系

创立国家公园是美国的独特发明，被誉为"美国人有过的最佳想法"。在国家公园里，人为干预应尽可能减少，生态系统应尽可能保持"自然状态"。美国国家公园体系是世界自然保护工作的典范，成为美国环境史中值得大书特书的重要话题。关于国家公园的研究，大致可以分为以下几个方面：国家公园体系的形成；国家公园管理局的成立及其活动；民间的荒野保护机构等部分。

有关美国国家公园体系形成的著作，大体可以分为两种，或是从政治法律史的角度加以叙述，或是从社会文化史的角度进行考察，分别以艾斯和伦特的著作为代表。

艾斯在《美国国家公园政策：一部重要历史》[1] 一书中叙述了 20 世纪 60 年代以前国家公园的历史，该书主要侧重于从法律和管理角度来叙说国家公园的历史，对影响国家公园创建的文化观念则很少关注。

而伦特在《国家公园：美国的经历》[2] 一书中则独辟蹊径，从文化史的视角阐述了建立国家公园的不断变化的文化理由和依据。在 19 世纪美国文化落后于欧洲的情况下，西部的自然景观为美国带来了荣誉，那些被辟为国家公园的地方，在当时看来都没有多大的商业利用价值。到 20 世纪中期以后，国家公园在保护和保存野生物种方面的作用逐渐为人们所认识。作者认为，应该把公园以外的更多空间纳入国家公园体系，使它们成为真正的生态保护区。迄今为止，该书仍然是有关国家公园的最优秀的著作，2010 年经再次修订发行了第 4 版。

美国国家公园体系包括国家公园、纪念遗址、历史遗址、林荫道、户外休闲地等，"总占地面积 33.74 万平方公里，占美国国土面积约 3.64%"[3]。

---

[1] John Ise, *Our National Park Policy: A Critical History*, Baltimore: Johns Hopkins University Press, 1961.

[2] Alfred Runte, *National Parks: The American Experience*, Lincoln, NE: University of Nebraska Press, 1979.

[3] 杨锐：《国家公园与国家公园体系：美国经验教训的借鉴》，《中国自然文化遗产资源管理》，社会科学文献出版社 2001 年版。

自成立以来，国家公园接待的游客数量不断猛增，在公园管理局成立的 1916 年为 35 万人，1940 年为约 1700 万人；1980 年突破 2.2 亿人，在 2002 年，更达到 5.2 亿人。①

在国家公园体系中，国家公园占地面积为 20 万平方公里，约占整个体系占地面积的 60%。国家公园在国家公园体系中的重要地位是不言而喻的。美国现有 54 个国家公园，多数位于西部，其中最负盛名的包括黄石公园、约塞米蒂公园和大本顿国家公园等。这些著名公园容易受到学者的重视，有关它们的研究成果也是最多的。

《大黄石公园生态系统：重新定义美国的荒野遗产》一书梳理了科学家、经济学家和法律专家关于大黄石公园生态系统（即黄石公园及其周边的地区）保护与开发的不同意见，讨论了人们应该如何对待这一地区。巴特利特在《黄石公园：被保护起来的荒野》一书中讲述了该地从荒野变成著名旅游区的过程，同其他著作相比，作者详细探讨了黄石公园的游客、管理者和特许权获得者的不同观点，强调了他们各自对野生生物及其栖息地的影响。蔡斯的《黄石公园亵渎神灵的行为：美国第一个国家公园的破坏》一书叙述了黄石国家公园在野生动物及其栖息地管理上的缺陷。作者认为，荒野保护区不被触动只是一种幻想，在缺乏天敌和公园之外更大的生态系统被隔离的情况下，管理局指望自然调节而不加以人工干预的政策已经导致了公园的生态退化，黄石公园管理局应该转变观念，推行改革。②

《约塞米蒂：作为论战场所的荒野》对美国国家公园的管理方式和经营理念提出了批评。作者叙述了围绕开发与保护所激起的争论，认为过度开发严重破坏了约塞米蒂国家公园的生态环境，该公园作为一面镜子，反映出公园管理部门一直强调接待更多的观众，采用媚俗的方式娱乐观众，而不是引导公众理解和尊重自然。德马尔的观点恰好相反，他在《约塞米蒂公园的游客：美国不断变动的荒野观念》一书中认为，长期以来，大众的游乐场所和

---

① ［美］理查德·福特斯：《我们的国家公园》，郭名惊译，中国工业出版社 2003 年版，第 22 页。

② Robert Keiter, Mark Boyce, *The Greater Yellowstone Ecosystem: Redefining America's Wilderness Heritage*, Yale University Press, 1994; Richard A. Bartlett, *Yellowstone: A Wilderness Besieged*, Tucson, AZ: University of Arizona Press, 1985; Alston Chase, *Playing God in Yellowstone: The Destruction of America's First National Park*, Boston, MA: Atlantic Monthly Press, 1986.

美国原始风貌的留存基地是对约塞米蒂公园的两种不同定位。战后以来，受荒野处于危险之中这一观念的影响，公园管理人员开始强调人对自然的破坏性影响。在使公园真正成为所有人的公园方面，管理局做得还远远不够。桑伯恩的《约塞米蒂：发现、奇观和人民》则是一部更加传统的有关约塞米蒂的历史，该书的材料主要取自印第安人传说、开拓者的故事和旅行者的记叙。①

赖特在《资源保护的考验：大本顿国家公园的创立》一书中叙述了在创立大本顿国家公园的近 50 年的时间内，各种观点的角逐，不同人物的较量与妥协，刻画了洛克菲勒、马瑟、奥尔布莱特和奥斯本（Fairfield Osborn）等英雄人物。从社会文化史的角度来展开论述，没有将斗争仅仅当作是政治权术的较量。布克霍尔茨在《落基山脉国家公园的历史》一书中叙述了该公园建立的过程，探讨了公园在发展和保护方面的困境，作者认为，保护一块土地的最好方法是让它满足旅游者的需要。卡恩在《保护阿拉斯加荒野的战斗》一书中叙述了美国建立阿拉斯加国家公园的故事。自 20 世纪 70 年代以来，环保组织"阿拉斯加同盟"通过艰苦卓绝的努力，在全国范围内谋求支持，最终使国会在 1983 年通过《阿拉斯加荒野法》。泰里在《永远的荒野：阿迪朗达克国家公园的文化史》一书中叙述了美国最大的国家公园建立的经过，展现了不同利益集团和不同观点的角逐。《塔霍湖：环境史》一书探讨了塔霍湖面临的诸多问题及这些问题的由来。塔霍湖风景迷人，有望被辟为国家公园，但它面临水质下降、空气污染、城市扩张等问题，这些问题的存在又妨碍该地成为国家公园。该书对许多有价值的风景区不能被纳入国家公园体系的原因进行了深入分析。②

---

① Alfred Runte, *Yosemite: The Embattled Wilderness*, Lincoln, NE: University of Nebraska Press, 1990; Stanford E. Demars, *The Tourist in Yosemite, 1855 – 1985*, Salt Lake City, Utah: University of Utah Press, 1991; Margaret Sanborn, *Yosemite: Its Discovery, Its Wonders, and Its People*, New York: Random House, 1981.

② Robert Righter, *Crucible for Conservation: The Creation of Grand Teton National Park*, Boulder, Co: Colorado Associated University Press, 1982; C. W. Buchholtz, *Rocky Mountain National Park: A History*, Colorado Associated University Press, 1983; Robert Cahn, *The Fight to Save Wild Alaska*, New York, 1982; Philip G. Terrie, *Forever Wild: A Cultural History of Wilderness in the Adirondacks*, Philadelphia: Temple University Press, 1985; Douglas Hillman Strong, *Tahoe: An Environmental History*, University of Nebraska Press, 1999.

《留存过去：美国国家文化遗产》一书着重讨论了 1906 年《古迹法》的影响，及 20 世纪早期美国国家公园管理局在保护历史遗址和考古文物方面的一些贡献。《为沙丘决斗：密歇根湖滨的土地利用冲突》、《圣沙：捍卫印第安纳沙丘的完整性》，均讲述了该地在 1966 年被确认为国家湖滨遗址公园之前的历史。①

国家公园管理局负责美国国家公园体系的管理，隶属于内政部，成立于 1916 年。它成立后极大地推动了美国的自然景观保护和大众户外休闲。对国家公园管理局而言，20 世纪六七十年代可谓是一个转折时期。在此之前，它强调景观保护与适度旅游开发并举。由于对生态规律的认识不够，国家公园管理局的一些活动，比如以人工手段调节不同种类动物数量、盲目引进外来物种，对公园生态系统造成了相当大的破坏。在此之后，国家公园管理局开始了缓慢而重要的调整，逐步减少和降低了对公园生态系统的人工干预。

《国家公园管理局的马瑟》和《荒野的捍卫者：奥尔布莱特》虽然是传记，但由于研究对象是国家公园管理局最早的两任局长，它们同时也成为关于国家公园管理局早期历史的优秀之作。关于国家公园管理局的历史，奥尔布莱特的多部回忆录都具有较高的参考价值。

《美国国家公园和它们的守护者》② 一书对国家公园管理局进行了制度分析，追溯了该机构的发展演化及国家公园体系的扩大。国家公园体系已经扩大到包括历史遗址、纪念遗址、城市花园和绿荫夹道等，国家公园管理局的定位因此更加模糊不清。国家公园管理局和国家公园体系的功能是什么？是否应该保护公园临近的区域？在鼓励旅游开发方面应走多远？这些都是国家公园管理局在未来需要厘清的问题。在《美国的公园、荒野和公共土地》③ 一书中，扎思洛斯基把美国的公共土地分为国家公园、国家森林、荒野保护区等 7 种类型，作者追溯了这几类公共土地形成的历史轨迹，并对它

---

① Hal K. Rothman, *Preserving Different Pasts*: *The American National Monuments*, Urbana: University of Illinois Press, 1989; Norman Schaeffer, *Duel for the Dunes*: *Land Use Conflict on the Shores of Lake Michigan*, University of Illinois Press, 1983; J. Ronald Engel, *Sacred Sands*: *The Struggle for Community in the Indiana Dunes*, Wesleyan University Press, 1983.

② Ronald A. Foresta, *America's National Parks and Their Keepers*, Washington, D. C., 1984.

③ Dyan Zaslowsky, *These American Lands*: *Parks*, *Wilderness and the Public Lands*, New York: Holt, 1986.

们的前景进行了展望，抨击了里根政府在环保政策上的倒退，强调了荒野保护的重要性。《水上乐园》① 一书是关于在荒野区是否应该限制使用机动设备的争论。作者认为，这种冲突不仅是个人休闲方式的差异，而且是关于自然世界的生物中心主义和人类中心主义的冲突。《无路之山：对国家公园的反思》② 一书叙述了关于国家公园旅游开发的持久激烈的争论，作者认为，保护和旅游开发应该兼顾，在"旅游热"持续升温的当前，需要遏止对国家公园的过度开发。

作为荒野保护的一个重要方面，野生动物保护也受到了学者的关注。《野生动物法的演化》一书追述了《野生动物法》的发展演化，作者通过分析各类立法和司法解释中有关野生动物猎捕数量的限制、州际野生动物贸易、栖息地保护等三个重要议题，认为野生动物保护有两大趋势：其一，被保护的物种范围不断扩大；其二，野生动物的法律保护依据，逐步从强调其商业价值转向强调其内在价值。《濒危王国：挽救美国野生动物的斗争》一书分析了《野生动物法》的发展和自殖民地时期以来美国人关于野生动物的观念变化。全书以灰狼、羚羊、水禽等特定物种为纲，逐章介绍在白人到来之后各物种的衰亡及保护它们的一些补救措施。作者强调了栖息地保护的重要性，指出了野生动物保护机构颁发狩猎许可证以获取经费这一行为矛盾的、甚至是有害的后果。托贝在《野生动物和公共利益：非营利组织和联邦野生动物政策》一书中叙述了民间组织在转变人类对野生动物的态度和推动联邦野生动物立法方面所采用的一些斗争手段及其促进作用，探讨了政府和民间组织在环境保护方面的相互关系。《美国人的狩猎神话》是对打猎和野生生物管理实践的愤怒控诉。作者指出，美国的部分荒野爱好者以打猎自娱，宣称打猎对控制不同种类的猎物数量的必要性。而狩猎活动往往也得到有关资源管理部门的支持，因为这些机构可以通过颁发狩猎许可证和对火药实行征税来获利，它们甚至以人工手段抑制猎物的天敌或大量繁殖人们喜

① James N. Gladden, *Boundary Waters Canoe Area: Wilderness Values and Motorized Recreation*, Ames: Iowa State University Press, 1990.

② Joseph L. Sax, *Mountains Without Handrails: Reflections on the National Parks*, Ann Arbor, MI: University of Michigan Press, 1980.

欢的猎物，以满足狩猎者的特殊需要。作者希望生物中心主义伦理的传播，最终使娱乐性的猎杀活动得以取缔。利文斯顿的《野生动物保护的虚妄》一书认为，西方文明中关于人统治自然的信念根深蒂固，如果不对这一信念进行批判，野生动物保护注定不能深入，而出路就在于转变观念，让每个人都能意识到，人是自然的一部分。[①]

美国民间环保组织，比如塞拉俱乐部（1892 年）、全国奥杜邦协会（1905 年）、艾萨克·沃尔顿联盟（1922 年）、荒野协会（1935 年）和全国野生动物联合会（1936 年）都以自然保护为宗旨，在推动建立和扩大荒野保护区方面发挥过不可替代的重要作用。科恩在《塞拉俱乐部的历史》一书中叙述了塞拉俱乐部自成立以来的近 80 年中，从登山爱好者的俱乐部变为社会基础广泛的全国性环保组织的历史。这一转变过程充满动荡，在俱乐部内部引起了日益激烈的派系斗争，使塞拉俱乐部与国家公园管理局及林业局一度友好的关系开始恶化。艾伦（Thomas B. Allen）的《荒野守护者：全国野生动物联合会的故事，1936—1986》[②] 一书采用编年叙述的方式，讲述了该组织自 1936 年在杰伊·达林（Jay Darling）领导下成立以来的历史，该组织通过宣传教育和各种营销努力，拓展了野生栖息地保护和环境立法的社会基础。

总的来看，荒野史研究的中心问题包括人们对自然保护的认识，自然保护怎样进行，谁来保护，为谁保护。这就必然涉及人们对荒野保护区的定位。从历史上看，自然保护主义者在与资源保护主义者的斗争中虽然败多胜少，但它的社会基础不断扩大也是一个不争的事实。作为美国的珍贵遗产，荒野在促进国家认同、增强民族自豪感方面的作用不可低估。荒野研究是美国环境史的一大特色，在未来仍将占据重要地位。

---

① Michael J. Bean, *The Evolution of National Wildlife Law*, New York：Praeger, 1983；Roger L. Disilvestro, *The Endangered Kingdom：The Struggle to Save America's Wildlife*, New York：Wiley, 1989；James A. Tober, *Wildlife and the Public Interest：Nonprofit Organizations and Federal Wildlife Policy*, New York, NY：Praeger, 1989；Ron Baker, *The American Hunting Myth*, New York, 1985；John A. Livingston, *The Fallacy of Wildlife Conservation*, Toronto, Canada, 1981.

② Michael P. Cohen, *The History of the Sierra Club*, *1892 - 1970*, San Francisco, CA：Sierra Club Books, 1988；Thomas B. Allen, *Guardian of the Wild：The Story of the National Wildlife Federation*, *1936 - 1986*, Indianapolis, IN：Indiana University Press, 1987.

五　人物传记

在美国资源保护运动和环保运动兴起的过程中，出现过许多耀眼人物，其中最著名的包括：缪尔、利奥波德、梭罗、平肖、卡逊。这些人对美国的资源保护运动和现代环保运动产生过重要影响。他们的生平事迹、光辉形象、深邃思想引起了环境史学者为这些伟人树碑立传的浓厚兴趣。

约翰·缪尔（1838—1914），自然保护主义者，美国森林资源保护的倡导者，为1890年在加州建立红杉国家公园和约塞米蒂公园作出了重大贡献。早在1876年，缪尔就建议联邦政府推行森林资源保护政策。1897年，克利夫兰总统划出13个国家森林保护区，而商业利益集团说服国会推迟该法令的执行。在这种情况下，缪尔大声疾呼，最终使国会和公众支持建立公园保留地。缪尔对老罗斯福总统的资源保护政策产生过影响。

早在1945年，马什·乌尔夫就出版了缪尔的第一本传记——《荒野之子：约翰·缪尔的一生》。到20世纪90年代，有关缪尔的传记已经超过10种，其中最重要的3本分别由迈克尔·科恩、斯蒂芬·福克斯和弗雷德里克·特纳所写。[①] 科恩联系缪尔所处时代的思想和文化氛围对缪尔进行评价，科恩认为，从思想深处看，缪尔是一位生物中心主义者，但为了说服公众，他在世人面前表现得又像人类中心主义者。福克斯的著作分为两部分，分别探讨缪尔对美国环保运动的影响以及1914年以来资源保护运动的发展。特纳的著作则是20世纪晚期荒野爱好者对自然保护的充满感情的召唤。

---

① Linnie Marsh Wolfe, *Son of the Wildness：The Life of John Muir*, 1945；Michael Cohen, *The Pathless Way：John Muir and American Conservation Movement*, 1981；Stephen Fox, *John Muir and His Legacy：The American Conservation Movement*, Boston：Little, Brown, 1981；Frederick Turner, *Rediscovering America：John Muir in His Time and Ours*, Sierra Club Books, 1985；John W. Winkley, *John Muir, Naturalist：A Concise Biography of the Great Naturalist*, John Muir Historical Park Assn. , 1959；Jones Holway, *John Muir and the Sierra Club：The Battle for Yosemite*, San Francisco：Sierra Club, 1965；Herbert Smith, *John Muir*, New York：Twayne Publishers, 1965；Shirley Sargent, *John Muir in Yosemite*, Yosemite, Calif. ：Flying Spur Press, 1971；Thomas Lyon, *John Muir*, Boise, Idaho：Boise State College, 1972；Edwin Teale, *The Wilderness World of John Muir*, Boston：Houghton Mifflin, 1954；William F. Kimes & Maymie B. Kimes, *John Muir：A Reading Bibliography*, Fresno, Calif. ：Panorama West Books, 1986.

　　利奥波德（Aldo Leopold，1887—1948），美国学者。在他的推动下，新墨西哥的希拉河国家森林（Gila National Forest）于 1924 年成为美国第一个国家荒野区。利奥波德是美国荒野协会的创始人之一，出版了《野生动物管理》一书，强调自然资源保护和野生动物管理的重要性，而不论这些行动是出于休闲目的还是商业利用。他提出了"土地伦理"（land ethic）的概念，认为人应该从自然的征服者转变成为自然共同体中的平等的一员，其著作《沙乡年鉴》对后来的环保人士产生过重要影响，被誉为环保运动的圣经。

　　关于利奥波德的传记也不少，最重要的是以下几种①：苏珊·福莱德在《像山一样思考：利奥波德及其关于鹿的生态观念转变》一书中探讨了利奥波德从强调资源保护的经济价值到强调其生态价值的观念转变，这种转变与他在资源保护机构的工作经历和对科学的反思有关。苏珊·福莱德批评了把利奥波德的思想仅仅当作是缪尔思想的回响的观点。贝尔德·卡利柯特在《〈沙乡年鉴〉指南》中认为，利奥波德把 19 世纪的浪漫主义与 20 世纪的科学结合起来，并解释和强调了利奥波德作品的意义和价值。库尔特·梅内（Curt Meine）的《奥尔多·利奥波德的生活和工作》是一本详尽、全面的传记，特别强调了利奥波德从资源保护主义者到环保主义者转变的经历。《利奥波德和他的遗产》是 1986 年由艾奥瓦大学组织的、纪念利奥波德诞生 100 周年的学术文集，该书分为三部分，第一部分阐述了利奥波德的土地伦理的意义，其他两部分是一些资源保护主义者和利奥波德的后人的追忆文章。还有不少学者为利奥波德编排文集。②梅内是一位自然资源保护专家，他与福莱德都是研究利奥波德的著名学者，编过多种有关利奥波德的传记和文集。

　　梭罗（1817—1862），美国著名作家，超验主义哲学家，以《瓦尔登

---

① Susan Flader, *Thinking like a Mountain: Aldo Leopold and the Evolution of an Ecological Attitude toward Deer, Wolves and Forests*, Columbia: University of Missouri Press, 1974; Baird Callicott, *Companion to a Sand County Almanac*; Kurt Meine, *Aldo Leopold: His Life and Work*, Madison, Wis.: University of Wisconsin Press, 1988; Thomas Tanner, ed., *Aldo Leopold: The Man and His Legacy*, Ankeny, IA: Soil Conservation Society of America, 1988.

② Aldo Leopold, *Game Management*, New York, 1933; Aldo Leopold, *River of the Mother of God and Other Essays*, edited by Susan L. Flader and J. Baird Callicott, Madison, Wis.: University of Wisconsin Press, 1991; Aldo Leopold, *Sand County Almanac, and Sketches Here and There*, New York: Oxford University Press, 1987; Aldo Leopold, *Aldo Leopold, The Man and His Legacy*, edited by Thomas Tanner, Ankeny, Iowa: Soil Conservation Society of America, 1987; Curt Meine & Richard L. Knight, eds., *Essential Aldo Leopold: Quotations and Commentaries*, Madison, Wis.: University of Wisconsin Press, 1999.

湖》（*Walden*，1854）一书闻名于世，他反对蓄奴制和美墨战争，著有名篇《论公民的不服从》。

在有关梭罗的多种传记作品中①，比较重要的有三种。罗伯特·理查森（Robert D. Richardson）的《亨利·梭罗：一位智者的生活》探讨了梭罗的环境信念，该书联系时代背景和个人经历叙述了梭罗的思想轨迹。作者认为，除爱默生外，德国的歌德、古罗马的加图（Cato）、英国的吉尔平（Gilpin）、达尔文和罗斯金（Ruskin）对梭罗的思想都产生过很大影响。沃尔特·哈丁在《亨利·梭罗的一生》这本书中，叙述了梭罗的丰富经历，他首先是一个自由主义者，同时还是实践超验主义的隐士和诗人，他热爱自然，生性幽默，做过教师和调查员，还是一个发明家和社会评论家。塞尔在《梭罗与印第安人》一书中描述了梭罗对自然和印第安人的观念变化。

马什（George Perkins Marsh，1801—1882），美国外交家、学者和自然资源保护主义者，在任外交大使期间，他研究了中东和地中海地区的地理和农业实践，并以此为基础撰写了《人与自然》（*Man and Nature*，1864）一书，该书是反映 19 世纪地理学、生态学、资源管理方面成就的最重要的著作之一。

在众多有关马什的传记作品②中，最成功的要数洛温塔尔（David Lowenthal）的《乔治·马什：资源保护的先知》。该书在《乔治·马什：多才多艺的弗蒙特人》（1958）的基础上修订而成。作者认为，马什是他所生活的那个时代最多才多艺的天才人物之一，他具有一种现代的、整体主义的世界观，具有超前的、敏锐的生态意识，在世界范围内，他最早意识到滥用资

---

① Walter Harding, *Days of Henry Thoreau：A Biography*, Princeton, N. J.：Princeton University Press, 1982；Robert D. Richardson, *Henry Thoreau：A Life of the Mind*, Berkeley：University of California Press, 1986；Henry Thoreau, *American Rebel*, New York：Dodd, Mead, 1963；Victor Carl Friesen, *Spirit of the Huckleberry：Sensuousness in Henry Thoreau*, Edmonton, Alta., Canada：University of Alberta Press, 1984；Richard F. Fleck, *Henry Thoreau and John Muir among the Indians*, Hamden, Conn.：Archon Books, 1985；Leonard N. Neufeldt, *Economist：Henry Thoreau and Enterprise*, Oxford University Press, 1989.

② David Lowenthal, *George Perkins Marsh：Prophet of Conservation*, Seattle：University of Washington Press, 2000；David Lowenthal, *George Perkins Marsh：Versatile Vermonter*, New York, Columbia University Press, 1958；Jane & Will Curtis and Frank Lieberman, *World of George Perkins Marsh*, *America's First Conservationist and Environmentalist：An Illustrated Biography*, Woodstock, Vt.：Countryman Press, 1982.

源的威胁、成因及资源保护的重要性。该书于 2000 年和 2001 年分别被美国地理学家学会授予 J. B. 杰克逊奖（J. B. Jackson Prize）和英国学术著作奖。

蕾切尔·卡逊（1907—1964），美国著名生物学家和科普作家。她的主要作品包括《在海风下》（*Under the Sea - Wind*，1941）、《环绕我们的海洋》（*The Sea around Us*，1951）、《海的边缘》（*The Edge of the Sea*，1955）和《寂静的春天》（*Silent Spring*，1962）。《寂静的春天》一书引起了全世界对环境污染的认识。

有关卡逊的第一本比较成功的传记应该是《生命之家：蕾切尔·卡逊传》。该书作者是卡逊的朋友。这本书刻画了卡逊在揭露化学污染过程中所显示出的坚定勇敢。《卡逊：自然的见证人》是另外一本影响较大的作品。该书作者林达·利尔是美国知名环境史学者，她饱含感情，描述了卡逊这位伟大女性如何克服人们对女性科学家的偏见，及其在唤醒"二战"后美国人的生态意识方面所起的作用。该书笔调清新，读来引人入胜。①

资源保护运动是美国历史上的璀璨华章，资源保护运动中的许多领袖人物都受到了环境史学者的关注。

提到美国的资源保护运动，就必然会提到西奥多·罗斯福总统。关于罗斯福的传记不计其数，但只有保罗·卡特赖特侧重于研究罗斯福早年对自然的兴趣及他的资源保护思想。在《西奥多·罗斯福：一个资源保护主义者的成长经历》一书中，卡特赖特探讨了使罗斯福成为资源保护主义者的那些早年经历——当他还是一个学童时，他就对自然世界很感兴趣。他接受的教育及其旅行使他对自然的兴趣变得更加浓厚，资源保护最终成为他的重要政治使命。② 贾德森·金、埃尔莫·理查森则分别梳理了资源保护运动中的分歧与

---

① 　Paul Brooks, *House of Life：Rachel Carson at Work*, Houghton Mifflin, 1972；Linda Lear, *Rachel Carson：Witness for Nature*, New York：Henry Holt, 1997；Frank Graham, *Since Silent Spring*, Boston：Houghton - Mifflin, 1970；Robert M. Gino, J. Marco, eds., *Silent Spring Revisited*, Washington, D. C.：American Chemical Society, 1987；H. Patricia Hynes, *Recurring Silent Spring*, New York：Pergamon Press, 1989；Mary A. McCay, *Rachel Carson*, New York：Maxwell Macmillan International, 1993.

② 　Paul Russell Cutright, *Theodore Roosevelt：The Making of a Conservationist*, 1985；Judson King, *Conservation Fight：From Theodore Roosevelt to the Tennessee Valley Authority*, Public Affairs Press, 1959；Elmo R. Richardson, *Politics of Conservation：Crusades and Controversies, 1897 - 1913*, Berkeley, Calif.：University of California Press, 1962.

斗争。

　　罗斯福任内资源保护政策的推行，在很大程度上受到了吉福德·平肖的推动。平肖（Gifford Pinchot，1865—1946），美国森林与自然资源保护的先锋。1898—1910 年，他担任农业部林业局局长。在其任内，他建立了覆盖全国的森林管理系统，为美国的资源保护运动作出了重大贡献。他提出，资源应该用于为"最大多数人的最大幸福"提供保障。他还倡导成立了公共土地管理委员会。1908 年，他成为国家自然资源保护委员会的负责人。他还领导成立了耶鲁林学院。1923—1927 年，1931—1935 年，他先后两次担任宾夕法尼亚州州长。

　　1947 年，平肖出版了自传《开创新天地》（*Breaking New Ground*）。迄今为止，已有多部关于平肖的传记问世，其中以米勒的《吉福德·平肖和现代环境保护主义的形成》最为重要。[①] 该书着重叙述了平肖担任国家自然资源保护委员会负责人的经历、两届州长任内的作为、著作及婚姻生活。该书运用文化史和社会史的一些成果及新发现的原始材料，对平肖与缪尔的友谊及分歧提出了新解释。

　　资源保护运动在美国推行的过程中，新成立了相应的联邦政府管理机构。这些机构中的一些负责人励精图治，在资源保护领域留下了他们的印记。在国家公园管理局的创建方面，贺瑞斯·M. 奥尔布莱特（Horace M. Albright）是一位关键人物。"新政"时期任内政部长（1933—1946）的哈罗德·伊克斯（Harold Icke）、任农业部长的本内特（Hugh Hammond Bennett）对 20 世纪三四十年代的环境政策都留下了深远影响。

　　贺瑞斯·M. 奥尔布莱特，先后任黄石国家公园、国家公园管理局负责人。他有多种传记，其中由他口述、其他人代为记录整理的那部自传具有相

① Char Miller, *Gifford Pinchot and the Making of Modern Environmentalism*, Washington, D. C.: Island Press, 2001; Marien Place, *Gifford Pinchot*, New York: Julian Messner, Inc. , 1957; M. Nelson McGeary, *Gifford Pinchot, Forester – Politician*, Princeton, N. J.: Princeton University Press, 1960; Martin L. Fausold, *Gifford Pinchot, Bull Moose Progressive*, Syracuse, N. Y.: Syracuse University Press, 1961; Harold T. Pinkett, *Gifford Pinchot, Private and Public Forester*, Urbana: University of Illinois Press, 1970; Char Miller, *Gifford Pinchot: The Evolution of an American Conservationist*, Milford, P. A.: Grey Towers Press, 1992; John F. Reiger, *Gifford Pinchot with Rod and Reel*, Milford, PA: Grey Towers Press, 1994.

当高的史料价值。① 《国家公园管理局的诞生》是一本由奥尔布莱特口述，由他人记录整理的口述史。该书记录了他在国家公园管理局 20 年的工作经历，涉及威尔逊政府直到罗斯福政府期间国家公园管理局的一些活动。《值得保留的地方：洛克菲勒和奥尔布莱特通信集》收录了两人在长达 36 年的时间内的 211 封信件，这些信件涉及建立阿卡迪亚、大本顿等诸多国家公园的规划、困难及解决方案，表明了建立国家公园体系过程中政府与私人之间富有成效的合作关系。《国家公园管理局：幕后故事》是由奥尔布莱特与另外两位国家公园管理局局长迪肯森（Russell E. Dickenson，1980—1985）、莫特（William Penn Mott，Jr.，1985—1990）共同写成，由当事人叙述国家公园管理局从诞生一直到 1987 年的历史。

　　伊克斯，美国历史上唯一连任 3 届的内政部长（1933—1946），曾担任公共工程管理委员会主席，他对荒野保护的意义有深刻认识，任内不遗余力推进荒野保护。在关于他的众多传记中②，特别重要的有三部：《罗斯福的勇士：伊克斯和"新政"》一书认为，他是"新政"时期的中心人物，他将保守的、声名狼藉的内政部改造成为一个进步的、受人称赞的机构。这本政治传记强调了伊克斯在制定"新政"资源保护政策方面所发挥的重要作用。沃特金斯在《正直的朝圣者》一书中认为，伊克斯是一个狂热的进步主义者，失败的婚姻使他拼命地忘我工作。在担任内政部部长期间，他利用国家的力量，捍卫和扩大荒野保护区，修筑水坝，治理水土流失。格雷厄姆·怀特的《"新政"时期的伊克斯：个人生活和宦海生涯》描写了这位政治人物的精神世界。

---

① Horace M. Albright, *The Birth of the National Park Service: The Founding Years*, *1913 – 33*, Salt Lake City: Howe Bros. , 1985; Joseph W. Ernst, ed. , *Worthwhile Places: Correspondence of John D. Rockefeller*, *Jr. and Horace M. Albright*, New York: Published for Rockefeller Archive Center by Fordham University Press, 1991; *Horace M. Albright National Park Service: The Story Behind the Scenery* Kc Publications. Inc. 1987; Donald C. Swain, *Wilderness Defender: Horace M. Albright and Conservation*, Chicago: University of Chicago Press, 1970.

② Jeanne Nienaber Clarke, *Roosevelt's Warrior: Harold L. Ickes and the New Deal*, Baltimore: Johns Hopkins University Press, 1996; T. H. Watkins, *Righteous Pilgrim: The Life and Times of Harold Ickes*, *1874 – 1952*, New York: H. Holt, 1990; Graham White and John Maze, *Harold Ickes of the New Deal: His Private Life and Public Career*, Cambridge, Mass. : Harvard University Press, 1985; Linda Lear, *J. Harold L. Ickes: The Aggressive Progressive*, *1874 – 1933*, New York, 1981.

　　此外，还有一些关于资源保护主义者的有影响的传记作品①，其中尤其值得一提的是詹姆士·格洛弗的《荒野的起源：罗伯特·马歇尔的一生》②。该书描写了荒野协会的创建者——马歇尔全身心投入荒野保护事业，他的工作卓有成效，这与他的经历及个人魅力直接相关。可惜天不假年，英年早逝（38 岁），尽管如此，直到今天，他当之无愧地成为荒野保护运动的伟大领袖。马森被称为"美国永续林业生产之父"（Father of sustained – yield forestry），《马森：林业的拥护者》③ 介绍了马森在美国的私人和公共林地中推广和应用永续生产管理理论和经验方面的巨大作用。

　　历史学家往往把资源保护运动的成就归于像罗斯福、平肖和约翰·缪尔这样的男性，但妇女在这场运动中也发挥了重要作用。伊莎贝拉·伯德（Isabella Bird）、玛丽·奥斯汀（Mary Austin）、卡逊等女性都是最有影响的自然作家，对现代环保运动的兴起发挥了不可替代的作用。《妇女和荒野》④一书，通过叙述 15 个具有广泛代表性的妇女（其职业、生活的地方、年龄、婚姻状况有较大差异）对荒野的感受和经历，来反映妇女对荒野的态度已经发生变化：19 世纪的妇女对接近荒野非常勉强，但现在许多妇女已经成为荒野的利益代言人。《从地球中诞生：美国妇女和自然》⑤ 一书透过 19 世纪至今妇女作家、画家、景观设计者、资源保护主义者的作品，来显示美国妇女对自然研究和环境保护的贡献，并对生态女性运动进行了分析。哈里特的《初来乍到的贝利》、罗伯逊的《了不起的山里女人》都说明了妇女对美国

　　① Robert Shankland, *Steve Mather of the National Park Service*, New York：Knopf, 1970；Charles Miller, *Jefferson and Nature：An Interpretation*, Baltimore：Johns Hopkins University Press, 1988；David L. Lendt, *Ding：The Life of Jay Norwood Darling*, Ames：Iowa State University Press, 1979；John Henry Wadland, *Ernest Thompson Seton：Man in Nature and the Progressive Era, 1880 – 1915*, New York：Arno Press, 1978；John McPhee, *Encounters with the Archdruid*, Farrar, Straus, and Giroux, 1971；Alton Lindsey, *The Bicentennial of John James Audubon*, Bloomington, Indiana：Indiana University Press, 1985；H. Allen Anderson, *The Chief：Ernest Thompson Seton and the Changing West*, Texas A & M University Press, 1986.

　　② James M. Glover, *Wilderness Original：The Life of Bob Marshall*, Seattle：Mountaineers, 1986；Bob Marshall – Andrews, *A Man without Guilt*, London：Methuen, 2002.

　　③ Elmo Richardson, *David T. Mason：Forestry Advocate*, Santa Cruz, Calif.：Forest History Society, 1983.

　　④ La Bastille, *Women and Wilderness*, San Francisco, 1980.

　　⑤ Vera Norwood, *Made from This Earth：American Women and Nature*, Chapel Hill：University of North Carolina Press, 1993.

环境保护的贡献。① 关于这个问题，还可以参见《环境评论》1984 年第 1
期，该期主题是"进步主义时期资源保护运动中的女性"，这期专刊由著名
环境史学家麦茜特担任特邀编辑，强调了妇女在环保运动中的作用。

此外，美国环境史学者还出版了一些传记。② 斯特朗在《寻梦者和捍卫
者：美国的资源保护主义者》一书中描述了许多著名的资源保护主义者对环
保运动的贡献，强调了这些资源保护主义者在观念和利益方面的分歧。还应
提及的一些传记著作包括：保罗·布鲁克斯的《为自然代言》。该书认为，
自然作家促进了资源保护哲学的发展和传播，提高了公众的环保意识，促进
了资源保护法案的通过。彼得·怀尔德编撰的《美国西部资源保护主义的先
驱》和《美国东部资源保护主义的先驱》，除了介绍资源保护史上的一些主
要人物，还介绍了乔治·珀金斯·马什（George Perkins Marsh）、威廉·霍
纳迪（William Hornaday）及卡尔·舒尔茨（Carl Shurz）等不为公众所熟悉
的人物。维克里的《荒野智士》揭示了多位荒野作家在转变美国人的荒野
观念方面所做的贡献。

从环境史学者所写的传记作品来看，至少可以反映以下几个特点：（1）
自然保护主义者比资源保护主义者相对来说更受重视；（2）20 世纪的环保
人士的传记还不多；（3）妇女在环保运动中的作用还未受到应有的重视。

---

① Harriet Kofalk, *Women Tenderfoot*: *Florence Merriam Bailey*, *Pioneer Naturalists*, Texas A & M University Press, 1989; Janet Robertson, *Those Magnificent Mountain Women*, Lincoln, Neb. , 1990.

② Douglas Strong, *Dreamers and Defenders*: *American Conservationists*, University of Nebraska Press, 1988; Paul Brooks, *Speaking for Nature*: *How Literary Naturalists from Henry Thoreau to Rachel Carson Have Shaped America*, Boston: Houghton Mifflin Co. , 1980; Peter Wild, *Pioneer Conservationists of Western America*, Missoula, Mont. : Mountain Press Pub. Co. , 1979; Peter Wild, *Pioneer Conservationist of Eastern America*, Missoula, Mont: Mountain Press Pub. Co. , 1985; Jim Vickery, *Wilderness Visionaries*, Merrillville, 1986.

第八章

20 世纪 90 年代以前美国环境史研究的特点

如前所叙，20 世纪 90 年代以前美国环境史研究可以归结为印第安人与环境、森林史、水利史、荒野史、人物传记等几个方面。这些方面只能大致勾勒环境史在美国兴起及早期发展阶段的概况，遗珠之憾在所难免。笔者拟结合这些方面的研究成果，分析美国环境史研究在 90 年代以前的一些特点。

一　研究主题

从研究内容来看，美国环境史研究的主要问题大多属于自然保护和资源保护的范畴。沃斯特在 1982 年就曾经提到，美国的环境史"倾向于等同环境保护主义的历史"[1]，1990 年他又说，"在过去 20 年，美国的环境史主要是关于自然资源保护的研究"[2]。彼得·科茨指出，"在美国和英国，环境史最重要的成果是有关绿色思想和政策的演变"[3]。罗思曼提到，美国环境史的领域从 90 年代开始拓宽，"环境史已不再是环境保护主义的历史了"[4]。

自然保护和资源保护在美国环境史研究中之所以占据如此突出的位置，

---

[1]　Donald Worster, "World Without Borders: The Internationalizing of Environmental History", in Kendall E. Bailes, ed., *Environmental History: Critical Issues in Comparative Perspective*, Lanham, MD: University Press of America, 1985, p. 664.

[2]　Donald Worster, "The Two Cultures Revisited: Environmental History and the Environmental Sciences", *Environment and History*, Vol. 2, No. 1 (Feb. 1996), p. 6.

[3]　Peter Coates, "Clio's New Greenhouse", *History Today*, Vol. 8, No. 2 (August 1996), p. 16.

[4]　Hal Rothman, "A Decade in the Saddle: Confessions of a Recalcitrant Editor", *Environment History*, Vol. 7, No. 1 (Jan. 2002), p. 9.

首先是由于自然保护运动和资源保护运动是美国历史中的精彩篇章，是美国现代环保运动的前身。自 19 世纪末期以来，美国政府开始有意识地推行资源保护与自然保护政策，相继成立了林业部、国家公园管理局、田纳西河流域管理委员会、民间资源管理委员会、土地管理局等政府机构，先后通过了《黄石公园法》、《阿迪朗达克（Adirondack）森林保护区法》、《林业管理法》、《古迹法》、《国家公园管理法》、《候鸟保护法》、《泰勒放牧法》、《水土保持法》、《荒野法》等一系列法案。阿巴拉契亚登山俱乐部、塞拉俱乐部、荒野协会、全国野生动物联合会等民间自然保护组织应运而生。在资源保护与自然保护运动兴起的过程中，政府部门、不同利益集团之间冲突连绵不断，斗争异常激烈，并涌现出鲍威尔、平肖、缪尔、马瑟、奥尔布莱特、利奥波德等一批耀眼人物。资源保护与自然保护运动取得了不少成绩，但也留下过许多惨痛的教训，这在猎物管理方面尤其明显。资源保护运动和自然保护运动作为战后环保运动的两大源头，其重要性不言而喻，受到环境史学者的重视也是顺理成章的。

其次，资源保护和自然保护在早期环境史研究中的重要地位，与海斯、纳什这两位美国第一代环境史学家的深远影响有直接关系。海斯的《资源保护与效率至上》一书，从政治学的角度叙述了进步主义运动时期，科学在森林、水、土壤和矿产资源管理方面的应用。纳什的《荒野与美国精神》则从文化史的角度叙述了美国人对荒野的观念转变及荒野保护区的扩大。该书从白人登陆北美大陆开始说起，一直写到现在的荒野保护，重在整体把握，勾勒全貌。这两本书是美国环境史的奠基之作和示范之作，开辟了资源保护与自然保护两类研究领域，以及政治史和文化史两种研究思路。同时它们又比较宏观，许多问题还有待后来者进一步深入研究，所以在一定程度上引领了早期环境史的研究方向。

就资源保护而言，森林资源、水资源受到的关注最多，而对土地、渔业和矿产资源的关注则较少。这首先与美国资源保护运动的传统有关。从19 世纪末以来，森林的科学管理和水资源的开发利用一直是美国资源保护的重点。而且，森林植被的变化、开发水资源引起的景观变化比较直观明显，易于观察，有关这方面的文献资料连篇累牍。相对而言，土壤、渔业等其他自然资源的保护则要滞后许多。就土地资源的保护而言，只是在 20

世纪 30 年代大平原南部成为尘暴重灾区的情况下，治理土壤侵蚀才成为当务之急，被提上政府的议事日程。时任农业部部长的本内特因此被誉为"土壤保护之父"。尽管如此，土壤保护似乎更像是一段插曲，而且是一段老天爷与人作对的意外插曲。而渔业资源保护在早期的自然资源保护体系中就更显得无足轻重。

尽管如此，在谈论环境史的发展时，却不可不提戴尔的《表土与文明》、沃斯特的《尘暴：1930 年代美国的南部大平原》和亚瑟·麦克沃伊的《渔民问题：加利福尼亚渔业的生态和法律》。[1]《表土与文明》一书从人类与土壤之间的关系入手，探讨了人类历史上多个文明的兴起和衰落，作者认为，文明衰落的根本原因是由于其赖以存在的基础——自然资源，尤其是表土的破坏。《尘暴》叙述了 1870 年以来对美国南部大平原的掠夺性开发，导致该区域在 20 世纪 30 年代成为尘暴重灾区的生态悲剧，生态视角和文化批判是该书最鲜明的两个特色。《渔民问题》一书研究了美国加州渔业发展历程中资源、经济和法律之间的相互关系，讨论了印第安人、欧亚移民以及现代工业官僚社会在渔业生产与管理上的不同方式，分析了与渔业相关的环境及社会问题，资源管理的理论与政治问题。马克·库兰斯基认为，鳕鱼改变了世界。没有鳕鱼的充足供应，欧洲扩张的过程将会显著放慢。[2]

相对资源保护而言，自然保护更容易受到环境史学者的青睐、宽容和推崇。总的来看，环境史学者对自然保护更加同情，对它的肯定和褒扬要多于资源保护运动，这从缪尔和平肖的传记研究就可看出。

首先，和资源保护相比，自然保护的精神内核与现代环保运动更容易相通，与生态学的理念更加契合。资源保护强调对资源的明智利用，强调保护的目的是为了增加生产，更好地为人所用；强调自然资源用于满足人们物质需求的经济价值，其基础主要是理性主义。自然保护则主张尽量减少人为干扰，保存自然的原状，强调自然的审美价值和科学价值，满足人的精神需求，其基础主要是浪漫主义。美国现代环保运动是由资源保护和自然保护运

① Tom Dale & Vernon Gill Carter, *Topsoil and Civilization*, Norman：University of Oklahoma Press, 1955；Arthur McEvoy, *The Fisherman's Problem：Ecology and Law in the California Fisheries*, Cambridge University Press, 1986.

② Mark Kurlansky, *Cod：A Biography of the Fish That Changed the World*, Penguin Books, 1998.

动发展而来，但其基础是生态学，生态学强调自然是一个系统，人是自然的一部分，强调生态的完整性。所以，对环保人士而言，自然保护更容易得到认可，而资源保护却可能受到质疑。

其次，从历史上来看，自然保护运动，往往受到资源保护运动的排挤。在与资源保护的角逐中，自然保护往往败多胜少，这种劣势地位使得它更容易赢得同情。自战后以来，自然保护运动开始扭转其不利地位，比较典型的事例就是荒野协会等组织成功阻止了在科罗拉多大峡谷内回声谷公园修筑大坝的企图。1964 年《荒野法》的通过，更是表明了自然保护运动深入人心。之所以会出现这种转折性变化，主是因为战后随着美国丰裕社会的到来，中产阶级成为社会主体。在这种情况下，能够满足人们更高层次需求的荒野保护就赢得了更多的知音与拥护者，因为"保护荒野对美国意味着一种高质量的生活——那种超越了物质需求的国家福利"①。

迄今为止，荒野依然是美国环境史研究的重要主题，荒野研究成为美国环境史最鲜明的特色。科茨指出，美国的环境史学者"对荒野有先入之见，总是倾向于忽视城市或人工环境"，而对欧洲环境史学者而言，他们更倾向"把城市当作考察对象"②。沃斯特提到，美国的"研究成果中有很大一部分是关于资源保护运动"③，而在英法同行那里，工业化前田园牧歌的乡村占重要位置，但法国学者更注重结构分析。还有学者指出，美国环境史"集中探讨资本主义对自然的影响"，而在印度、非洲和澳大利亚，环境史研究的"最大特点是把殖民主义和帝国主义作为一个环境变化的过程来加以研究"④。

荒野史研究之所以成为美国环境史研究的一大亮点，首先是由于荒野在美国文化和生活之中的重要性。所谓荒野，是指没有开发、没有人烟的那些地方。在白人移民始祖眼里，当他们于 17 世纪初在普利茅斯登

---

① 利奥波德的这句话转引自程虹《寻归荒野》，生活·读书·新知三联书店 2001 年版，第 206 页。

② Peter Coates, "Clio's New Greenhouse", *History Today*, Vol. 8, No. 2 (August 1996), p. 22.

③ Donald Worster, "World Without Borders: The Internationalizing of Environmental History", in Kendall E. Bailes, ed., *Environmental History: Critical Issues in Comparative Perspective*, Lanham, MD: University Press of America, 1985, p. 664.

④ Paul Sutter, "Reflections: What Can U. S. Environmental Historians Learn from Non‑U. S. Environmental Historiography?", *Environmental History*, Vol. 8, No. 1 (Jan. 2003), pp. 109 – 129.

陆的时候，整个北美大陆都属于荒野。征服荒野、征服自然成为推动美国西进运动的狂热信念，并塑造了美国人乐观自信、酷爱平等自由的民族性格。到 19 世纪后期，美国边疆基本消失，工业化和城市化迅猛推进，在人类物质生活得到改善的同时，又出现了战争、贫富分化、精神紧张等新问题。正是在这一背景下，缪尔提出了"世界保存在荒野之中"（在上帝的荒野中，存在着世界的希望①）的观点，荒野开始成为文明世界的解毒剂。随着物质生活的改善，荒野在满足人的精神需要方面的重要性与日俱增。

其次，荒野保护（设立自然保护区）是美国的发明和创造，美国荒野保护区的面积远远超出其他国家。早在 1832 年，美国画家乔治·卡特林就呼吁以公园的形式保护西部的自然景观。1872 年美国建立了世界上第一个国家公园——黄石国家公园。1906 年，美国通过《古迹法》，开始对文化遗址加以保护。1916 年，美国成立了国家公园管理局。经过 100 多年的拓展，美国各类国家公园的总面积，目前约占美国国土面积的 3.64%。荒野成为美国的象征和骄傲，荒野保护被誉为"美国人有过的最佳创意"，首先被发达国家效仿。"二战"以后，发展中国家也开始接受自然保护的思想。"20 世纪 70 年代中期以后，大多数新建的自然保护区却都位于发展中国家。"②

最后，荒野在美国环境史研究中的重要性，还在于荒野的理论价值和学术价值。荒野在现实生活中最接近原始自然，对解答什么是自然、什么是第一自然、什么是第二自然、自然的演替是否有规律以及遵循何种规律等基本理论问题至关重要。对这些问题，学界往往见仁见智，不同时期的主导观点大相径庭。而环境史作为研究人与自然的相互关系的一门学科，在发展过程中明显受到了这些争论的影响。在 20 世纪 90 年代中期，克罗农发表了《关于荒野的困惑》一文，在环境史学界引起轩然大波，他主编的《各抒己见》一书则标志着环境史中敬畏自然的时代已经走向尽头。③

---

① 侯文蕙：《征服的挽歌——美国环境意识的变迁》，第 78 页。
② 聂晓阳：《保卫 21 世纪：关于自然与人的笔记》，四川人民出版社 2000 年版，第 396 页。
③ Hal Rothman，"Conceptualizing the Real: Environmental History and American Studies"，*American Quarterly*，Vol. 54，No. 3（Sep. 2002），p. 491.

二　"衰败论"与道德伦理诉求

在 20 世纪 90 年代以前，环境史研究具有显著的环境保护主义的道德和政治倾向。环境史学家怀特认为，环境保护主义是"'二战'以来的一场文化运动，这场运动表达一种要求——保护自然与环境不受人的破坏"，环保人士经常把许多创造性劳动等同于破坏，他们忽视了劳动是了解自然，并在自然中休闲的一种手段。[①] 麦茜特提到，"环境保护主义是保护环境的信念和行动，其动力来自从自然保护到资源保护等多种因素"[②]。

《环境百科全书》对环境保护主义做以下界定："环境保护主义是一种伦理和政治观念，它要求把自然的健康、和谐和完整置于人们关注的中心"。环境保护主义认为，"人是自然的一部分，关心环境就是关心人类自己"。环境保护主义强调"生命与环境之间的相互依赖"，强调"所有的生命都神圣不可侵犯，人类有义务关心和敬畏自然"[③]。但环保人士对环境保护主义的目标及其实现途径等问题存在不少分歧。

《资源保护和环境保护主义百科全书》指出，环境保护主义是一种政治哲学，可以《寂静的春天》（1962 年）作为其兴起标志。环境保护主义在发展的过程中不断嬗变，其关注范围从资源保护和自然保护扩大到污染、健康和可持续性等问题。它加剧了人们的危机感和紧迫感，使人们意识到自然并不只存在于深山野林，自然无处不在，与人们的生活息息相关。污染和公众健康是环境保护主义早期关注的焦点。后来，它对原子能和化学工业等现代技术也提出质疑。在 1973 年的石油危机和《增长的极限》出版之后，环境保护主义对可持续性——涉及资源、生态系统、工业经济和人类社会——的关注也日益增加。对进步及其是否切实可行、工业社会是否可取都提出怀

---

① Richard White, "Are You an Environmentalist or Do You Work for a Living: Work and Nature", in William Cronon, ed., *Uncommon Ground: Toward Reinventing Nature*, New York, 1995, p. 171.

② Carolyn Merchant, *The Columbia Guide to American Environmental History*, New York: Columbia University Press, 2002, p. 213.

③ W. P. Cunningham, et al., ed., *Environmental Encyclopedia*, Detroit: Gale Research Inc., 1994, p. 307.

疑。20 世纪六七十年代后，环境保护主义重新开始关注传统的资源保护和自然保护。用海斯的话来说，环保运动作为一个整体，追求美丽、健康与永恒。随着时间的推移，环境保护主义不再只关心危险和灾难，也关注那些充满希望的变化，它在言辞上不再总是消极悲观的，还提出了一些积极的、富有建设性的建议，这些建议涉及节约能源、产品和原料的循环利用、紧凑的城市设计、公共交通、自行车、有机农业、饮食结构变化、绿化、生态恢复、远程信息处理、太阳能和污染防治等诸多方面。[1]

环境史研究烙上了环境保护主义的深深痕迹。这首先体现在环境史学者强烈的现实关怀和政治参与的冲动。克罗农指出，"绝大多数环境史学者都认为自己是环保人士，大多数著作都有明显的现实关怀，希望能对现实政治产生影响"[2]。纳什的《荒野与美国精神》在美国激起了关于荒野保护的争论，在《自然的权利：环境伦理史》一书中，他还提出应该将非人类的生物和它们的共同体逐步纳入道德关怀的范畴。沃斯特在《自然的经济体系》中力图复兴生态思想史中古老的阿卡迪亚传统。[3] 伦特在《约塞米蒂：作为论战场所的荒野》一书中对美国国家公园的管理方式和经营理念提出了批评。约瑟夫·萨克斯在《无路之山：对国家公园的反思》一书中呼吁，遏止对国家公园的过度开发。阿什沃思在《五大湖区近期的环境史》一书中号召，政府和公众要赶紧行动起来，保护家园。麦茜特的《激进生态学》为激进环保运动提供参考。

环境史学与环境保护主义之间的紧密联系，还可以通过环境史学者就环境危机是文化危机所达成的共识体现出来。美国环境史学者在发展的过程中尽管存在着诸多分歧，但也逐渐达成一些共识：自然在历史进程中决不仅仅是消极的角色；有限的自然资源使得经济不可能无限增长；人是自然的一部分，人们不经意的行为，往往带来意想不到的后果；人应该对环境问题负

---

① Robert Paheke, ed., *Conservation and Environmentalism: An Encyclopedia*, New York and London: Garland Publishing, 1995, p. 261.

② William Cronon, "The Uses of Environmental History", *Environmental History Review*, Vol. 17, No. 3 (Fall 1993), pp. 2–22.

③ 阿卡迪亚（Arcadia），古希腊的一个高原，后人喻为有田园牧歌式的淳朴风尚的地方。阿卡迪亚传统代表一种整体有机的观点，主张自然是一个不可分割的整体。

责，环境危机也是文化危机。

环境危机也是文化危机的观点最早是由技术史专家林恩·怀特提出的。在 1967 年，当生态危机首次开始广泛出现在媒体上时，加利福尼亚大学历史学者林恩·怀特在《科学》上发表了一篇题为《生态危机的历史根源》的文章。他认为，生态危机受到基督教文化的深刻影响，不能指望仅靠科技发展就能解决。怀特的文章引发了关于生态危机的深层根源的讨论。尽管存在很多分歧，人们大致能够达成共识，即环境问题实质上是文化和价值取向问题。资本主义文化导致了西方的生态危机这一观点，被沃斯特表达得最为充分，受到了环境史学者的广泛认同。

沃斯特认为，现代生态危机最重要的根源不是特定的技术本身，它们是结果而不是原因，真正的原因在于文化本身，在于世界观和价值观念。这种文化可以称为物质主义文化，科学革命、工业革命、资本主义革命仅仅是物质主义文化的表象。物质主义文化具有世俗主义、进步主义和理性主义三个特点。世俗主义使人们不再害怕超自然的力量，使人们从来世转向今生；而进步主要"被看成是经济增长或技术进步"，"物质状况的改善，成为生活最重要的目标，比灵魂获得拯救，比学会尊重自然或尊重上帝更重要"，而"理性主义让人们对理性充满自信，认为可以发现所有的自然规律并利用它们"，"自然完全成为供人使用的原材料"。总之，在物质主义世界观那里，为获取物质财富而滥用自然和破坏环境是天经地义的。

在沃斯特看来，解决现代化和物质主义带来的环境危机的方法，"只能是超越我们的基本世界观，创造后物质主义世界观；既要复兴过去已失去的一些智慧，又不能完全依靠已抛弃的信条。要承认科学高于迷信，但又要尊重自然"。就个人来说，"要抵制病态的过度消费，要反对无限制的经济增长或发展"①。沃斯特认为，宗教从总体上说都是要制约物质主义，质疑狂妄和贪婪，因此，在生态危机面前，责备世界上任何一种传统宗教都没有意义。与此同时，他也没有对伊斯兰教、东方宗教等传统宗教寄予不切实际的幻想，在这个问题上，他与林恩·怀特也有明显分歧。从沃斯特关于环境危

---

① Donald Worster, *The Wealth of Nature*: *Environmental History and the Ecological Imagination*, New York: Oxford University Press, 1993, pp. 210 – 212, 218.

机的有关论述来看，他重视思想研究，甚至有时将其置于首位，尽管他将环境史研究的三个层面——自然本身、利用自然的方式和权力结构、自然观念——视为一个统一的、动态的、辨证的整体。[①]

　　环境史和环境保护主义之间的联系还可以通过环境史学者的忧患意识和悲观情绪体现出来。这与80年代中期以前的环境保护主义也是一脉相承的。自20世纪以来，越来越多的科学家和环保人士意识到环境危机的严重性和保护环境的迫切性，频繁发表警世之作，其中最有影响的包括《沙乡年鉴》（1948）、《生存之路》（1948）、《人类未来的挑战》（Harrison Brown，*The Challenge of Man's Future*，1954）、《寂静的春天》、《人口炸弹》、《封闭的循环》、《只有一个地球》、《增长的极限》、《人类主义的狂妄》（David Ehrenfield，*The Arrogance of Humanism*，1978）、《宇宙》（Carl Sagan，*Cosmos*，1980）、《人类处于转折点》、《未来一百页》、《建设一个可持续发展的社会》、《我们共同的未来》等。这些著作以大量的事实，叙说了环境问题的严峻性，警醒世人如不及时幡然悔悟，改弦易辙，世界末日就会到来。应该说，他们的学说以大量科学依据为基础，具有振聋发聩的社会效果，在使生态意识深入人心方面发挥过不可替代的作用。不可否认，他们的一些提法未免矫枉过正，许多预言也没有变成现实，但假若由此抹杀这些科学家和环保人士的功绩，给他们扣上一顶"耸人听闻、恐慌生态学"的大帽子，那也是极其简单片面的。

　　沃斯特说过："就我个人而言，长期以来，我一直研究和思考着一个论题，即资本主义既作为一种精神，也作为一种体系，是历史上最具有革命性力量的因素之一，在对生态关系的影响方面尤为明显。"[②] 他提到，资本主义带来了巨变，但也"付出了巨大的生态和社会代价"，因此，"环境史的很大一部分内容是计量这些代价，这些代价是什么，谁为此付出代价，为什么要付出代价"[③]。沃斯特的观点非常有代表性，可以解释20世纪90年代之

---

　　① Donald Worster, ed. , *The Ends of the Earth：Perspectives on Modern Environmental History*, pp. 292 – 293.

　　② Donald Worster, "Seeing beyond Culture", *The Journal of American History*, Vol. 76, No. 4（March, 1990）, p. 1145.

　　③ Donald Worster, ed. , *The Ends of the Earth：Perspectives on Modern Environmental History*, p. 6.

前环境史著作为什么会大量书写关于生态灾难的故事。这样的著作不胜枚举，沃斯特的《尘暴》、克罗农的《土地的变迁》就是其中的名作。恰如有学者指出，"美国环境史研究特别重视资本主义（市场经济）对自然的影响"①。在笔者看来，90 年代以前，环境史学者尤其重视资本主义对生态的破坏性影响。既然有这样一种先入之见，那么环境史就必然是对资本主义的批判史，它叙说的故事都是具有相似性的生态悲剧，必然都是为资本主义破坏生态做注脚。

在 20 世纪 90 年代以前，环境史学者对现实的批判较为严厉，往往突出人的破坏性作用，消极态度多，积极的、建设性的意见少。罗思曼甚至认为，90 年代以前美国环境史学者存在一个以沃斯特为首的"悲剧学派"，他们多相信"存在着人与自然之间的普遍和谐"，"以这种理想的乌托邦世界为参照，现实社会则极其糟糕，大部分环境史著作看起来都沉浸在阴暗的氛围之中"；"强烈的道德诉求像无法摆脱的幽灵"②；在这些故事中，伊甸园总是被变成失乐园，人类的历史不是在上升前进，而是不断在走下坡路。有的环境史著作存在着将过去理想化的倾向，这在印第安人与环境的有关研究中表现得最为明显。怀古恋旧、愤世嫉俗的倾向多多少少地存在。

环境史强调工业社会中人对自然的破坏影响，离不开人类生态环境在战后急剧恶化这一背景。事实上，在资本主义发展的不同阶段，关于人对自然的影响的看法迥然不同。

18 世纪末期，布丰还把人类对自然的改造视为进步，视为对混沌自然世界的有序安排，他说："今天，整个地球表面都有人的力量的烙印，人，虽然从属于自然的力量，但常常比自然做得更多，或者至少是如此令人惊异地协助了自然。正是在我们人的双手帮助下，自然才得到充分发展，才逐渐达到我们今天所看见的这种完美壮丽的境界。"③

而到 19 世纪中期以后，马什开始注意到人对自然的破坏性影响，他在

---

① Paul Sutter, "Reflections: What Can U. S. Environmental Historians Learn from Non – U. S. Environmental Historiography?", *Environmental History*, Vol. 8, No. 1 (Jan. 2003), pp. 109 – 129.

② John Opie, "Environmental History: Pitfalls and Opportunities", in Kendall E. Bailes, ed., *Environmental History: Critical Issues in Comparative Perspective*, pp. 23 – 25.

③ ［英］罗伯特·迪金森：《近代地理学创建人》，葛以德等译，商务印书馆 1980 年版，第 18—19 页。

《人与自然》一书的"前言"里指出，本书要"表明人类活动改变地球自然条件的性质及其程度，指出这种鲁莽行为的危险性和防范大规模干扰自然秩序的行为的必要性；提出恢复已被干扰的平衡的可能性和重要性……并且附带地阐明，人和一切生物一样，都是依靠自然慷慨的赠与来生活的"①。

战后，各类公害事件接连发生，人的健康受到直接威胁，社会运动风起云涌，在这种情况下对工业文明的反思和批判就愈是深刻和尖锐。这种批判可以有多种多样的表现形式，其中之一就是借助浪漫主义的手法，以古讽今。而在美国国内环境状况得以改善的20世纪八九十年代之后，环境史研究的批判锋芒就趋于缓和。麦茜特提到，"环境史学者笔下的历史常常与进步—启蒙的历史形成对照，然而并不是所有的环境史都必然把历史看作是原始环境，自从人类介入以来就不可挽回地向负面转变的历史。在环境史学者的叙述中，进步与衰微交织、悲剧与喜剧参半，深思熟虑与鲁莽过失并举"②。从整体上看，环境史犹如忧郁的蓝调，伤逝的挽歌。

一味强调人对自然的破坏，也有许多弊端。首先，这并不符合历史事实。人对环境的破坏，有一部分是因为无知。但对自然规律有了科学认识之后，人们就有可能利用它来改善环境。在19世纪和20世纪，整个阿尔卑斯山和比利牛斯山地区都出现过大规模的植树造林运动，这是由于人们接受了法国工程师法布里于1797年提出的学说，即猛烈的洪水是由于滥伐阿尔卑斯山上的林木造成的。③ 环境史学家约翰·麦克尼尔的《地中海世界的山区：环境史》一书表明，地中海沿岸山区环境脆弱，最严重的水土流失出现在人们到来之前，在人们离开以后，这里的生态环境更趋恶化。这就说明，人是一个稳定的而非破坏的力量。

其次，强调人对自然的破坏可能会加重一些人的无助感。克罗农在《环境史的功用》一文中提到，"听完美国环境史的课程以后，绝大多数学生深感沮丧。美国环境由好变坏、不断恶化的故事让学生觉得未来希望渺茫，或者根本就没有希望"。克罗农认为，"作为一个教师，作为一个关心未来的

---

① ［美］普雷斯顿·詹姆斯：《地理学思想史》，商务印书馆1982年版，第185页。

② Carolyn Merchant, *The Columbia Guide to American Environmental History*, p. 213.

③ ［美］E. P. 埃克霍姆：《土地在丧失——环境压力和世界粮食前景》，黄重生译，科学出版社1982年版，第21页。

人，必须抵制这种令人绝望的结论"①。克罗农承认，他支持边疆学派的一个原因是因为它能振奋人心，他后来成为美国西部史新特纳学派的代言人，与沃斯特拉开了距离。

在破除环境史的悲观意识方面，克罗农可谓功莫大焉。一方面，他将历史认识论和历史叙事引入环境史领域，强调史学研究的主观倾向性，强调历史是一门讲故事的艺术；另一方面，他利用生态学中的混沌理论，来解构和谐稳定的自然神话。既然自然本身就是无序的，那么就没有所谓的环境危机，也没有所谓的人为生态灾难。

应该承认，除怀特以外，克罗农是美国环境史学者中意识到历史认识论重要性的少数学者之一，对引导人们更深刻地反思环境史学自身还是必要的。但是，克罗农似乎又走得太远了。刘易斯在《讲述关于将来的故事：环境史和末世科学》② 一文对此提出了严厉的批评，作者认为，在关乎人类文明生死存亡的生态危机面前，克罗农玩文字游戏，缺乏是非观念。沃斯特也指出，"这个时代最重要的哲学挑战，是要摆脱虚无主义、相对主义和现代史带给我们的困惑"③。

环境保护主义和环境史之间的紧密联系，既使环境史受益，也使它受到困扰。在相当长的时间内，环境史就侧重于研究环境保护主义的历史，侧重于研究资源保护与自然保护。这便于人们认识环保运动在美国发展的脉络、杰出人物的远见卓识及其作用，它"将历史从档案中带出，而进入关于环境问题的现代争论"④，环境史的社会价值得以体现。但随着时间的推移，环境保护主义对环境史的束缚日趋明显。

首先，学术与政治之间的密切关系干扰了环境史的正常发展。在环境保

---

① William Cronon, "The Uses of Environmental History", *Environmental History Review*, Vol. 17, No. 3 (Fall 1993), pp. 2 – 22.

② Chris H. Lewis, "Telling Stories about the Future: Environmental History and Apocalyptic Science ", *Environmental History Review*, Vol. 17, No. 3 (Fall 1993), pp. 43 – 60.

③ Donald Worster, "Seeing beyond Culture", *The Journal of American History*, Vol. 76, No. 4 (March, 1990), p. 1146.

④ Donald Worster, "World Without Borders: The Internationalizing of Environmental History", in Kendall E. Bailes, ed., *Environmental History: Critical Issues in Comparative Perspective*, Lanham, MD: University Press of America, 1985, p. 664.

护主义的影响下，环境史在 1990 年以前具有强烈的政治和伦理色彩。一方面，它"要从学术上证明环保运动的目标是合理的"，"在一定程度上将资源保护、环境保护主义神圣化，并创造了一些令人崇敬的圣人"。另一方面，环境史"没有摆脱对 60 年代的忠诚，没有摆脱对反正统文化运动的欢呼"，愤世嫉俗的批判精神总是会和社会有些格格不入，"环境史学者被视为环境保人士"。在一些人眼里，环境史具有反社会的特点，它总是攻击资本主义工业文明社会，而且把人类从历史的中心位置拉了下来。反对环境史的人认为，"环境史不是历史又不是科学"①。

其次，环境史和环境保护主义的密切联系，"人为制造了一个正统，不仅使环境史的研究主题，而且也使其研究方法受到很多的限制"。长期以来，环境史局限于研究资源保护和自然保护，而忽视对城市环境、妇女与环境、种族与环境等问题的研究。

科茨提出，"美国的环境史总是倾向于忽视城市或人工环境，尽管城市污染被西方环保人士列入议程前沿"②。美国环境史学者未对城市环境问题给予应有的重视，其中的一个原因就是没有把城市作为一个生态社会系统来进行研究，或者说是较少考虑城市的自然属性。沃斯特的一席话就很具有代表性。他说："社会环境应该排除在环境史的研究范围之外……人工环境完全是文化的表达，这方面的研究，在建筑、技术和城市史的研究中已经非常成熟。"③ 在 20 世纪 90 年代以前，即便那些探讨生态思想和美国环境问题起源的著作，对城市污染也很少涉及。沃斯特的《自然的经济体系》一书就非常典型，在有关"二战"以前的部分就几乎没有提城市污染与公共健康问题，仿佛这些问题是在"二战"以后一夜之间出现的。早期的其他环境史著作，大概也都是如此。

对城市污染和公众健康的忽视，使环境史陷入困境。在现实生活中，城市化是大势所趋，而且城市污染等问题恐怕比荒野保护对老百姓的影响更加

---

① Hal Rothman, "A Decade in the Saddle: Confessions of a Recalcitrant Editor", *Environment History*, Vol. 7, No. 1 (Jan. 2002), p. 10.

② Peter Coates, "Clio's New Greenhouse", *History Today*, Vol. 8, No. 2 (Aug. 1996), p. 22.

③ Donald Worster, "Doing Environmental History", in Donald Worster, ed., *The Ends of the Earth: Perspectives on Modern Environmental History*, pp. 292–293.

直接。如果不回答这些现实问题，或者说对这些问题不加理会，就很难让人信服，也只能使环境史的路越走越窄。

尽管环境史总体上忽视城市污染和卫生问题，但这并不等于就没有学者意识到城市环境史的重要性。实际上，海斯、塔尔、梅洛西一直在努力将城市环境纳入环境史研究领域之内。但直到 20 世纪 90 年代之后，城市问题才真正引起重视，并开辟了环境史发展的一个新阶段。在城市环境史领域，克罗农的《自然的大都市：芝加哥与大都市》是奠基之作，这本书把芝加哥及其周围农村地区视为一个系统，探讨了物质与能源在这个系统内外的流动。在《呼唤春天》一书中，城市污染、卫生健康问题开始被列为环境保护的一个源头，这是该书的一个重要突破。

在 20 世纪 90 年代以前的环境史著作中，很少看到妇女的身影。这并不奇怪，因为古今中外，男性中心主义长期占主导地位，妇女的作用总是被忽视，或是被有意地贬低。战后兴起的妇女运动，对提高妇女地位、唤醒女权意识和纠正性别歧视起到了积极作用。此外，在美国环保运动兴起的过程中，伊莎贝拉·伯德、玛丽·奥斯汀、卡逊等女性发挥过不可替代的作用。另外，生态女性运动在战后兴起，它认为，妇女和自然在历史上长期处于被奴役的附属地位，妇女的解放与自然的解放联系在一起。这几种因素都促进了环境史学者对"妇女与环境"问题的研究。在这方面，不可不提麦茜特、薇拉·诺伍德（Vera Norwood）、维尔吉尼娅·沙夫（Virginia Scharff）三位女性环境史学者。另外，《环境评论》还于 1984 年推出过"妇女和环境史"专刊①。

环境同种族阶级的关系，在 20 世纪 90 年代以前的美国环境史研究中没有得到应有的重视。这主要是因为，在此之前，美国的环境保护主义并没有把"种族、贫困和工业废物的环境后果"联系起来，而环境正义运动的兴起，则提出了不同种族、不同收入阶层应该平等享有不受环境污染侵害的权利。环境正义运动把环境问题和社会公正问题联系起来，"反映了美国社会下层，尤其是有色人种社区的切身要求……从某种角度看，环境正义运动可

---

① Special interdisciplinary issue on "Women and Environmental History", *Environmental Review*, Vol. 8, No. 1（Spring 1984）.

以说是民权运动的延伸"①。环境正义运动为环境史开辟了广阔的研究领域,
促进了环境史研究方法的多样化,文化转向成为90年代以来美国环境史发
展的新亮点。《环境不公正:印第安纳加莱的阶级、种族和工业污染》和
《美国南部的垃圾处理:种族、阶级和环境质量》是体现这一新趋势的两本
扛鼎之作。②

三 时空尺度

美国环境史研究具有比较明显的时空特点。就时段而言,它研究的主要是
哥伦布到达美洲以后的历史。其所以如此,首先是由于美国是一个非常年轻的
国家,其建国历史还不到250年,即便从英国开始在北美大陆建立殖民地算
起,也不过400年的历史。其次,美国的历程基本和资本主义的发展同步,能
够充分显示资本主义在各个发展阶段的生态影响。该问题是研究环境史的每一
个西方学者都无法回避的,也是沃斯特、克罗农等许多环境史学家所要思考的
中心问题。沃斯特指出,"我们需要揭示资本主义这一现代最强大最成功的经
济文化的环境史。我们需要了解它取代了什么,它是怎样改变了人们对待自然
的态度,它又是如何影响了自然资源、生物共同体甚至我们所呼吸的空气"。
资本主义"使自我利益成为现代社会的主导精神。它教导人们将……'理性的
贪婪'奉为圭臬。这一信仰要求一场引发制度、法律和个体行为变化的道德革
命。这一资本主义的道德革命如何改变了地球的面貌刚刚开始受到关注"③。

美国环境史侧重于研究1500年以来的历史,这和美国史研究的其他领
域基本一致。尽管如此,相对于史学的其他分支而言,它在克服欧洲中心论
方面还是作出了一定的贡献。

在20世纪70年代以前的美国历史教材中,白人到来以前的印第安人

---

① 侯文蕙:《20世纪90年代的美国环境保护运动和环境保护主义》,《世界历史》2000年第6期。

② Andrew Hurley, *Environmental Inequalities: Class, Race, and Industrial Pollution in Gary, Indiana, 1945–1980*, Chapel Hill: University of North Carolina Press, 1995; Robert D. Bullard, *Dumping in Dixie: Race, Class, and Environmental Quality*, Boulder: Westview Press, 1990.

③ [美]唐纳德·沃斯特:《为什么我们需要环境史?》,侯深译,《世界历史》2004年第3期,第11页。

及其文化一向是付之阙如。除印第安人以外，白人到来以前美洲的自然地理环境，在美国历史教材里，往往也被一笔带过。按照这种写法，在白人到来以前，印第安人的存在以及美洲的自然生态环境，对美国历史进程的影响几乎是微乎其微的，印第安人不过是匆匆过客，他们的存在及北美的自然环境，只是白人扩张活动的背景。但事实并非如此。在欧洲殖民者到达美洲之际，土著已经在那里生活了上万年，并创造了灿烂的印第安文明，当时他们还基本处于原始氏族社会。从一开始，欧洲人在北美的殖民扩张，就受到北美自然条件和印第安人的严重制约。在 17 世纪初，当西班牙殖民者从墨西哥进入北美大陆时，北美大陆西南部的恶劣自然条件被他们视为畏途，因不能适应当地的环境，西班牙殖民者只能被迫撤出。在此后长达几个世纪的时间里，美国西部的大片区域被冠名为"美洲大荒漠"，白人移民到来后只能望而却步。而印第安人虽然最后并没有阻止白人移民的西进，但他们的阻击，曾经使白人殖民者闻风丧胆，并迫使白人向西移居不得不放慢脚步。

白人历史学家所以长期对美洲土著和自然环境的存在及其作用视而不见，就是因为白人种族优越论和西方中心观在作祟。长期以来，美国人都以WASP（祖先是英国新教徒的美国人）自诩，这种种族偏见就必然使它要抬高白人民族的重要性，而否认土著和其他有色种族对美国历史进程的影响。

在多元文化主义兴起的 20 世纪六七十年代，环境史学家克罗斯比在纠正西方中心论方面作了一些开拓性工作。在《生态扩张主义》一书里，克罗斯比从生物演化的角度来解释新旧大陆的不同命运。他认为，新大陆后来所以能够被欧洲征服，其中一个重要的原因，是欧洲的植物、动物、病菌犹如先遣部队，成功地为欧洲人抢占了地盘。这一振聋发聩的观点至少说明，北美的土著和生态环境在白人到来之时并不是一张供后来者任意涂抹的白纸。但也应该看到，克罗斯比的解释，即便不是他的本意，也很容易被白人殖民主义者、帝国主义者所利用。如果将欧洲征服美洲归因于生物扩张的话，那么，欧洲殖民者的罪愆就会被大大减轻，而土著面对苦难就只能是自怨自艾了。克罗斯比的观点客观上有替白人罪责开脱的嫌疑，第三世界的读者对此还是应该保持清醒的认识。

美国环境史的这种时间观固然可以突出资本主义对自然环境的破坏，但又容易使人误以为，北美大陆在白人到来以前完全是一片荒野。理想的荒野观存在着一定的危险。如果把印第安人连同他们栖居的环境视为一个整体的荒野，那么，其他生物对环境的影响，就可以和印第安人对环境的影响相提并论，从而忽视了印第安人作为人，在利用自然和改造环境方面所具有的主观能动性。而如果把白人到来以前的北美大陆视为荒野，而把印第安人排除在荒野之外，那么，这种无人的荒野观在实践上又会为现实生活中将印第安人迁出荒野区的不合理政策张目，使印第安人再次遭受离乡背井的苦痛。美国学者理想化的荒野观已经受到欧洲和第三世界一些环境史学者的质疑。①

就空间而言，美国环境史优先研究的地域首先是西部，其次是东北部，最后是南部。《世界环境史百科全书》的编者在序言中指出，"美国西部和中西部的环境史学者特别活跃。在这方面的专家包括克罗农、利默里克（Patricia Lim-erick）、薇拉·诺伍德、唐纳德·皮萨尼、派因、怀特和沃斯特等人；研究美国东北部尤其是新英格兰地区的著名环境史学家则包括克罗农、马丁、麦茜特、斯坦伯格和泰勒；研究南部的环境史学者则包括考德瑞（Albert Cowdrey）、柯尔比（Jack Temple Kirby）、西尔韦（Timothy Silver）、斯图尔特（Mart A. Stewart）、黛安·格拉韦（Dianne D. Glave）、布卢姆（Elizabeth Blum）"。

可以毫不夸张地说，就影响力和知名学者的数量而言，美国西部环境史学者在美国环境史学界占据着举足轻重的地位。西部的加州大学、堪萨斯大学、得克萨斯大学、华盛顿大学、丹佛大学、密苏里大学、亚利桑那州立大学以及中西部的威斯康星大学都是美国环境史研究的重镇。韦斯特（Elliott West）认为，"环境史是以西部史为基础的，在某种程度上，环境史就是西部史。环境史在 20 世纪 70 年代发展成为一个学科的过程中，西部史学家也发挥了引领作用"②。环境史和西部史之间的密切联系，也反映在许多高校在引进环境史的师资时，在环境史专业之外，首先考虑的就是西部史专业。

西部所以备受环境史学者的青睐，除了已经提及的西部史与环境史之间的密切学术联系，主要还是由于其典型的地域特征。

---

① Ramachandra Guha, "Radical American Environmentalism and Wilderness Preservation: A Third World Critique," *Environmental Ethics*, Vol. 11, No. 1 (Spring 1989), pp. 71 – 83.

② Hal Rothman, "Conceptualizing the Real: Environmental History and American Studies", *American Quarterly*, Vol. 54, No. 3 (Sep. 2002), p. 492.

　　首先，西部具有非常典型的自然特征。西部气候干旱，是印第安人及其保留地最集中的地区；"西部城市化程度在全国最高"，但人口密度最低，"每平方英里人口不超过 6 人"①。在干旱少雨的西部，环境和人之间的相互影响更加明显激烈；"西部浩瀚的地域和集中的人口，使原因和结果容易分离，并更容易解释"②。一提到自然，美国人就很容易把它同地广人稀的西部联系起来。

　　其次，西部对联邦政府的依赖比其他地区更多。直到现在，西部在经济结构上依然严重依赖于农业和采矿业，它的高技术产业和军工企业大都是在"二战"以后由联邦政府扶助兴建的。联邦政府控制了西部土地的 50% 以上，在内华达为 87%，在阿拉斯加更高达 96%。③ 对环境史学者而言，西部的重要性还在于，联邦政府的自然保护与资源保护政策，是在西部率先推行的，西部是国家公园、自然保护区最集中的地区。

　　再次，西部塑造了美国精神，西部神话总能激发美国人的无限向往，并勾起人们对这个国家历史的浪漫回忆。西部相对破旧、腐败、堕落的欧洲和美国东部而言，是一片净土和圣地，"在 17、18 世纪，西部在美国人的心目中是一块充满着无限机遇的土地，象征着自由的精神，是一个避难的场所；19、20 世纪又成为照亮全世界人民的灯塔，也为东部人民提供一个纯洁心灵的精神寄托"④。

　　最后，西部凸显了美国的崛起和强盛及其付出的代价。帕特里夏说过："西部是在美国立国后被英裔美国人征服的，它作为个案，可以清晰并深刻地揭示，美国作为一个国家如何实行征服以及联邦政府为此如何发挥核心作用……它最易于表明征服的阴暗面，在 20 世纪晚期显示征服北美大陆的不确定的和有害的后果。"⑤

---

　　① Patricia Limerick, et al., eds., *Trails: Toward a New Western History*, University Press of Kansas, 1991.

　　② Hal Rothman, "Conceptualizing the Real: Environmental History and American Studies", *American Quarterly*, Vol. 54, No. 3 (Sep. 2002), p. 491.

　　③ Gerald Thompson, "Another Look at Frontier/Western Historiography"; Michael P. Malone, "Toward a New Approach to Western American History", in Patricia Limerick, et al., eds., *Trails: Toward a New Western History*, pp. 95, 148 – 149.

　　④ 王庆奖、何跃：《论西部观念与美利坚民族的使命》，《新疆大学学报》2001 年第 3 期。

　　⑤ Gerald Thompson, "Another Look at Frontier/Western Historiography", in Patricia Limerick, et al., eds., *Trails: Toward a New Western History*, p. 95.

在西部以外，美国东北部的新英格兰地区也是环境史学者关注较多的一个区域。其所以如此，与新英格兰地区在美国历史上的重要地位有很大关系。

首先，新英格兰地区素以清教主义闻名，最早是由清教徒建立的。清教徒在欧洲饱受迫害，他们要按照清教主义的理想，在新英格兰地区建立"山巅之城"，即人间天国。清教徒比较务实，注重通过制度设计来保障自由平等和权力制衡。它还鼓励发家致富，勤俭节约，清教主义后来成为美国的立国基础。新英格兰地区作为美国文明的摇篮，历来就为人们所重视。[1]

其次，东北部，尤其是新英格兰地区，在美国历史发展中长期居于领先地位。它是美国工业革命开始最早的地区，也是制造业特别集中的地区。在 20 世纪 60 年代以前，东北部和中北部享有"美国制造业带"的美誉。东北部经济发达，人口集中，对研究资本主义工业化和城市化的生态影响的学者而言，这是一个比较理想、比较典型的区域。

最后，东北部文化底蕴深厚，文教事业在全国名列前茅，这里汇集了美国历史最悠久、师资科研力量世界一流的常青藤名校，包括哈佛、耶鲁、普林斯顿、康奈尔、布朗等著名学府。仅就耶鲁大学而言，它培养和输出了沃斯特、克罗农和帕特里夏等一批著名的环境史学者。

相对而言，关于南部的有影响的环境史著作就屈指可数，主要包括《南方这片土地：环境史》、《乡村里的新面貌：南部大西洋沿岸森林地带的印第安人、殖民者和奴隶，1500—1800》、《媒体制造的南部：美国想象中的南部》、《黑山山脉及其米切尔峰：美国东部最高峰的环境史》。[2] 就影响和声望而言，南部环境史学者远远不及西部和东北部学者。这种状况

---

① ［美］丹尼尔·布尔斯廷：《美国人：开拓历程》，中国对外翻译出版公司译，生活·读书·新知三联书店 1993 年版，第 1 章。

② Albert E. Cowdrey, *This Land, This South: An Environmental History*, University Press of Kentucky, 1983; Timothy Silver, *A New Face on the Countryside: Indians, Colonists, and Slaves in South Atlantic Forests, 1500–1800*, New York: Cambridge University Press, 1990; Jack Temple Kirby, *Media-Made Dixie: The South in the American Imagination*, Louisiana State University Press, 1978; Timothy Silver, *Mount Mitchell and the Black Mountains: An Environmental History of the Highest Peaks in Eastern America*, University of North Carolina Press, 2003.

之出现，或许与南部在全国经济、教育中的落后地位有直接关系，而不是因为南部缺乏区域特色。南部自然条件优越，历史上流行种植园经济，种植园主过着养尊处优的生活。悠闲自在是南部社会的一个特点，但这个看似和谐的农业社会曾经建立在奴隶制的基础之上，即便到现在，种族歧视还是比较严重。这些都是南部社会的典型特点。南部社会的这一特点在南部环境史研究中也有所反映，奴隶制种植园经济的生态影响便是南部环境史探讨较多的一个主题。①

相对于区域环境史研究的兴盛而言，关于美国环境通史和世界环境史的研究则比较薄弱。在 20 世纪 90 年代以前问世的美国环境通史类著作，只有佩图拉的《美国环境史》一种；在世界环境史领域，克罗斯比的《生态扩张主义：欧洲 900—1900 年的生态扩张》、麦克尼尔的《瘟疫与人类》、沃斯特的《地球的结局》② 则是屈指可数的几本著作。之所以如此，大概是由于在环境史兴起和早期发展阶段，从事地方研究和区域研究更加切实可行。

从 20 世纪 90 年代起，由美国学者③撰写的美国环境史和世界环境史的著作都在增多，美国环境史方面包括约翰·奥佩的《自然的国家》、麦茜特

---

① Pete Daniel, *Breaking the Land: The Transformation of Cotton, Tobacco, and Rice Cultures since 1880*, Urbana: University of Illinois Press, 1985; Allan Kulikoff, *Tobacco and Slaves: The Development of Southern Cultures in the Chesapeake, 1680 – 1800*, Williamsburg, VA: University of North Carolina Press, 1986; John Hebron Moore, *The Emergence of the Cotton Kingdom in the Old Southwest: Mississippi, 1770 – 1860*, Baton Rouge: Louisiana State University Press, 1988; Joseph P. Reidy, *From Slavery to Agrarian Capitalism in the Cotton Plantation South: Central Georgia, 1800 – 1880*, Chapel Hill: University of North Carolina Press, 1992.

② Joseph M. Petulla, *American Environmental History*, Columbus: Merrill Pub. Co. , 1988; Wiliam H. McNeill, *Plagues and Peoples*, Garden City, N. Y. : Anchor Press, 1976; Afred Crosby, *Ecological Imperialism: The Biological Expansion of Europe, 900 – 1900*, Cambridge University Press, 1986; Donald Worster, ed. , *The Ends of the Earth, Perspectives on Modern Environmental History*, Cambridge: Cambridge University Press, 1988.

③ 在美国之外，汤因比晚年对环境问题比较关注，他的《人类与大地母亲》对环境问题有所涉及。其他值得关注的著作还包括 I. G. Simmons, *Environmental History: A Concise Introduction*, Blackwell, 1993; I. G. Simmons, *Changing the Face of the Earth: Culture, Environment and History*, Blackwell, 1996; W. M. S. Russell, *Man, Nature and History*, London, 1968。在世界环境史领域比较成功的最新成果包括：英国学者庞廷的《绿色世界史》（王毅译，上海人民出版社 2002 年版）、德国学者拉德卡的《自然与权力：世界环境史》（王国豫、付天海译，河北大学出版社 2004 年版）。

的《美国环境史中的主要问题》、《美国环境史：哥伦比亚指南》、斯坦伯格的《深入地球：美国历史中自然的作用》等①；世界环境史方面则包括斯塔夫里阿洛斯的《远古以来的人类生命线》、休斯的《地球的面貌：环境和世界史》、《世界环境史》、麦克尼尔的《阳光下的新事物：20世纪世界环境史》、戴蒙德（Jared Diamond）的《枪炮、病菌与钢铁：人类社会的命运》。②

　　总的来看，宏观研究仍然是美国环境史研究的薄弱环节。尽管早在1982年，沃斯特就呼吁环境史研究的国际化，但这方面并没有取得明显进展。自20世纪90年代以来，美国环境史研究发展势头迅猛，成果较90年代之前增加了百倍之多，在这种情况下，屈指可数的几本美国环境通史和世界环境通史更凸显了宏观研究在环境史领域的滞后。微观研究当然是必要的，但若不加以综合，就可能支离破碎，不利于整体把握。目前，环境史研究的碎化已经招致了越来越严厉的批评。③ 在这种情况下，如果能够借助蔚为大观的微观研究的成果，高屋建瓴地考察和总结一些具有全局性和规律性的普遍问题，比如美国环境史和世界环境史的分期问题、不同社会制度——尤其是资本主义制度和社会主义制度——下人与自然之间的关系、环境史的研究方法等，就有可能推出鸿篇巨制，将美国环境史研究推入一个新的发展阶段。

---

① John Opie, *Nature's Nation：An Environmental History of the United States*, Fort Worth, TX：Harcourt, 1998；Carolyn Merchant, *Major Problems in American Environmental History*, Lexington：D. C. Heath and Company, 1993；Carolyn Merchant, *The Columbia Guide to American Environmental History*, New York：Columbia University Press, 2002；Theodore Steinberg, *Down to Earth：Nature's Role in American History*, Oxford University Press, 2002.

② Leften Stavrianos, *Lifelines from Our Past：A New World History*, Pantheon Books, 1990；J. Donald Hughes, *Face of the Earth：Environment and World History*, Armonk, N. Y.：M. E. Sharpe, 2000；J. Donald Hughes, *Environmental History of the World：Humankind's Changing Role in the Community of Life*, New York：Routledge, 2001；John McNeil, *Something New under the Sun：An Environmental History of the Twentieth – century World*, New York, NY：Norton, 2000；Jared Diamond, *Guns, Germs, and Steel：The Fate of Human Societies*, New York：W. W. Norten & Company, 1999.

③ Ted Steinberg, "Down to Earth：Nature, Agency, and Power in History", *The American Historical Review*, Vol. 107, No. 3（June 2002）, p. 798.

第三部分

20 世纪 90 年代以来的
发展变化

第九章

美国环保运动的新发展

20 世纪 80 年代，美国社会形势的巨大变化给环保运动带来了新的挑战。滞胀、失业等问题的加剧，为主张减少干预的共和党长期执政创造了条件，这一时期出台了许多放松环境管制的措施。这给环保运动造成阻力，但反过来也成为环保运动加速发展的动力。主流环保组织加强了与公司、政府的合作，改良的倾向越来越突出。在主流环保运动之外，环境正义运动如火如荼，蓬勃发展。激进环保组织也受到了更多的关注。

一　主流环保运动

在美国，主流环保组织是指依靠政治游说、宣传教育、司法诉讼等手段，在资本主义的政治经济体制内推进环境保护的组织。一般而言，主流环保组织往往规模大，经费充足，组织良好，配备大量的专业人员。它们在全国范围内开展活动，关注的问题也比较广泛，从濒危物种及其栖息地、海洋及海洋生物、热带雨林及原生森林，到臭氧层及全球气候变暖都在它们关注的范围之列。总的来看，主流环保组织主要侧重于自然保护。本节对 20 世纪 80 年代以来美国主流环保组织的发展及主要活动进行初步分析。

（一）主流环保组织的体制化背景

从 20 世纪 80 年代以来，主流环保运动获得了长足的发展，这首先表现为环保组织的会员和活动经费在迅速增加。十大环保组织的经济状况明显改善，

其会员总数，1965 年还不到 50 万，1985 年升至 330 万，1990 年则达到了
720 万。①

20 世纪八九十年代，十大环保组织的年度活动经费明显上升。1965 年
的总额不到 1000 万美元，1985 年上升到 2.18 亿美元，而 1990 年则达到了
5.14 亿美元。② 1980—1990 年，塞拉俱乐部的活动经费从 950 万美元增加到
4000 万美元，2003 年达到了 8370 万美元。③

随着会员和活动经费的不断增多，主流环保组织加快了职业化和制度化
的步伐。20 世纪 80 年代中期，众多主流环保组织都纷纷从社会上招募专业
管理人员充实领导层，引进筹款人、律师、经济学家、科学家、新闻记者、
政策分析专家。

环保组织的制度化和职业化，是环保组织加强自身建设、顺应新的社会
形势的结果。错综复杂的环境问题、千头万绪的环境立法与诉讼程序，也对
环保组织的领导与工作人员提出了更高的要求。虽然环保运动已经在 20 世
纪 80 年代深入人心，但保守主义势力在社会上还占一定优势。1988 年的总
统竞选中，在里根任内一直担任副总统的布什也承诺要做一个"环保总
统"。这一事实已经表明，"无论是一个总统还是一个政党，如果想赢得大
多数美国人的支持，都不可能再公开地对环境问题怀有敌意，很明显，美国
人很关心它"④。与此同时，受经济萧条的影响，主张放松管制的共和党在
全国的政治舞台上占有一定的优势。在这种背景下，实力较强的环保组织开
始调整策略，希望通过政治参与来影响政府的环境决策。

环保组织的职业化，增强了环保组织处理各类问题的能力，提高了环保
组织的社会地位，改变了环保运动的斗争方式。选举、游说、广告宣传、诉

---

① Benjamin Kline, *First along the River: A Brief History of the U. S. Environmental Movement*, Lanham:
Rowman & Littlefield Publishers, 2001, p. 109.

② Benjamin Kline, *First along the River: A Brief History of the U. S. Environmental Movement*, p. 109;
Robert J. Duffy, *The Green Agenda in American Politics: New Strategies for the Twenty - first Century*, Lawrence,
Kan.: University Press of Kansas, 2003, p. 47.

③ Norman J. Vig, Michael E. Kraft, *Environmental Policy: New Directions for the Twenty - first Century*,
Washington, DC: CQ Press, 2006, p. 89.

④ ［美］菲利普·沙别科夫：《滚滚绿色浪潮：美国的环境保护运动》，周律等译，中国环境科学出
版社 1997 年版，第 211 页。

讼等多种手段被广泛应用，环保组织之间的协作也更加密切。

1980 年以来，环保组织广泛通过选举来影响国家的环境政策。1980 年，塞拉俱乐部支持 5 位候选人竞选加州议员。1982 年，塞拉俱乐部、资源保护选民同盟开始支持候选人竞选国会议员，它们支持的 48 位候选人，有 34 位成功当选。1984 年，塞拉俱乐部支持沃尔特·蒙代尔（Walter Mondale）参与总统竞选。

诉讼是环保斗争最有效的手段之一。美国环保协会、自然资源保护委员会、塞拉俱乐部法律援助基金会都是以法律为主要武器的环保组织。通过环境诉讼，环保组织可以迫使政府切实履行职责，使环境法得到有效执行。

除了广泛采用各种政治斗争手段外，美国主流环保组织还开始建立长效合作机制。1981 年 1 月 21 日，9 个主流环保组织的主席受亨利·肯德尔（Henry P. Kendall）基金会之邀，共同探讨在里根任美国总统这一新形势下，环保组织如何卓有成效地开展合作。这 9 位环保组织的领袖，有 5 位来自塞拉俱乐部、奥杜邦协会、荒野协会等传统的资源保护组织，还有 4 位则来自地球之友、自然资源保护委员会、美国环保协会这些刚刚成立的组织。此后，国家公园保护协会也受邀参加这类活动。在整个 20 世纪 80 年代，这 10 个环保组织的主席定期集会，共同商讨环境对策和协作配合，他们被评论家称为"十人帮"（Group of Ten），"十人帮"也因此成为主流环保主义的象征。①

1985 年，美国十大环保组织合作出版了《未来环境议程》。该书介绍了主流环保组织对核安全、人口增长、能源策略、水资源、有毒物和污染控制等 11 个问题的基本立场相关建议，探讨美国环保运动的发展方向及追求目标。

1988 年 10 月 30 日，自然资源保护委员会、全国野生动物联盟、世界观察研究所、塞拉俱乐部等 20 个环保组织举行早餐会，向受邀前来的布什总统提交了《环境蓝图：联邦行动计划》。该议程按联邦政府各部门编排，就各部门所管辖的环境问题一共提出了 730 条建议。

---

① Robert Gottlieb, *Forcing the Spring: The Transformation of the American Environmental Movement*, Washington, D. C.: Island Press, 1993, p. 124.

环保组织的合作，可以从围绕《清洁空气法》展开的斗争体现出来。
20世纪80年代里根担任总统、共和党把持参议院之际，工业部门希望乘机
削弱《清洁空气法》，降低排放标准，遭到了环保组织的强烈反对。环保组
织要求强化《清洁空气法》，用更严格的检测控制排放，并成立了全国清洁
空气联盟。经过努力，全国清洁空气联盟获得了国会民主党人的支持，1987
年民主党在国会两院又成为多数党。因此，里根总统虽然"否决了强化
《清洁空气法》的议案，但里根的意见在国会又被推翻"①。这一僵局在美国
环保协会提出依靠市场解决空气污染的方案之后得以化解。1990年，《清洁
空气法》修正案被国会通过，并由布什总统签署生效。

（二）环保运动的"第三条道路"

20世纪80年代以来，面对日益猖獗的反环保势力，美国环保组织进行
了积极的反击。在反对里根政府的反环保政策的同时，环保组织也同国内有
组织的反环保运动针锋相对地展开斗争，使反环保势力的气焰得到遏制。20
世纪80年代末90年代初，在环保主义越来越深入人心的背景下，环保组织
的制度化和职业化使它加强了与政府、企业的合作。环保组织的改良道路继
资源保护运动的兴起及六七十年代的环保运动之后被称为"环境保护主义的
第三次浪潮"。

1980年，里根当选总统之后，对环保组织非常敌视。他利用人事权，
任命了右翼人士担任内政部、国家环保局、林业局、土地管理局、国家公园
管理局等部门的负责人。在这些官员中，内政部部长詹姆斯·瓦特（James
Watt）和国家环保局局长安妮·戈萨奇（Anne Gorsuch），竭其所能对环保
运动进行钳制。

瓦特上任伊始，就在环境问题上采取了许多反环保的政策。他准许在荒
野区探矿，扩大国家公园特许开发商的经营范围，开放西部更多的牧场，在
有争议的大陆架进行油气开发等。安妮·戈萨奇担任国家环保局局长之后，
在企业界大力培植亲信，任用埃克森公司、通用公司等企业的顾问和律师担

---

① ［美］菲利普·沙别科夫：《滚滚绿色浪潮：美国的环境保护运动》，第191页。此处译文据英
文原书第230页译出，略有改动。

任职务；在其任内，国家环保局的预算削减了 2 亿美元，裁员 23%。[1]

面对联邦政府部门对环境保护的消极态度和敌视行为，环保组织针锋相对地开展了猛烈抨击。1982 年国会就超级基金的问题对国家环保局展开调查时，戈萨奇拒绝向国会调查委员会提供必要的材料，她因藐视国会而被起诉，于 1983 年 3 月被迫辞职。瓦特同样也身陷困境。奥杜邦协会的彼得森（Russell Peterson）批评说："瓦特是 80 年代最偏执的反环保人士之一。"塞拉俱乐部则"征集了 100 万人的签名，要求瓦特辞职"[2]。地球之友组织了几百万人签名要求解除瓦特的职务。在社会各界的压力下，瓦特于 1983 年 10 月被迫黯然辞职。

联邦政府有关部门对环保运动的敌视，使地方的反环保势力蠢蠢欲动。从 20 世纪 80 年代以来，反环保运动在美国名目繁多，此起彼伏，其中尤以"西部反抗"和"明智利用"运动最为典型。二者的社会基础主要是农、林、牧、渔、采矿等传统产业，这些强大的保守势力成为反环保的中坚。

"西部反抗"是 20 世纪 70 年代末、80 年代初很有声势的反环保运动。这场运动首先在内华达州兴起，并受到犹他、亚利桑那、怀俄明和新墨西哥等一些西部州的响应。它要求将西部大片联邦公共土地的所有权移交给西部的各个州，以规避联邦政府对开发这些土地的限制，并防止联邦政府将来出台更多、更严厉的限制开发的政策。西部对联邦土地的要求，受到了里根总统和内政部长瓦特的支持。在环保组织的宣传下，越来越多的公众清醒地意识到，在高度城市化的西部，公共土地的移交，只会使一小部分权势集团获利而使多数人受损，因此公众不再支持"西部反抗"运动。随着 1983 年内政部部长瓦特辞职，"西部反抗"运动很快就销声匿迹。

"明智利用"运动出现于 20 世纪 80 年代末，其思想和社会基础与"西部反抗"运动一脉相承。这场运动借用了吉福特·平肖"明智的利用，科学的管理"的口号，因而特别具有迷惑性，但其目标却是"破坏和根除环保运动"。其主要领导人是艾伦·戈特利布（Alan Gottlieb）和让·阿诺德

[1] Benjamin Kline, *First along the River: A Brief History of the U. S. Environmental Movement*, p. 102.
[2] Ron Arnold, *At the Eye of the Storm: James Watt and the Environmentalists*, Chicago: Regnery Gateway, 1982, pp. 72, 157.

（Ron Arnold）。他俩编辑的《明智利用综论》成为该运动的指南。该书提出了 25 项国家环境政策的改革目标，要求将国家公园和荒野地区向商业性的矿产和能源开发开放，允许对国家森林进行商业性砍伐，修改《濒危物种法》，限制濒危物种申报。该书对环境保护主义进行了恶毒的攻击，认为环境保护主义是一套反人类的思想观念，要求以"明智的利用"取而代之，在极端环保主义和极端工业主义之间寻求平衡，将保护环境和发展经济协调起来。这场运动的领袖自诩有 500 万支持者和 1.2 亿同情者。①

环保组织对"明智利用"运动进行了深刻的揭露，指出"明智利用"运动麾下的许多组织受到了大企业的资助，他们伪装成基层组织，或者与保守的教派有牵连。环保组织揭露"明智利用"运动的谎言，揭露蓝丝带同盟（Blue Ribbon Coalition）、美国同盟（Alliance for America）、西部人民阵线（People for West）名实不符，掩盖其欲滥采滥用自然资源的真实企图。

总之，在 20 世纪 80 年代，环保组织在一定程度上扼制了公开叫嚣的反环保势力，但它面临的形势依然严峻。

在这种形势下，环保组织采用了一种实用主义的斗争策略，从而开始了"环保主义的第三次浪潮"。环保组织加强了同政府及公司的合作，通过谈判而不是对抗来寻求发展，在左翼和右翼思潮之间寻求所谓"中间立场"，主张以合作为基础的"第三条道路"。

通过与公司谈判及协作，环保组织取得了一些积极的成果。美国环保协会提议的"排污权交易"（Tradable Air Pollution Permits），被 1990 年的清洁空气法修正案吸纳，并在实际应用中取得了很好的效果。环保组织还通过市场的力量对绿色消费加以引导。在环保主义日益成为一种社会信条之后，许多公司开始推行绿色营销。它们调整生产和经销策略，积极参加环境公益活动，或利用公关手段，千方百计和环境保护扯上联系，力图塑造对环境负责的企业形象，以获得消费者的认可。

但也应该看到，"第三条道路"也有消极影响。相对实力强大的公司而

① Alan M. Gottlieb, *The Wise Use Agenda: The Citizen's Policy Guide to Environmental Resource Issues: A Task Force Report*, Bellevue, Wash.: Free Enterprise Press, 1989, Introduction, p. ix; John D. Echeverria, Raymond Booth Eby, *Let the People Judge: Wise Use and the Private Property Rights Movement*, Washington, D. C.: Island Press, 1995, p. 17.

言，环保组织的力量显得还过于弱小。这种事实上的不平等，使得两者之间的合作很难取得实质性进展，环保组织取得的不过是企业的一些局部、表面的让步。主流环保组织因为缺乏一种对既有的政治经济运行体系的批判精神，忽略了真正有建设性意义的思考。"第三条道路"的种种影响可以从1990年的地球日庆祝活动体现出来。

　　1990年4月22日，美国迎来了第20个地球日。那天，在全球140个国家，有2亿人①参加了各种形式的庆祝地球日的活动，美国的参与者则达到了2500万人②。这次地球日的庆祝活动，具有非常浓厚的商业气息。从1988年开始，丹尼尔·海斯（Denis Hayes）就开始筹备这一活动。他得到了许多大公司的赞助，获得了300万美元的公司捐款。波士顿地球日庆祝活动最重要的赞助商，是向波士顿港排放污物最多的宝丽莱（Polaroid）公司③；农药生产巨头孟山都公司，对多个城市的地球日庆祝活动给予赞助；……时时处处都能感受到商业组织对地球日的影响，以致《时代》杂志称1990年的地球日受到了"商业劫持"。④

　　同20年前相比，1990年庆祝地球日的活动明显缺少批判的锋芒。这次活动的主题是强调个人责任，对公司和政府没有苛责，甚至没有提出环保立法的动议，所以它受到了政府和商业组织的普遍欢迎。此外，这次活动对地方社区的污染问题也缺少关注，受到了一些基层民众的抵制。

　　在1990年的地球日活动之后，丹尼尔·海斯对美国的环保运动进行了反思。尽管他当时已届不惑之年，不再是激进的年轻小伙，他仍感到："采用任何评价地球可持续性的标准，我们所处的环境都远比20年前差，尽管我们已经努力了20年。"⑤海斯敦促人们关注两个重要的问题，即人口过剩及不断攀升的军费开支，他说，"不解决这些充满争议的敏感问题，社会的

　　①　Robert Gottlieb, *Forcing the Spring*: *The Transformation of the American Environmental Movement*, p. 201.

　　②　Kirkpatrick Sale, *The Green Revolution*: *The American Environmental Movement*, *1962 - 1992*, p. 82.

　　③　Robert Gottlieb, *Forcing the Spring*: *The Transformation of the American Environmental Movement*, p. 265.

　　④　Mark Dowie, *Losing Ground*: *American Environmentalism at the Close of the Twentieth Century*, Cambridge: The MIT Press, p. 27.

　　⑤　Ibid. , p. 26.

可持续发展就无从谈起"①。

（三）主要环保组织体制化的利弊得失

20 世纪八九十年代的环保运动对美国民众的环保意识、社会的生产和消费及环境政策都产生了广泛深远的影响。总的来看，环境保护的重要性日渐受到公众的认可，绿色生产和绿色消费成为时尚，环保人士开始担任政府要职，对美国环境政策的影响在加深，美国的环境质量在一定程度上得到了改善。

从 20 世纪 80 年代末期以来，美国公众对环境保护的支持率时有起伏，但支持程度依然较高。1980—2000 年，美国自然资源及环境保护方面的联邦支出几乎没有增加，在一些年份甚至有所下降，以 2004 年的美元价格计算，1980 年为 262.25 亿美元，1988 年为 219.83 亿美元，1996 年为 248.07 亿美元，2000 年为 270.9 亿美元。②

在日常生活中，美国民众通过许多实际行动来支持环保，但与此同时，他们并不愿意对环保作出较大的个人牺牲。环保运动的影响还表现在绿色生产和绿色消费已经成为一种时尚。随着越来越多的环保组织的领导人开始担任政府公职，环保运动对政府决策的影响日渐明显。资源保护基金会（Conservation Foundation）主席特雷恩早在 70 年代早期就在尼克松和福特政府任内担任过国家环保局局长；在卡特任内，总统环境质量委员会主席斯佩思（Gus Speth）来自自然资源保护委员会，环保局局长科斯特尔（Douglas Costle）与塞拉俱乐部关系密切，而林业局局长卡尔特（M. Rupert Culter）则来自荒野协会。③ 与此同时，越来越多的政府官员在卸任后也成了环保组织的代言人，从而进一步扩大了环保组织的影响。

尽管在环保运动的影响下，美国政府加强了对环境问题的治理，空气和水污染得到了有效的遏制，但是美国的环境问题依然非常突出。在许多城

---

① Rebecca Stefoff, *The American Environmental Movement*, New York: Facts on File, Inc., 1995, p. 115.

② Norman J. Vig, Michael E. Kraft, *Environmental Policy: New Directions for the Twenty-first Century*, p. 404.

③ Ron Arnold, *At the Eye of the Storm: James Watt and the Environmentalists*, Chicago: Regnery Gateway, 1982, p. 40.

市，令人窒息的烟雾依然还在损害人们的健康。有近一半的水域不适于钓鱼和游泳，许多渔场的产量锐减，海滩因为污染而被迫关闭。垃圾的数量还在不断上升，能源短缺的阴影始终挥之不去，为攫取能源而发动战争成为美国人不断的噩梦。美国及其周边地区的森林、湿地、草原也在减少。这些问题的存在，决定了美国的环境保护依然任重道远。

尽管美国环保运动取得了很大的成就，但它在结构、制度和思想等方面存在着许多问题，从而妨碍了环保运动取得真正的突破。

从结构上看，多数主流环保组织的社会基础还不够广泛，其支持者大部分是城市里的富裕白人。这一构成从主流组织的董事会、工作人员及其会员的组成可以得到明显反映。比如，1991 年奥杜邦协会的工作人员为 320 名，其中只有 35 名不是白人，而且 35 人中只有 13 人从事专业工作。主流环保组织传统上就不太关注城市环境问题，对乡村、城市社区的环境问题及弱势群体的环境权益关注不够。

主流环保组织的结构及其诉求，也使主流组织很容易妥协。主流环保组织越来越职业化，它更像一个利益集团，与企业和政府讨价还价。奥杜邦协会、全国野生动物联合会接受了阿莫科（Amoco）、埃克森（Exxon）、美孚（Mobil）等石油巨头及陶氏（Dow）、杜邦（Du Pont）、孟山都（Monsanto）等化工企业的捐款，从而在一定程度上受到了企业的控制。环保组织实用主义的工作策略不可避免地使人怀疑它宣扬的崇高目标有多少能够真正实现。

环保组织在定位与管理方面也存在一些问题。战后以来，主流环保组织力图扩大规模，吸收更多的会员。为此，这些组织关注的范围不断延伸，目标变得无所不包，它们在公众心目中的形象也变得模糊起来。

此外，环保组织的发展，也不可避免地带来了职业化和官僚化。环保组织领导层往往是职业官僚，年薪在 10 万美元以上。他们对环保缺乏热情，但熟知官场，精于谈判和公关。

环保运动的批判精神在不断弱化。总体上说，环保组织都倾向于将环境问题与其产生的深层次的社会制度割离开来。其实，环境问题是资本主义社会的必然产物，如果不对其政治经济制度及其文化观念进行彻底改革，环境问题就很难从根本上得到解决。如果不对现有的体制和框架加以变革，地球日的一些宏伟目标在现有的条件下就不可能实现。

二 环境正义运动

环境正义运动始于 20 世纪 70 年代，它以底层民众为基础，要求保护社区免受污染，使人们在健康安全的环境下工作和生活。它认为少数族裔在住所、社区及工作场所遭受了比其他群体更多的环境风险，因而成为一场底层民众争取环境权益平等的运动，最初与民权运动、劳工运动而不是与环保运动存在着密切的联系。自 90 年代以来，基层环境正义组织逐步走向联合，强大的政治压力迫使主流环保组织及联邦政府对其多项主张加以回应。环境正义运动扩展了民权的内容，给美国环保运动及政府的环境政策带来了深刻的影响。

环境正义是在环境种族主义客观存在的社会背景下，广大少数族裔及低收入群体追求环境权益和责任的公平对等的一场运动。环境正义运动的兴起，在一定程度上就是要反对环境种族主义，实现环境平等和环境公正。环境种族主义、环境平等和环境公正是环境正义运动兴起以来被渐次替代的几个核心词汇，它们既有联系，又有区别。

环境种族主义（Environmental Racism）是本杰明·查维斯（Ben Chavis）1982 年首先提出的一个术语，是指环境政策、法律、法规在制定和执行过程中存在种族歧视。这个概念的提出是基于声势浩大的、激烈的社区毒物清理运动。该运动遭遇了巨大的阻力，在某些激愤的受害者看来，这实际上是种族主义在作祟。环境种族主义将环保运动与民权运动结合起来，是环境正义运动兴起过程中一个有力的舆论和动员工具，它具有煽动性，富有感情色彩，暗含着对政府、企业和环保组织的批评。

环境正义由环境平等演变而来，它们都是比较中性的术语，含义比较接近，表达了一种愿望和努力方向，较之于环境种族主义更能为各类机构和各个阶层所接受。1990 年以前，国家环保局、国会都采用环境平等这一术语。环境平等是指"潜在的污染源及其对健康的影响，不应该在穷人和少数族裔等特定人群中集中分布"[①]。环境平等在 1992 年以后则被更具包容性的"环

[①] James P. Lester, David W. Allen, Kelly M. Hill, *Environmental Injustice in the United States: Myths and Realities*, Boulder, Colo.: Westview Press, 2001, p. 21.

境正义"一词所替代，环境正义是指在环境事务方面要为弱势群体——不仅限于有色种族，而且包括低收入的白人社区——伸张正义。依照美国国家环保局的规定，环境正义是指"在环境法律、法规和政策的制定、适用和执行方面，全体人民，不论其种族、民族、收入、原始国籍或教育程度，应得到公平对待并有效参与"。

（一）环境正义运动的缘起

美国环境正义运动的产生，是因为有害垃圾污染非常严重，危害人体健康，而且集中分布在低收入及有色人种社区。但社区环境问题并不为主流环保组织所关注，基层民众不得不依靠自己来保卫家园。环境正义运动与民权运动的推动也有密切关系。

从 20 世纪 70 年代以来，有毒有害垃圾成倍增加，对社区环境和人们的健康构成了严重的威胁。据美国国家环保局估算，有毒有害废弃物的年排放量，"1974 年为 1000 万吨，1979 年为 5600 万吨。在 1989 年，美国化工企业排放的废弃物在 5800 万吨与 29 亿吨之间"[1]。有害物质的存在严重损害了人们的健康。在美国，"大约有 2500 万工人在工作场所会不同程度地暴露于有毒物质的影响之下，每年死于与此相关的并发症的工人估计在 5 万到 7 万之间"[2]，"每年新增的严重的职业病患者达到35 万例"[3]。

尽管有害垃圾对全社会的健康都构成威胁，但人们受威胁的程度与他们的种族及社会经济状况有非常密切的关系。1983 年，美国审计总署（U. S. General Accounting Office）对美国东南部的有害废物填埋点的分布进行了调查。调查表明，垃圾填埋场的分布与其所处社区的种族、阶层状况存

---

① 　Andrew Szasz, *Ecopopulism*：*Toxic Waste and the Movement for Environmental Justice*, Minneapolis：University of Minnesota Press, 1994, p. 17.

② 　Patrick Novotny, *Where We Live*, *Work*, *and Play*：*The Environmental Justice Movement and the Struggle for a New Environmentalism*, Westport, CT：Praeger Publishers, 2000, p. 41.

③ 　Mark Dowie, *Losing Ground*：*American Environmentalism at the Close of the Twentieth Century*, p. 158.

在着密切联系。[1]

表9—1　　　美国东部有害废弃物填埋场所在区域1980年人口统计数据

垃圾填埋场	人口		家庭中位收入（美元）		贫困线以下人口		
	人数（人）	黑人比例（%）	所有种族	黑人	人数（人）	比例（%）	黑人比例（%）
CWM（亚拉巴马）	626	90	11，198	10，752	265	42	100
SCA（南卡罗来纳）	849	38	16，371	6，781	260	31	100
ICC（南卡罗来纳）	728	52	18，996	12，941	188	26	92
WPL（北卡罗来纳）	804	66	10，367	9，285	256	32	90

　　注：CWM是指位于亚拉巴马州Sumter县的化学废弃物管理公司，SCA是指南卡罗来纳Sumter县的SCA服务公司，ICC是指南卡罗来纳Chester县的工业化学品公司，WPL是指Warren县的PCB垃圾填埋场。

　　1986年国会黑人议员团（Black Caucus）的政府预算办公室提供的一份报告中说，危险废弃物处理设施倾向于分布在那些集中了大量少数民族和穷人的地区。[2] 绿色和平组织在1991年12月的一份报告中提到："在美国，贫穷就意味着呼吸污浊的空气，从事肮脏的工作，居住的地方临近垃圾场和焚化炉。"[3] 就社区环境污染的治理及受害人群的救助而言，对低收入及少数民族社区的赔付标准更低，周期更长。

　　环境正义运动的兴起，受到了民权运动的推动。民权运动反对种族主义，为黑人争取平等权利。而环境正义运动在很大程度上是反对环境种族主义，为黑人争取环境权益的平等。甚至可以说，环境正义运动是民权运动的必然延伸。

　　长期以来，黑人作为美国最大的少数族裔，一直备受歧视，环境权益也受到严重侵犯。作为弱势群体，黑人遭受的环境风险远远超出其他人群，在

　　[1]　Robert D. Bullard, *Dumping in Dixie: Race, Class and Environmental Quality*, Boulder, Colo.: Westview Press, 1994, p. 33.

　　[2]　Rebecca Stefoff, *The American Environmental Movement*, New York: Facts on File, Inc., 1995, p. 87; ［美］菲利普·沙别科夫：《滚滚绿色浪潮：美国的环境保护运动》，第200页。

　　[3]　Patrick Novotny, *Where We Live, Work, and Play: The Environmental Justice Movement and the Struggle for a New Environmentalism*, p. xv.

种族主义猖獗的美国南部尤甚。美国黑人学者布拉德在 1978 年发现，在黑人人口占 1/4 的休斯敦，"5 个市政垃圾场全都位于黑人社区，8 个市政焚化炉有 6 个位于非裔社区"①。他后来将调查范围扩展到美国整个南部地区，发现情况同样如此。他据此认为，美国存在着非常严重的环境种族主义。

环境正义运动是在反对环境种族主义的斗争中兴起的，在领导组织、斗争策略、理论武器等诸多方面都借鉴了民权运动。这场运动的重要领袖本杰明·查维斯、罗伯特·布拉德都是著名的黑人民权主义者。黑人还经常援引民权法第六款，即受联邦资助的公用设施不得含有种族歧视，以此为理论武器，反对环境种族主义，称"争取清洁空气、清洁水源和安全的工作场所是争取基本人权"。

（二）环境正义运动的发展

环境正义运动作为以弱势群体为主要力量的社会运动，进行了长期坚持不懈的努力，这期间的拉夫运河事件、1982 年的"沃伦抗议"、1987 年联合基督教会发布的调查报告《美国的有害废物与种族》、1991 年召开的第一届有色人种环境领导峰会，成为环境正义运动兴起过程中的标志性事件，将环境正义运动逐渐引向深入。

1980 年 5 月 19 日，在纽约州尼亚加拉瀑布城，美国国家环保局的两名官员被扣押在拉夫运河（Love Canal）社区业主委员会的办公室长达 6 个小时之久，卡特总统随之宣布它为紧急事件。社区居民以此向政府施压，要求政府提供永久性的移民安置，因为他们所在的社区被严重污染，他们已经不能在这里正常生活。

拉夫运河只是一段人工开凿的长约半英里的水沟，后来被胡克化学公司用于垃圾填埋。1942—1954 年间，该公司在这里倾倒了 25000 吨的化学垃圾②，包括六氯化苯、氯苯、二噁英等剧毒物质。此间，尼亚加拉瀑布城也在这里填埋过市政垃圾。

---

① Charles Lee, ed., *Proceedings of the First National People of Color Environmental Leadership Summit*, New York, 1993, p. 30.

② Allan Mazur, *A Hazardous Inquiry: The Rashomon Effect at Love Canal*, Cambridge, Mass.: Harvard University Press, 1998, p. 9.

拉夫运河社区本来叫拉萨尔（LaSalle）社区，20世纪50年代初期，在市教育局的请求下，胡克公司将该公司的垃圾填埋区转让给教育局，只象征性地收了1美元。胡克公司当时申明，这里填埋过垃圾，将来这里如果发生损害，公司概不负责。此后，这里建起了学校。70年代中期，出现了工人阶级社区，许多住户都在化工公司和相关企业工作。

从1976年开始，不断有证据显示，社区居民的身心健康受到了危险化学垃圾的严重威胁。许多儿童身患各种怪病，孩子的健康让社区居民非常揪心。经媒体披露后，相关部门开始进行调查。1978年，国家环保局、纽约州环境保护局、纽约州卫生局在对该社区的室内空气及地下淤积物进行检测后均证实，有害化学物质的确存在，并对居民的健康构成严重威胁。然而，政府因为担心移民安置的高额费用以及此举可能开创的先例，以科学证据不足为由，竭力否认事态的严重性。

面对政府的不作为，异常愤怒的社区居民紧急行动起来，通过不懈斗争，取得了初步胜利。这场斗争的参与者，很多都是并不愿意抛头露面的家庭妇女，但家人的健康问题把她们逼上了前台。1978年5月，她们请求当局关闭学校，但遭到了拒绝。之后，吉布斯（Lois Marie Gibbs）这位普通家庭妇女领导成立了拉夫运河社区业主协会，通过集会、募捐、新闻发布会等多种形式，敦促政府开展社区的环境监测和居民的健康检查。1978年8月2日，纽约州卫生委员会委员宣称，拉夫运河社区存在着严重污染，学校应该关停，与拉夫运河毗邻的家庭应该尽快撤离。[1] 8月9日，白宫也承诺要对核心区的社区居民进行妥善安置，从而化解了第一次危机。

1979年春天，国会就拉夫运河社区的健康风险举行听证会。1979年秋天，有关的诉讼已经达到800起。[2] 1980年年初，国家环保局对36位社区居民进行医学检查后发现，有11人染色体受损，但并没有及时对外公布这一结果。[3] 这一消息在1980年5月17日被《纽约时报》和《布法罗信使报》报道之后，国家环保局代表才赶紧前来解释。5月19日，500名愤怒的

---

① Chris J. Magoc, *So Glorious a Landscape: Nature and the Environment in American History and Culture*, Rowman & Littlefield Publishers, 2001, p. 257.

② Ibid., p. 250.

③ Allan Mazur, *A Hazardous Inquiry: The Rashomon Effect at Love Canal*, p. 15.

业主扣押了两名国家环保局官员作为人质，向白宫施压，要求提供救助。10月1日，卡特总统签署命令，由政府出资1700万美元，购买拉夫运河社区外围的住宅。保卫拉夫运河社区的斗争最终取得了胜利。[①]

拉夫运河事件震惊了全国甚至整个世界。它使广大民众和政府都开始关注有毒有害垃圾对社区的影响，推动美国政府加强对有害物质的管理，在一定程度上促进了1980年《超级基金法》的通过。拉夫运河事件的成功对基层环保组织是一个巨大的鼓舞。这场斗争的领导者和参与者都是家庭妇女，但在保护家园的斗争中，这些普通人的力量变得非常强大，成为推动社会变革的巨大动力。吉布斯在1978年参与保护社区斗争时，是一个27岁的白人已婚妇女，她有两个孩子，只有高中文化程度，是工厂工人。但"她却逐渐成为她所在社区的代言人和政治领袖。她组织会议，举行新闻发布会，会见官员，与州长及其代表谈判，在国家电视台演讲，在国会作证，在大学作报告，她的努力受到美国总统卡特的称赞"[②]。

拉夫运河事件促进了环境正义运动的兴起，促使美国环保运动开始关注弱势群体。作为典型的白人工人阶级社区，当地居民在这一事件中的遭遇表明，穷人遭受着更多的环境风险，它和后来的沃伦事件一道，将阶级、种族及环境正义联系起来，从而扩大了环保运动的社会基础，推动了环保运动和社会运动的结合。

1982年9月15日，北卡罗来纳沃伦县肖科（Shocco）镇发生了大规模的黑人示威游行，抗议州政府在这里填埋含有多氯联苯（PCBs）的有害垃圾。130名白人和黑人组成的队伍在社区教堂门前集结，举着标语，喊着口号，朝2英里之外的废弃物填埋场前进。联邦调查局探员及当地的100多名公路巡警严阵以待。为阻挡卡车向这里运送和倾倒有毒垃圾，许多抗议者横卧在马路中央，结果有55人被捕。从9月15日到10月27号，共有7223车含有多氯联苯的有害垃圾被倾倒在一片20英亩的土地上。在此期间，不断有人从全国各地赶来声援，其中包括拉夫运河斗争的领导人吉布斯、国家环

---

① ［美］菲利普·沙别科夫：《滚滚绿色浪潮：美国的环境保护运动》，第195页。

② Lois Marie Gibbs；*Love Canal*：*The Story Continues...*，Stony Creek，CT：New Society Publishers，1998，p.14.

保局官员圣胡尔（William Sanjour）。抗议持续不断，共有 523 人被捕，其中包括南方基督教领袖联合会主席洛厄里（Joseph Lowery），哥伦比亚特区国会议员沃特·E. 方特罗伊（Walter Fauntroy）、美国基督教会环境正义委员会副主席本杰明·查维斯、种族平等委员会（Congress of Racial Equity）前主席麦基西克（Floyd Mckissick）等人。①

在沃伦县填埋有害垃圾这种行为，完全无视当地的地理条件。这里地下水位较高，容易受到污染，对完全依赖地下水的当地居民的健康构成了极大威胁。尽管如此，沃伦县还是成为美国最大的多氯联苯填埋场，这主要是因为这里的居民在社会经济等诸多方面都处于弱势地位。在北卡罗来纳，沃伦县黑人比例最高，这里也是该州最贫困的地区之一。1980 年，该县的黑人人口占全县人口的 63.7%。在填埋有害垃圾的肖科镇阿夫顿社区，黑人的比例超过了 84%。沃伦县的人均收入在全州 100 个县中排在第 92 位，比全州的平均水平低 24.7%。在 1982—1983 年，这里的失业率达到了 13.3%。42%的劳动力都到其他县就业。总之，当地的一系列经济指标都远远落后于其他地区。② 沃伦被作为一个垃圾填埋地点，是"因为这里的居民主要是在政治上和经济上都处于无权地位的黑人和穷人，他们欺负有色人种"③。

"沃伦抗议"是美国环境正义运动发展史上的标志性事件，往往被视为环境正义运动的开端。这场抗议的主要参与者和领导者都是底层的黑人，这就表明少数族裔非常关心环境，尤其是他们居住的社区环境。"沃伦抗议"预示着一种新的环保运动的出现，它就是以社区为基础、以少数族裔为主要力量的环境正义运动。

较之于拉夫运河事件，"沃伦抗议"暴露了环境种族主义的存在，推进环境公正成为环保运动的新目标。"沃伦抗议"使社会各界都开始关注环境风险承担及环境决策方面的不平等。"少数族裔受到与其人口比例不相称的有毒物质的威胁，这种威胁一方面出现在他们的工作场所，因为他们从事的

---

① Jenny Labalme, *A Road to Walk: A Struggle for Environmental Justice*, Durham, N. C.: Regulator Bookshop, 1987, pp. 2, 5.

② Robert D. Bullard, *Dumping in Dixie: Race, Class and Environmental Quality*, p. 30.

③ Eileen Maura McGurty, *Transforming Environmentalism: Warren County, PCBS, and the Origins of Environmental Justice*, New Brunswick, NJ.: Rutgers University Press, 2007, p. 4.

都是最脏、最危险的工作；另一方面在他们的家庭，因为他们往往居住在污染最严重的社区。"人们开始意识到，污染及环境质量的下降，在美国是另一种形式的社会不公正。"正是那些贫穷的、没有实力的、又没有任何政治倾向的人们在不公正地承受着国家环境恶化带来的恶果。"① 现在，如果继续罔顾环境风险的不平等分布及环境问题对穷人的影响，不管是政府企业还是民间组织，都会受到舆论指责。环境正义运动因而获得了广泛支持和高度重视。在"沃伦抗议"的推动下，美国开展了关于"种族与环境风险"的多项调查。

在众多的调查报告中，最有影响的无疑是联合基督教会种族委员会于1987 年公布的《美国的有毒废物与种族：关于有害垃圾处理设施所在社区的种族和社会经济性质的报告》。该报告由本杰明·查维斯及查尔斯·李（Charles Lee）共同指导完成。报告公布了商业性的垃圾处理设施及垃圾场在少数族裔社区的分布情况，并向相关的政府机构及民间组织提出了诸多建议。

调查发现，商业性的垃圾处理设施的分布，有多种影响因素，其中种族是最重要的，垃圾填埋设施的分布与少数族裔人口正相关。设施的数量与规模越大，少数族裔人口比例越高。这一模式遍及全国，而且长期存在。对垃圾场的调查显示，全国 60% 的非裔和拉美裔美国人，都生活在遗留有垃圾场的社区。全国有 1500 多万黑人、800 多万拉美裔美国人所生活的社区有一个或一个以上的垃圾场；在全国所有的城市中，田纳西州的孟菲斯垃圾场最多，达到 173 个，而该市的黑人人口比例为 43.3%，远远超出了全国11.7% 的平均水平。② 报告认为：少数族裔比例更高的社区，更有可能成为赢利的有害废弃物处理设施的所在地。种族正义委员会的结论是：种族实际上一直是影响美国有害废弃物处理设施分布的因素。③ 报告建议，清理黑人和拉美裔社区的垃圾场，应该给予最大限度的优先考虑。

① ［美］菲利普·沙别科夫：《滚滚绿色浪潮：美国的环境保护运动》，第 200 页。
② Commission for Racial Justice, United Church of Christ, "Toxic Wastes and Race in the United States: A National Report on the Racial and Socio – economic Characteristics of Communities with Hazardous Waste Sites" New York, 1987, p. xiv.
③ Ibid., p. 23.

《美国的有毒废物与种族》是美国环境正义运动史上的经典文献，具有重大深远的意义。首先，该调查报告首次确认，种族是"全国社区中有害废弃物处理设施分布的主要影响因素"。它通过大量的数据表明，环境种族主义是一个普遍存在的事实，非裔、拉美裔及印第安人居住在集中了大量危险废弃物的社区。其次，该报告对环境种族主义的揭示，使基层民众行动起来，并能够获得舆论及道义上的支持。这份报告让"种族主义的受害者不仅能更好地理解存在的问题，而且能够参与制订切实可行的对策"。最后，该报告提出的诸多建议，逐渐被广大社区、各类社会团体及各级政府所采纳。

1991 年 10 月 24 日至 27 日，在美国联合基督教会的支持下，第一届美国有色人种环境领导峰会在首都华盛顿举行。会议的组织者阿尔斯顿（Dana Alston）说，这次集会并不是要反对环保运动，而是要"确认人类与自然的联系及对自然的尊重，并就这个时代的一些重要问题发表我们的见解"。在她看来，"环境问题并不是一个孤立的问题，对它不能作狭义的理解。……环境正义涉及日常生活的各个方面，存在于我们生活、工作与娱乐的地方"[1]。

与会者还通过了具有指导意义的环境正义的 17 条原则。这些原则可以分为三个方面：其一，尊重神圣的地球母亲、生态系统的完整及所有物种的相互依存关系。其二，反对污染和战争，"全面保护环境免受核试验、开采、生产及废物处理所导致的损害"，"停止一切有毒、有害物质的生产"，反对跨国公司对有毒有害物质的越境转移，反对军事占领、镇压及其他破坏性的开发。其三，争取在环境权益方面的平等权益。比如，它提到，"公共政策应以所有人的相互尊重和正义为基础，而不应带有任何形式的偏见或歧视"；"承认土著通过与政府签署条约、协议所获得的自治和自决的权利"；"为现在和未来的人们提供以尊重文化多元性为基础的有关社会和环境的教育"[2]。

首届全国有色人种环境领导峰会可以被视为美国环境保护主义的重要转折点之一，对美国环保运动的发展产生了巨大深远的影响。首先，它大大扩

---

① Mark Dowie, *Losing Ground: American Environmentalism at the Close of the Twentieth Century*, p. 151.

② Edwardo Rhodes, *Environmental Justice in America: A New Paradigm*, Bloomington: Indiana University Press, 2003, pp. 213 – 215.

展了人们对环境的理解。环境并不只存在于荒郊野外，而存在于城市、郊区的各个角落，存在于人们生活的社区及工作场所。其次，它在确认环境保护重要性的同时，将环境权益平等与社会公正联系起来，这既拓展了社会公正的外延与内涵，同时也促使主流环保组织开始重视社会弱势群体的权益，促进主流环保组织及基层环保组织、环保组织与民权劳工组织的联合，从而使环保运动能够拥有更加广泛的社会基础。再次，这次会议表明，少数族裔非常重视环境问题，他们已经成为争取环境权益平等的一支重要政治力量。

（三）影响

自 20 世纪 80 年代以来，环境正义运动在美国发展迅猛。环境正义组织的数量明显增加，关注范围不断延伸，思想观念更加多元开放，社会影响也日渐扩大。

环境正义运动立足于保护与人们的生活息息相关的社区环境。不管在哪里，只要发现社区内部及其周围有污染源，居民就会采取行动保卫家园。可以说，追求环境正义的组织遍地开花，但多数规模都不大，而且很多组织的名称中并没有出现"环境正义"的字样，这就很难估计其准确数字。2000 年编辑出版的《有色人种环保组织手册》一书，列举的美国国内环境正义组织数量有400 多个。公民清除有害废弃物交流中心援助的地方团体数量，"到 1995 年达到 8000 个"。在保护社区环境方面，国家整治有毒废弃物组织（National Toxics Campaign）及绿色和平组织分别与"2000 个和 1000 个地方团体有过合作"[1]。

环境正义运动的进展，也可以从其关注范围及联盟基础扩大得以反映。从 20 世纪 90 年代开始，这场运动就超越了社区的反毒运动，开始关心职业病、公共卫生、食品安全、土地使用规划及在住房、医疗、教育、交通等方面的歧视。1991 年第一届有色人种环境领导峰会就可以反映出环境正义运动的深化。本次会议得到了 300 多个团体的支持。这些团体既包括环境正义组织、民权组织、劳工组织、妇女组织和多个基金会，还有绿色和平组织、环境保护基金会（EDF）等环保组织。[2] 参加者包括黑人、土著、拉美裔和

---

[1] Andrew Szasz, *Ecopopulism: Toxic Waste and the Movement for Environmental Justice*, p. 72.

[2] Charles Lee, ed., *Proceedings of the First National People of Color Environmental Leadership Summit*, p. iv.

亚裔，他们来自各个行业，有社团领袖、普通居民、神职人员及教师，也有
州长、国会议员等高级政府官员。会议议题也非常广泛，仅就政策研讨而
言，就包括"可持续发展与能源"、"能力培养"、"环境与军事"、"城市环
境"、"影响环境决策"、"环境卫生"、"职业健康与安全"、"国际问题"[①]
等。这次大会体现了环境正义运动正在朝多种族的、跨文化的方向发展。

　　环境正义运动的发展，也可从其思想理念的深化反映出来。环境正义运
动兴起之初，居民的目的就是要保护所在的社区，追求的只是"有毒有害垃
圾不在我家的后院"，其斗争对象只是"某个垃圾填埋场或某个化工企业"。
随着时间的推移，环境正义运动则追求"每家的后院都没有有害有毒垃
圾"。环境正义运动的著名领导人本杰明·查维斯说，"我们不是说，要把
有毒垃圾从我们的社区搬到白人的社区。我们要说，所有的社区都不该有这
类东西"[②]。因此，这场运动的矛头就直接指向了废物管理、污染企业和各
级政府。许多人意识到，作为社会正义的一部分，要推进和实现环境正义，
就必须进行政治经济体制的变革。

　　环境正义运动的兴起，还使主流环保组织与环境正义组织的紧张关系得
到了缓和。在20世纪90年代之前，二者之间的关系很不融洽。吉布斯成立
公民清除有害废弃物协会，在一定程度上是由于主流环保组织对拉夫社区的
污染漠不关心。她甚至不愿被称为环保人士，她说："称我们的斗争为环保
运动，会使我们的组织工作受到抑制，会使我们保护人而不是鸟类和蜜蜂的
宣言受到削弱。"[③]

　　在环境正义组织的努力下，主流环保组织提高了对环境正义重要性的认
识。环境正义组织指出："种族主义和清一色的白人工作人员是环保组织的
致命弱点"[④]；部分主流环保组织接受一些污染企业的赞助，影响了主流环
保组织的判断及行为；主流环保组织的董事会及工作人员很少来自低收入和

---

①　Charles Lee, ed., *Proceedings of the First National People of Color Environmental Leadership Summit*, pp. 179 – 200.

②　Ibid., p. 8.

③　Robert Gottlieb, *Forcing the Spring: The Transformation of the American Environmental Movement*, p. 318.

④　Ibid., p. 260.

有色人种社区，即便有也只是象征性的；主流环保组织与污染企业妥协时，往往会牺牲弱势群体的利益。① 主流环保组织对弱势人群的忽视，还可体现在它们向各联邦政府部门进言献策的《环境蓝图》（1988）中所包含的750条建议压根就没有涉及住房与城市发展部、劳工部。

塞拉俱乐部和自然资源保护委员会等组织也表达了与环境正义组织合作的积极愿望。塞拉俱乐部主席费希尔（Michael Fischer）和自然资源保护委员会主席约翰·亚当斯（John Adams）都参加了1991年的有色人种环境领导峰会，并诚恳地提出要加强与环境正义组织的合作。对于主流环保组织寻求合作的诚恳意愿，环境正义组织予以赞许，并期待建立一种平等的合作关系。从20世纪90年代以来，主流环保组织对社区污染的关注明显增加。环境正义运动与主流环保运动相互配合与协作，能够卓有成效地引导绿色生产和绿色消费。这方面最典型的例子是麦当劳公司被迫停止使用聚苯乙烯泡沫塑料包装及焚烧处理这类垃圾。麦当劳于1990年11月1日，宣布将逐渐减少塑料包装而采用纸包装。②

环境正义运动对美国的环境政策及环境立法产生了重大影响，推动各级政府机构朝环境公正努力前进。

从20世纪90年代以来，美国联邦政府高度重视环境正义问题。国家环保局在70年代自诩为科学技术机构，总是回避种族与阶级问题。这一情况在八九十年代发生了很大的变化。1991—1993年，国家环保局发布了题为《环境平等：减少所有社区的风险》的报告，成立了环境平等办公室、环境平等工作组及环境正义咨询委员会。此外，国家环保局还在1992年与有毒物质及疾病登记处、国家环境卫生科学研究中心就环境平等组织开展专题研讨会。1997年，国家环保局又成立了国家环境政策和技术咨询委员会。

环境正义问题也引起了美国国会和总统的高度关切。1992年佐治亚州的国会众议员刘易斯（John Lewis）和田纳西州的国会参议员戈尔（Albert Gore）向国会提交了《环境正义法》草案，该草案于1993年提交国会。克

①　James P. Lester, David W. Allen, Kelly M. Hill, *Environmental Injustice in the United States: Myths and Realities*, p. 44; Robert Gottlieb, *Forcing the Spring: The Transformation of the American Environmental Movement*, p. 260.

②　Mark Dowie, *Losing Ground: American Environmentalism at the Close of the Twentieth Century*, p. 139.

林顿在 1994 年 2 月 11 日签署了 12898 号行政命令，即《联邦政府采取行动，解决少数族裔和低收入人口的环境正义》。此外，克林顿总统在 1997 年 4 月 21 日签署了题为《儿童远离环境健康风险及安全风险保护条例》（Protection of Children from Environmental Health Risks and Safety Risks）的行政命令，要求联邦各机构应该优先确定和评价儿童易遭受的健康及安全风险。[①]

环境正义运动有效地减少了美国有害化学物质的生产和排放。环境正义运动旨在保护家庭的健康和社区的安全，因此，它在与排污企业和废物处理公司斗争时总是竭尽全力，百折不挠，坚决反对屈服和妥协。"对排污企业而言，环境正义运动的威胁远远超出主流环保运动。"[②] 吉布斯和她的同事采用所谓的"堵住厕所"的战略，即阻止新建垃圾填埋场。由于这一策略的实施，"成百上千个垃圾焚化炉没有修建，1000 多个填埋场关停"，新建商业性的垃圾处理厂的建议，几乎全部受挫，全国只有几个商业性的垃圾处理厂营业。

环境正义运动也迫使一些排污企业承担相应的社会责任。排污企业一再宣称，有害毒物在低收入群体和有色人种社区分布较多，并不是因为社会歧视，而仅仅因为那里的土地价格较低。20 世纪在 80 年代末期，一些企业为树立良好的形象，甚至开始积极面对这个问题。1989 年，陶氏（Dow）化学公司为了保护在路易斯安那分公司附近的社区，在工厂周围种植了一条绿化带。它还出资购买了一个低收入的非裔社区的土地及全部住宅。当然，这个项目也有很多争议。有人认为，它是一种环境胁迫，也有人将它看作掩盖更严重社区污染的权宜之计。

三　激进环保运动

激进环保运动往往采取直接的对抗行动。受英迪拉·甘地、马丁·路德·金、列夫·托尔斯泰等人的影响，绝大多数激进环保组织不使用武力而是采用静坐绝食、游行示威、破坏工具等不伤害人类的抗议方式，他们以美

---

① Lois Marie Gibbs, *Love Canal: The Story Continues...*, p. 11.
② Mark Dowie, *Losing Ground: American Environmentalism at the Close of the Twentieth Century*, p. 133.

国自然保护的先驱梭罗为榜样，为自己不服从现有秩序而辩护。① 他们往往是和平主义者，被称为"新卢德主义者"。当然也有人为保护环境而不惜生命。激进环保组织以深层生态学为理论武器，坚持生态中心主义。

（一）环保逆流催生激进环保运动

激进环保组织的创建，与20世纪80年代以来美国保守的社会形势有很大关系。自罗斯福"新政"以来，民主党的自由主义改革阔步前进，其弊端在20世纪70年代已经日渐明显。受滞胀危机的影响，美国经济萧条凋敝，社会趋于保守，要求减少干预、放松管制的呼声甚嚣尘上。正是在这一背景下，对环保怀有敌意的共和党人里根从1980年开始连续两届执掌白宫。

里根执政时期，美国出现了一股"环保逆流"。他上任不久，国家环保局的经费预算就削减了29%，工作人员也裁减了1/4。② 一些反环保人士被任命为内政部、国家环保局、林业局、土地管理局、国家公园管理局等部门的负责人。工业界的代表多次受邀参与制定环境法规和条例，右翼组织将能源危机等诸多社会问题归咎于环保组织，压制环保力量。太阳能和新能源开发等项目被纷纷取缔，对矿业、林业、石油和汽车等行业的环境管制也明显放松。

联邦政府对环境保护的敌视，得到了地方的反环保势力的呼应。从20世纪70年代末以来，美国兴起了名目繁多的反环保运动，其中"西部反抗"运动（Sagebrush Rebellion）、"明智利用"运动、财产权运动尤其典型。里根政府时期的环保逆流，使许多联邦环境管制机构在人们心目中的地位一落千丈。公众对环境管制机构的期望不断降低，还批评林业局、土地管理局等部门缺乏保护环境的诚意，不关心选民的意愿，在思想观念上与人民为敌。③

面对保守的社会形势，主流环保组织加快了体制化的步伐，采取与政府

---

① 大卫·梭罗（Henry Thoreau，1817—1862）是美国环保主义的第一位圣徒，他因反对墨西哥战争和奴隶制扩张而拒绝纳税，拒绝服兵役，并写下了《论公民的不服从》为自己辩护。

② Kirkpatrick Sale, *The Green Revolution: The American Environmental Movement, 1962 - 1992*, New York: Hill and Wang, 1993, p. 50.

③ Dunlap and Angela G. Mertig, eds., *American Environmentalism: The US Environmental Movement, 1970 - 1990*, Philadelphia: Taylor & Francis, 1992, p. 81.

及公司合作的改良道路，这些都限制了环保运动的发展，并导致了环保组织的分裂。激进环保人士担心主流环保组织的体制化使环保运动丧失激情，迷失方向。从 20 世纪 80 年代以来，随着会员和活动经费的激增，主流环保组织的实力明显增强，他们开始引进各类专业人才，积极开展政治游说。尽管公众的环保意识在增强，环保组织最终迫使公开反环保的政府高官离职，但里根在 1984 年总统大选中还是成功地获得了连任。社会形势总体上并不利于环保组织。许多环保组织公开宣扬"第三条道路"，强调通过谈判而不是对抗来谋求发展。体制化使主流环保组织的战斗精神被严重削弱，它变得更像一个善于谈判的利益集团，变得容易妥协，甚至在一些原则性问题上让步。在主流环保组织内部，也弥漫着浓厚的失望情绪，这就为激进环保思想的传播提供了土壤。

深层生态学的传播也为美国激进环保运动的出现提供了思想基础。深层生态学倡导生物中心主义或生态中心主义，是由挪威哲学家耐斯（Arne Naess）在 1972 年首先提出的。浅层生态学的思想是人类中心主义，它主张在不削弱人类利益的前提下改善人与自然的关系，在现有的体制内寻找解决环境问题的办法。深层生态学的思想基础是生态中心主义，它将整个地球视为一个系统，人类的活动作为自然生态系统的一部分，人类没有权力破坏这种完整性，认为解决环境危机需要对城市工业社会进行全方位的改革。

（二）刀刃上的舞蹈：激进环保组织及其抗争

从 20 世纪七八十年代以来，美国已经出现了多个激进环保组织，但有全国性影响的只有绿色和平（Greenpeace）、海洋保护者协会（Sea Shepherd Conservation Society）、地球优先组织（Earth First!）和地球解放阵线（Earth Liberation Front）。除绿色和平以外，其他组织的规模一般较小。

绿色和平是世界上第一个有广泛影响的激进环保组织，但随着规模扩大，它已经逐渐演变为全球规模最大的主流环保组织。绿色和平由加拿大和美国的一群年轻人于 1971 年 9 月组建，旨在反对核试验，并保护鲸鱼和海豹等海洋哺乳动物。绿色和平成立当年，其会员驾驶"绿色和平号"轮船，阻止美国在阿拉斯加阿留申群岛进行核试验，最终迫使美国停止在该地区进行核试验。绿色和平由此声名鹊起。1985 年，绿色和平派出"彩虹勇士号"

前往南太平洋进行调查，被法国谍报人员秘密炸毁，船上的一名摄影师殉难。环保组织对此事件的披露，使法国被迫终止核试验，并赔偿 850 万美元。① "彩虹勇士号"被炸轰动一时，绿色和平组织也因此声名大噪，在世界范围内得到了广泛的支持和迅速的发展，其会员、管理人员快速增加，并在许多国家和地区设立了办事处。② 绿色和平善于借媒体造势和筹款，它坚持走非暴力的路线，不接受公司和政府的捐款，因而能够保持中立。在很大程度上，绿色和平已经与激进环保运动渐行渐远，逐渐转变为主流环保组织。

海洋守护者协会是一个致力于海洋哺乳动物保护的激进环保组织。它于 1977 年由保罗·沃森（Paul Watson）在温哥华成立的地球阵线演变而来，1981 年在美国俄勒冈州正式建立。沃森是绿色和平组织的创始人之一，在阻止猎捕海豹的斗争中因过激行为而被绿色和平开除。沃森宣称，"将不惜生命和财产代价，一定要阻止商业捕鲸"。由于使用激进手段开展反捕鲸行动，海洋守护者协会被日本、加拿大、挪威和冰岛等主要捕鲸国家视作"环保恐怖组织"加以谴责，保罗·沃森曾因涉嫌人身攻击和妨碍商业活动先后被加拿大和挪威政府关押，在 2010 年 4 月又被日本海岸警卫队列入缉捕名单。

地球优先是美国最为典型的激进环保组织，它致力于开展荒野保护。地球优先组织是主流环保组织因推行妥协路线而出现分裂的产物，由戴夫·福尔曼、豪伊·沃尔克（Howie Wolke）等 5 人于 1980 年创建。地球优先组织在一定程度上是一个无政府主义的荒野保护组织。它组织涣散，既没有制定章程，也没有办公场所和工作人员。地球优先组织的口号是"保护地球母亲，没有妥协可言"（No Compromise in the Defence of Mother Earth!），主要通过采用违抗法律（公民的不服从）和蓄意破坏设备等手段，保护现有的原始森林。地球优先组织第一次为世人所知，是在 1981 年 3 月 21 日。那天，地球优先组织的 70 多名成员在亚利桑那州的格伦（Glen）峡谷水坝会

①　Benjamin Kline, *First along the River: A Brief History of the U. S. Environmental Movement*, p. 110.

②　Robert Gottlieb, *Forcing the Spring: The Transformation of the American Environmental Movement*, p. 194.

集，在大坝上贴上了一幅300英尺的黑色塑料布。远远望去，大坝似乎出现了巨大裂口而即将崩塌。人们示威高喊着"解放科罗拉多河"等口号。尽管这次示威抗议活动因为警察的到来而匆匆结束，但它使公众看到了一个新出现的富有战斗精神的环保组织。地球优先在当时被联邦调查局认为是"隐蔽的恐怖组织"①。

除了上述组织，不太知名的激进环保组织当然更多。1987年在《生态防卫：捣乱行为指南》一书再版之际，作者福尔曼提到该书要献给狐面人（the Fox）、图森生态袭击者（the Tucson Ecoraiders）、霹雳象鼻虫（the Bolt Weevils）、哈德斯蒂山复仇者（the Hardesty Mountain Avengers）等激进组织。② 从美国的情况来看，激进环保组织往往都由脱离主流环保组织的激进分子所建立，比如北方森林保护协会（North Woods）、俄勒冈自然资源委员会（Oregon Natural Resource Council）、绿色圣火（Greenfire）、江河源头（Headwaters）等都是从荒野协会、塞拉俱乐部等主流环保组织分离出来的。

（三）双刃剑：激进环保运动的功与过

激进环保组织通过实践使生态中心主义的理念得以广泛传播，配合了主流环保组织的斗争，推动了环保运动的整体发展。但激进环保组织的过激言行，也制约了其自身的发展。

激进环保组织宣扬和实践了生态中心主义的某些合理主张。激进环保人士认可自然独立于人之外的内在价值，将自然纳入伦理关怀的范围之内，并进而捍卫非人类自然的权利。在激进环保人士看来，生态中心主义是西方自由主义思想的最新发展和逻辑延伸，环保运动是捍卫自由斗争的延续。

激进环保组织的直接行动，配合并支持了主流环保组织的斗争，共同推动了环保事业的发展。这方面较显著的例子是保护加州水源林保护区的斗争。自1985年在该森林发现大片珍稀红杉和冷杉以来，环境保护信息中心（Environmental Protection Information Center）与塞拉俱乐部法律援助基金会

---

① Christopher Manes, *Green Rage: Radical Environmentalism and the Unmaking of Civilization*, Boston, 1990, p. 6.

② Dave Foreman, *Ecodefense: A Field Guide To Monkeywrenching*, Tucson, AZ: Ned Ludd Books, 1987.

（Sierra Club Legal Defense Fund）不断提起诉讼，以阻止对这些珍稀树木的采伐。但直到 20 世纪 90 年代中期地球优先组织的勇士们闯入森林，阻止木材公司施工作业，与木材公司的职工发生了激烈冲突，才迫使加州资源管理局出面向木材公司购买了该林地①，停止砍伐，平息了事态。

　　激进环保组织对主流环保组织的配合，还在于它使主流环保组织更显理性温和，使主流环保运动更易为社会所接受。戴维·布劳尔的经历就是一例。布劳尔自 1952 年起担任塞拉俱乐部执行主席近 18 年，1969 年，由于过于激进，他被迫离开了塞拉俱乐部而组建了更富有战斗精神的"地球之友"（Friends of the Earth）。1986 年，他又被迫从"地球之友"辞职，开始领导新创建的地球岛研究所（Earth Island Institute）。然而，地球优先组织成立之后，布劳尔相形之下就成为"一个十足的温和主义者"②。塞拉俱乐部也逐渐改变了对布劳尔的看法，于 1977 年授予其最高荣誉奖章——约翰·缪尔奖。③ 布劳尔的经历，在一定程度上说明了"激进环保人士的作用之一就是重新定义环保运动的'主流'和'边缘'。上一个 10 年的边缘在下一个 10 年就可能成为主流"④。从这个意义上说，激进环保运动为环保运动的未来发展指明了方向。

　　激进环保组织的出现促使主流环保组织反思并调整了其斗争路线，二者之间的关系开始改善，绿色阵营的力量得到加强。地球优先组织的创始人戴夫·福尔曼在 20 世纪 80 年代初期批评塞拉俱乐部与政府沆瀣一气。到 90 年代中期，塞拉俱乐部对激进环保组织的态度却发生了明显变化。从 1995 年始，保罗·沃森、戴维·布劳尔、戴夫·福尔曼这三位最知名的激进环保领袖，全都成为塞拉俱乐部的董事。激进环保人士的加入，使塞拉俱乐部早期的战斗精神有所恢复。

　　但同时也应该看到，激进环保组织的过激言行并不利于它的长远发展，

---

　　① Rik Scarce, *Eco – warriors: Understanding the Radical Environmental Movement*, Walnut Creek, CA: Left Coast Press, 2006, p. 261.

　　② Mark Dowie, *Losing Ground, American Environmentalism at the Close of the Twentieth Century*, p. 208.

　　③ George A. Cevasco and Richard P. Harmond, *Modern American Environmentalists: An Biographical Encyclopedia*, Baltimore: The Johns Hopkins University Press, 2009, p. 56.

　　④ Rebecca Stefoff, *The American Environmental Movement*, p. 102.

地球优先组织就解决人口过剩问题的一些过激言行就充分说明了这一点。该组织的一些成员认为，地球的利益比人类的福利更为重要，在他们看来，人口过剩是造成环境问题的罪魁祸首，为减轻发展中国家的人口压力，激进环保人士提出了一些不得人心的主张。他们甚至认为艾滋病作为一种自然手段可切实解决人口过剩问题，"如果不存在艾滋病，我们也会把它发明出来"①。还有人提出通过核武器来减少世界人口。这些主张，使地球优先组织的成员被默里·布克钦批评是生态法西斯分子。②

激进环保组织实施的一些破坏财产的过激行为也成为其发展的障碍。尽管地球优先组织将"不伤害人类"作为一个基本原则，但它的活动还是不可避免地造成了伤亡和财产损失。地球解放阵线自 1992 年成立以来，策划了多起骇人听闻的财产破坏事件。此外，据美国联邦调查局国内反恐指挥部统计，仅在 1996—2002 年间，动物解放阵线（Animal Liberation Front）和地球解放阵线就制造了 600 多起犯罪事件，导致的损失超过 4300 万美元。③ 激进环保人士如果盲目地照搬照抄生态中心主义的主张，为保护环境甚至罔顾人类要生存和发展这一客观需要，就只能使激进环保组织四处碰壁，陷入更孤立无援的境地。"如果激进派在环保运动中得势，公众更不可能认可环保主义。"④

激进环保组织的发展，一直受到其自身条件的限制。由于纲领比较激进，它很难募集到捐款，总是面临着经费不足的困扰。此外，受激进生态学的影响，一些环保社团过度强调分权，忽视组织建设，甚至连正常活动也无法开展。地球优先组织在 1980 年成立时，戴夫·福尔曼等人就决定将其发展成为一个结构松散的非正式组织，他们甚至没有设立办公室和管理人员。

总之，激进环保运动主要是 20 世纪七八十年代美国保守社会形势与主流环保组织体制化的产物。激进环保组织对生态中心主义的宣扬和实践，固

① Mark Dowie, *Losing Ground, American Environmentalism at the Close of the Twentieth Century*, p. 210.

② Robert Gottlieb, *Forcing the Spring*: *The Transformation of the American Environmental Movement*, p. 198.

③ http：//www.fbi.gov/news/testimony/the – threat – of – eco – terrorism.

④ Martin W. Lewis, *Green Delusions*: *An Environmentalist Critique of Radical Environmentalism*, Durham：Duke University Press, 1992, p. 5.

然有其积极作用，但其过激言行对自身的发展也产生了一定的消极影响。激进环保组织对整个环保运动而言犹如双刃剑，其影响有利有弊，其在未来的发展会受到多方面的限制。激进环保组织应该和主流环保组织、环境正义组织加强合作，各显其能，共同推动环保事业的整体进步。

第十章

环境史研究在美国的发展轨迹

——以 20 世纪九十年代以来为重点

　　近年来，环境史受到了国内外学术界的广泛关注。越来越多的国际知名史学刊物，诸如《美国历史杂志》、《太平洋历史评论》、《历史与理论》都相继推出了"环境史"的专刊，探讨环境史研究的理论与方法。2005 年 7 月在澳大利亚悉尼召开的第 20 届国际历史科学大会将"历史上的人与自然"列为会议的三大主题之一。2009 年 8 月，美国、欧洲、印度、澳大利亚、加拿大等多个国家和地区的环境史学会，在丹麦联合组织召开了第一届全球环境史大会。就国内而言，《史学月刊》、《中国历史地理论丛》、《南开学报》等已经设有"环境史"的专栏，而《世界历史》、《郑州大学学报》、《学术研究》、《历史研究》等在近年来也都推出过"环境史"的专刊。另外，国内近年来也召开过几次以"环境史"为主题的专门会议。

　　环境史率先在美国兴起，迄今已有 30 余年。从学术影响力来看，美国环境史研究的整体水平要远远超出欧洲、澳大利亚、印度等其他国家和地区。美国学者在这一领域的领先地位为学界所公认。要理解和把握环境史，就有必要梳理环境史在美国的学术发展轨迹。[①] 本章拟从环境史学科的形成

---

　　① 美国学者的相关论述，可参见 Richard White, "American Environmental History: The Development of a New Historical Field", *Pacific Historical Review*, Vol. 54, No. 3（Aug., 1985）; Alfred Crosby, "The Past and Present of Environmental History", *The American Historical Review*, Vol. 100, No. 4（Oct., 1995）; Hal Rothman, "Conceptualizing the Real: Environmental History and American Studies", *American Quarterly*, Vol. 54, No. 3（Sep., 2002）; Mart A. Stewart, "Environmental History: Profile of a Developing Field", *The History Teacher*, Vol. 31, No. 3（May 1998）; J. R. McNeill, "Observations on the Nature and Culture of Environmental History", *History and Theory: Studies in the Philosophy of History*, Vol. 42, No. 4（Dec 2003）; J. Donald Hughes, *What Is Environmental History*, Malden, MA: Polity, 2006。这些成果或是发表的时间较早，不能反映环境史研究的新进展，或是过于简略和概括，信息量不够丰富。

及环境史研究的主要成果来勾勒和分析环境史研究在美国的发展。

一 学科体系的建立

要对环境史的发展进行追踪溯源，就有必要对环境史进行初步的界定。在笔者看来，环境史以生态学为理论基础，着重探讨人与自然之间的关系及以自然为中介的社会关系。环境史诞生于战后人类生存环境恶化这一大的社会背景之下，因受环境保护主义的影响而具有批判现实的特点。

战后至 1970 年，是环境史的奠基和酝酿期。当时的相关研究被称为"资源保护运动史"，而后来这一领域被称为"环境史"。[①] 20 世纪 70 年代中期，美国环境史学会和《环境评论》的创建，标志着环境史在美国已经发展成为一个学科。经过多年的探索，环境史研究在 90 年代以后上升到一个新的阶段。

在追溯环境史的源头时，资源保护运动、西部史学及历史地理学、法国年鉴学派往往会被提及。美国环境史的兴起既然受环境保护运动的推动，因此就不难想象有关这一主题的经典名作对环境史学者的影响。美国著名环境史学家威廉·克罗农提到，乔治·马什的《人与自然》（1864）、利奥波德的《沙乡年鉴》（1949）、蕾切尔·卡逊的《寂静的春天》（1962）是影响了几代环境史学者的最重要的 3 本书。[②] 还有一些学者追溯环境史的源头时，会提到美国西部史学家弗雷德里克·特纳的"边疆学说"（1893）、沃尔特·韦布的《大平原》（1931）、詹姆斯·马林的《北美草地历史绪论》（1947），将特纳、韦布和马林视为美国环境史的先驱。[③] 另外一本经常被提到的著作是克雷文（Avery Craven）的《地力耗竭：弗吉尼亚和马里兰农业史研究中应该考虑的一个因素》（1926）。此外，地理学的成果也给第一代

---

① Samuel P. Hays, *Explorations in Environmental History: Essays*, Pittsburgh: University of Pittsburgh Press, 1998, Introduction, p. xiv.

② George Perkins Marsh, *Man and Nature*, with a foreword by William Cronon and a new introduction by David Lowenthal, Seattle: University of Washington Press, 2003, Forward, p. x.

③ Martin V. Melosi, "Equity, Eco-racism and Environmental History", *Environmental History Review*, Vol. 19, No. 3 (Fall, 1995), p. 14, note 1.

环境史学者提供了很多启发，经常被称道的有两本书。其一是《人在改变地球面貌中的作用》（1956），①该书是为纪念乔治·马什出版《人与自然》100周年而在普林斯顿大学举行的学术研讨会的论文集。其二是格拉肯的经典著作《古代至18世纪末期西方思想中的自然和文化》（1967）。另外，法国年鉴学派的著作也给许多环境史学者提供了理论养分。

在20世纪70年代以前，美国学者已经出版了几部关于资源保护史的著作，其中最有影响的莫过于塞缪尔·海斯的《资源保护与效率至上》（1959）及罗德里克·纳什的《荒野与美国精神》（1967）。这两本书堪称美国环境史的开山之作，其意义在于它们关注的分别是资源保护与自然保护，而各有侧重的环境政治史和环境思想史则成为日后美国环境史研究的两种基本类型和范式。

进入20世纪70年代以后，环境史的学科建设明显加快。1972年，纳什最先提出了环境史这一术语，在《美国环境史》一文中，他指出，环境史研究"历史上人类与其家园之间的全部联系"②。纳什还在加利福尼亚大学圣芭芭拉分校讲授环境史，在此前后，约翰·奥佩在迪凯纳大学、唐纳德·沃斯特在耶鲁大学、佩图拉在加利福尼亚大学伯克利分校开设了"环境史"的课程。这些学者还编写了一些环境史的教材和参考读物，并酝酿创办专业学会和专业期刊。

经过两三年的筹备，美国环境史学会在1976年得以建立，《环境评论》（*Environmental Review*）也于同年创刊。《环境评论》的宗旨是"把人文科学和环境科学结合起来"，"用历史的和交叉学科的方法研究人与自然之间的关系"。1982年，美国环境史学会自行组织的首次学术会议在加州大学欧文分校召开。这次会议盛况空前，取得了很大的成功。在这次会议上，土著与环境、资源保护史、生态和气候史、城市环境史、国际环境史等问题都得到了讨论。会议论文后来被编成文集，题为《环境史：比较视野中的关键问题》。③ 欧文会议之后，美国环境史学会开始定期组织召开学术会议。

---

①   William L. Thomas, Jr., ed., *Man's Role in Changing the Face of the Earth*, Chicago, 1956.

②   Roderick. Nash, "American Environmental History: A New Teaching Frontier", *Pacific Historical Review*, Vol. 41, No. 3 (Aug., 1972).

③   Kendall E. Bailes, ed., *Environmental History: Critical Issues in Comparative Perspective*, Lanham: University Press of America, 1985.

在 20 世纪 80 年代中后期，美国环境史研究一度陷入低谷，学会缺乏经费，刊物没有充足的稿源，会员的登记状况也不理想。加强学科建设，培养年轻队伍，扩大对外联系与交流，成为很多人的共识。1984 年冬天和 1992 年春天，学会刊物两次推出教学专刊，刊登了多位学者的教学大纲。1988 年，沃斯特主编的《地球的结局》出版，这部书被广泛用作环境史的教材。此后，又有几部美国环境通史及环境史研究的参考书和工具书问世。[①] 1990 年，《环境评论》更名为《环境史评论》。从 1996 年起，《环境史评论》与《森林史》合并，改用现名《环境史》。目前，《环境史》的发行量超过了 2600 份，跻身于美国最有影响的史学刊物之列，其引用率在历史类杂志中仅次于《美国历史杂志》和《太平洋历史评论》。[②] 美国环境史学会会员已经超过了 1400 人，[③] 近年召开的年会每次都有约 400 人参加，其中有 1/4 的与会者为在读的研究生。目前，堪萨斯大学、威斯康星大学、加利福尼亚大学、斯坦福大学、卡内基—梅农大学等多所高校都可以培养环境史方向的博士。

美国环境史研究的繁荣，还反映在 1980 年以来美国 10 多家出版社推出的"环境史"系列丛书。沃斯特担任主编的剑桥大学出版社"环境与历史"丛书，将环境史研究的领域不断推向世界多个国家和地区。得克萨斯农业与技术大学出版社"环境史"系列丛书以及由克罗农担任主编的华盛顿大学惠好（Weyerhaeuser）环境丛书，则面向美国环境史。梅洛西和塔尔主编的匹兹堡大学出版社"城市环境史"系列丛书、ABC – Clio 等商业出版社推出的"自然与人类社会"研究系列也很有名。

---

① Joseph Petulla, *American Environmental History*, Columbus: Merrill Pub Co. , 1988; Carolyn Merchant, *Major Problems in American Environmental History*, Lexington: D. C. Heath and Company, 1993; John Opie, *Nature's Nation: An Environmental History of the United States*, Fort Worth, TX: Harcourt, 1998; Theodore Steinberg, *Down to Earth: Nature's Role in American History*, Oxford University Press, 2002; Carolyn Merchant, *The Columbia Guide to American Environmental History*, New York: Columbia University Press, 2002; Krech Shepard III, et al. , eds. , *Encyclopedia of World Environmental History*, London: Routledge, 2004; Chris J. Magoc, *Environmental Issues in American History: A Reference Guide with Primary Documents*, Westport, Conn. : Greenwood Press, 2006.

② Hal Rothman, "A Decade in the Saddle: Confessions of a Recalcitrant Editor", *Environment History*, Vol. 7, No. 1 (Jan. , 2002), p. 9.

③ Jeffrey Stine, "Indicators for the Future", *Newsletter of ASEH*, Winter, 2000, p. 2.

环境史研究的进步，离不开几代学者的努力，也成就了一批有造诣的学者。海斯、纳什、沃斯特、克罗斯比、奥佩、麦茜特、休斯等人是老一代环境史领域的权威学者。克罗农、怀特、派因、梅洛西、约翰·麦克尼尔、弗洛里斯、皮萨尼等人是第二代环境史学者中的领军人物。近年来，环境史领域更是新人辈出，斯坦伯格、南茜·兰斯顿（Nancy Langston）、安德鲁·伊森伯格（Andrew Isenberg）、杰克·柯尔比（Jack Kirby）、史蒂文·斯托尔（Steven Stoll）、亚当·罗姆、查尔·米勒、保罗·萨特、布雷恩·多纳休（Brain Donahue）、卡尔·雅各比（Karl Jacoby）、路易斯·沃伦等人都属于年轻一辈中的佼佼者。

二　研究领域

在过去30多年里，环境史领域已经出版了大量的著作。其数量之多，使我们很难找到一个科学标准，能够纳入所有的环境史研究成果并对其进行分门别类。或许可以依其研究视角和主题，大致将环境史的研究成果分为四类：环境政治史、环境思想史、环境变迁史及环境社会史。[①]另外，因篇幅所限，只侧重介绍不同时期各专题的代表作。

（一）环境政治史

环境政治史是美国环境史最传统的研究领域之一，主要研究资源保护运动及环保运动的发展演变。从已有的研究成果来看，环境政治史研究的成果主要集中在资源保护及环保运动史的研究、资源及环境管理机构及相关人物研究。

海斯是环境政治史研究的权威学者，在《资源保护与效率至上》（1959）、《美丽、健康和永恒：美国环境政治，1955—1985》（1987）、《1945年以来美国环境政治史》（2000）等多部著作中，他探讨了资源保护

---

　　① "环境政治史"是有关资源保护运动及环保运动的历史；"环境思想史"探讨人类对于自然的观念变化；"环境变迁史"侧重于自然环境本身以及人类活动引起的环境变化与人类社会之间的关系；而"环境社会史"则将种族、性别、族裔等因素融入环境分析之中。笔者的分类参考了麦克尼尔、沃斯特、克罗农、斯图尔特等多位环境史学家的文章或教学大纲。

及环保运动的历史。罗伯特·戈特利布的《呼唤春天》（1993）、罗思曼的
《1945 年以来美国环保主义的发展》（1998）及克兰（Benjamin Kline）的
《追本溯源：美国环保运动简史》也是关于美国环保运动的很有影响的著
作。另外，纳什、沃斯特、斯托尔等学者都汇编过关于这一主题的重要历史
文献。安德鲁斯（Richard Andrews）的《管理环境、管理我们自己》是关
于美国环境政策史的力作。博金（Stephen Bocking）的《生态学家和环境政
治》则探讨了生态学家在环境政治中的作用。

　　除以上概览性著作，更多的成果则是关于资源保护和环保运动的专题研
究。福克斯（Stephen Fox）的《美国资源保护运动：约翰·缪尔及其遗产》
勾勒了 20 世纪初期以来资源保护运动的发展，而里格（John F. Reiger）的
《美国的户外运动爱好者及资源保护运动的起源》、贾德（Richard Judd）的
《共同的土地，共同的人民》、塞勒斯（Christopher Sellers）的《职业风险：
从工业疾病到环境卫生科学》、罗姆的《乡村里的推土机：郊区扩张与美国
环境保护主义的兴起》，[①] 则从不同的角度解释了环保运动的起源。多尔西
（Kirkpatrick Dorsey）的《资源保护外交的黎明》探讨了 20 世纪初期美国和
加拿大两国签署的野生动物保护条约。[②]

　　《寂静的春天》被很多人视为美国环保运动的开端，其矛头直指杀虫剂
滥用及其污染。关于这一主题，有四本值得参考的著作：沃顿（James
Whorton）的《〈寂静的春天〉发表之前》、珀金斯的《昆虫、专家及杀虫剂
危机》、邓拉普的《DDT：科学家、公民及公共政策》、拉塞尔（Edmund
Russell）的《战争和自然：用化学制品来对付敌人与害虫，从"一战"到
〈寂静的春天〉》。关于国家环保局、美国林业局、国家公园管理局等机构的
力作还不多，但斯蒂恩（Harold Steen）的《美国林业局的历史》则是一个

---

① John F. Reiger, *American Sportsmen and the Origins of Conservation*, Corvallis: Oregon State University Press, 2001; Christopher Sellers, *Hazards of the Job: From Industrial Disease to Environmental Health Science*, Chapel Hill: University of North Carolina Press, 1997; Richard W. Judd, *Common Lands, Common People: The Origins of Conservation in Northern New England*, Harvard University Press, 2000; Adam Rome, *The Bulldozer in the Countryside: Suburban Sprawl and the Rise of American Environmentalism*, New York: Cambridge University Press, 2001.

② Kirkpatrick Dorsey, *The Dawn of Conservation Diplomacy: U. S. – Canadian Wildlife Protection Treaties in the Progressive Era*, Seattle: University of Washington Press, 1998.

例外。

美国国家公园体系的创建及自然保护区的扩大，充满了艰辛曲折，展开过激烈斗争。伦特的《国家公园：美国的经历》及塞拉斯（Richard Sellars）的《在国家公园内保护自然的历史》均叙述了美国国家公园体系的建设及发展。野生动物保护是美国环保运动的重要方面，关于这一问题，可以参考福斯特（Janet Foster）的《保护野生动物》、邓拉普的《挽救美国野生动物》等书。美国荒野保护运动在战后的进展，可以从施雷弗（Susan R. Schrepfer）的《拯救红树林的战斗》、哈维（Mark Harvey）的《荒野的象征：回声谷公园和美国的资源保护运动》、萨特的《反对汽车进入荒野区的斗争及现代荒野保护运动的发轫》得以反映。[①] 在荒野保护运动中，民间环保组织一直发挥着领导作用，科恩的《塞拉俱乐部的历史》、艾伦的《荒野卫士：全国野生动物联合会的故事，1936—1986》、格雷厄姆（Frank Graham）的《诺亚方舟：美国奥伯顿协会的历史》等叙述了不同环保组织的历史。

美国资源保护和环保运动史上出现过许多伟大领袖，他们感人的事迹、深邃的思想至今还闪烁着耀眼的光芒，引起了环境史学者为他们树碑立传的兴趣。这些传记作品中最有影响的包括：斯特格纳（Wallace Stegner）的《西经100度以西：鲍威尔和对西部的第二次探险》、苏珊·福莱德的《像山一样思考》、科恩的《筚路蓝缕：约翰·缪尔和美国的资源保护运动》、卡特赖特（Paul Cutright）的《西奥多·罗斯福：一个资源保护主义者的成长经历》、罗伯特·理查森的《亨利·梭罗：一位智者的生活》、库尔特·梅内的《奥尔多·利奥波德的生活和工作》、林达·利尔的《卡逊：自然的见证人》、洛温塔尔的《乔治·马什：资源保护的先知》、米勒的《吉福德·平肖和现代环境保护主义的形成》、沃斯特的《大河向西流：约翰·鲍威尔传》及《热爱自然：约翰·缪尔传》。

---

① Susan R. Schrepfer, *The Fight to Save the Redwoods: A History of Environmental Reform*, *1917 – 1978*, Madison, Wis.: University of Wisconsin Press, 1983; Mark Harvey, *Symbol of Wilderness: Echo Park and the American Conservation Movement*, Albuquerque: University of New Mexico Press, 1994; Paul Sutter, *Driven Wild: How the Fight Against Automobiles Launched the Modern Wilderness Movement*, Seattle: University of Washington Press, 2002.

（二）环境思想史

环境思想史也是美国环境史研究的传统领域，它着重探讨人们的自然观念。从美国的实际情况来看，这类研究大体可以分为三种类型：其一是自然观或环境观研究，主要侧重于生态思想和伦理史；其二则是自然的文化史研究，通过文学作品、摄影绘画、影视广告、博物馆、动物园等来解析人们的自然观；其三则是20世纪90年代以来对自然和荒野的重新界定。

美国环境史学者已经出版了多部关于人们自然观念转变的力作。在1967年出版的《荒野与美国精神》一书中，纳什论述了美国人对荒野的态度转变。纳什在《大自然的权利：环境伦理史》中阐述了环境伦理思想的形成和演变。沃斯特的《自然的经济体系：生态思想史》一书追溯了18世纪以来欧洲和美国以人为中心和以自然为中心的两类生态思想观念的发展变迁。在追溯环境危机的文化根源时，林恩·怀特提出基督教文化是生态危机的思想根源。沃斯特在《尘暴》、《自然的财富：环境史和生态畅想》等书强调，征服自然是资本主义文化的内在逻辑，必然导致环境危机。而斯托尔（Mark Stoll）在《美国的新教、资本主义和自然》一书中把新教视为孕育资本主义及环境保护主义的温床。

在自然的文化史研究方面，比较有影响的作品包括：利奥·马克斯（Leo Marx）的《花园里的机器》、施米特（Peter Schmitt）的《回归自然：城市化美国的阿卡狄亚神话》、诺瓦克（Barbara Novak）的《自然和文化：美国的风景画》、布鲁克的（Paul Brook）的《为自然代言：从梭罗到卡逊的自然作家如何塑造了美国》、波伦（Michael Pollan）的《第二自然：园丁的感悟》、普赖斯（Jennifer Price）的《旅行图：当代美国的自然探险》、米特曼（Gregg Mitman）的《银幕上的自然：美国人和野生动植物的传奇》、比尔（Lawrence Buell）的《为濒危世界呐喊》、戴维斯（Susan Davis）的《被展览的自然：企业文化和海洋动物馆》、利默里克的《美国沙漠之旅》、维雷西斯（Ann Vileisis）的《理解未知的景观》。

从20世纪90年代中期以来，美国环境史学界掀起了关于什么是荒野、什么是自然的讨论。这场讨论在一定程度上缘起于克罗农的一篇文章《关于荒野的困惑》，克罗农提出，荒野也是一种文化建构，自然总是在不断变化，其演替也未必有规律可言。这一论断受到后现代主义和历史认识论的启发，但其更深刻的社会背景还是环境正义运动对环保运动的冲击及保守主义势力的抬头。关于荒野和自然的争论，可以参考以下三本论文集，即克罗农的《各抒己见》、卡利科特的《新近的荒野大辩论》及刘易斯的《美国荒野》。①

（三）环境变迁史

环境变迁史研究在这一时期取得了长足进步，多数研究选择特定的地方或区域，探讨该地因农业开发及工业利用所导致的生态环境变迁。此外，一部分学者则专注于印第安人与环境、森林与水资源的开发管理、火的利用等专题。

有关地方或区域环境变迁的研究，按其所在地域主要可以分为三类，即西部环境史、东部环境史及南部环境史。西部环境史方面最有名的作品包括：沃斯特的《尘暴》、怀特的《土地利用、环境和社会变迁》、亚瑟·麦克沃伊的《渔民问题》、德布斯（William DeBuys）的《魅惑和开发》、伊森伯格的《野牛的灭顶之灾》、韦斯特的《平原角逐》、弗洛里斯的《满眼黄沙》、菲格（Mark Fiege）的《灌溉的乐土》、泰勒（Joseph Taylor Ⅲ）的《鲑鱼生产》等。② 东部环境史方面的重要著作包括：克罗农的《土地的变迁》、麦茜特的《生态革命》、斯坦伯格的《被改变的自然》、布雷恩·多纳

---

① William Cronon, *Uncommon Ground: Toward Reinventing Nature*, New York: W. W. Norton & Co., 1995; J. Baird Callicott, *The Great New Wilderness Debate*, Athens: University of Georgia Press, 1998; Michael Lewis, *American Wilderness: A New History*, New York: Oxford University Press, 2007.

② Donald Worster, *Dust Bowl: The Southern Plains in the 1930s*, New York: Oxford University Press, 1979; Richard White, *Land Use, Environment, and Social Change: The Shaping of Island County, Washington*, Seattle: University of Washington Press, 1980; Arthur McEvoy, *The Fisherman's Problem: Ecology and Law in the California Fisheries*, New York: Cambridge University Press, 1986; William DeBuys, *Enchantment and Exploitation: The Life and Hard Times of a New Mexico Mountain Range*, Albuquerque: University of New Mexico Press, 1985; Elliott West, *The Contested Plain: Indians, Goldseekers, & the Rush to Colorado*, Lawrence, Kan.: University Press of Kansas, 1998; Dan Flores, *Horizontal Yellow: Nature and History in the Near Southwest*, Albuquerque: University of New Mexico Press, 1999; Mark Fiege, *Irrigated Eden: The Making of an Agricultural Landscape in the American West*, Seattle: University of Washington Press, 1999; Joseph Taylor Ⅲ, *Making Salmon: An Environmental History of the Northwest Fisheries Crisis*, Seattle: University of Washington Press, 1999; Andrew C. Isenberg, *The Destruction of the Bison: An Environmental History, 1750 – 1920*, New York: Cambridge University Press, 2000.

休的《大牧场》、布莱克（Brian Black）的《石油城》等。^① 关于南部环境史的力作则包括：考德瑞（Albert E. Cowdrey）的《南方这片土地》、西尔韦（Timothy Silver）的《乡村里的新面貌》、杰克·柯尔比的《波阔森》、斯图尔特的《佐治亚沿海地带的生活、劳工和景观》等。^②

美洲土著如何看待和利用自然，是一些学者感兴趣的话题。这方面比较有影响的著作包括：休斯的《北美印第安人的生态实践》、卡尔文·马丁的《猎物的监护人》、克雷奇（Shepard Krech III）的《生态的印第安人》等。

在森林史研究方面，美国环境史学者也出版了许多重要成果。威廉斯的《美国人和他们的森林》和考克斯的《林木苍苍：美国森林史》是关于森林史的两本通史著作。其他有影响的专题著作有：威廉·罗宾斯的《伐木工和立法者：美国木材工业的政治经济学，1890—1941》、苏珊·福莱德主编的《五大湖区的森林：环境和社会史》、查尔·米勒主编的《美国森林：自然、文化和政治》、赫特的《乐观主义的图谋》、兰斯顿的《林业的憧憬和噩梦》、海斯的《森林里的战争》等。

对广袤干旱的西部地区而言，水资源匮乏是制约经济发展最主要的因素。为解决缺水这一难题，西部兴修了许多大规模的水利工程。西部水利开发史在美国环境史研究中占有一席之地，出现了一批很有分量的作品，包括：沃斯特的《帝国之河：水、旱和美国西部的成长》、亨德利的《大饥渴：加利福尼亚人和水资源》、赖斯纳的《卡迪拉克沙漠》、奥佩的《奥格

---

① William Cronon, *Changes in the Land: Indians, Colonists, and the Ecology of New England*, New York: Hill and Wang, 1983; Carolyn Merchant, *Ecological Revolutions: Nature, Gender, and Science in New England*, Chapel Hill, NC: University of North Carolina Press, 1989; Theodore Steinberg, *Nature Incorporated: Industrialization and the Waters of New England*, New York: Cambridge University Press, 1991; Brian Black, *Petrolia: The Landscape of America's First Oil Boom*, Johns Hopkins University Press, 2003; Brian Donahue, *The Great Meadow: Farmers and the Land in Colonial Concord*, New Haven: Yale University Press, 2004.

② Albert E. Cowdrey, *This Land, This South: An Environmental History*, University Press of Kentucky, 1983; Timothy Silver, *A New Face on the Countryside: Indians, Colonists, and Slaves in South Atlantic Forests, 1500–1800*, New York: Cambridge University Press, 1990; Jack Temple Kirby, *Poquosin: A Study of Rural Landscape & Society*, Chapel Hill: University of North Carolina Press, 1995; Mart Stewart, *What Nature Suffers to Groe: Life, Labor, and Landscape on the Georgia Coast*, Athens: University of Georgia Press, 1996.

拉拉含水层》、皮萨尼的《开垦被分隔的西部》等。①

　　派因以研究世界各地人类对火的利用而闻名，继《美洲之火》后，他又出版了《燃烧的丛林》、《圣火》、《火之简史》、《骇人奇观》等一系列著作，将研究领域延伸至欧洲、澳大利亚、加拿大甚至整个世界。

　　城市环境史是20世纪90年代以来美国环境史研究中的一个新领域，顾名思义，它是关于城市发展与城市人口受自然环境影响以及影响自然环境的历史。城市环境史著作大致可以分为两类：第一类以克罗农的《自然的大都市：芝加哥与大西部》为代表，着力于研究城市与内陆的关系；第二类则主要探讨城市污染及城市卫生基础设施的建设，这方面最有名的学者包括塔尔、梅洛西等。比较有影响的著作则包括：塔尔的《寻找终极归宿》，梅洛西的《城市垃圾》、《环卫城市》等，以及由他们二人主编的环境史系列丛书。②最近，一些年轻学者更多地考虑公平因素，探讨哪些人能够从城市环境治理中受益，这类书包括：凯尔曼（Ari Kelman）的《密西西比河沿岸的城市：新奥尔良的景观》、普拉特（Harold L. Platt）的《令人惊异的城市：曼彻斯特和芝加哥的环境变迁和改革》、克林勒的《绿色明珠：西雅图环境史》等。③

　　在世界环境史的撰写方面，克罗斯比的《生态扩张主义》、威廉·麦克尼尔的《瘟疫与人类》、特纳（B. L. Turner II）主编的《人类活动对地球的

　　① Donald Worster, *Rivers of Empire：Water, Aridity and the Growth of the American West*, Oxford：Oxford University Press, 1985；Marc Reisner, *Cadillac Desert：The American West and Its Disappearing Water*, New York：Viking, 1986；Norris Hundley, Jr. , *Great Thirst：Californians and Water, 1770s – 1990s*, Berkeley：University of California Press, 1992；John Opie, *Ogallala：Water for a Dry Land*, Lincoln：University of Nebraska Press, 1993；Donald J. Pisani, *To Reclaim a Divided West：Water, Land, and Law in the West*, Albuquerque：University of New Mexico Press, 1992.

　　② William Cronon, *Nature's Metropolis：Chicago and the Great West*, New York：W. W. Norton, 1991；Joel Tarr, *The Search for the Ultimate Sink：Urban Pollution in Historical Perspective*, Akron：University of Akron Press, 1996；Martin Melosi, *Garbage in the Cities：Refuse, Reform, and the Environment, 1880 – 1980*, Texas A & M University Press, 1981；Martin Melosi, *The Sanitary City：Urban Infrastructure in America from Colonial Times to the Present*, John Hopkins University Press, 2000.

　　③ Ari Kelman, *A River and Its City：The Nature of Landscape in New Orleans*, Berkeley：University of California Press, 2003；Harold L. Platt, *Shock Cities：The Environmental Transformation and Reform of Manchester and Chicago*, Chicago：University of Chicago Press, 2005；Matthew Klingle, *Emerald City：An Environmental History of Seattle*, New Haven：Yale University Press, 2007.

改变》、休斯的《地球的面貌》、《世界环境史》、约翰·麦克尼尔的《阳光下的新事物》、戴蒙德的《枪炮、病菌与钢铁》、《崩溃》都比较成功。理查兹（John F. Richards）的《没有尽头的边疆》和马立博（Robert B. Marks）的《现代世界的起源》都涉及现代社会的兴起。

（四）环境社会史

环境社会史是近年来美国环境史研究的一个新趋势，它将环境分析与性别、阶级和族裔分析结合起来。环境社会史迟迟没有出现，是因为环境史最主要的创新之处在于强调自然在人类历史上的地位和作用，强调自然与文化之间的互动关系。在兴起之初，它需要突出这些研究特点和重点，在学界获得一席之地及身份的认同。进入 20 世纪 90 年代以后，许多年轻一辈的环境史学者更多地引入了社会史的研究方法。但这是否有利于环境史的健康发展，则又另当别论。大致说来，环境社会史研究可以分为"妇女与环境"、"族裔、阶级与环境"。这几个方面互有联系，作这种分类主要是出于论述的方便。

"妇女与环境史"主要探讨妇女在环保运动中的作用、生态女性主义哲学以及关于地球的女性化比喻等问题。在这方面，麦茜特无疑是最有名的学者，她一直在尝试将妇女史、女性主义和环境史联系起来，主要作品包括《自然之死：妇女、生态和科学革命》、《生态革命：新英格兰地区的自然、性别与科学》、《关心地球：妇女与环境》。薇拉·诺伍德的《从地球中诞生：美国妇女和自然》、弗吉尼亚·沙夫的《性别视野下的自然》、格里芬的《妇女与自然》、克洛德尼的《大地母亲》、沃伦的《生态女性主义：妇女、文化和自然》、施雷弗的《自然的圣殿》① 也富有参考价值。

"族裔、阶级与环境"方面的研究，明显受到了多元文化主义的影响，

---

① 　Vera Norwood, *Made from This Earth: American Women and Nature*, Chapel Hill: University of North Carolina Press, 1993; Virginia J. Scharff, *Seeing Nature through Gender*, Lawrence: University Press of Kansas, 2003; Susan Griffin, *Woman and Nature: The Roaring inside Her*, New York: Harper & Row, 1978; Annette Kolodny, *The Lay of the Land: Metaphor as Experience and History in American Life and Letters*, Chapel Hill: University of North Carolina Press, 1975; Karen Warren, ed., *Ecofeminism: Women, Culture, Nature*, Bloomington: Indiana University Press, 1997; Susan R. Schrepfer, *Nature's Altars: Mountains, Gender, and American Environmentalism*, Lawrence, Kan.: University Press of Kansas, 2005.

着力关注环境变迁对不同社会集团，尤其是弱势群体的影响。赫尔利的《环境不公正》是这一领域的扛鼎之作。赫尔利主编的《共有土地：圣路易斯环境史》、格拉韦主编的《拥抱风雨：美国黑人与环境史》、雅各比的《破坏自然的罪行：擅自占地者、偷猎者、盗窃者及美国资源保护秘史》、沃伦的《猎手的游戏》、萨克曼的《柑橘王国：加利福尼亚和柑橘》、斯潘塞的《驱逐印第安人》① 也都是比较有影响的著作。此外，斯坦伯格、罗姆的有关著述对族裔、阶级和性别也给予了相当的重视。

① Andrew Hurley, *Environmental Inequalities: Class, Race, and Industrial Pollution in Gary, Indiana, 1945 – 1980*, Chapel Hill: University of North Carolina Press, 1995; Andrew Hurley, *Common Fields: An Environmental History of St. Louis*, St. Louis: Missouri Historical Society Press, 1997; Dianne D. Glave and Mark Stoll, eds., *African Americans and Environmental History*, Pittsburgh, PA: University of Pittsburgh Press, 2006; Karl Jacoby, *Crimes against Nature: Squatters, Poachers, Thieves, and the Hidden History of American Conservation*, Berkeley: University of California Press, 2001; Louis Warren, *The Hunter's Game: Poachers and Conservationists in Twentieth – century America*, New Haven: Yale University Press, 1997; Douglas Sackman, *Orange Empire: California and the Fruits of Eden*, Berkeley: University of California Press, 2005; Mark Spence, *Dispossessing the Wilderness: Indian Removal and the Making of the National Parks*, New York: Oxford University Press, 1999.

第十一章
城市环境史的缘起及其发展动向

　　《太平洋历史评论》杂志于 2001 年第 1 期发表了一组"环境史：回顾与展望"的专题文章。5 篇文章均由美国知名环境史学家执笔，其中有两篇文章都提到了城市环境史。理查德·怀特提到，他在 1985 年写的那篇回顾环境史研究发展的综述文章，看来遗漏了一个很重要的方面——城市环境史。而塞缪尔·海斯则指出，"城市的重要性已使它成为环境史研究中的一个新焦点"①。这两位学者都是环境史研究的开拓者和领军人物，其评论在一定程度上可以说明，城市环境史在 20 世纪 80 年代中期以前还默默无闻，但到世纪之交已经成为研究热点。

　　一般认为，城市环境史主要是 20 世纪 90 年代以来的一种新现象。从那个时候起，渐渐出现了一些有关这方面的学术成果和专题会议。1993 年，马丁·梅洛西发表文章，试图在借鉴社会学家、地理学家及其他社会科学家的成果的基础上，构建城市环境史研究的基本理论框架。② 1994 年 5 月，《城市史杂志》就"环境与城市"发表了一组专题文章③，特邀编辑罗森、塔尔，以及包括赫尔利、马丁·梅洛西、亚当·罗姆在内的几位作者都是城市环境史领域的佼佼者。与

---

　　①　David A. Johnson，"Forum Environmental History: Retrospect and Prospect"；Samuel Hays，"Toward Integration in Environmental History"；Richard White，"Environmental History: Watching a Historical Field Mature"，*Pacific Historical Review*，Vol. 70，No. 1（Feb. 2001）.

　　②　Martin Melosi，"The Place of the City in Environmental History"，*Environmental History Review*，Vol. 17，No. 1（Spring，1993）.

　　③　Christine Rosen & Joel. Tarr，"The Importance of an Urban Perspective in Environmental History"，in special issue "The Environment and the City"，*Journal of Urban History*，Vol. 20，No. 3（May 1994）pp. 299 – 310.

此同时，《环境史评论》也刊发了关于"技术与环境"的一组专题文章①，塔尔和斯泰恩受邀作为专栏主持，而专栏的三位作者塔尔、塞伦斯（C. Sellens）、科尔顿（Craig. E. Colten）也均以城市环境史研究见长。②《城市史》也于1999年3月推出了"工业、污染和环境"专刊。更重要的是，美国学者相继推出了多部有影响的个案实证研究成果，诸如克罗农的《自然的大都市：芝加哥与大西部》、塔尔的《寻找终极归宿》、赫尔利的《环境不公正》、梅洛西的《污染四溢的美国：城市、工业、能源和环境》、罗姆的《乡村里的推土机》。这些作品的问世，被有的学者认为是城市环境史出现并日臻成熟的一些标志。③ 与此同时，有关城市环境史的会议也在增多。美国环境史学会1993年学术会议便以"城市与乡村：不同但相互联系的环境"作为会议主题。近年来召开的美国环境史年会，有关城市环境史的小组讨论几乎占据半壁江山。2003年12月普林斯顿大学还召开了"城市与自然"的学术研讨会，会后出版了题为《城市的特性》④的论文集。

对城市环境史这一新兴研究领域的介绍，有益于了解美国环境史研究的发展与未来走向。

一　兴起背景

从笔者接触的有限资料来看，目前直接关于城市环境史的界定还不多。美国知名环境史学家塔尔在写给梅洛西的一封信中提到：城市环境史主要是关于"人工环境与技术对城市所在地的自然环境的塑造与改变的历史，以及

---

① Special issue, "Technology and Environment: The Historians' Challenge", *Environmental History Review*, Vol. 18, No. 1 (Spring 1994).

② Joel A. Tarr, "Urban History and Environmental History in the United States: Complementary and Overlapping Fields", in Christoph Bernhardt, ed., *Environmental Problems in European Cities of the 19th and 20th Century*, New York, p. 37.

③ Harold Platt, "The Emergence of Urban Environmental History", *Urban History*, Vol. 26, No. 1 (1999), pp. 89 - 95; Kathleen Brosnan, "Effluence, Affluence and the Maturing of Urban Environmental History", *Journal of Urban History*, Vol. 31, No. 1 (Nov., 2004), pp. 115 - 123.

④ Andrew Isenberg, *The Nature of Cities: Culture, Landscape, and Urban Space*, University of Rochester Press, 2006.

由此产生的影响城市及城市人口的历史"①。梅洛西则认为，城市环境史研究"城市的自然特征及其资源，与自然力量、城市扩张、空间变化与发展、人类行为各方面相互之间的影响。因此，这一领域研究城市的自然史、城市的建筑史以及二者之间可能的交叉"②。大致可以认为，城市环境史主要就是关于城市发展与城市人口同自然环境之间相互影响的历史。

城市环境史在 20 世纪 90 年代以后才在美国环境史研究中争得一席之地。造成这一状况的原因包括：人们习惯将城市与自然对立起来，美国主流环保运动往往忽视城市环境问题，环境史及城市史两个新兴研究领域的交融比较缓慢。

尽管自然与城市须臾不可分离，但人们往往将自然与文化对立起来，进而将自然与作为文化集中体现的城市对立起来。这一思想可以反映出，人与自然之间的矛盾和斗争自古以来就一直存在。但只是在进入近代以后，凭借工业技术革命的成果，自然与城市二元对立的思想才真正成为一种根深蒂固的文化观念。这也导致了主流环保组织对城市问题的长期漠视，在它们看来，城市是文明之家，而不是自然所在。

城市环境史迟至 20 世纪 90 年代以后才兴起，与美国环保运动的导向有一定关系。作为美国现代环保运动的源头，19 世纪末兴起的资源保护运动和自然保护运动，长期以来一直强调自然资源的经济价值和审美价值，而对城市问题缺乏兴趣。美国的主流环保组织，诸如荒野协会、塞拉俱乐部、全国野生动物联合会等，建立的初衷都是要保护这个国家珍贵的自然遗产，以满足白人中上层休闲娱乐的需要。在 80 年代以前，关注城市问题的环保人士不乏其人，但总体来看，主流环保组织对城市环境问题并不热心。环保运动的这一取向也限制了环境史学者的研究视野。

城市环境史是城市史与环境史融合的产物，其出现时间必然要晚于环境史。城市史出现于 20 世纪六七十年代，而环境史的兴起要稍稍滞后。环境史和城市史的兴起，都反映了社会的现实需要。因为关心城市的兴衰和未

---

① "Forward by Martin Melosi", in Joel A. Tarr, *The Search for the Ultimate Sink: Urban Pollution in Historical Perspective*, University of Akron Press, 1996, p. xxii.

② Martin Melosi, "The Place of the City in Environmental History", *Environmental History Review*, Vol. 17, No. 1 (Spring, 1993), p. 2.

来，城市史主要研究城市与人工环境的历史；出于对环境危机的深深忧虑，环境史要探讨自然与人类交互作用的历史。不同的研究旨趣使这两个领域不可能甫一出现便出现融合；作为新兴领域，二者在兴起之初都还需要为确立一种身份认同、争取独树一帜而付出更多的努力。

　　也有学者认为，20世纪90年代以前，环境史研究对城市的忽视与美国著名环境史学家唐纳德·沃斯特倡导的"农业生态史"模式的流行有一定关系。的确，沃斯特说过，"人工环境完全是文化的表现，建筑史、技术史与城市史已经得到了很充分的研究"，当我们越过了人工环境而转向自然环境，环境史找到了它研究的主题。[①] 沃斯特进而还倡导农业生态史研究。因为他是环境史领域最有影响力的学者之一，这种倡导得到了诸多晚学之辈的追随。沃斯特的倡导也受到了一些学者的批评。比如，克罗农批评沃斯特只注意"食品的生产，而对其他形式的生产不加关心"，忽视"城市、公路、贫民窟、工厂、医院、企业、军事设施等"。[②]

　　但沃斯特等学者并不认可上述批评。沃斯特说过，"在我的研究中，我没有对城市给予同乡村一样多的重视。但那并不意味着我认为城市环境史无足轻重，相反，我认为城市环境史很重要"[③]。斯坦伯格认为，对沃斯特的批评是断章取义，有失公允。[④] 伊森伯格也认为，"对沃斯特的批评并不可信，他并没有将城市与乡村对立起来"[⑤]。

　　或许可以说，到20世纪90年代之后，美国环境史学界已经对城市问题的重要性形成了广泛的共识。除克罗农外，梅洛西、海斯、塔尔等学者也大力呼吁要加强对城市环境史的研究。梅洛西发表了一篇题为《城市在环境史中的地位》的文章。海斯则认为，"要了解社会对自然的影响"，就必须考

---

　　① Donald Worster, "Doing Environmental History", in Donald Worster, ed., *The Ends of the Earth: Perspectives on Modern Environmental History*, p. 293.

　　② William Cronon, "Modes of Prophecy and Production", *The Journal of American History*, Vol. 76, No. 4 (March 1990), p. 1131.

　　③ 高国荣：《美国环境史学家唐纳德·沃斯特访谈》，《世界历史》2008年第5期，第128页。

　　④ Ted Steinberg, "Down to Earth: Nature, Agency, and Power in History", *The American Historical Review*, Vol. 107, No. 3 (June 2002), p. 805.

　　⑤ Andrew Isenberg, "Introduction: New Directions in Urban Environmental History", in Andrew Isenberg, *The Nature of Cities: Culture, Landscape, and Urban Space*, p. xii.

虑"城市在环境变化中的作用"。塔尔也指出，"撰写城市史时很难不提到自然因素"。

二　学术价值

从 20 世纪 90 年代以来，城市在美国环境史研究中不再处于边缘位置。现在大概没有环境史学者会否认城市在环境史研究中的重要性。城市环境史方兴未艾，成为研究热点。城市在人类生活中的重要性，城市化、郊区化所导致的环境变迁，城市存在的污染、健康与公共卫生问题，城市对环保运动的推动，都使得环境史研究不能不重视城市。

城市之所以会成为环境史研究的重要内容，首先是由于城市在人类社会生活中的重要性。历史上，城市长期作为非农业生产、商业贸易和文化交流的中心。自近代工业革命以来，人类生活方式发生了巨变，城市化趋势日益明显。世界范围内城市居民的比例，在 1800 年只有 2.5%，1900 年约为 10%，1980 年约为 50%。[①] 而就美国而言，城市人口的比例，在 1870 年仅为 25.7%，到 1920 年就已经达到了 51.2%，在 1970 年进一步提高到 73.5%。[②] 从人口分布、经济产值、政治文化活动等多个方面来看，城市的重要性都不容否认。

城市进入环境学者的研究视野，与城市化导致的环境变迁也有直接联系。海斯曾经指出："城市化对环境状况的不断改变，产生了三个方面的影响。其一是城市自身的环境演变，其二是城市通过各种方式对乡村产生的影响，其三是城市扩张对整个世界的影响。"[③]

城市的建立总是离不开一定的自然环境。人类历史早期的一些城市，往往建立在"河流岔口或要塞"。在河谷地区建立城市，是因为那里具有优越

---

① ［英］克莱夫·庞廷：《绿色世界史：环境与伟大文明的衰落》，上海人民出版社 2002 年版，第 321 页。

② 王章辉、黄柯可：《欧美农村劳动力的转移与城市化》，社会科学文献出版社 1999 年版，第 67、81 页。

③ Samuel Hays, "The Role of Urbanization in Environmental History", in Samuel Hays, *Explorations in Environmental History*, University of Pittsburgh Press, 1998, p. 70.

的自然条件，利于发展农业，而便利的交通也有利于商业贸易的发展。将城市建立在关隘，是因为那里地势险峻，易于防守。近代以来的许多著名工商业城市，或是出现在煤炭、水力、钢铁、石油等自然资源丰富的地方，或是建立在有优良港湾、便于航运的滨海地区或江河湖泊的沿岸。不论何时何地，城市的选址及建设都必然要充分考虑当地的自然条件。

城市的发展总是要倾力改造自然，城市的景观也因此发生了惊人的改变，并由此带来难以预料的环境问题。在城市建设的过程中，为了获得更多的土地用于建设，山丘往往被夷为平地，山谷、湿地常常被填平。由于栖息地受到破坏，野生动植物大量减少，取而代之的则是一些外来物种。河道被取直，湖泊被排干，水体变得面目全非。树木草地也大量减少，到处都是马路、街道、工厂、商店、学校、住宅、教堂等人工建筑。城市不透水面积的大量增加，加大了洪涝灾害的危险。城市出现热岛效应，气温高出周围农村地区。

城市对周围乡村地区的自然环境也产生了深刻的影响。城市居民基本的生产和生活资料，包括食物、燃料和原材料，都来自城市以外的农村地区。与此同时，城市的生产和生活垃圾还不断流向农村地区。汽车出现之后，越来越多的城市居民有机会去乡村度假，甚至在那里居住。随着居民的增多、规模的扩大、生活水平的提高，城市对农村环境的影响强度及范围都在不断增加。

环境史研究不应该将城市排除在外，还因为城市普遍面临着污染、健康与公共卫生等诸多棘手问题。城市因人口、生产与消费高度密集，而饱受各类环境污染的困扰。在西方发达工业国家，空气和水污染问题经过长期积累，在20世纪中叶集中爆发，出现了震惊世界的八大公害事件。战后以来，固体废弃物污染与噪声污染事件层出不穷，化学污染更是令人不寒而栗。除污染以外，城市在历史上还多次爆发过各种流行性疾病，这与人口稠密、营养不良、居住条件恶劣、公共卫生设施缺乏等因素都有密切关系。由于这些因素依旧并将长期存在，直到今天，城市依然更多地承受着各种流行性疾病侵袭的风险。

城市在环境史研究中的重要性，还因为城市是"环保运动的温床和主要阵地"[①]。美国环保运动自战后兴起以来，环保理念已经逐渐渗透到社会生

---

① Samuel Hays, "The Role of Urbanization in Environmental History", in Samuel Hays, *Explorations in Environmental History*, p. 85.

活的方方面面。环保组织的规模和影响不断扩大，一系列旨在保护环境的法律相继颁布，环境教育已经开始在小学、中学和大学全面展开，环境研究取得了很大进展，有关环境问题的出版物也越来越多。

　　总的来看，环保理念在美国传播的主要社会基础显然是城市居民。美国一系列有关环保理念的社会调查显示，年轻人及受教育程度较高的人具有更强的环保理念；农业、畜牧业、伐木业、采矿业等资源消耗型产业占主体的地区，人们的环保理念较为薄弱，而知识经济及服务经济占优势的那些地区，环保意识较强；就美国各个地区而言，环保意识由东北部、太平洋沿岸、西部山地州及南部依次减弱。总之，环保组织的主要社会基础在城市，而反环保组织的主要基础是在乡村。

　　城市居民参与及支持环保事业，追求的目标尽管不尽相同，但都可以归结为对生活质量的追求。海斯曾经出版过一本书《美丽、健康和永恒：美国环境政治，1955—1985》，这本书的标题反映了提高生活质量的三个方面：其一是追求生活环境的舒适，更确切地说，是强调自然的美学价值。为此，人们开展了各种斗争，建立自然保护区、保护野生动植物栖息地、增加城市绿地和公园。其二是追求身心的健康，不仅要活得长，而且要活得好。它要求拥有更清洁卫生的工作与生活环境，减少因为暴露在被污染的环境里而罹患各类恶性疾病的风险。它不仅要求降低一线工人在工作场所遭遇的环境风险，而且要求不分年龄、性别和阶层，保护每一个人享有平等的环境权益。其三是追求人类生存的可持续性，着眼于人类的长远利益。它强调自然资源的有限性与人类需求的无限性这对基本矛盾，强调自然界的万事万物之间存在着千丝万缕的有机联系，倡导一种负责任的生活方式，提倡每个人都身体力行，为减轻环境压力做一些力所能及的贡献。①

三　研究动向

　　美国城市环境史研究的内容非常广泛，举凡城市规划及公共基础设施建

---

　　① Samuel Hays, *Beauty, Health, and Permanence: Environmental Politics in the United States, 1955 – 1985*, Cambridge University Press, 1987, p. 26.

设、工业污染及能源消耗、城市环境问题、城市居民生活状况、城乡贸易、城市环境治理，均在其探讨之列。尽管研究对象纷繁复杂，但其根本都是要探讨工业化、城市化所带来的环境变迁及由此引起的社会变迁。

　　美国城市环境史研究的发展，大致可以 20 世纪 90 年代初期为界，分为前后两个时期。在此之前，城市环境史还处于萌芽状态，虽然已经有学者开始了筚路蓝缕的求索，但毕竟影响有限，不成气候。而进入 90 年代以后，城市环境史成为一个受人瞩目的新兴研究领域。

　　在 20 世纪 70 年代以前，城市环境史的研究主题分散在多个不同的学科领域。比如，有关基础设施、公共工程的研究源自技术史，建筑技术的研究则出自建筑史学者之手，而医疗史专家对公共卫生与疾病很感兴趣，法学家则研究污染管制，政治史关注城市改革，城市史和城市规划史则探讨城市发展及市政服务。一些学者还就这些问题出版了有影响的学术著作。①

　　城市环境史往往会被追溯到 20 世纪 70 年代。② 梅洛西在 20 世纪 90 年代中期曾经提到，"过去 20 年中，在推进城市环境史研究并使其获得认可方面，塔尔作出的贡献比其他任何人都多"③。而梅洛西本人也是这个领域最早的开拓者之一。因此，这两位学者的治学经历可以作为一面镜子，折射出城市环境史在美国的早期发展概况。

　　塔尔曾经提到，"我总是把自己看作是城市史学者而不是环境史学者"，"我觉得接受'环境史学者'这一称号之所以可能，是因为我致力于这些领域，而不是由于专业出身"，"很少有学者受过环境史的专门训练，我们基本上都是因为关心城市问题而研究这个主题的"。④作为城市环境史领域的奠

————————

　　①　Nelson Blake, *Water for the Cities: A History of the Urban Water Supply Problem in the United States*, Syracuse, NY. , 1956; Lewis Mumford, *The City in History: Its Origins, Its Transformations, and Its Prospects*, Harcourt, 1961; Charles Rosenberg, *The Cholera Years: The United States in 1832, 1849, and 1866*, Chicago, 1962; Ian L. McHarg, *Design with Nature*, New York, 1967; Peter J. Schmitt, *Back to Nature: The Arcadian Myth in Urban America*, New York, 1969; Sam Warner, *Streetcar Suburbs: The Process of Growth in Boston, 1870 – 1900*, Cambridge, 1962; Ellis Armstrong, ed. , *History of Public Works in the United States, 1776 – 1976*, Chicago, 1976.

　　②　"Forward by Martin Melosi", "Introduction", in Joel A. Tarr, *The Search for the Ultimate Sink*, pp. xxi, xxxi.

　　③　"Forward by Martin Melosi", in Joel A. Tarr, *The Search for the Ultimate Sink*, p. xxii.

　　④　"Introduction", in Joel A. Tarr, *The Search for the Ultimate Sink*, pp. xxix, xxxi.

基人之一，塔尔的言论至少表明，在 20 世纪 70 年代以后的一段时间内，城市环境史依然处于探索阶段，学术畛域尚不明确，理论和方法就更是无从谈起。

塔尔对城市环境史研究的贡献，首先在于他通过自己的实践，为这一领域指明了最初的三个研究方向，即城市发展、基础设施、污染和健康。在 1970 年转向研究城市交通体系之前，塔尔研究政治史已有 10 年，并出版了有关芝加哥的城市政治的专著，该书对城市的交通和其他公共设施有所涉及。自 1967 年进入卡内基—梅隆大学以后，他一直兼任历史系、城市及公共事务学院的教学工作。这种经历使塔尔擅长对城市基础设施及污染等问题进行政策分析，其研究成果也因此受到决策者的重视。塔尔首先研究的是交通革新对城市的影响，并对汽车与马匹的环境影响进行比较分析。此外，他还对人畜粪便的回田利用进行研究。从 20 世纪 70 年代中期开始，塔尔开始考察交通之外的其他城市基础设施建设，尤其是城市污水处理，与城市污染之间的关系。在此基础上，塔尔又将研究延伸至城市污水处理与公共健康之间的关联。从 80 年代开始，塔尔又探讨匹兹堡的能源使用及烟尘控制之间的关系，综合考察城市垃圾处理及污染在空气、水体及土壤中的转移扩散。

梅洛西自称是"一个热心城市研究的环境史学者"[1]。20 世纪 70 年代初期，他在得克萨斯大学念书，因为选修城市环境问题的研究生课程而对城市垃圾处理发生兴趣，但他的博士论文并未涉及这一领域。在得克萨斯农业科技大学获得教职后，他又重新转向研究城市污染，进而将城市污染与工业化、城市化的环境影响、城市环境治理联系起来，这种相互关联成为梅洛西后来矢志研究的方向。他在 1980 年出版了《美国城市的污染与改革》一书，这本书涉及污水、雾霾、垃圾、噪声等城市污染问题，还探讨了市政工程师和妇女对环境改革的影响。这本书后来被视为城市环境史的开山之作，在当时虽然受到了一定的关注，但这不是因为它在研究主题上的开创性，而是因为涉及进步主义时代的政治改革。尽管他于 1981 年出版的《城市垃圾》一书的重点依然是政治改革，但在三个方面作了拓展和大胆尝试：其一是从关

---

① Martin Melosi, *Effluent America: Cities, Industry, Energy, and the Environment*, University of Pittsburgh Press, 2001, p. 4.

注政治改革本身转向改革背后的各利益集团之间的博弈；其二是关注环卫设备和技术——诸如清洁车、焚烧炉、填埋场——所带来的城市环境及环卫服务质量的变化；其三是更加重视政府结构、财政政策、技术知识在公共服务的提供、维持与运作方面的作用。此后，为修正"垃圾史学家"的形象，梅洛西又将视线转向了能源问题。在他看来，能源是工业革命的重要推动因素，并与消费紧密相连。1984 年出版的《应对丰裕：美国工业化时期的能源与环境》就凝结了他对这一问题的思考。作者考察了工业化过程中能源结构的演变以及由此带来的生产与消费模式的改变及其环境影响，这一考察也加深了作者对美国消费方式所隐藏的生态风险的认识。1990 年，梅洛西又出版了《托马斯·爱迪生与美国的现代化》。[①] 该书主要探讨了美国城市的现代化，特别是电气化的影响。

塔尔和梅洛西是城市环境史的开拓者，除他们之外，海斯、普拉特、罗森（Christine Rosen）、罗斯（Mark Rose）等人可以视为美国城市环境史研究的开拓者。作为美国德高望重的环境史学家之一，海斯对城市环境史研究的推动，主要是撰文呼吁加强对该领域的研究。[②] 普拉特在 20 世纪 90 年代之前曾经出版过《新南方的城市建设：得克萨斯州休斯敦市公共服务的发展》及《电力城市：能源和芝加哥地区的发展》，而罗森则在 1986 年出版了《权力的局限：大火与美国城市的发展历程》。[③]

第一代学者就该领域中值得探讨的一些问题达成共识，从而明确了城市环境史最初的努力方向。这些问题主要包括四类：其一为工业化时期美国城市供水由私人负责转换为公共服务的过程及其对健康的影响。其二是污水处理系统的建立。其三为改善空气质量的努力及相关法令的成效。其四是自然

①　Martin Melosi, ed., *Pollution and Reform in American Cities, 1870–1930*, Austin, Texas, 1980; Martin Melosi, ed., *Garbage in the Cities: Refuse, Reform, and the Environment, 1880–1980*, College Station, Texas, 1981; Martin Melosi, *Coping with Abundance: Energy and Environment in Industrial America*, New York, 1985; Martin Melosi, *Thomas Edison and the Modernization of America*, Boston, 1990.

②　Samuel P. Hays, "From the History of the City to the History of the Urbanized Society", "The Role of Urbanization in Environmental History", in Samuel Hays, *Explorations in Environmental History*.

③　Harold L. Platt, *City Building in the New South: The Growth of Public Services in Houston, Texas, 1830–1910*, Philadelphia, 1983; Harold L. Platt, *The Electric City: Energy and the Growth of the Chicago Area, 1880–1930*, Chicago, 1991; Christine Meisner Rosen, *The Limits of Power: Great Fires and the Process of City Growth in America*, New York, 1986.

环境与城市居民之间的相互影响。总的来看，第一代城市环境史学者往往只关注城市内部的公共卫生及环境问题，重点是专家与技术在环境治理过程中所发挥的作用，而政治与公共政策只是作为背景出现。① 但城市并不是一个自我封闭的系统，其存在与发展需要不断与外界进行物质与能量的交换，随之而来的环境变迁还会影响到城市以外的广大地区。此外，在治理城市环境的过程中，技术专家的活动固然重要，但还有诸多不同社会利益阶层参与其中，他们彼此之间的斗争错综复杂。

从 20 世纪 90 年代以来，随着一代新锐在学界崭露头角，城市环境史的研究领域被大大拓宽了。赫尔利、罗斯、埃尔金德（Sarah Elkind）、罗姆、斯特劳德（Ellen Stroud）、斯特拉德林（David Stradling）都是城市环境史领域的后起之秀。② "第二代学者接受前辈提出的全部或者是大部分问题，他们的叙述依然围绕专家和技术展开，但政治家和公共政策已经处于领先和中心位置。" 这种改变甚至在以梅洛西为首的第一代城市环境史学者的作品中也有所反映。此外，尽管新老两代学者都认为"城市环境问题会影响到城市边界之外的地区"，但第二代"更倾向于在都市区的宏大的背景下考虑这个问题"，从而将城乡关系纳入了环境史研究的范畴。

克罗农的《自然的大都市：芝加哥与大西部》（1992）是一部公认的杰作，为城市环境史研究开辟了一个新的领域。在这本书中，克罗农提出，"美国人长期以来将城市与乡村看成是相互分离而不是彼此联系的地方"，"我们很少考虑它们的联系事实上是多么紧密"，这本书"力图将城市与乡村的故事作为一个整体加以叙述"。作者通过考察城乡之间的"商品流动"，揭示"在近代资本主义世界中商品市场对人类社会及自然环境的影响"，揭示"我们的生活所带来的生态后果"。③ 作者运用中心位置理论④，从商品流动的角度叙述了 1830—1893 年间芝加哥从默默无闻的小镇发展成为美国第

① Mark Rose，"Technology and Politics：The Scholarship of Two Generations of Urban Environmental Historians"，*Journal of Urban History*，Vol. 30，No. 5（July 2004），p. 770.

② Martin Melosi，*Effluent America：Cities，Industry，Energy，and the Environment*，p. 3；Mark Rose，"Technology and Politics：The Scholarship of Two Generations of Urban Environmental Historians"，*Journal of Urban History*，Vol. 30，No. 5（July 2004），pp. 769–770.

③ William Cronon，*Nature's Metropolis：Chicago and the Great West*，New York，1991，pp. xvi–xvii.

④ 中心位置理论（central place theory），是研究城市空间组织和布局最优化的一种城市区位理论。

二大都市的历史。芝加哥的历史，就是它成为交通枢纽及贸易与金融中心的历史，通过芝加哥，西部内陆与外部世界的经济被联成一体，乡村的自然资源被作为商品，源源不断地供城市居民消费。芝加哥作为一个实例，说明要用普遍联系的观点解释城市的历史，城市消费对外部世界的经济及生态环境会造成广泛深远的影响。这本书作为一个范例，将城市史与农业史联系起来，城乡关系也因此成为 20 世纪 90 年代以来城市环境史研究的一个重要方面。①

《自然的大都市》是城市环境史的代表作，在这本书中，克罗农重在追踪商品的流动，但对城市史研究中的一些经典主题，尤其是不同阶级和种族之间的社会冲突很少涉及。这本书中出现的少量人物，仅限于一些商人，对农场、牧场及林场工人的生活很少涉及。克罗农提到，《自然的大都市》"使研究向多个方向发散，已经对环境史的发展构成威胁"，因此他将阶级史与劳工史拒之门外，以免对这些问题的纠缠会削弱对非人类自然的关注。在一定程度上，克罗农与沃斯特持类似的观点，即认为经济、环境与生态应该成为环境史研究的中心。在一些新锐看来，克罗农与沃斯特之所以对环境史与劳工史的融合持谨慎态度，是因为担心环境史被社会史融合而失去存在的立身之本，这正说明环境史在 20 世纪 90 年代前后在学界的地位还不太稳固。②

赫尔利的《环境不公正》③（1996）一书开创了环境史与社会史融合的新潮流。作者在书中明确提出"生态学的时代也是环境权益不平等的时代"。在战后美国的环境改革中，权势阶层优势占尽，而弱势群体却首当其冲地承受着各类严重的工业污染。作者以印第安纳州加里市为例，探讨白人中产阶级、白人工人阶级、非裔美国人各自所关心的环境问题及不同的改革方案。作者认为，环境变化的衡量标准应该是环境正义而不是生态平衡。

① 这方面的著作还包括：Gray Brechin, *Imperial San Francisco：Urban Power，Earthly Ruin*，Berkeley：1999；Kathleen A. Brosnan, *Uniting Mountain and Plain：Cities，Law，and Environmental Change along the Front Range*，Albuquerque：University of New Mexico Press，2002。

② Andrew Isenberg, "Introduction"，in Andrew Isenberg, *Nature of the Cities*，p. xiv.

③ Andrew Hurley, *Environmental Inequalities：Class，Race，and Industrial Pollution in Gary，Indiana，1945 - 1980*，Chapel Hill，NC，1995.

《环境不公正》出版之后，赫尔利在相继推出的几部著作中，越来越强调社会因素而非自然因素，他甚至将自己定位为城市史学者而非环境史学者。赫尔利也许是一个比较极端的例子，他的治学经历在一定程度上会加深以沃斯特为首的一些学者的忧虑：即环境史与社会史的合流将使环境史的特色丧失殆尽，使环境史完全被社会史所淹没。

从 20 世纪 90 年代中期以来，环境史与社会史的融合渐渐成为一种风气，为越来越多的青年学者所推崇。环境史与社会史的融合，一方面是因为环境权益的不平等是一个不容否认的客观事实。弱势群体争取平等环境权益的诉求集中体现为 80 年代以来兴起的环境正义运动。环境正义运动往往被视为民权运动而不是环保运动的延伸，其基础是社会底层，强调种族、阶级与性别因素对环境决策的影响，认为要优先保护弱势人群的利益和需要，它关注城市污染、公共健康及环境风险。环境正义运动的兴起，使环保人士与环境史学者不能继续忽视损害城市贫民健康一类的环境问题，推动了环境史同城市史及社会史的融合。另一方面，它也表明环境史在学界已经赢得一席之地，能够以更加开放的心态融合其他领域的优长。环境史借鉴社会史的一些分析框架，可以使环境史研究更加丰富多彩，推动环境史研究进入历史学的主流。

近年来，美国城市环境史研究获得了长足进步，涌现出不少关于特定城市的环境史著作。就这类题材而言，赫尔利的《共有土地：圣路易斯环境史》（1997）是一部重要作品。近年来，塔尔和梅洛西共同主编、由匹兹堡大学出版的"城市环境史"（History of the Urban Environment）系列丛书从多个视角考察美国城市面临的环境挑战。① 目前，美国学者已经就多个城市，包括新奥尔良、圣安东尼奥、匹兹堡、洛杉矶、多伦多、菲尼克斯等，出版了城市环境史著作。

---

① Craig Colten, *Transforming New Orleans and Its Environs: Centuries of Change*, 2001; Char Miller, *On the Border: An Environmental History of San Antonia*, 2001; Joel Tarr, *Devastation and Renewal: An Environmental History of Pittsburgh and Its Region*, 2005; Michael Logan, *Desert Cities: The Environmental History of Phoenix and Tucson*, 2006; Martin V. Melosi, Joseph A. Pratt, eds., *Energy Metropolis: An Environmental History of Houston and the Gulf Coast*, 2007; William Deverell, Greg Hise, *Land of Sunshine: An Environmental History of Metropolitan Los Angeles*, 2006; Mike Davis, *Ecology of Fear: Los Angeles and the Imagination of Disaster*, 1998; Jared Orsi, *Hazardous Metropolis: Flooding and Urban Ecology in Los Angeles*, 2004.

目前，比较研究已经开始被美国城市环境史学者所采用，它在今后或许会得到更多的运用。早在 1983 年，一些研究城市基础设施的欧美学者在巴黎召开了一次国际学术研讨会，探讨技术在 19 世纪、20 世纪欧美城市发展中的作用。与会的塔尔、梅洛西、普拉特等人都是美国城市环境史研究的开拓者。从会后出版的由塔尔主编的文集《技术与欧美管网城市的兴起》来看，比较研究已经得到了初步应用。自 20 世纪 90 年代后期以来，城市环境史著述中的比较研究日益增多，除了对美国国内城市进行对比之外，学者们还加强了对全球城市环境问题的研究。仅以塔尔和梅洛西主编的"城市环境史"系列丛书为例，2006 年推出的洛根的新著是关于菲尼克斯、图森这两个沙漠城市的环境史，而最新出版的两本书则对德美两国的空气污染防治政策、欧美的河流航道进行了对比研究。[①]

近年来，美国城市环境史研究显示出越来越明显的多元化的趋向。这一趋向在 2006 年出版的《城市的特性》一书中得到了充分的体现。该书是一本城市环境史的论文集，伊森伯格作为编者在该书的"导言"中指出，这些论文"不再想证实城市对环境史研究的重要意义，不再拘泥于城市研究的有机体模式或中心位置模式，不再担心环境史对社会史、劳工史或文化史的更多关注会使其被这些领域所淹没"。就方法而论，这些文章体现了综合的特点，"将文化史的重要性同城市史及环境史学者对物质世界的长期关注结合起来"。这些文章具有一些共同之处：阶级和种族占突出地位；"各种权力——包括政治权力、帝国政权、自然观念形成过程中学者的影响力——受到关注"[②]，城市里自然与文化彼此相融，界限更加模糊。

多元化的倾向还表现在社会科学及自然科学的多种新理论被城市环境史

---

① Joel A. Tarr and Gabriel Dupuy, eds. , *Technology and the Rise of the Networked City in Europe and America*, Philadelphia, 1988; Harold L. Platt, *Shock Cities: The Environmental Transformation and Reform of Manchester and Chicago*, Chicago, 2005; Michael Logan, *Desert Cities: The Environmental History of Phoenix and Tucson*, 2006; Frank Uekoetter, *The Age of Smoke: Environmental Policy in Germany and the United States, 1880 – 1970*, 2009; Christof Mauch, Thomas Zeller, *Rivers in History Perspectives on Waterways in Europe and North America*, 2008; Sarah Elkind, *Bay Cities and Water Politics: The Battle for Resources in Boston and Oakland*, Lawrence, 1998.

② Andrew Isenberg, *The Nature of Cities: Culture, Landscape, and Urban Space*, University of Rochester Press, 2006, p. xiv.

学者广泛运用。城市环境史学家普遍应用跨学科研究方法，广泛借鉴各种理论分析模式。梅洛西在 1993 年曾经提到有关城市发展的三种比较有影响的理论，即城市有机体理论、城市生态理论及区位理论。他后来在回顾其治学经历时提到，他广泛涉猎社会学、地理学、政治学、经济学的有关著作，寻求有助于分析城市发展、城市生态、城市决策的相关理论，他尤其重视城市发展生态理论、系统论及路径依赖理论（path dependence）。城市发展生态理论是由芝加哥学派在 20 世纪 20 年代首先提出的，系统论则解释技术系统如何设计及运作，而路径依赖理论则认为，早先的决定会制约将来的选择。① 塔尔则从环境工程学那里借用了诸如 "城市的新陈代谢及跨界转移"等新的概念。② 克罗农在《自然的大都市：芝加哥与大西部》中则运用 "中心位置理论" 分析芝加哥与美国中西部乡村之间的关系。而贾里德·奥尔西③在《风险都市：洛杉矶的洪涝和城市生态》中则运用混沌理论，说明洛杉矶的水利工程因为忽视降雨的不确定性而适得其反的一段历史。赫尔利也倡导在环境史研究中运用混沌理论及与之密切相关的复杂和突变理论（complexity theory and emergence theory）。在他看来，这些理论 "适用于城市史研究，因为城市确实是一个复杂的动态系统，其演化方式不可预测，遵循一种突变逻辑，小的波动会引起灾难性的后果"。

　　城市环境史研究在未来将继续得到深化。就时空范围而言，目前的城市环境史研究还主要局限于工业革命以来西方的一些大都市，对近代以前、欧美之外的城市还很少涉及。但自城市在世界各地出现以来，人与自然的相互影响就始终存在，它们理应纳入城市环境史研究的范畴。时空范围的延展将使城市环境史的研究内容变得更加丰富。同时，城市环境史研究还需要将城市作为生态系统进一步加以探讨。作为人类栖息地之一，城市生态系统的功能之一便是人类自身的繁衍。人类繁衍受到 "营养、疾病、人口流动、战

---

　　① Martin Melosi, *Effluent America: Cities, Industry, Energy, and the Environment*, p. 14.

　　② Joel A. Tarr, *The Search for the Ultimate Sink: Urban Pollution in Historical Perspective*, p. xxxix. 所谓城市的新陈代谢，是指城市需要外界输入物质才能生存，这些输入的物质在转化为城市有机体的一部分的过程中，也会产生一些城市废物。

　　③ Jared Orsi, *Hazardous Metropolis: Flooding and Urban Ecology in Los Angeles*, Berkeley: University of California Press, 2004.

争、凶杀、性行为"等多种因素的影响，它们之间的联系理应成为城市环境史研究的重要议题。城市同时也是许多动物的栖息地，但城市宠物的驯养和管理方面的研究在目前几乎还没有开始，这一议题在未来也值得受到更多关注。另外，目前环境正义主要关注社会各阶层面临的不同程度的环境风险，但环境权益的不平等在现实社会生活中广泛存在，在历史上也长期存在。城市居民的健康状况随社会等级的不同而变化，他们所能接受的教育、医疗、住房、休闲在环境方面也迥然有别。对这些问题的关注，有利于拓展环境正义运动的广度与深度，并推动城市环境史研究的发展。

第十二章

环境史研究的文化转向

20 世纪 90 年代以来，随着研究重点从荒野和农村转向城市，环境史的研究范式发生了明显变化：从注重物质层面的分析转向注重社会层面的分析；从强调生态环境变迁及自然在人类历史进程中的作用转向强调不同社会群体与自然交往的种种经历和感受；从以生态和经济变迁为中心转向着重于社会和文化分析；从重视自然科学知识转向运用种族、性别和阶级等分析工具。总之，环境史越来越接近社会文化史。这一范式转换，被美国著名环境史学家理查德·怀特称为"环境史的文化转向"。[①] 当前，环境史与社会文化史的融合已经成为美国环境史研究的明显趋势，文化转向被研究者广为接受。文化转向在使环境史走向主流的同时，也削弱了原有的一些特色。文化转向直接关涉环境史研究的未来发展，在环境史学界引发了广泛争议。现对近 20 年来美国环境史研究文化转向这一现象的主要表现、兴起背景及其利弊得失予以评述。[②]

[①]　Richard White，"From Wilderness to Hybrid Landscapes：The Cultural Turn in Environmental History"，*The Historian*，Vol. 66，No. 3（September 2004）. 历史学的"文化转向"是由美国历史学家林恩·亨特（Lynn Hunt）首先提出的，它在很大程度上是新文化史或社会文化史的代名词。"文化转向"一词已被国内外学界广泛接受，其中"文化"一词的含义是广义的，不能狭义地仅仅理解为传统意义上的"思想观念"。另外，在美国环境史学界，"文化"一词往往与"自然"一词相对，泛指"社会"和"人类"。因此，环境史通常被界定为研究历史上自然与文化之间的互动关系。

[②]　在美国学者中，只有理查德·怀特曾就此撰文，但比较简略；英国学者彼得·科茨提到了 20 世纪 90 年代中期以来美国环境史与社会史的融合趋势。参见 Peter Coates，"Emerging from the Wilderness（or，from Redwoods to Bananas）：Recent Environmental History in the United States and the Rest of the Americas"，*Environment and History*，Vol. 10，No. 4（Nov.，2004），pp. 412–416。国内迄今尚无相关论述，但有学者注意到环境史与社会史存在关联。参见王利华《徘徊在人与自然之间——中国生态环境史探索》，天津古籍出版社 2012 年版，第 1—5 页；梅雪芹《环境史研究叙论》，中国环境科学出版社 2011 年版，第 135—151 页；包茂红《环境史学的起源和发展》，北京大学出版社 2012 年版，第 35—44 页。

一　文化转向及其主要表现

环境史研究的文化转向，主要是指环境史与社会文化史的融合。它将自然作为一种文化建构加以探讨，并强调将种族、性别、阶级、族裔作为分析工具引入环境史研究，侧重探讨人类历史上不同人群的自然观念及其与自然的互动关系。

环境史研究的"文化转向"这一概念，最初是由理查德·怀特在 2004年发表的《从荒野到混合景观》一文中明确提出的。他认为，20 世纪 90 年代中期以来，环境史最主要的变化"或许可被称为文化转向"，主要表现为"在早期环境史研究中不见踪影的文本、故事、叙事，受到了关注，同时，研究重点从荒野转向了混合景观"。① 怀特提出"混合景观"（Hybrid Landscape），实际上是要表明人与自然的边界模糊，文化观念在环境变迁中发挥着影响。

早在 1990 年的一场学术讨论中，环境史的文化转向就已初露端倪。《美国历史杂志》1990 年第 4 期刊发了唐纳德·沃斯特的《地球的变迁：史学研究的农业生态视角》以及围绕该文的一组评论文章。② 这组文章出自美国最知名的六位环境史学者之手，在环境史学界产生了很大影响。沃斯特提出，环境史要重视农业生产，以自然环境、经济活动和生态变迁为研究中心。虽然威廉·克罗农、理查德·怀特、卡洛琳·麦茜特都认可农业生产在环境史研究中具有的重要性，但他们认为环境史应该大力加强对城市的研究，重视社会分层和思想文化的作用。在克罗农看来，人们在选择食物时会受文化观念的影响，食物"也是一种复杂的文化建构"。怀特也认为，在农业生产中，文化观念可以发挥与生产方式同样重要的作用。克罗农提出要将环境史研究的领域从农村扩展到城市，指出环境史研究最大的缺陷就在于"它没有从不同群体的角度入

---

① Richard White, "From Wilderness to Hybrid Landscapes: The Cultural Turn in Environmental History", *The Historian*, Vol. 66, No. 3 (September 2004), p. 558.

② Donald Worster, "Transformation of the Earth: Toward an Agroecological Perspective in History", *The Journal of American History*, Vol. 76, No. 4 (March, 1990), pp. 1087 – 1106.

手，探究社会分层对环境变迁的意义"，应充分探讨不同社会集团及其互动对环境变迁的影响。① 而麦茜特则倡导在环境史研究中采用"性别分析"。② 沃斯特在当期发表的回应文章《超越文化视角》一文中，担心文化分析将削弱环境史研究的特色。在他看来，重视性别、种族、阶级等因素，"会使环境史沦为社会史"，如果在环境史研究中过多采用文化分析，那么，环境就全都成为文化景观，自然就不再是独立的存在，环境史以自然为中心的特色也将丧失殆尽。如果仅考察不同群体和个人对景观的感知，环境史研究可能会像社会史一样面临碎片化的困境。③

　　直至今日，这场争论仍以某种方式继续着。从 1990 年以来，以沃斯特为代表的一方依然坚持环境史研究要以生态变迁为中心，大体可以称为环境史研究的"生态分析学派"；而以克罗农、怀特为代表的另一方则大力拓展社会分层和文化分析，可称为环境史研究的"文化分析学派"。④

　　在克罗农和怀特这两位领军人物及其支持者的大力推动下，文化转向已经成为近二十年来美国环境史研究的明显趋势。1990 年在《美国历史杂志》参与讨论环境史的六位学者中，克罗农、怀特、麦茜特和斯蒂芬·派因均对环境史与社会史的融合表示赞同。这组文章只是这四位学者倡导环境史文化转向的开端，此后他们不断阐发这一主张，成为推动环境史文化转向的先锋。他们总体上以四种形式推进环境史和社会史的融合：一是重视对不同社会集团的研究，将种族、阶级与性别作为环境史的分析工具；二是通过社会文化建构模糊自然和文化之间的区别，突出文化的作用；三是以生态学中的

---

①　William Cronon, "Modes of Prophecy and Production: Placing Nature in History", *The Journal of American History*, Vol. 76, No. 4 (March, 1990), pp. 1124 – 1129; Richard White, "Environmental History, Ecology, and Meaning", *The Journal of American History*, Vol. 76, No. 4 (March, 1990), p. 1113.

②　Carolyn Merchant, "Gender and Environmental History", *The Journal of American History*, Vol. 76, No. 4 (March, 1990), pp. 1117 – 1121.

③　Donald Worster, "Seeing beyond Culture", *The Journal of American History*, Vol. 76, No. 4 (March, 1990), p. 1144.

④　"生态分析学派"和"文化分析学派"是笔者所归纳的美国环境史研究的两种主要流派，实际上并没有美国学者做这种区分，但在环境史的有关著述中"环境分析"、"生态分析"、"文化分析"等术语并不罕见。环境史研究的"文化转向"不同于传统的"环境思想史"，主要在于采用了种族、阶级与性别等分析工具。在沃斯特看来，这一新动向的准确表达应为多元文化转向而非文化转向。Mark Harvey, "Interview: Donald Worster", *Environmental History*, Vol. 13, No. 1 (Jan. 2008), p. 145.

混沌理论为基础，扩大相对主义在环境史研究中的影响；四是将环境史视为讲故事的艺术，强调史学研究的主观性。在这些合力推进环境史文化转向的学者中，克罗农和怀特功不可没，两人的有关著述为环境史的文化转向奠定了深厚的理论基础，从而使文化转向渐成燎原之势。

在环境史的发展过程中，克罗农是一位承前启后、继往开来的重要学者，他的主要贡献在于通过一系列振聋发聩的论著，为环境史研究的文化转向开辟了道路，推动了环境史的繁荣发展。这主要表现在以下方面：其一，推动环境史研究从荒野和农村转向城市，带动了城市环境史尤其是城乡关系史的研究。克罗农的《自然的大都市：芝加哥与大西部》[1] 是一部公认的杰作，该书考察了 1830—1893 年芝加哥发展为美国第二大都市的历程，通过追踪芝加哥与美国中西部地区的商品流动，揭示了资本主义扩张所带来的生态与社会变迁。该书将城乡视为一个整体，在农业史与城市史之间搭建了桥梁，将城乡关系纳入了环境史研究的范畴。其二，克罗农将历史认识论和历史叙事引入环境史研究，[2] 对环境史研究的客观性和科学性发起了挑战。克罗农通过对比两部关于美国尘暴重灾区的历史著作，[3] 表明历史研究的主观性。克罗农此举在一定程度上是为了破除环境史研究中充斥的道德说教，以及那种认为人类历史趋于倒退的悲观主义。[4] 但他的观点也容易使人陷入相对主义和虚无主义的泥潭。其三，克罗农解构了美国历史上根深蒂固的荒野（wilderness）神话。所谓荒野，是指纯粹的自然，是指那些未曾受人侵扰、应该予以保留而不进行开发的地方，20 世纪下半叶，这种"荒野"神话越来越流行。克罗农则将荒野（自然）视为一种文化建构，并以家园取代荒野作为环境史叙述的中心，由此减少以前环境史研究中关于第一自然和第二

---

① William Cronon, *Nature's Metropolis: Chicago and the Great West*, pp. xvi – xvii.

② William Cronon, "A Place for Stories: Nature, History, and Narrative", *Journal of American History*, Vol. 78, No. 4 (Mar., 1992), pp. 1347 – 1376.

③ Donald Worster, *Dust Bowl: The Southern Plains in the 1930s*; Paul Bonnifield, *The Dust Bowl: Men, Dirt, and Depression*, Albuquerque, NM.: University of New Mexico Press, 1979. 这两本著作的叙事风格和结论截然不同：沃斯特将尘暴重灾区的形成视为逐利的资本主义文化所导致的人为生态灾难，当地人民实际上既是灾难的制造者也是受害者；而博尼菲尔德则将大平原地区的这段经历视为人类战胜自然灾难的英雄史诗。

④ William Cronon, "The Uses of Environmental History", *Environmental History Review*, Vol. 17, No. 3 (Fall 1993), pp. 2 – 22.

自然的争论。① 在克罗农的带动下，文化分析在美国环境史研究中日益流行。

作为一位著作等身的美国西部史和环境史学家，怀特通过批判环保运动有力地促进了环境史的文化转向。怀特率先明确提出"文化转向"这一概念，实际上是源于其多年来从环境史的角度研究印第安人的一些观察和思考。怀特的研究表明，印第安人的所作所为带来了剧烈的环境变化，这种观点是对传统看法——印第安人没有改变环境——的直接修正。这种观点虽然在今天已经习以为常，似乎并没有多少新奇之处，但实际上它挑战了环境保护主义以及受其影响至深的美国环境史研究。环保人士"大多把人类在自然中的创造性工作等同于破坏"，"把自然当作人类娱乐和休闲的场所"，而很少把它视为人类谋生和工作的所在。环保人士将过去理想化、借古讽今的倾向也较为明显，这方面最明显的例子就是将印第安人塑造成生态圣徒。在20世纪90年代以前，对环保运动和自然的这种褊狭理解，严重制约了环境史研究的范围。而怀特在文化转向方面的突出贡献就在于剖析环保运动的错误倾向及其消极影响。在《你是环保人士还是谋生者：劳动与自然》（1995）一文中，怀特对自然进行了解构，指出自然实际上存在于人类生活的各个角落，人类的劳动"将自然与人类联系起来"，模糊了人与自然之间的界限，"劳动应该成为环境史研究的起点"。② 在1996年出版的一部有关哥伦比亚河的著作中，怀特对这一观点进行了更为系统的阐述。怀特将劳动从单纯的人类劳动推延到自然万物所有涉及能量凝结与消耗的活动，用劳动和能量流动将人类史与自然史连接起来。在怀特看来，在环境史研究中，人类与自然彼此合一，没有脱离人类的自然界，也没有脱离自然界的人类。怀特打破了环境史学界对自然与文化二元对立的传统理解，有利于推进自然与文化的融合，但这种理解也模糊了自然本身，自然不再是客观的物质存在，所有的景观都成了人工景观。

除文化建构之外，阶级、种族和性别分析在环境史领域中的广泛应用，也是文化转向的另外一个主要表现。在推动环境史和社会史的融合方面，罗

---

① William Cronon, ed., *Uncommon Ground: Toward Reinventing Nature*, New York: W. W. Norton & Company, 1995, pp. 69 – 90.

② Richard White, "'Are You an Environmentalist or Do You Work for a Living?': Work and Nature", in William Cronon, *Uncommon Ground: Rethinking the Human Place in Nature*, pp. 171 – 183.

伯特·戈特利布和安德鲁·赫尔利无疑具有开拓之功。

戈特利布是一位城市与环境政策专家，他于1993年出版的《呼唤春天：美国环保运动的演变》一书深刻影响了人们对自然和环保运动的理解，对推动环境史的文化转向发挥了积极作用。在这本书出版之前，环境史学者在追溯环保运动时，只局限于吉福特·平肖倡导的资源保护运动和约翰·缪尔领导的荒野保护运动，环境史学者所理解的自然都位于城市之外，与市民的生活无关；反污染运动似乎是在战后才突然出现的；环保运动的主要推动力量，仿佛也只有白人男性。该书的可贵之处在于它完全颠覆了上述观念，提供了一种对自然和环保运动的全新理解，有力地推动了环境史与社会史的融合。戈特利布认为自然存在于"人们生活、工作和娱乐的地方"，自然就存在于我们的身边。同时，环保运动是应对工业和城市巨变而出现的一场遍及城乡的社会运动，它不仅关注荒野保护以及自然资源的明智利用和有效管理，而且也致力于反对污染，维护公众的身心健康。另外，该书把环保运动作为社会运动的一部分，将环境问题与社会问题直接联系起来，分别探讨性别、族裔、阶级因素在环保运动发展过程中的重要作用。戈特利布认为，这些因素不仅影响了环保运动的历史演变，而且关系到当前环保运动应如何定位。① 该书在环境史学界产生了不容忽视的影响，将环境史的研究领域扩展到了城市，促进了社会文化分析在环境史领域的应用，有力地推动了环境史研究的文化转向。

安德鲁·赫尔利是一位以环境史研究成名却与该领域渐行渐远的城市史学者。他的《环境不公正：印第安纳州加里的阶级、种族及美国工业污染》（1995）一书是环境史与社会史融合的典范。该书从多个方面推动了环境史的文化转向。赫尔利明确提出，环境史学者要关心环境权益的不平等。这种不平等在社会上广泛存在，而且主要以"阶级、种族、性别和族裔"为界限。因此，赫尔利提出要"将环境史和社会史结合起来"②，用社会分层的分析方法来探求环境变化。赫

① Robert Gottlieb, *Forcing the Spring: The Transformation of the American Environmental Movement*, 1992, p. 9.

② Andrew Hurley, *Environmental Inequalities: Class, Race and Industrial Pollution in Gary, Indiana, 1945–1980*, Chapel Hill: University of North Carolina Press, 1995, Preface, p. xiii.

尔利明确提出，"以社会平等作为环境变化的衡量标准"。传统上，
"生态平衡"往往用于衡量环境变化，但在赫尔利看来，这一标准暗
含着一些前提：生态平衡在人类干预之前一直存在；生态失衡是人为
干预的结果，人类干预越多，环境就越糟糕。但环境总是在不断变
化，根本就不存在平衡状态。传统标准因为过于主观而存在不足。赫
尔利认为，"如果从社会平等的角度，以不同社会群体所受的影响来
衡量环境变化，环境史学者的研究将会更加客观"①。赫尔利也不认可
环境史研究中的"衰败论"②，而对人类未来持乐观态度。在他看来，
环保运动已经带来了民众环保意识的提高，城市人口比以前更长寿，
人类生活的很多方面都在发生积极变化。赫尔利认为，环境史研究中
的悲观情绪加深了读者的迷茫，环境史学者应该让人们对未来有更多
信心；如果将人与环境的关系作为挑战而不是被迫承受的恶果加以叙
述，无疑会更有价值。《环境不公正》一书因为成功融合了环境史和
社会史，被广泛列为环境史课程的必读书目。

　　20世纪90年代以来，环境史与社会史融合的迹象日渐明显，环境史研
究中大量出现了有色人种、劳工、妇女的身影。环境史和社会史的广泛融
合，促进了黑人环境史、劳工环境史、妇女环境史等新研究领域的出现。

　　黑人环境史是环境史学者所开展的有关"种族、族裔与环境"研究的
重要组成部分。20世纪90年代中期以前，环境史学者所关注的种族主要限
于印第安人，而此后则转向了以黑人为代表的少数族裔。③斯图尔特、普罗
特克（Nichlas Proctor）及赫尔利等学者分别探讨了黑人作为奴隶、分成农
和劳工在田间、林地和工厂的经历。他们三人被认为是黑人环境史这一新兴

---

　　①　高国荣：《关注城市与环境的公共史学家：安德鲁·赫尔利教授访谈录》，《北大史学》
第17辑，北京大学出版社2012年版。

　　②　"衰败论"（declensionist narratives）的一个基本观点就是，环境越来越坏，人类终将毁
灭。早期环境史作品多以生态灾难为主题，或多或少存在"衰败论"的倾向，其中尤以沃斯特
的《尘暴》一书最为典型。

　　③　在1996年之前，《环境评论》和《环境史评论》上刊登的标题中含有"印第安人"的论文和书
评共计9篇，但标题含"非裔"、"拉美裔"和"亚裔"上述三词任意一个的论文和书评却只有1篇。从
1996年以后，这一局面明显改变，从1996—2009年，标题中含"印第安人"的论文和书评共计6篇，
但标题含"非裔"、"拉美裔"和"亚裔"上述三词任意一个的论文和书评已达到7篇，其中5篇与黑人
有关。相关数据为笔者于2013年1月20日检索JSTOR数据库所得。

领域的开拓者。①在他们的带动下，有关黑人的环境史成果快速增加，其中尤其值得一提的是《拥抱风雨：美国黑人与环境史》这本文集，该文集以种族、族裔、性别和阶级为分析工具，探讨了黑人对自然环境的感知和利用，涉及奴隶制、内战后种族隔离、战后民权和环境正义运动三个阶段，是融合环境史和社会史的一部力作。

劳工环境史是环境史及劳工史相互融合的产物，它广泛采用阶级分析方法。劳工史和环境史存在互通之处。劳工史研究的先驱康芒斯（John Commons）和桑巴特（Werner Sombart），都强调环境的作用，并从环境的角度解释 20 世纪美国劳工运动的低迷状态。②另外，劳工史的研究主题目前已经从劳工领袖、劳工组织和工人运动转向劳工生活状况本身，大量涉及工人住处和工作场所的环境卫生状况。自 20 世纪 90 年代中期以来，《环境史》登载了多篇有关劳工和阶级的文章：有的学者考察环境保护主义和劳工运动的联系，有的则分析劳工的健康损害，还有人用阶级分析的方法研究美国的资源保护。阶级分析目前已被用于探讨"奴隶制与佃农、工业化、荒野保护与自然保护、劳工与环境保护主义"等主题。③

妇女环境史（women's environmental history）则将性别分析、妇女史和环境史糅合在一起。妇女环境史的兴起，离不开社会性别史和生态女性主义的影响。从 20 世纪 70 年代初始的 20 多年间，麦茜特几乎是独自一人，④努力将性别分析带入环境史研究。⑤从 20 世纪 90 年代以来，性别分析开始受到更多的环境史学者的关注。⑥尽管如此，性别分析明显少于种族、阶级分

---

① Dianne D. Glave, Mark Stoll, *To Love the Wind and the Rain：African Americans and Environmental History*, Pittsburgh：University of Pittsburgh Press, p. 6.

② Gunther Peck, "The Nature of Labor：Fault Lines and Common Ground in Environmental and Labor History", *Environmental History*, Vol. 11, No. 2 (April, 2006), p. 215.

③ Douglas Cazaux Sackman, *A Companion to American Environmental History*, p. 149.

④ Virginia Scharff, "Are Earth Girls Easy? Ecofeminism, Women's History and Environmental History", *Journal of Women's History*, Vol. 7, No. 2 (Summer 1995), p. 170.

⑤ Carolyn Merchant, *The Death of Nature：Women, Ecology, and the Scientific Revolution*, New York：Harper & Row, 1980; Carolyn Merchant, *Ecological Revolutions：Nature, Gender, and Science in New England*, Chapel Hill, NC：University of North Carolina Press, 1989.

⑥ Virginia Scharff, "Are Earth Girls Easy? Ecofeminism, Women's History and Environmental History", *Journal of Women's History*, Vol. 7, No. 2 (Summer 1995), p. 165.

析在环境史研究中的应用。直到 90 年代中期，妇女环境史仍然处于"萌芽
状态"，而从史学史的角度看，"性别和美国环境史"方面的研究到现在几
乎还没有开始。①

环境史与社会史的融合，同时也受到了社会史学者的倡导和重视。1996
年，社会史专家艾伦·泰勒在《人为的不平等：社会史和环境史》一文中
提出，"社会史和环境史从根本上是可以兼容的，而且可以互为促进"。在
泰勒看来，社会史和环境史有三个共同点：它们所关注的都是传统史学所忽
视的对象，它们所运用的新史料都可适用于统计分析，它们的兴起都与社会
运动相关，都要表达一定的道德和政治诉求。泰勒通过分析多部环境史和社
会史的著作，表明这两个领域并非泾渭分明，而是彼此交叉。泰勒认为，
"从根本上说，社会史必然是环境史，而环境史也必然是社会史"②。英国社
会史学者斯蒂芬·莫斯利（Stephen Mosley）也倡导社会史和环境史的融合。
莫斯利提到，社会史和环境史的融合还很缓慢，这两个领域的学者们应以一
种开放的心态相互借鉴，取长补短。环境史不应该"回避种族歧视、性别关
系、阶级冲突、族裔差异等棘手问题"③。环境与认同、环境正义与消费等
主题可以在这两个领域中建立联系，努力促使人类与环境的关系成为社会史
优先考虑的主题。

近 20 年来，文化转向已经成为美国环境史研究的明显趋势，并受到了
越来越多的学者的追随，在年轻一辈的环境史学者的作品中有明显体现。文
化转向可以从美国环境史学会主办的学术刊物中得以反映（见表 12—1）。

从表 12—1 可以看出，在 1995 年以前，很少有文章的标题包含"种
族"、"阶级"与"性别"这几个涉及文化转向的关键词，它们在全文检索
中出现的频率也很低。但从 1996 年以后，这些术语出现的频率明显增多。
笔者通过检索相关数据库后发现，在 1978—1989 年间，《环境评论》没有登

---

① Douglas Cazaux Sackman, *A Companion to American Environmental History*, p. 117.

② Alan Taylor, "Unnatural Inequalities: Social and Environmental Histories", *Environmental History*, Vol. 1, No. 4 (Oct. 1996), pp. 8–16. 艾伦·泰勒是加利福尼亚大学戴维斯校区历史系社会史教授，是美国艺术与人文科学院院士，他的作品曾获班克罗夫特奖和普利策奖。

③ Stephen Mosley, "Common Ground: Integrating the Social and Environmental in History", *Journal of Social History*, Vol. 39, No. 3 (Spring 2006), p. 920.

表 12—1   美国环境史学会专业期刊有关文化转向的文章和书评统计   单位：篇

类别	成果形式	检索词	1978—1989 年《环境评论》	1990—1995 年《环境史评论》	1996—2012 年《环境史》
标题检索	书评	种族	0	1	4
		阶级	0	0	3
		性别	0	5	5
	论文	种族	0	1	4
		阶级	0	0	7
		性别	7	0	5
全文检索	书评	种族	5	3	109
		阶级	23	24	172
		性别	23	25	100
	论文	种族	27	22	179
		阶级	58	79	255
		性别	46	59	139

资料来源：相关数据为笔者于 2013 年 1 月 10—15 日检索 JSTOR 数据库和 Oxford Journals 数据库所得。检索词分别为：种族（race）、阶级（class）、性别（gender or women，female，feminist）。《环境史》的"图书评论"栏目只列所评图书的作者和书名，能直观地反映环境史领域的最新图书。

载过全文同时含有种族、阶级、性别三个关键词的文章，但在 1990—1995 年间，这类文章为 6 篇，而在 1996—2012 年间则达到了 52 篇。如果在全文中检索"社会史"、"非裔"、"西班牙裔"，得到的结果也很类似。这些术语出现频率的普遍上升，可以反映出文化转向这一新兴趋势。

环境史的文化转向也可以从不同时期刊发的、梳理美国环境史研究的综述文章和著作中得以反映。从这些成果可以看出，社会史的研究方法越来越多地为环境史学者所采用。怀特在 1985 年指出，当时还很少有环境史学者运用社会史的方法，这种研究刚刚开始，还显得非常零散。[①]怀特在论述 1985—2000 年以来美国环境史研究的变化时，对文化转向有所提及。[②] 哈

---

① Richard White，"American Environmental History：The Development of a New Historical Field"，*Pacific Historical Review*，Vol. 54，No. 3（Aug.，1985），pp. 334 – 335.

② Richard White，"Environmental History：Watching a Historical Field Mature"，*Pacific Historical Review*，Vol. 70，No. 1（Feb. 2001），pp. 108 – 109.

尔·罗思曼在 1993—2002 年间担任《环境史》杂志主编，他在 2002 年发表的一篇文章用了 4 页的篇幅介绍了运用种族、阶级与性别分析方法的一些环境史成果。[①] J. 唐纳德·休斯的《什么是环境史》一书在提纲挈领地梳理环境史在美国的产生和发展时，也专门提到环境史学界有关城市环境史、环境正义、妇女与环境等方面的大量成果。[②] 在道格拉斯·萨科曼主编的《美国环境史研究指南》（2010 年）这部工具书里，"种族"、"阶级"、"性别"与"文化转向"各被单列一章加以详细探讨，美国环境史研究的文化转向跃然纸上。

二　文化转向出现的背景

环境史研究的文化转向，既是顺应社会现实的结果，也是史学发展新动向在环境史领域的反映，与环境史发展到 20 世纪 90 年代之后所面临的一些挑战也有密切关联。环境正义运动和多元文化主义的兴起，促使环境史学界开始关注社会弱势群体。环境史的文化转向，反映了社会史及新文化史对整个历史学研究领域的冲击和影响。环境史的文化转向，与早期环境史学者对弱势群体的忽视及自身知识结构的不合理都联系在一起。

环境史对种族、劳工、女性问题的重视，与环境正义运动的推动有直接关系。环境正义运动兴起于 20 世纪 70 年代，是有色人种、劳工阶层争取平等环境权益、保护家园免受污染的运动。战后以来，不断剧增的有毒有害废弃物对美国民众的健康构成严重威胁，但有毒有害垃圾处理设施在选址时往往会倾向于有色人种及贫困劳工居住的社区。这些弱势群体因此饱受污染的困扰，并承受着更多的健康威胁。家庭妇女积极参与了保护社区的斗争，其中最有名的就是拉夫运河社区的吉布斯。环境正义运动的宗旨就是要争取平等公民权利，因此得到了民权组织、劳工组织、妇女组织等众多团体的声援和支持。比如，1991 年 10 月在华盛顿特区举行的首届美国有色人种环境领

①　Hal Rothman, "Conceptualizing the Real: Environmental History and American Studies", *American Quarterly*, Vol. 54, No. 3（Sep. 2002）, pp. 493 – 496.

②　［美］唐纳德·休斯：《什么是环境史》，梅雪芹译，北京大学出版社 2008 年版，第 40—46 页。

导峰会，得到了 300 多个团体的支持，约 500 人与会。在环境正义运动的推动下，克林顿总统在 1994 年 2 月 11 日签署了第 12898 号行政命令，责成联邦政府各部门切实采取行动，保障少数族裔和低收入人口能享有平等的环境权益。

环境正义运动对环境史研究的影响，主要是通过重新塑造美国的主流环保运动这一形式进行的。首先，环境正义运动为主流环保运动开拓了新的发展空间。长期以来，以富裕白人为主要社会基础的美国环保组织，致力于自然资源的可持续利用和河流山川的保护，而对有色人种和劳工阶层所面临的环境问题视而不见，以致被扣上种族主义组织的帽子。从 20 世纪 80 年代后期开始，保护弱势群体的环境权益被纳入主流环保组织的议事日程。其次，环境正义运动扩展了人们对环境的理解。环境并不只存在于乡间野外，同时存在于城市、郊区的各个角落，存在于人们生活的社区、工作及娱乐场所。最后，环境正义运动表明，少数族裔、劳工阶层非常重视环境问题，他们是环保斗争的一支重要生力军。环保运动的发展史足以表明，环保组织如果仅拘泥于环保本身而不关心社会正义，就会因孤掌难鸣而难有大的作为。环保组织只有将保护环境同维护社会公正结合起来，与民权、劳工、妇女等组织广泛结盟，才能扩大社会基础，把环保事业不断推向前进。

作为推动环境史兴起和发展的现实动力，环保运动在 20 世纪八九十年代出现的一些新变化对环境史领域也产生了明显的影响。一些环境史学者敏锐地意识到，环保运动的新发展为环境史提出了一些新的研究课题。在 1995 年发表的《平等、生态种族主义和环境史》一文中，梅洛西就呼吁环境史学者要重视种族问题，重视环境正义运动所提出的一些值得深入探讨的历史课题：与种族、阶级和性别相关的环境平等；环境的文化建构；生态中心主义和人类中心主义的冲突。[1] 而麦茜特的《种族主义的阴影：种族和环境史》一文，则结合美国环保先驱的有关著述，指出了环保组织的种族偏见对环境史研究的消极影响。麦茜特认为，环境史学者应该正视这些问题，从

---

① Martin V. Melosi, "Equity, Eco – racism and Environmental History", *Environmental History Review*, Vol. 19, No. 3 (Autumn, 1995), p. 14.

多元文化主义的角度研究美国历史上的环境正义问题。[1] 在这些学者的倡导下，美国环境史学会学术研讨会上有关"种族、族裔与环境"的小组讨论逐渐增多，1995 年拉斯维加斯的会议上达到 4 场。而此前这种讨论很少，有关该主题的小组讨论直到 1989 年才首次出现，且只有一场；1991 年有两场；1993 年的学术研讨会则没有出现类似主题的小组讨论。[2]

环境史的文化转向，也是多元文化主义在环境史领域的折射。多元文化主义与美国的人口结构变动以及战后高等教育的大众化有非常密切的关系。战后，有色人种在总人口中的比重持续增加，黑人人口比例从 1950 年的 9.9% 上升到 1999 年的 12.8%，而拉美裔人口则从 1970 年的 4.4% 上升至 1999 年的 11.5%。在人口迅速增加的同时，越来越多的有色种族向中心城市聚集，比如在 1988 年，美国西部和北部 98% 的黑人都住在都市区。[3] 从战后以来，高校向女性、有色人种和平民子弟敞开了大门。1948—1988 年，高校女生的比例从 28.8% 增至 54%。[4] 大学生中有色人种的比例也在提高，1960 年为 6.4%，[5] 1990 年为 20.1%，1997 年高达 26.8%。[6] 低收入家庭高中毕业生能上大学的比例，从 1971 年的 26.1% 增至 1985 年的 40.2%，1993 年则达 50.4%。[7] 女性、有色人种和平民子弟在高校学生和教师中的比例逐步提高，这些群体在文化领域的影响日渐扩大。随着人口的增多及其在中

---

[1] Carolyn Merchant, "Shades of Darkness: Race and Environmental History", *Environmental History*, Vol. 8, No. 3 (July 2003), p. 381.

[2] Martin Melosi, "Equity, Eco – racism and Environmental History", *Environmental History Review*, Vol. 19, No. 3 (Autumn, 1995), p. 3. 美国环境史学会学术研讨会于 1982 年首次举行，从 1987 年开始会议每两年组织一次，从 2000 年以来，学会开始组织年会。

[3] U. S. Department of Commerce, Bureau of the Census, *Statistical Abstract of the United States*, *2000* (120 edition), Washington D. C. : U. S. Government Printing Office, 2000, p. 12, table 11; U. S. Department of Commerce, Social and Economic Statistics Administration, Bureau of the Census, *Hispanic Americans Today*, Washington, D. C. : U. S. Government Printing Office, 1993, pp. 2 – 6.

[4] U. S. Department of Education, National Center for Education Statistics, *Digest of Education Statistics*, *2000*, NCES2000 – 034, Washington, D. C. , 2001, p. 20, table 17.

[5] U. S. Department of Commerce, Bureau of the Census, *Statistical Abstracts of the United States: 1981* (102th edition), Washington D. C. : U. S. Government Printing Office, 1981, p. 159, table 267.

[6] U. S. Department of Education, National Center for Education Statistics, *Digest of Education Statistics*, *2000*, NCES2000 – 034, p. 315, table 208.

[7] U. S. Department of Education, National Center for Education Statistics, *The Condition of Education 1996*, NCES 96 – 304, Washington, D. C. , 1997, p. 52.

心城市的聚居、文化程度的提高和社会地位的改善，少数族裔的族群认同和政治意识日渐增强，有色人种争取文化认同、争取平等权益的热情更趋高涨，多元文化主义逐渐兴起。多元文化主义既是一种思潮，也是一种实践。它要求的不仅是尊重有色种族的文化和传统，"而且要对传统的美国主流文化提出全面检讨和重新界定"，将种族平等落实到现实的社会生活中去，这已经超越了文化的范畴而成为直接的政治诉求。① 多元文化主义对包括环境史在内的所有的人文社会科学都产生了强烈的冲击，促进了以弱势群体为研究重点的新美国史学的兴起，并推动了少数族裔研究和性别研究中心在大学的广泛建立。

多元文化主义对美国的环境史研究产生了明显的影响。多元文化主义要求恢复历史的本来面目，突出不同群体对美国历史的贡献。20 世纪 90 年代以来，美国环境史学界对劳工、妇女、少数族裔和有色人种的关注，部分源于多元文化主义的影响。这些群体在环保运动兴起过程中所起的推动作用，开始逐步得到承认。妇女在探索与保护自然方面所发挥的作用，成为诺伍德的《来自地球的灵感：美国妇女与自然》、沙夫主编的《性别视野下的自然》、赖利的《妇女与自然：拯救"荒凉"的西部》等著作探索的共同主题。② 杜波依斯（William Du Bois）、布克·华盛顿（Booker Washington）等多位黑人领袖的环境观念也得到了探讨。③ 劳工运动与劳工领袖对环保运动的贡献也成为环境史学者研究的课题，已有的研究表明，现代环保运动的领袖除了广为人知的利奥波德、布劳尔·戴维（Brower David）、卡逊等人之外，还应该包括沃尔瑟·鲁瑟（Walter Reuther）、西泽·查维斯（Cesar Chavez）、阿诺德·米勒（Arnold Miller）等劳工领袖。另外，在多元文化主义的影响下，早期环境史研究中的批判精神在一定程度上有所恢复。

环境史将种族、性别与阶级作为分析工具，显然受到了社会史的影响。

---

① 王希：《多元文化主义的起源、实践与局限性》，《美国研究》2000 年第 2 期。

② Vera Norwood, *Made From This Earth：American Women and Nature*, Chapel Hill：University of North Carolina Press, 1993；Virginia Scharff, *Seeing Nature Through Gender*, Lawrence：University Press of Kansas, 2003；Glenda Riley, *Women and Nature：Saving the "Wild" West*, Lincoln：University of Nebraska Press, 1999.

③ Kimberly K. Smith, *African American Environmental Thought：Foundations*, Lawrence：University Press of Kansas, 2007.

从 20 世纪下半叶以来，社会史在国际史坛中长期居于主导地位，是西方史学在战后最明显的发展转向。社会史关注平民百姓，主张自下而上看历史。这样一种倡导，与研究者的家庭出身不无关系。率先研究社会史的那批学者，大都属于美国移民的第二代或第三代，将撰写历史学博士学位论文视为重建其所在群体历史记忆的契机，为那些默默无闻的民众代言。这批研究人员不仅数量众多，而且不断壮大。以社会史为题的史学博士论文在所有史学博士论文中所占的比例，1958—1978 年增加了 3 倍，超越政治史而成为历史学的显学。①美国历史学家组织对 2003 年春季收集的 8861 名会员年度登记表的统计显示，社会史是史学家最感兴趣的领域，是 1369 人的首选研究领域。其次为文化史（1148 人）、政治史（1033 人）、妇女史（997 人）、非裔美国人史（940 人），环境史为 300 多人。② 社会史讲述被边缘化的小人物的故事，讲述妇女、劳工、移民、黑人、印第安人等弱势群体的痛苦挣扎和失败经历，剖析操控民众命运、决定个人成败的社会机制，揭示资本主义内在的结构性问题，阐明现代化所付出的惨重代价。社会史常常以一种怀疑的态度来看待进步史观，对人文社会科学所标榜的客观、科学与理性不以为然。这样一种研究取向使社会史受到右翼人士的嫉恨和攻击，而被指斥为含沙射影地攻击美国现有的体制，是在故意矮化美国历史。受社会史的影响，种族、阶级和性别已经成为环境史研究的重要分析工具，环境史不仅关注弱势人群，而且总是为底层民众鸣不平并为他们代言，环境史研究的道德伦理诉求又有所增强。

　　环境史研究的文化转向，明显受到了新文化史的影响。③ 新文化史兴起于 20 世纪 80 年代，是战后西方史学继社会史之后出现的又一次史学转型。由于文化的边界非常模糊，对新文化史的界定，主要不是依据其研究对象，而是依据其研究方法。新文化史广泛应用文化建构、话语分析、历史人类

---

　　① ［美］乔伊斯·阿普尔比、林恩·亨特、玛格丽特·雅各布：《历史的真相》，刘北成、薛绚译，上海人民出版社 2011 年版，第 127 页。

　　② "Social History Tops Members 'Interests'"，*OAH Newsletter*，Vol. 31，No. 4（November 2003），p. 18. 会员登记表列出了 51 个史学专业领域，会员从中圈出自己的专业领域，最多不超过 5 个。该图表的文字说明没有单独列出将环境史作为专业领域的具体人数。

　　③ Richard White，"Environmental History：Watching a Historical Field Mature"，*Pacific Historical Review*，Vol. 70，No. 1（Feb. 2001），p. 104.

学、微观史学以及历史的叙述等方法开展研究。新文化史背离了长期以来历史学的科学化取向，主张向历史学的人文化取向回归。新文化史反对社会史研究中的经济决定论或社会结构决定论，强调文化在历史变迁中的重要作用。在文化史学者看来，"文化与经济模式和社会关系之间有一种不分轩轾、相互依赖的关系"，"精神与物质之间，没有一个孰先孰后的问题，而是相辅相成的"。在新文化史的推动下，历史学从向经济学和社会学靠拢，转向朝人类学和文学靠拢。① 新文化史反对社会史研究中枯燥的数据统计和计量分析，注重叙述的文采和技巧。新文化史也接受了人类学中所蕴含的文化相对主义，认为所有文化都有存在的价值，各种文化之间并不存在高下优劣之别。新文化史以后现代主义为理论指导，将所有的知识都视为一种文化建构，强调知识的相对性。新文化史既是对社会史的反拨，也是对社会史的继承和发展，它坚持社会史"自下而上"的治史宗旨，将视野投向了占人口多数、但在历史上却默默无声的芸芸众生，重视下层阶级和边缘群体，关注大众文化及其日常生活。新文化史作为一场席卷整个欧美史坛的史学思潮，对环境史这一新的史学研究领域也产生了巨大的冲击。这种冲击在环境史领域最明显的表现就在于自然观念的变化，人们不再相信自然本身的精巧平衡及和谐有序，而认为自然本身就是混乱无序的；② 纯粹的自然、神圣的荒野都不存在，而只是文化建构的产物。在环境史著作中，生态破坏也被视为一种文化建构而被生态变迁所取代。上述种种理解，虽然有利于克服早期环境史的衰败论的叙事模式，但也导致了人们思想认识上的混乱。

环境史研究的文化转向，还与该领域发展到 20 世纪 90 年代之后遭遇的发展瓶颈有关。环境史在 20 世纪 90 年代初已经开花结果，多本著作深受学界好评并荣获嘉奖，环境史在史学界已经赢得了一席之地。与此同时，环境史研究也面临诸多困境，在 80 年代中后期跌入低谷。《环境评论》没有充足的稿源，学会会员的登记情况也不太理想，甚至连每两年一度的美国环境史学会学术研讨会也难以为继，学会的一些负责人对此忧心忡忡，甚至担心学

---

① 王晴佳：《新史学演讲录》，中国人民大学出版社 2010 年版，第 54 页。

② Donald Worster, "The Ecology of Order and Chaos", in Char Miller and Hal Rothman, eds., *Out of the Woods: Essays in Environmental History*, Pittsburgh, PA: University of Pittsburgh Press, 1997, p. 5.

会和刊物是否能够支撑下去。① 这种困境在很大程度上是由于环境史学界整体上对自然和环保运动的褊狭理解甚至是误解。自然往往被认为与文化对立，只存在于乡间野外，而不存在于城市。与此同时，环保运动虽然自兴起之初便将"效率、平等与美丽"作为其关心的三大议题，但长期以来，它实际上偏重于资源保护和自然保护，而污染及其对弱势群体身心健康的威胁并没有得到应有的重视。在1962年《寂静的春天》一书出版后，这种思维模式依然存在了很长时间。受其影响，环境史的研究领域在90年代以前依然主要局限于研究荒野保护与自然保护的历史，而很少涉及城市，也很少论及少数族裔等普通民众。同时，受环境保护主义的影响，90年代之前的环境史研究存在明显的道德伦理诉求，美化过去、批判现在和怀疑将来的悲观倾向也不罕见。正是在环境史遭遇如此困境的情况下，克罗农将"第二自然"的概念引入了环境史研究，并对盛行的荒野神话进行了解构。而怀特为解构自然和环保运动作了一些努力。在他们的笔下，第一自然不过存在于人们的想象之中，而人们所接触的自然，实际上都是"第二自然"，是经过文化改造后的产物，存在于人们居住、工作和娱乐的每一个地方。可以说，文化转向为90年代以来环境史的发展开辟了广阔空间。

　　文化转向之所以受到美国环境史学界的普遍欢迎，与诸多环境史学者自身知识结构的不完善也存在着一定关联。美国多数环境史学者在历史系工作，普遍缺乏自然科学的专业训练，很难自如地利用自然科学的成果开展真正意义上的跨学科研究，文化分析相对于生态分析更简单可行。面对知识结构的缺陷和环境史研究所提出的挑战，一些学者在努力提高自身的自然科学素养，但也有一些学者以后现代主义和多元文化主义为理论武器，把自然和科学知识视为一种文化建构，实质上是要向科学的权威发起挑战。尽管科学存在一些问题，但自然科学知识对环境史学者了解自然界如何运行是至关重要的，环境史学者要想写出一流的作品，就必须尊重科学，并将科学作为研究的重要参考，正如沃斯特所言："尽管我批评科学的某些方面，尽管我知道科学总在变化，并不精确，而且与文化联系在一起，但这并不意味着完全

---

① Thomas R. Cox, "A Tale of Two Journals: Fifty Years of Environmental History and Its Predecessors", *Environmental History*, Vol. 13, No. 1 (January 2008), pp. 23-24.

不能以科学为指导。"①

三　文化转向的利弊得失

文化转向作为近 20 年来美国环境史研究的明显趋势，带来了环境史研究的繁荣，环境史开始融入并影响美国史学的主流。但文化转向在一定程度上也削弱了环境史研究的特色。随着文化转向的深入，其弱点日益突出，生态分析应受到相应的重视。文化分析与生态分析作为环境史研究的两大范式，虽然各有侧重，但彼此之间也有诸多共通之处，可以相互促进和补充，从而将环境史研究推进到一个新的发展阶段。

文化转向作为一种新的研究范式，对环境史的发展具有重要意义。它有利于克服美国早期环境史研究所暴露出来的一些缺陷，为环境史研究提供了一种新的观察视角，促进了环境史研究的深化，并推动环境史融于并引导史学研究的主流。文化转向从多个方面推动了美国环境史研究的发展。

首先，文化转向有利于环境史摆脱生态学整体意识的消极影响。作为一门研究生物与环境的科学，生态学自始就成为环境史的"理论基础和分析工具"。② 在动物界的分类系统中，人，作为一个物种，隶属于脊索动物门、哺乳纲、灵长目、人科、人属、智人种，人被视为生物学基本分类中最小的研究单位来加以对待。生态学很少关注个体的差异或不同，用这种方法探讨个体和个性就会充满风险。③ 受生态学的影响，环境史也秉持整体论。整体论倾向于把人类的内部差别缩小，或者把一个群体视为整体，而难以分辨人类社会及各个群体内部的差异与冲突。环境史在其早期发展阶段往往忽视社会分层和权力关系，与整体论的影响不无关系。比如，20 世纪五六十年代问世的一些著作，诸如《自然与美国人》、《美国人与自然》，虽然冠以美国

① 　Donald Worster, *Environmental History and the Ecological Imagination*, New York: Oxford University Press, 1993, Preface, p. ix.

② 　侯文蕙：《环境史和环境史研究的生态学意识》，《世界历史》2004 年第 3 期。

③ 　John Opie, "Environmental History: Pitfalls and Opportunities", in Kendall E. Bailes, ed., *Environmental History: Critical Issues in Comparative Perspective*, Lanham: University Press of America, p. 27.

人的标题，但这些作品中的美国人，实际上是指白人男性。①在承认整体论影响环境史研究的同时，也不应过分夸大其影响。实际上，许多环境史学者对社会分层有明确的认识，其作品中并不乏平民百姓，但他们有意淡化社会差异，是因为他们清醒地意识到环境史的创新之处，就在于其以自然为中心，舍此则是对环境史的背离而不能真正推动环境史的发展。沃斯特说，当年写作《尘暴》一书时，他清楚地意识到大平原地区存在的社会差异，同样的灾难对不同的人群产生了不同的影响。但他并未给予种族和文化过多的关注，以免分散对生态和经济等基本问题的注意力。②

其次，文化转向也有利于环境史摆脱环境保护主义的消极影响。环境史是环保运动的产儿，这个领域的许多先驱，比如罗德里克·纳什、约翰·奥佩、苏珊·福莱德、卡洛琳·麦茜特、威廉·克罗农等人都是著名的环保人士。"绝大多数环境史学者都认为自己是环保人士"，认同环境保护主义的基本主张，环境史也因而打上了环境保护主义的深深烙印。③其一，美国环境史学会的专业刊物《环境评论》将教育公众作为其办刊的宗旨之一，以扩大环境保护主义的影响，这种取向损害了刊物的学术性。其二，在90年代以前，受主流环保运动"白人精英主义取向"的影响，环境史重视对荒野的研究而忽视对城市弱势群体的研究。而激进环保主义将环保与文明对立起来的倾向，在环境史领域也有所体现。其三，环境史往往采用三部曲的"衰败论"叙事结构，原本丰饶的自然资源，在白人开发和破坏之后，变得日益稀缺贫瘠。④在20世纪80年代中后期，民间环保人士因为觉得在美国环境史学会难有作为而相继退出，从而削弱了环境保护主义对环境史研究的消极影响。《环境评论》更名为《环境史评论》之

---

① Hans Huth, *Nature and the American: Three Centuries of Changing Attitudes*, University of Nebraska Press, 1957; Arthur A. Ekirch, Jr., *Man and Nature in America*, New York: Columbia University Press, 1963.

② Donald Worster, *Dust Bowl: The Southern Plains in the 1930s*, New York: Oxford University Press, 2004, p. 247.

③ William Cronon, "The Uses of Environmental History", *Environmental History Review*, Vol. 17, No. 3 (Fall 1993), pp. 2–22.

④ Alan Taylor, "'Wasty Ways': Stories of American Settlement", *Environmental History*, Vol. 3, No. 3 (July 1998), p. 292.

后，随着刊物制度建设的加强，学术质量稳步提高。从 90 年代以来，早期环境史著述中经常出现的"环境破坏"等字眼已逐渐被"环境变迁"所取代，人类也不再只是以"自然的破坏者"的面目出现，早期环境史著述中的悲观情绪也明显减少，一批振奋人心的环境史著作相继问世。还有学者认为，环境史三部曲的传统叙事结构——"丰饶、破坏、贫瘠"——并不完整，还应该加入"修复"这一环节。① 文化转向增强了人类中心主义的价值取向在环境史研究中的影响，有利于增强学界和公众对环境史的认同，扩大了环境史的社会影响。

再次，文化转向使环境史"自下而上"的视角不仅深入地球本身，而且更加贴近平民百姓。这样一种新的视角，使环境史研究能另辟蹊径，推陈出新。环保运动史是美国环境史研究中的传统课题，但社会文化分析却为重新撰写美国环保运动史提供了全新的思路。在以往的著述中，资源保护主义者总被认为是具有远见卓识的精英，他们着眼于美国长远的公共利益，破除地方阻力，在美国中西部推行资源保护。20 世纪 90 年代以来，一些环境史学者采用阶级分析和种族分析方法，却对这段历史得出了完全不同的结论。沃伦在《猎手的游戏》一书中指出，资源保护主义者经常运用自己的权势，剥夺当地人民的财产，而且强迫当地人民接受有损自身利益的价值观念。而雅各比在《对抗自然的犯罪》一书中则认为，资源保护主义者运用他们所能掌握的司法力量，夺取印第安人的土地。② 卡顿德（Ted Cattonde）、斯彭斯（Mark Spence）的作品讲述了印第安人在国家公园建立过程中被剥夺土地的悲惨经历。这两本著作都表明，尽管印第安人是美洲的原住民，但掌握话语权的权势集团却把印第安人的家园定义为荒野，以便为驱逐印第安人寻找依据。这些著作使人们对资源保护运动有了全新的认识。与此同时，劳工、黑人等少数族裔对环保运动的贡献也得到了重视。杜威（Scott Dewey）、戈登（Robert Gorden）等学者的文章纠正了将劳工与环保对立起来的传统偏

① Marcus Hall, "Repairing Mountains: Restoration, Ecology, and Wilderness in Twentieth – century Utah", *Environmental History*, Vol. 6, No. 4 (Oct. , 2001), p. 584.

② Louis S. Warren, *The Hunter's Game: Poachers and Conservationists in Twentieth – century America*, New Haven: Yale University Press, 1997; Karl Jacoby, *Crimes Against Nature: Squatters, Poachers, Thieves, and the Hidden History of American Conservation*, Berkeley: University of California Press, 2001.

见，强调了劳工对环境运动的贡献。① 史密斯（Kimberly Smith）的《美国黑人环境思想》梳理了杜波依斯、布克·华盛顿等黑人领袖丰富的环境思想。②另外，通过采用种族、阶级与性别研究方法，环保运动被追溯到 19 世纪末 20 世纪初的进步主义运动时期，而不再被认为兴起于"二战"以后，其原因也比海斯所说的追求"生活质量"远为复杂。由于文化分析的应用，环境正义运动的历史有望被改写。

复次，文化转向为环境史研究挖掘出了大量的新资料，提出许多有价值的新课题。由于研究视角的转换和研究领域的开拓，旧史料又有了新的价值，过去很少利用的史料也被大量发掘出来，为环境史研究的深化创造了条件。不妨以劳工环境史为例。美国劳工运动历史悠久，劳工史料比比皆是。比如，位于密歇根州底特律市的韦恩州立大学就藏有全美汽车工人联合会、卡车司机工会、美国农业工人联合会、国际产业工人协会等系列档案资料。这些资料不仅包括会议纪要、演讲稿、劳工通讯、报纸期刊剪报等正式文件，而且还包括手稿、日记、回忆录、访谈、个人通信等个人资料。这些浩如烟海的珍贵史料，目前还很少为环境史学者所问津。这些史料的挖掘，将为劳工环境史研究提供坚实的资料基础，可以用来梳理劳工参与环保运动的历程，阐述劳工领袖对环保运动的贡献，比较不同劳工组织对环境问题的不同态度，拓展和深化对劳工与环境问题的研究。③

最后，文化转向有利于增强史学界对环境史的认同，使该领域从史学的边缘逐渐向主流靠拢。克罗斯比的经历实际上可以反映史学界对环境史态度的变化。克罗斯比以其关于哥伦布大交换的研究而誉满天下，但他的这一作品在 20 世纪 70 年代被认为稀奇古怪而难以出版，他在历史系也谋

① Scott Dewey, "Working for the Environment: Organized Labor and the Origins of Environmentalism in the United States", *Environmental History*, Vol. 3, No. 1 (Jan., 1998); Robert Gordon, "'Shell No!': OCAW and the Labor – Environmental Alliance", *Environmental History*, Vol. 3, No. 4 (Oct., 1998); Chad Montrie, "Expedient Environmentalism: Opposition to Coal Surface Mining in Appalachia and the United Mine Workers of America, 1945 – 1975", *Environmental History*, Vol. 5, No. 1 (Jan., 2000).

② Kimberly K. Smith, *African American Environmental Thought: Foundations*, Lawrence: University Press of Kansas, 2007.

③ Chad Montrie, "Class", in Douglas Cazaux Sackman, *A Companion to American Environmental History*, pp. 156 – 159.

不到教职。克罗斯比在历史系所受的冷遇，从一个侧面可以反映环境史以前在史学界所受的排斥。直到 1986 年《生态扩张主义》出版后，克罗斯比才开始到历史系工作。在 20 世纪 90 年代之前，环境史常常难以为外界所理解和接受。但 90 年代以后，尤其是进入 21 世纪以来，环境史在史学界的地位已经显著提高。环境史的研究成果得到了广泛认可，"哥伦布大交换"已经成为大学世界史教材中必不可少的重要内容，而大多数美国史教材至少也会提到进步主义时期的资源保护和现代环保运动的兴起。近年来，甚至连一些保守的高校历史系也开始聘用环境史学者。环境史当前在美国史学界的影响，也许可以从美国史学界最具权威性的学术团体——美国史学会——2012 年年会窥见一斑。该年会以环境史为大会主题，而获得 2012 年度历史学终身成就奖的三位学者中，就包括克罗斯比和沃斯特两位环境史学者。而 2013 年美国史学会的 6 位主席团成员中，就包括克罗农和约翰·麦克尼尔两位环境史学者。考虑到文化转向所带来的繁荣，也许不必对环境史与社会史的融合过于担心。怀特指出，"那种认为文化转向会导致环境史偏离自然这一核心而变得越来越抽象和虚无的看法，实际上是非常滑稽的"，正如我们对自然的理解不可能完全客观一样，非人类世界也不可能在文化中消失。[1]

文化转向造就了当前环境史研究的繁荣局面，但与此同时，也暴露出一些弱点。它过分强调文化的作用和社会差异，削弱了生态和经济在环境史研究中的中心地位，弱化了环境史跨学科研究的特点，加剧了环境史研究的碎化，在三方面对环境史的发展造成了一些负面影响。

第一，文化转向削弱了环境史以自然为中心及跨学科研究的特色。环境史研究自然在人类生活中的地位和作用，其特色就在于将自然引入历史，或者说它将人类社会视为一个生态系统，在这个系统中，各种自然因素，包括空气、水源、土地、各种生物、自然资源和能源，都能发挥作用。环境史的特色就在于关注各种自然因素，而不是把自然仅作为人类历史的背景。环境史学者固然应该关注种族、阶级和性别因素，但如果过多

---

[1] Richard White, "From Wilderness to Hybrid Landscapes: The Cultural Turn in Environmental History", *The Historian*, Vol. 66, No. 3 (September 2004), p. 564.

关注这些因素背后的权力关系，那么环境史的特点就不复存在。① 正如侯文蕙所担忧的，"如果在环境史中，人类至上的观点占了上风，那它和传统的人类史又有何区别？再者，环境史若是把它的研究中心放在族群、人种和性别方面……那环境史将何以复存？"②安德鲁·赫尔利指出，环境史的"文化转向"虽然可以帮助环境史成为主流，但若因此而使环境史的特色丧失殆尽将得不偿失。③

　　文化转向会导致环境史与科学的疏远和隔离，削弱环境史研究同自然科学的紧密联系。作为文化转向的基础，后现代主义对科学、理性和知识的客观性发起了颠覆性的批判，并将其视为社会建构的产物。削弱科学在环境史研究中的指导地位，使科学不再是环境史研究的可靠基础，可以成为环境史学者放弃补充自然科学知识的恰当借口。环境史学者对自然科学的排斥，固然与科学本身的局限有关，同时也是他们避重就轻的一种选择。人文学者进行文化分析相对简单，但却难以在朝夕之间对复杂的科学问题有清晰的认识。在这种情况下，如果不能下决心在科学的荆棘丛中跋涉，不愿意忍受翻山越岭的种种苦痛，不肯在科学的险峰之上进行探索，就很难推出振聋发聩的环境史力作。环境史学者要想深入研究人与自然之间的关系，就要知难而进，努力提高自身的自然科学素养，进一步加强环境史与自然科学之间的密切联系，将科学作为其研究的重要参考。正如沃斯特所言："尽管我批评科学的某些方面，尽管我知道科学总在变化，并不精确，而且与文化联系在一起，但这并不意味着完全不能以科学为指导。"④

　　第二，文化转向还导致了环境史研究的碎化。受文化转向的影响，环境史学者越来越重视从种族、阶级、性别的角度探讨不同社会群体与自然的关系，研究越来越细致深入。但与此同时，也存在将这些群体与社会隔绝开来的倾向，没有将种族、性别、阶级关系视为"一种有着垂直和水平双重向度

---

① Ellen Stroud, "Does Nature Always Matter? Following Dirt through History", *History and Theory: Studies in the Philosophy of History*, Vol. 42, No. 4 (Dec. 2003), p. 76.

② 侯文蕙:《环境史和环境史研究的生态学意识》,《世界历史》2004 年第 3 期。

③ 高国荣:《关注城市与环境的公共史学家: 安德鲁·赫尔利教授访谈录》,《北大史学》第 17 辑, 北京大学出版社 2012 年版。

④ Donald Worster, *The Wealth of Nature: Environmental History and the Ecological Imagination*, New York: Oxford University Press, 1993, Preface, p. ix.

的关系体系"。①这一缺点在妇女环境史研究中体现尤为明显。妇女环境史总是过分强调以女性为中心，而且主要关注中产阶级的白人女性，却忽视对白人女工和有色种族的妇女的研究。同时，妇女在环保运动中的作用受到重视，而在社会生产中的作用却没能体现出来。另外，妇女环境史往往将男女简单对立，也很少讨论种族、族裔和阶级问题。将妇女独立于各种社会关系组成的复杂网络之外，实际上不可能对妇女在环境史中的地位和作用作出全面准确的估计。

环境史研究的碎化还体现在微观研究的盛行。微观研究作为环境史宏观研究的基础，其重要性不言自明。但在开展微观研究时，如果缺乏广阔的历史视野和一定的理论观照，就难以通过局部或个案研究体现对一些重大问题的思考和见解。克罗斯比认为应该更关注"最宏大和最重要的那些层面"，他和沃斯特都认为，"如果我们太拘泥于细节"，而忽略了"自然与资本主义的关系"、"帝国主义的影响、地球的命运"等重大问题，环境史著作就不会给"关心这些重大问题的公众提供多大帮助"。②如此一来，环境史的魅力就会削弱，离社会公众越来越远。

第三，文化转向可能会给这个领域的未来发展带来一些不确定性。这种不确定性，可从克罗农的《关于荒野的困惑》一文所引起的激烈反应窥见一斑。该文将荒野视为一种社会建构，对美国环保运动过分重视荒野而忽略底层民众的利益这一不足进行了反思。克罗农写作此文时既是知名的环境史学者，又是活跃的民间环保人士，在美国大自然保护协会、荒野协会等著名环保组织还担任一定的职务。在一定程度上，克罗农是从一个热爱环保的公共知识分子的角度，面对环保运动所遭遇的一些现实困境，抱着促进环保运动的初衷，来写这篇文章和主编《各抒己见》这本论文集的。长期以来，荒野一直被环保人士视为神圣崇高和个人自由的代名词，保护荒野成为环保运动的内在精神动力。但由于荒野总是被等同于无人的区域，而人类的利益在环保人士，尤其是激进环保人士那里却处于次要地位。主流环保运动坚持

---

① ［英］埃里克·霍布斯鲍姆：《史学家：历史神话的终结者》，马俊亚、郭英剑译，上海人民出版社 2002 年版，第 97 页。

② Donald Worster, "Seeing beyond Culture", *The Journal of American History*, Vol. 76, No. 4（March, 1990），p. 1143.

生态中心、忽视社会公正的整体倾向，激进环保主义反人类、反文明的立场，削弱了环保运动的社会基础，而助长了反环保势力的抬头。克罗农撰写此文，其主旨就是要批判这种错误但却非常流行的自然观念，调和人与自然二元对立的矛盾，扩大环保运动的社会基础。克罗农力图瓦解荒野在人们心目中的神圣地位，以人们身边、与每个人的生活都息息相关的家园取而代之，从而使环保能朝"既可持续又人性化"的方向发展。① 克罗农没有想到的是，此文的发表得到了反环保势力的欢呼，而招致了部分环保人士和环境史学者的强烈谴责。《关于荒野的困惑》一文在《环境史》杂志发表之时，在同一期杂志上还登载了三篇由知名学者所写的评论文章，其中两篇提出了尖锐的批评意见。塞缪尔·海斯提出，克罗农对荒野的建构，是脱离环保运动实际的冥思苦想，带有强烈的个人和社会情绪。② 迈克尔·科恩（Michael Cohen）则认为，应把福柯作为文本加以解构，抑制后现代主义对环境史研究的消极影响，"如果我们采用福柯的社会建构，我们最终可能不得不放弃环境史本身"③。克罗农在同一期发表了回应文章，对被触怒的同行表示歉意，并提到，"该文若被用来反对荒野保护，我会深感后悔"④。克罗农的这篇文章所引起的强烈反响，可以促使环境史学者冷静思考：文化转向会把环境史带往何方？

正是基于文化转向对环境史研究的不利影响，以沃斯特为代表的一些学者对文化转向一直持保留态度。沃斯特认为，对种族和文化的过多关注，分散了环境史学者对生态和经济等根本因素的注意力。而如果不将"进化、经济和生态"置于其研究中心，忽略自然及其影响，环境史领域就不可能提出独特的创见。沃斯特的上述主张并不意味着他不关心社会公正和弱势群体。实际上，沃斯特的每本书里都有许多小人物的身影，带有悲天悯人的浓厚气息，他对社会底层的深切同情流露在字里行间。但是，他坚持认为，以自然

① William Cronon, ed. , *Uncommon Ground: Toward Reinventing Nature*, p. 26.
② Samuel P. Hays, "The Trouble with Bill Cronon's Wilderness", *Environmental History*, Vol. 1, No. 1 (Jan. 1996), p. 30.
③ Michael P. Cohen, "Resistance to Wilderness", *Environmental History*, Vol. 1, No. 1 (Jan. 1996), p. 34.
④ William Cronon, "The Trouble with Wilderness: A Response", *Environmental History*, Vol. 1, No. 1 (Jan. 1996), p. 47.

为中心是环境史研究应该坚持的一个基本方向，舍此就会损害环境史学科的长远发展。①

　　沃斯特对文化转向的担忧，并不意味着他排斥文化分析或轻视文化因素。他在第一本专著《自然的经济体系》中就把生态学思想视为社会文化建构加以阐述。在他看来，生态学并非"一种独立的客观真理"，可以独立于文化之外如实反映自然本身，生态学的发展，一直"与内涵更为丰富的文化变革相联系"，生态学是"由不同的人根据不同的理由，按照不同的方式定义的"。②而《尘暴》一书则将尘暴重灾区的形成主要归咎于资本主义文化。在《自然的财富》一书里，沃斯特以"反对唯物论的唯物主义者"来概括他的哲学立场，他说："我希望引导人们注意自然世界的物质现实"，"但仅从物质层面加以解释还不够，自然的文化史与文化的生态史是同样重要的"。③沃斯特的这些论断也适用于他对文化转向的批评，这种批评不是要对其加以否定，而只是强调不能顾此失彼，不能因为片面强调文化层面而忽视从生态和经济层面探讨环境变迁。在沃斯特的研究中，资本主义作为一条主线贯穿于他的作品之中，但资本主义既被他视为一种生产方式，又被视为一种思想文化，他总是从物质和文化两个层面开展环境史研究。

　　相对美国环境史学者对文化转向的热衷而言，欧洲同行显得比较冷静。这可以从欧洲环境史学会的专业刊物《环境与历史》上反映出来。在1996—2007 年间，标题含"种族"、"族裔"、"阶级"、"性别"等任何一个词的文章，在《环境与历史》上仅为 3 篇，而在美国环境史学会的专业期刊《环境史》上则达到了 35 篇，其中包括论文 14 篇，书评 21 篇。④ 欧洲学者对文化转向的默然，与他们的专业背景密切相关。欧洲资深的环境史学者大多有自然科学的专业背景，而且也不在历史系工作。欧洲的环境史学者往往具有更广阔的视野，坚持以研究生态变迁为中心，将自然科学的研究方法大

---

　　① Mark Harvey, "Interview: Donald Worster", *Environmental History*, Vol. 13, No. 1（Jan. 2008），p. 145.

　　②［美］唐纳德·沃斯特：《自然的经济体系：生态思想史》，侯文蕙译，商务印书馆 1999 年版，第 10、11、14 页。

　　③ Donald Worster, *The Wealth of Nature: Environmental History and the Ecological Imagination*, Preface, p. ix.

　　④ 相关数据为笔者于 2013 年 1 月 18 日检索 JSTOR 数据库所得。

量运用于环境史研究。欧洲环境史研究的这种风格，受到了一些美国学者的称赞，对坚守生态分析的那些学者也是一种鼓舞。约翰·麦克尼尔、南茜·兰斯顿、埃德蒙·拉塞尔、亚当·罗姆实际上依然一如既往地坚守环境史研究的生态分析模式，并逐渐成为美国环境史领域新一代的领军人物。但不可否认的是，这些学者在他们的研究中也融入了文化分析。麦克尼尔在《太阳下的新事物》中就指出，"环境变化通常总是对有些人有利而不利于另外一些人"，在对环境变化的好坏进行评价时，就不能不依据"将谁的利益置于其他人之上"，麦克尼尔在书中就多次谈到了发展对不同人群的截然不同的影响。[1] 兰斯顿关于马卢尔保护区（Malheur Refuge）的那本著作，就是从不同人群关于该地的记忆和故事讲起的。[2] 而亚当·罗姆在探讨进步主义时代美国的环境改革和战后的环保运动时就直接运用了性别分析。[3] 文化分析实际上已经被广泛应用于环境史研究，只是应用的程度有所不同。

　　继文化转向之后，美国环境史研究在未来或许又会出现一种新转向。这种新转向也许将是环境史的"科学转向"或"生态转向"的重新开始，以矫正文化转向过犹不及的消极影响。这一转向最明显的表现就是人为进化和协同进化（coevolution）研究热的兴起。埃德蒙德·拉塞尔作为这一领域的开拓者，强调人类作为影响其他物种进化的重要力量，突出人为进化的普遍性及其对人类历史的影响，重视人类与其他物种在进化过程中为了相互适应而共同进化。[4]拉塞尔以其在这方面的开创性研究而声名鹊起，在 2013 年加盟堪萨斯大学，接替沃斯特担任该校的霍尔杰出讲席教授。进化研究热将有力推动生态分析在环境史领域的复兴。

　　近 20 年来，在以克罗农、怀特、戈特利布和赫尔利为首的一批学者的

---

　　① John McNeill, *Something New under the Sun: An Environmental History of the Twentieth – Century World*, New York: Norton, 2000, Preface, p. xxv.

　　② Nancy Langston, *Where Land and Water Meet: A Western Landscape Transformed*, Seattle: University of Washington Press, 2003.

　　③ Adam Rome, "'Give Earth a Chance': The Environmental Movement and the Sixties", *The Journal of American History*, Vol. 90, No. 2（Sep. 2003）, pp. 525 – 554; Adam Rome, "'Political Hermaphrodites': Gender and Environmental Reform in Progressive America", *Environmental History*, Vol. 11, No. 3（July 2006）, pp. 440 – 463.

　　④ Edmund Russell, *Evolutionary History: Uniting History and Biology to Understand Life on Earth*, New York: Cambridge University Press, 2012, pp. 2 – 3.

推动下，文化转向已经成为美国环境史研究最明显的趋势之一。社会文化分析成为环境史研究的一种新范式。在这种新的范式下，自然既被视为一种客观存在，又被视为一种社会文化建构，自然与文化的边界非常模糊；自然是变动不居的，而非稳定有序的。与此同时，种族、阶级与性别分析被广泛应用于环境史研究，环境史加快了与社会史融合的步伐。

文化转向在很大程度上是美国环境史研究发展的必由之路。尽管它受到了一些质疑，但还是得到了环境史学界的普遍认可，环境史与社会史的融合成为一种发展趋势。环境史的文化转向，既适应了 20 世纪 80 年代以来美国社会现实的变化，尤其是多元文化主义的兴起和环境正义运动的发展，又体现了新文化史对整个史学领域的冲击和影响。环境史的文化转向，可以折射出环境问题的复杂性，可以揭示环境问题背后所隐藏的种种社会关系和利益冲突。环境问题既然与社会问题紧密相连，环境史就不能脱离社会史，就不能脱离社会分层和权力关系而抽象地探讨人类与自然之间的互动。

文化转向虽然削弱了环境史"以自然为中心"的研究特色，但它在整体上仍然有利于环境史的发展。文化转向为环境史研究提供了文化分析的新范式。这种新范式与生态分析范式并非彼此对立，而是存在诸多共通之处：其一，它们都将人类与自然视为一个统一的整体，反对将人类与自然进行二元区分；其二，它们都承认思想文化的作用，只是对影响的程度有不同的估计；其三，它们都致力于推动人类与自然的和谐相处，只是价值取向在人类中心主义和生态中心主义之间各有侧重，它们都反对极端的价值取向。作为环境史研究的两大范式，文化分析与生态分析侧重于研究环境史的不同层面。实际上，这两种分析模式从环境史兴起以来就一直存在，只是在 20 世纪 90 年代以前，生态分析模式主导了美国的环境史研究。[①] 近年来，文化分析的蔚为大观或许可以视为对生态分析模式的一种矫正或平衡。实际上，文化分析和生态分析各有利弊，彼此可以取长补短，在具体研究中应协调配合使用，而不要顾此失彼，更没必要将二者对立起来。生态分析与文化分析或将成为环境史的两翼，彼此协调发展，从而促进环境史研究的深化和发展。

---

① Douglas Cazaux Sackman, *A Companion to American Environmental History*, Introduction, p. xiv.

第十三章

全球环境史的兴起及其意义

近 20 年来，美国的环境史研究出现了一些明显的变化，其中一个重要方面就是全球环境史研究的兴起。全球环境史的成果近年来在美国得到了世界史学界和环境史学界的共同认可。2009 年 6 月下旬，在马萨诸塞州塞勒姆州立学院（Salem State College）召开的第 18 届世界史学会（The World History Association）年会首次颁发了"世界史先驱奖"（Pioneers in World History Award），获此殊荣的是两位鼎鼎大名的美国历史学家，即艾尔弗雷德·克罗斯比和威廉·麦克尼尔。无独有偶，美国环境史学会主办的《环境史》在 2009 年第 3 期和 2010 年第 1 期分别刊登了对克罗斯比和威廉·麦克尼尔的访谈文章。克罗斯比是美国环境史研究的主要奠基人之一；威廉·麦克尼尔则是享誉学界的世界史权威。克罗斯比和威廉·麦克尼尔两位学者的成就能同时获得美国世界史学会和美国环境史学会的表彰和认可，表明世界史和环境史可以相互贯通，彼此联系紧密。约翰·麦克尼尔[①]是研究全球环境史的知名学者，在 2011 年 4 月至 2013 年 4 月曾任美国环境史学会主席，这说明全球环境史正在成为美国环境史研究领域的一个重要分支。本章拟对全球环境史研究在美国的兴起背景、它作为一个领域的出现及其意义进行梳

---

① 本章的写作得到约翰·麦克尼尔、唐纳德·休斯等学者的指点，特致谢忱。威廉·麦克尼尔与约翰·麦克尼尔是父子俩，两人为推动全球环境史的发展贡献良多，为避免混淆，该章正文中称前者为老麦克尼尔，后者为小麦克尼尔。

理与分析,① 希望能有助于国内学界了解全球环境史研究在美国的发展。

一 全球环境史何以出现

全球环境史探讨生态环境因素在洲际、甚至全球范围内对人类历史的影响。在美国,全球环境史不同于外国国别环境史,其研究对象所涉及的地域范围覆盖了有人类文明存在的多数区域。全球环境史同时也可指一种研究视角,恰如沃斯特所说,"从全球的角度思考环境史,意味着采用总体的观念,把世界视为整体,把地球看作一个生态系统加以研究"②。

作为环境史研究的一个重要分支,全球环境史的兴起,既是出于现实的需要,也是世界史与环境史发展到一定阶段的产物,是两个领域相互融合的结果。而近年来"大历史"(Big History)的兴起,也推动了全球环境史研究的发展。

全球环境史之所以出现,与伴随经济全球化而来的环境问题的全球化有密切关系。经济全球化往往被追溯至15世纪、16世纪新航路的开辟和资本主义在西欧的兴起。由于世界市场的开拓,"一切国家的生产和消费都成为世界性的了"。新的资本主义工业"所加工的,已经不是本地的原料,而是来自极其遥远的地区的原料;它们的产品不仅供本国消费,而且同时供世界各地消费……过去那种地方的和民族的自给自足和闭关自守状态,被各民族

① 美国学者关于全球环境史研究概况的梳理,可参见 J. Donald Hughes, "Global Dimensins of Environmental History", *Pacific Historical Review*, Vol. 70, No. 1 (Feb., 2001), pp. 191 – 101; [美] J. 唐纳德·休斯《什么是环境史》,梅雪芹译,北京大学出版社 2008 年版,第 5 章。国内学者对此只有简单提及,可参见韩莉《全球通史体系下的生态环境史研究》,载刘新成主编《全球史评论》第 1 辑,商务印书馆 2008 年版;包茂红《从环境史到新全球史》,《光明日报》2011 年 12 月 1 日。另外,据伊格尔斯称,"全球史"和"世界史"在美国"往往相互重叠,混为一谈,但全球史更倾向于研究 15 世纪地理大发现以后的时代……而世界史则可以把前现代的社会和文化的研究包括进来"([美] 格奥尔格·伊格尔斯、王晴佳:《全球史学史:从 18 世纪至当代》,杨豫译,北京大学出版社 2011 年版,第 413 页)。考虑到美国著述的实际情形,再加上休斯、约翰·麦克尼尔等学者也都采用"全球环境史"这一术语,本章循例使用"全球环境史"而不是"世界环境史"。

② Gabriella Cornoa, "What is Global Environmental History? Conversation with Piero Bevilacqua, Guillermo Castro, Ranjan Chakrabarti, Kobus du Pisani, John R. McNeill, Donald Worster", *Global Environment: A Journal of History and Natural and Social Sciences*, 2 (2008), p. 233.

的各方面的互相往来和各方面的互相依赖所代替了"①。近代以来，各国经济之间的相互联系不断密切，世界经济一体化的过程在冷战结束后明显加速。

经济全球化加剧了资本无限扩张和地球有限承载力之间的矛盾，导致全球环境质量总体上不断趋于恶化。经济全球化的浪潮，使生产和消费日趋分离，人为加剧了生态系统失衡的危险。生态退化和资源耗竭大范围发生，环境污染几乎无处不在。在一定程度上，少数地区、少数人口的高消费往往以多数地区、多数人口的生存环境恶化为前提，各国城乡之间、发达国家与发展中国家之间在环境问题上的矛盾和冲突更趋紧张。

20 世纪中叶以来，环境问题从局部的、区域性的问题变成人类社会不得不面对的普遍的全球性问题。一方面，所有人群不论身在何处，都会受到气候变暖、臭氧层损耗、酸雨、土地荒漠化、森林锐减、生物多样性减少、水资源危机、海洋污染、危险性废弃物越境转移、城市空气污染十大全球性环境问题的影响。另一方面，在各国经济相互依存和渗透日渐加深的全球化时代，局部问题很容易在全球引起连锁反应。各种传染病往往能轻易地跨政治边界传播。一些国家的粮食和石油减产，在人为操纵下，可能会影响到整个世界的安定。环境问题的广泛存在，直接威胁到人类的生存和发展。各国民众对世界环境问题的普遍忧虑，成为推动全球环境史研究发展的现实动力。

全球环境史的出现，不仅是经济全球化和环境问题全球化的产物，也是环境史研究发展到一定阶段的结果。首先，作为宏观研究，全球环境史必定以环境史的大量个案研究为基础。自 20 世纪 70 年代兴起以后，环境史研究在美国、欧洲及世界上其他很多国家和地区蓬勃发展，个案研究盛行，成果大量涌现，为全球环境史的综合研究创造了条件。全球环境史往往是对国别、区域和专题环境史的提炼与综合，具有吴于廑先生所喻指的宏观历史的特点，即它所要勾画的"是长卷的江山万里图，而非团团宫扇上的工笔花鸟"②。

---

① 《马克思恩格斯选集》第一卷，人民出版社 1995 年版，第 276 页。
② 吴于廑：《吴于廑学术论著自选集》，首都师范大学出版社 1995 年版，第 28 页。

　　其次，环境史与世界史的内在联系，为二者之间的融合创造了条件。环境史与世界史都倡导超越民族国家的界限，并强调互动与横向联系。[①] 从 20 世纪下半叶以来，以巴勒克拉夫为首的一些西方历史学家就开始提倡"超越民族和地区的界限、理解整个世界"[②] 的全球史观，对人类历史进行重新审视。全球史观要求摒弃西方中心论，将不同人群、社会、民族、国家之间的"'跨文化互动'理解为全球发展的核心"[③]，以展示人类文明的整体发展，尤其是研究还较薄弱的世界横向联系和发展。全球史学者认为，贸易范围的扩大加强了世界的横向联系，不仅启动了各国、各地区政治、经济、技术、文化方面的互动[④]，而且加强了洲际的物种交流，对世界各地区的生态和社会变迁产生了广泛深远的影响。

　　环境史也倡导超越民族国家的界限来探讨人与自然之间的互动关系。沃斯特在 1988 年曾指出，历史学者"一直倾向于狭隘的国别的研究"，但这种方法"可能给环境史的探索'设置障碍'"[⑤]，因为这个领域中的很多问题并不只是存在于民族国家的疆域之内，而是跨越国界，甚至影响整个地球的。除前文提到的全球十大环境问题外，人口迁移、疫病传播、海洋捕鲸、候鸟迁徙、跨境污染、战争也会造成全球影响。各种类型的生态系统往往并不局限于民族国家的范围之内，再加上不断的能量流动、物质循环和信息传递在生态系统内外所形成的错综复杂的种种联系，使得以生态系统作为研究对象的环境史必然要突破民族国家的界限，不然就会割裂生态系统的有机联系。

　　近年来兴起的"大历史"，也推动了全球环境史研究的发展。大历史试图理解自 130 亿年前"宇宙大爆炸"以来的全部历史，从宇宙的起源、地球的演化、地球生命的进化一直讲到人类的出现和人类文明的发展，力图对人

---

　　① 　Robert B. Marks，"World Environmental History：Nature，Modernity，and Power"，*Radical History Review*，Issue 107（Spring 2010），p. 210.

　　② 　［英］杰弗里·巴勒克拉夫：《当代史学主要趋势》，杨豫译，上海译文出版社 1987 年版，第 242 页。

　　③ 　刘新成：《"全球史观"与近代早期世界史编撰》，载刘新成编《全球史评论》第 1 辑，第23 页。

　　④ 　同上书，第 32 页。

　　⑤ 　［美］唐纳德·沃斯特：《环境史研究的三个层次》，侯文蕙译，《世界历史》2011 年第 4 期，第 97 页。

类从哪里来、又将去往何方提供一个整体的描述。大历史将"进化"作为其核心概念之一，将人类史置于宇宙进化史的视野下加以考察，提出了"人类历史在整个生物圈的进化中所具有的重要意义"这样宏大的问题，而该问题"即使从长达数千年的时间框架来看"也很难解答。克里斯蒂安多年来一直倡导大历史研究，在他看来，"过去只是关注国家、宗教与文化之分野的那些历史叙述，现在看来是狭隘的、错误的，甚至是危险的"。在环境问题层出不穷的今天，历史学家"迫切需要将人类看作一个整体"[1]。总的来看，大历史非常重视对全球环境史的研究。在一定程度上甚至可以说，大历史是全球环境史的无限放大与延伸。近年来，大历史已经受到了美国世界史学界的广泛关注，成为美国世界史学会 2011 年年会讨论的热门问题。[2] 大历史的兴起，将会进一步推动全球环境史的发展。

总之，全球环境史研究的兴起，是经济全球化和环境问题全球化在历史学中的反映，同时也是全球史和环境史相互融合的结果。有学者认为，环境史已经同文化交流与传播史、经济社会史并列，成为当前专业历史学家开展全球历史分析的三大流派之一，这一流派"探索环境和生态发展在大范围，有时是全球范围内产生的影响"[3]。

二　全球环境史编撰的尝试与呼吁

全球环境史研究在美国可以追溯至 20 世纪五六十年代。从七八十年代以来，以克罗斯比和老麦克尼尔为首的少数学者，就人类历史上动植物和病菌在全球范围内的传播及其影响出版了令人瞩目的成果。在 1982 年，沃斯特明确提出了环境史研究要超越民族国家的疆界，倡导全球视野下的环境史研究。

---

[1]　［美］大卫·克里斯蒂安：《时间地图：大历史导论》，晏可佳等译，上海社会科学院出版社 2007 年版，第 10 页。
[2]　在 2011 年的世界史学会年会上，大历史成为"一大热点，共有 5 个分组会议和 2 个圆桌会议"，参见方林《世界史学会第 20 届年会简述》，载刘新成主编《全球史评论》第 4 辑，中国社会科学出版社 2011 年版，第 383 页。
[3]　［美］杰里·H. 本特利：《20 世纪的世界史学史》，许平、胡修雷译，《史学理论研究》2004 年第 4 期，第 130 页。文化交流与传播史尤其重视技术的传播，而经济社会史强调远程贸易和经济融合。

　　1976 年美国环境史学会的成立，为全球环境史的萌发创造了必要条件，但此前也有其他学科的少数学者对后来全球环境史所关注的一些问题进行过思考。1955 年 6 月，为纪念乔治·马什的《人与自然》一书出版 100 周年，卡尔·索尔（Carl Sauer）、刘易斯·芒福德（Lewis Mumford）、保罗·希尔斯（Paul Sears）、卡尔·魏特夫（Karl A. Wittfogel）等 70 多位来自不同学科、不同国家的知名学者，在普林斯顿大学举行国际学术研讨会，会议主题为"人在改变地球面貌中的作用"。与会者探讨了远古以来欧亚、拉美等多个地区人类通过采集、渔猎、农业、工业和城市化等诸多活动所带来的景观变迁，其主题涉及气候、能源、植被、河流、海岸线等多个方面。会议论文于次年结集出版，该文集以其宏阔的视野和精湛的研究而成为一部皇皇巨著。①

　　在 20 世纪 70 年代以前，研究全球范围内人类与自然关系史的学者，主要是地理学家。从七八十年代开始，有历史学者开始从生态史的角度对物种交流、疫病传播进行跨国别的研究。克罗斯比及老麦克尼尔富有成效的探索，促进了环境史研究在美国的发展，可视为全球环境史在美国的萌芽。

　　作为美国环境史研究的奠基人之一，克罗斯比是全球环境史研究的拓荒者。克罗斯比生于 1931 年，自小就常听他的外祖父唠叨 1858 年爱尔兰大饥荒。那场饥荒连同欧洲黑死病所导致的人口损失，以及新旧世界接触后美洲土著人口的锐减，让他想到也许都是传染病在作祟。在经历过朝鲜战争、民权运动和反战运动之后②，克罗斯比开始力图摆脱意识形态的羁绊，转而探寻生命本身，尝试"建立我们对这个星球上的生命的整体认识"③。克罗斯比对生命或生态的研究，是从传染病入手的。他在 1967 年撰文提出，庞大的印加帝国被区区数百名西班牙殖民者所征服，是因为天花作为生物武器，给毫无免疫能力的印第安人带来了灭顶之灾，摧毁了土著社会。后来，他在

---

① William L. Thomas, ed., *Man's Role in Changing the Face of the Earth*, Chicago, 1956.

② Mark Cioc and Char Miller, "Alfred Crosby", *Environmental History*, Vol. 14, No. 3（July 2009），pp. 560 – 561.

③ ［美］克罗斯比：《哥伦布大交换——1492 年以后的生物影响和文化冲击》，郑明萱译，中国环境科学出版社 2010 年版，"30 周年版前言"第 x、xvi 页。

该文的基础上，又深入地探讨了新旧大陆其他物种的交换，这就是 1972 年出版的《哥伦布大交换》一书的由来。

在《哥伦布大交换》中，克罗斯比从生物竞争的角度揭示了新旧世界相遇后的不同命运。克罗斯比审视了 1492 年新旧世界相遇之后农作物、家畜和疾病的散布与传播，并将这种全方位且极不均衡的物种交换视为欧洲人征服美洲的根本影响因素。在克罗斯比之前，尽管人类学者、人口学者和少数历史学者考察过 1492 年后美洲发生的多起瘟疫所导致的土著人口的锐减，尽管动物学家、植物学家、地理学家对农作物和家畜的传播引进也有所涉及，但未曾将这些不同领域的研究结合起来。而克罗斯比的贡献就在于，他尝试着"将各行专家的发现整合起来，建立我们对这个星球上的生命的整体认识"①。

克罗斯比的研究太超前了，其有关哥伦布的研究在 20 世纪 70 年代初还不易为人所接受。《哥伦布大交换》一书的出版经历过很多波折，遭到了多家出版社的拒绝，在 1972 年才得以面世。② 该书出版之后争议很大，毁誉不一，一度受到史学界的漠视甚至评论界的苛责。但该书却成为环境史这一新领域的奠基性文本之一。克罗斯比因为该书而声名鹊起，成为环境史领域的领军人物，并在 80 年代之初应邀出任剑桥大学出版社"环境与历史研究"丛书的主编之一。时至今日，克罗斯比在《哥伦布大交换》中提出的一些基本观点，已经被美国的主流史学所接受，成为多部美洲史和世界史教科书的内容。

此后，克罗斯比进一步拓展了其研究的时空范围。在 1986 年出版的《生态扩张主义》一书中，克罗斯比阐述了欧洲人于 900—1900 年间在美洲、大洋洲和太平洋岛屿的扩张，解释了欧洲移民及其后裔遍布世界的生物因素。作者认为，欧洲人得以成功扩张，"从根本上说，也许要归功于最好称其为生物的或地理的因素"③，欧洲人所带去的动物、植物及病菌作为先遣

① ［美］克罗斯比：《哥伦布大交换——1492 年以后的生物影响和文化冲击》，"30 周年版前言"第 xvi 页。
② Mark Cioc and Char Miller, "Alfred Crosby", Vol. 14　No. 3（July 2009），p. 562.
③ Alfred Crosby, *Ecological Imperialism*：*The Biological Expansion of Europe*，*900 - 1900*，Cambridge University Press，1983，p. 5.

军，挤占了原生物种的生存空间，导致当地物种及土著居民的衰微甚至灭绝，从而为欧洲人的大举扩张开辟了道路。

克罗斯比是环境史研究的主要奠基人之一和全球环境史研究的拓荒者，而生态分析和全球视野是他一以贯之的研究特色。克罗斯比是最早将利奥波德所倡导的"历史的生态解释"[①]——从生态的角度阐释历史的变化——付诸实施的少数学者之一。克罗斯比的研究着意于生命本身，他将自然视为由不同物种所构成的生命系统，其中所有的物种，不论动植物、微生物，还是人，首先都是生命。克罗斯比将人视为一个"生物性的实体"进行考察，将人放在自然进化的长河中进行探讨，将人作为依存其他生物、影响其他生物、受其他生物影响的自然生态系统中的一员来加以探究。克罗斯比严肃地看待生态因素在人类历史上的作用。他所研究的物种交换，即所谓的植物、动物和微生物的散布和传播，不仅贯穿了文明的始终，而且不断突破新的地域界限。而他所研究的那一时期，又正好处于人类历史的转折阶段，当时，资本主义向全球扩张，新旧大陆从孤立隔绝走向联系紧密。因此，哥伦布环球航行以来的物种交换，就其广度和深度而言都是绝无仅有的；它伴随着资本主义的血腥扩张，给世界广大地区带来了深重的苦难，因而被克罗斯比称为"生态帝国主义"。克罗斯比视野开阔，他的几乎所有作品都是在洲际甚至全球的大范围内进行探讨。

与克罗斯比出版《哥伦布大交换》一书时是史学界的无名小卒不同，老麦克尼尔在1976年出版《瘟疫与人》的时候已经是世界史学界的领军人物。此书甫一出版便大受欢迎，于1977年、1979年两次重印，成为老麦克尼尔最畅销的一本书。该书是第一部从整体上讨论传染病影响人类历史的史学著作，揭示了传染病跨洲界侵入时对其完全缺乏免疫力的人群所造成的灾难性影响，认为传染病"无论过去与现在都在自然平衡中扮演着至关重要的角色"[②]，是"影响人类历史的基本参数和决定因素之一"[③]。老麦克尼尔在

---

① Aldo Leopold, *A Sand County Almanac*: *With Essays on Conservation from Round River*, New York, 1974, p. 241.

② ［美］威廉·麦克尼尔：《瘟疫与人》，余新忠、毕会成译，中国环境科学出版社2010年版，第2页。

③ 同上书，第175页。

书中将人类社会视为一种由病菌的微寄生和一些人依赖于另一些人的巨寄生所构成的脆弱的平衡系统。微寄生是指以人类为宿主的病菌在人群中传播，而巨寄生则是指各国内部所存在的社会剥削，以及国际上强国、大国对弱国、小国的掠夺。老麦克尼尔将病菌视为人类生态系统中的一个重要环节，全面深入地考察了病菌对政权更迭、经济消长、文化兴衰的影响。该书之所以深受欢迎，除了写得生动有趣之外，还在于它揭示了疾病在人类历史上的重要作用，并与它付梓之时恰逢艾滋病倍受关注这一时机有关。《瘟疫与人》的成功，展示了疫病作为一种新的历史解释模式的潜力，使疫病史作为一个领域倍受关注，引导学者关注人类赖以生存的、包括病菌在内的自然环境的整体。

　　老麦克尼尔作为世界史研究的一代宗师，在倡导将生态视角纳入全球史研究方面所发挥的作用不容低估。[①] 尽管他没有写过环境史的专门著作，但他的多部作品都将生态维度作为历史考察的一个重要方面。他在 1947 年完成的博士论文追溯了土豆在爱尔兰种植的历史。但他自己也承认，他"在当时并没有像后来那样，有意识地将人与其他生命形式的关系作为人类事务中一个普遍而且无法回避的方面"，他关注的主要是引种土豆"在人口、政治和文化方面所造成的影响"[②]。他在晚年还和小麦克尼尔合著《人类之网：鸟瞰世界历史》一书，该书受到克罗斯比的推崇："如果你只想读一本世界史的书，《人类之网》就是你应该读的那本。"[③] 老麦克尼尔对全球环境史研究的贡献，还在于他儿子在他的影响下成为该领域的杰出学者。这种影响主要是引导致力于环境史研究的小麦克尼尔接受全球史或世界史的观念。[④] 这

---

　　① 巴勒克拉夫曾经特别提到 L. S. 斯塔夫里亚诺斯和威廉·麦克尼尔尝试用全球观点进行世界史写作方面所取得的成就（［英］杰弗里·巴勒克拉夫：《当代史学主要趋势》，第 246 页）。L. S. 斯塔夫里亚诺斯在 1989 年出版了《远古以来的人类生命线》（L. S. Stavrianos, *Lifelines from Our Past*: *A New World History*, New York: Random House, Inc., 1989），该书从生态、两性关系、社会关系和战争四个方面分析了社会形态的更替嬗变。

　　② Mark Cioc and Char Miller, "William H. McNeill", *Environmental History*, Vol. 15, No. 1 (Jan., 2010), pp. 130 - 131.

　　③ J. R. McNeill, William H. McNeill, *The Human Web*: *A Bird's - Eye View of World History*, W. W. Norton & Company, 2003. 克罗斯比的评价见该书封底。该书中文本已于 2011 年由北京大学出版社推出，译者为王晋新等人。

　　④ 小麦克尼尔从事环境史研究，主要是受他在杜克大学的老师约翰·理查兹等人的影响。

种全球的视角实际上在包括环境史在内的整个历史学界都还非常缺乏，人们往往重视个案研究，而对全球史或世界史持怀疑态度。小麦克尼尔因为将环境史和全球史结合起来而独树一帜，成为美国环境史学界的中年一代领航者。

长期以来，唐纳德·沃斯特是美国环境史研究的领军人物，他是明确倡导开展全球环境史研究的第一人。沃斯特于 1982 年 1 月在加利福尼亚大学召开的美国第一届环境史学会学术会议上，作为美国环境史学会的主席，作了题为"没有区隔的世界：环境史的国际化"的总结发言。在这个被认为"改变了环境史的发展方向"① 的演讲中，沃斯特号召对"每个国家、地球上的各个角落都存在的那些基本的历史问题"开展比较研究，他当时提到了两个问题，其一是人们对自然的理解和行动，"从依靠民间经验向依靠专业科学知识的转移"；其二是"从自给自足到卷入全球市场体系"所经历的经济和生态演变。②沃斯特作这个报告，不仅因为环境史从一开始就存在碎化问题，而且因为与会者中有很多人研究的是外国国别史，只有谈环境史的国际化才有可能同众多与会者的专业兴趣结合起来。沃斯特倡导全球环境史研究，与他的学术经历也有一定关系。沃斯特在获得博士学位后曾经在科罗拉多州的阿斯彭（Aspen）人文研究所工作，参与过 1974 年世界粮食会议白皮书的起草，常常谈论世界粮食问题、气候变化和非洲的荒漠化，这种经历使他后来总是"力图把美国史和一系列全球问题联系起来"③。他在《尘暴》一书中不是孤立地谈美国南部大平原沦为尘暴重灾区的经历，而是将其同欧洲地中海地区、中国黄河流域、非洲撒哈拉地区以及苏联均存在的类似问题联系起来。实际上，资本主义的环境影响是沃斯特诸多研究中一以贯之的主线，他总是在资本主义全球扩张这一历史背景下审视各地所经历的生态与社会变迁。

---

① David Kinkela and Neil M. Maher, "Revisiting a 'World without Borders': An Interview with Donald Worster", *Radical History Review*, Issue 107（Spring 2010）, p. 101.

② Donald Worster, "World without Borders: The Internationalizing of Environmental History", in Kendall E. Bailes, ed., *Environmental History: Critical Issues in Comparative Perspective*, Lanham: University Press of America, 1985, pp. 664 – 665.

③ David Kinkela and Neil M. Maher, "Revisiting a 'World without Borders': An Interview with Donald Worster", *Radical History Review*, Issue 107（Spring 2010）, p. 103.

从 20 世纪 80 年代中期以来，沃斯特和克罗斯比就一直在努力推动全球环境史研究的发展。除著书立说之外，两位学者还主编了剑桥大学出版社的"环境与历史研究"丛书①。这套丛书将环境史研究不断推向美国以外的广大地区，已出版多种有关拉丁美洲、中国、欧洲、非洲的环境史作品。其中，由沃斯特教授主编的《地球的结局》② 这一文集涉及全球多个区域，被广泛用作全球环境史的教材。此外，沃斯特和克罗斯比还积极开展国际学术交流，指导和培养了多名外国留学生，为环境史研究在世界多国的发展作出了贡献。

总的来看，在 20 世纪 90 年代之前，全球环境史研究在美国还处于萌芽状态。在很长时间内，克罗斯比几乎是孤军奋战在这一领域。难能可贵的是，他的《生态扩张主义》一书取得了巨大的成功，开创了物种交换史研究的成功范例，显示了全球环境史作为一个专门领域的广阔前景，吸引一些学者投身于该领域，为全球环境史作为一个领域在未来的兴起开辟了道路。

三　全球环境史的兴起

全球环境史在美国兴起是在 20 世纪 90 年代。小麦克尼尔提到，全球环境史自兴起以来，到现在有约 20 年的时间。③ 在此期间，全球环境史研究在美国取得了一些新的进展。研究人员逐渐增多，其专业背景也不限于历史学本身。新成果不断问世，并以专题研究为主，通史性质的著作和工具书也在缓慢增加。在这一时期，以休斯为代表的老一辈学者尝试以环境史的理念编撰世界史。尤其可喜的是，以小麦克尼尔为首的一批学者开始脱颖而出，为该领域的发展带来了新的活力。

唐纳德·休斯是美国环境史学会和欧洲环境史学会的创始人之一，

---

① 除剑桥大学出版社的"环境与历史研究"（Studies in Environment and History）系列之外，俄亥俄大学出版社的"生态与历史"（Ecology & History）系列丛书也以全球环境史为出版重点。该丛书的主编是小詹姆斯·韦布（James L. A. Webb, Jr.），在 1998—2012 年间推出著作 20 种。

② Donald Worster, ed., *The Ends of the Earth: Perspectives on Modern Environmental History*, Cambridge University Press, 1989.

③ John McNeill, et al, eds., *Global Environmental History: An Introductory Reader*, New York: Routledge, 2013, p. xvi.

是为数不多的古代环境史学者。在 20 世纪 80 年代上半期担任《环境评论》主编期间，休斯对全球环境史的兴趣日益浓厚①，并在 90 年代将研究重点从古希腊罗马史转向了全球环境史，随后出版了《地球的面貌：环境和世界史》、《世界环境史：人类在生命共同体中的角色变化》等作品。②

　　休斯对世界环境史的编撰提出过一些初步设想。他在 1995 年撰文指出了既有世界史编撰中存在的一些问题，并主张通过引入环境史来克服其不足。在他看来，以往那些以发展为主线的世界史著作，都几乎把发展视同于经济增长和技术进步，无视发展给包括人类在内的地球上的生命共同体所造成的损害和威胁，没能就人类与自然的和谐相处提供历史的借鉴。休斯提出了"生态演变过程"（ecological process）这一概念，主张以生态演变为主线重新编撰世界历史，将历史上的人类活动置于地球这一生命支撑体系的大背景下进行分析，从历史的角度为人类的可持续发展提供启示。③ 此后，休斯将这一主张付诸实践，于 2000 年主编了文集《地球的面貌：环境和世界史》，该文集主要关注 20 世纪，包括 7 篇专题文章，涉及生物多样性、农业、环保运动等诸多方面，涵盖美国、澳大利亚、苏联、印度等世界多个国家和地区，旨在揭示人与自然的相互依存。2001 年他又出版了《世界环境史》一书。该书以时间为序，从史前一直写到当代，每一章都在引言部分交代历史背景，并各以三个个案来阐述那一时期人与自然的互动关系，既有总体概述，又有具体实例。这种尝试，有助于克服通史研究泛泛而论的不足。④

---

　　① J. Donald Hughes, "Human Ecology in History：The Search for a Sustainable Balance Between Technology and Environment", *Journal of the Washington Academy of Sciences*, Vol. 77, No. 4（Dec. 1987）. 该文表明休斯当时有意撰写一本世界环境史著作。

　　② J. Donald Hughes, *The Face of the Earth：Environment and World History*, Armonk, NY：M. E. Sharpe, 2000；J. Donald Hughes, *The Environmental History of the World ：Humankind's Changing Role in the Community of Life*, New York：Routledge, 2001.

　　③ J. Donald Hughes, "Ecology and Development as Narrative Themes of World History", *Environment History Review*, Vol. 19, No. 1（Spring 1995）.

　　④ Mark Cioc and Char Miller, "J. Donald Hughes", *Environmental History*, Vol. 15, No. 2（April 2010）, p. 314.

在中青年学者中，小麦克尼尔独树一帜，他专攻全球环境史，在美国史学界享有盛誉。小麦克尼尔著述颇丰，已出版《地中海世界的山区：环境史》、《阳光下的新事物：20 世纪世界环境史》、《蚊子帝国：1620—1914 年大加勒比海地区的生态和战争》三部专著，他还与人合著或合编了 10 多本环境史著作。① 《地中海世界的山区：环境史》从土耳其、希腊、意大利、西班牙和摩洛哥等国各选取一个丘陵山区作为研究对象，对这些山区衰败的过程进行了历史分析，将这些山区的环境退化归因于近两个世纪以来该地区长期的社会和政治动荡。《阳光下的新事物：20 世纪世界环境史》一书出版于 2000 年，是小麦克尼尔的代表作。该书认为，20 世纪经历了前所未有的环境变化，而人类"在引起环境变化的诸多因素中居于中心地位"②。该书分为两部分，第一部分梳理了 20 世纪史无前例的环境巨变；后一部分着重分析了导致生态巨变的三大因素：以化石燃料为基础的能源体系的形成，人口的快速增长，以及对经济增长和军事力量的崇奉。《蚊子帝国：1620—1914 年大加勒比海地区的生态和战争》出版于 2010 年，是小麦克尼尔最新的一部专著。该书揭示了在加勒比海地区肆虐的、由蚊子传播的两种传染病——黄热病和疟疾——在过去 300 年间对该区域地缘政治所产生的影响。在他看来，西班牙在当地长期的殖民统治得以维持，拉美独立革命得以成功，在很大程度上都是因为来自英法的军队和移民对这两种致命性的传染病缺乏免疫力，而无法在这里生存。20 世纪初，美国科学家发现这两种传染病是经蚊子传播，并找到了有效控制的方法，美国在该地区的霸权随之确立。该书将生态和战争、疾病与权力、海洋与陆地融为一体，体现了近年来美国环境史研究的一些新趋势。

小麦克尼尔的环境史研究，在空间上涉及世界多个区域，在时间上纵贯古今。这一特点与其学术经历和语言优势不无关系。小麦克尼尔学术专长原

---

① John McNeill, *The Mountains of the Mediterranean World: An Environmental History*, Cambridge University Press, 1992; John McNeill, *Something New under the Sun: An Environmental History of the Twentieth - century World*, New York: W. W. Norton & Company, 2000; John McNeill, *Mosquito Empires: Ecology and War in the Greater Caribbean, 1620 – 1914*, Cambridge University Press, 2010; John McNeill, *The Environmental History in the Pacific World*, Ashgate Publishing Company, 2001.

② John McNeill, *Something New under the Sun: An Environmental History of the Twentieth - century World*, Preface, p. xxii.

本是外交史，自 1985 年起一直在乔治城大学历史系和外交学院任教，讲授过欧洲史、德国史、俄国史、拉美史、非洲史、国际关系史、世界史等课程。在 20 世纪八九十年代，小麦克尼尔开始转向环境史研究。[①] 或许是因从事外交史研究的缘故，他的视野从来就没有局限于特定的区域，而是涵盖了大西洋、地中海和太平洋等地区的广大区域。他曾经提到，跨时空的研究特色并非有意为之，而更多的是出于机缘巧合。[②] 在 20 世纪 80 年代早期，小麦克尼尔虽然有意继续研究近代早期法国和西班牙在加勒比海地区的外交角逐，但由于当时去古巴等国开展研究存在诸多限制，他便将目光转向了地中海地区，并于 1992 年出版了《地中海世界的山区》。此后多年，他在环太平洋地区及加勒比海地区环境史研究方面也取得了诸多建树。[③] 小麦克尼尔的研究除了涉及众多区域之外，其时间跨度之长也令人惊叹，他虽然侧重于近代，但对现当代史的研究同样也取得了成功。小麦克尼尔突出的语言优势，对他进行跨区域研究可谓如虎添翼。除英文外，他还能使用法文、西班牙文和意大利文，这有助于他运用多国档案文献进行研究。他的作品旁征博引，视野开阔，见解独到。

　　小麦克尼尔治学的一些特点，可以通过《阳光下的新事物》这部代表作体现出来。其一，他的研究视野宏阔，紧扣生态与经济。该书"将地球的生态史和人类社会的经济史结合在一起观察"，对 20 世纪的生态变迁及其原因进行了高屋建瓴的客观叙述和深入分析，并配以 50 多张图表，便于读者从整体上理解 20 世纪的生态巨变。小麦克尼尔对生态因素的重视，同样体现在《蚊子帝国》一书中。在他笔下，不论是列强的角逐和统治，还是殖民地争取独立和解放的斗争，其胜负成败都受到了疾病、瘟疫的影响。其二，小麦克尼尔的研究虽然以生态变迁为中心，但具有人类中心主义的价值取向。《阳光下的新事物》克服了一些环境史著作不见人物踪影的缺点，提到了近百个历史人物，注重可读性。同时，小麦克尼尔不是抽

---

①　Tom Laichas, "A Conversation with John McNeill", *World History Connected*, Vol. 6, No. 3 (June 2009).

②　Trevor Burnard, "History and the Environment, John McNeill Talks about Environmental History", *History Now*, Vol. 6, No. 1 (May 2000), pp. 4 – 5.

③　John McNeill, *Mosquito Empires: Ecology and War in the Greater Caribbean, 1620 – 1914*, Preface, p. xvi.

象地谈论环境对人类的影响，而是注重社会分层分析。他提到，"环境变化通常对某些人有利而对某些人不利，对某些物种或亚种有利，而对某些则不利"，环境影响评估非常复杂，其结果依据"将谁的利益置于其他人之上"而大相径庭。[①] 小麦克尼尔倡导将环境问题与种族、阶级与性别因素结合起来加以研究。他在论述全球环境政治时指出，发展中国家以农民为基础的"穷人环保运动"，明显不同于以中产阶级为基础的西方环保运动。在印度等国家，各群体依据其社会角色而与自然发生不同的社会联系，他们对环保运动的期望也不尽相同。其三，小麦克尼尔的研究冷静客观，没有明显的情感色彩。尽管《阳光下的新事物》一书显示，20 世纪全方位的生态巨变总体上在朝不利于人类生存的方向发展，但小麦克尼尔却能冷静地对之加以叙述，其叙事风格与以往环境史著作中常见的"末世论"基调大为不同。在他看来，尽管人类的未来发展会面临一系列严峻的环境挑战，但人类的适应能力"将远远超过我们现在所能想象的程度"[②]。未来具有不可预测性，环保人士对未来的悲观预测并不利于环保运动的长远发展。小麦克尼尔称自己在看待环境事务时外冷内热，他虽然对环境危机忧心忡忡，但仍认为人类有能力化解环境危机，这种积极乐观的态度也是《阳光下的新事物》一书备受称道的原因。基于上述优点，该书于2000 年出版当年就获得了世界史学会图书奖、森林史学会图书奖，并已被翻译成多种语言文字出版。

从 20 世纪 90 年代以来，除休斯和小麦克尼尔以外，还有很多学者致力于全球环境史研究，并就一些专题出版过著作。在《没有尽头的边疆：近代早期世界环境史》[③] 一书中，约翰·理查兹从土地利用、生物入侵、商业捕猎和能源开发四个方面，叙述了 15—18 世纪伴随世界市场的形成而出现的环境变迁。在《现代世界的起源——全球的、生态的叙说》中，马立博提

---

① John McNeill, *Something New under the Sun: An Environmental History of the Twentieth - century World*, Preface, p. xxv.

② ［美］约翰·麦克尼尔、威廉·麦克尼尔：《人类之网：鸟瞰世界历史》，王晋新等译，北京大学出版社 2011 年版，第 316 页。

③ John F. Richards, *The Unending Frontier: The Environmental History of the Early Modern World*, University of California Press, 2003.

出了"旧生态体系"概念，认为"从1400年到1800年，世界经济最发达的核心地区在亚洲，特别是中国和印度"①。迈克尔·威廉斯将对森林史的研究从美国延伸到整个世界，并出版了《森林滥伐：从史前到全球危机》② 这一权威巨著。派因出版的"火之轮回"系列著作③，就美国、澳大利亚、欧洲、加拿大甚至整个世界对火的利用分别进行了探讨。

全球环境史的编撰并不仅限于历史学家，一些有影响的作品并非出自历史学家之手。比如，《枪炮、病菌与钢铁：人类社会的命运》、《崩溃：社会如何选择成败兴亡》这两部畅销书的作者贾雷德·戴蒙德，是加利福尼亚大学洛杉矶分校的一位生理学教授。在前一部书中，戴蒙德运用自然科学的最新成果，从地理环境和生物进化的角度论述了新旧大陆为何会有不同的命运。在后一部书中，戴蒙德认为，滥用自然资源是人类历史上许多社会崩溃的重要原因。④

全球环境史研究的进展，还可以从有关的论文集和工具书中体现出来。B. L. 特纳参与主编的《人类活动对地球的改变》⑤ 于1990年出版，这部百科全书式的巨著对过去300年间生态圈的变化及其原因进行了探讨。埃德蒙

---

① Robert B. Marks, *The Origins of the Modern World: A Global and Ecological Narrative*, New York: Rowman & Littlefield, 2006. "旧生态体系"主要指依赖可再生能源而不是化石能源的体制。该书中文版已于2006年由商务印书馆推出，译者为夏继果。

② Michael Williams, *Deforesting the Earth: From Prehistory to Global Crisis*, University of Chicago Press, 2003.

③ Stephen J. Pyne, *Introduction to Wildland Fire: Fire Management in the United States*, New York: Wiley, 1984; Stephen J. Pyne, *Burning Bush: A Fire History of Australia*, University of Washington Press, 1991; Stephen J. Pyne, *Vestal Fire: An Environmental History, Told through Fire, of Europe and Europe's Encounter with the World*, University of Washington Press, 2000; Stephen J. Pyne, *Fire: A Brief History*, University of Washington Press, 2001; Stephen J. Pyne, *World Fire: The Culture of Fire on Earth*, University of Washington Press, 1997; Stephen J. Pyne, *Fire: Nature and Culture*, London: Reaktion Books Ltd., 2012.

④ 美国以外的例子或许更为典型。比如，《绿色世界史》（*A Green History of the World*）的作者是英国外交官克莱夫·庞廷（Clive Pointing），而《改变地球面貌：文化、环境与历史》（*Changing the Face of the Earth*）、《全球环境史》（*Global Environmental History*）的作者是英国地理学家伊恩·西蒙斯（I. G. Simmons），而德国华裔社会学家周新钟（Sing C. Chew）则出版过"世界生态退化"（World Ecological Degradation）三部曲。

⑤ B. L. Turner, et al., eds., *The Earth as Transformed by Human Action: Global and Regional Changes in the Biosphere over the Past 300 Years*, Cambridge University Press, 1990.

顿·柏克与彭慕兰编撰了《环境与世界史》①，该文集由 11 篇专题论文组成，涉及全球多个地区，分专题探讨了 1500 年以来的人口增长、商业化、工业化、能源革命、水土资源的集约管理等问题。《重新审视环境史：世界体系演变和全球环境变化》② 由小麦克尼尔等人所编，该文集将环境变化同政治经济格局、社会不公联系起来，表明了强国富国对弱小国家的资源掠夺。这些文集大多是外国国别环境史研究的汇总，离真正的全球环境史还有很大差距。

　　全球环境史研究的推进，也可以从近年来问世的三部工具书得以反映。《世界环境史百科全书》③（3 卷本）由谢泼德·克雷希、小麦克尼尔等人主编，于 2003 年出版，该书由全球 300 多位专家合作编撰，收录的 520 个词条涵盖环球古今，涉及重要的山川湖泊、重要物种、自然资源、人物事件等。各词条的撰稿人都是相关问题的知名专家，每个词条的解释都长达数页，并附有详尽的延伸阅读书目，便于读者按图索骥开展深入研究。这部学术性工具书权威可靠，受到了学界的普遍赞誉。2012 年，小麦克尼尔参与主编的《全球环境史研究指南》、《全球环境史导读》两部富有参考价值的工具书相继面世。《全球环境史研究指南》按时间、区域和专题编排，由 28 篇原创性文章组成，编撰者为世界各地的知名专家。④《全球环境史导读》一书所收录的，多是已在《环境史》、《环境与历史》及有关文集中刊出、产生过重大反响的理论文章，这 18 篇文章按全球视角、区域视角、环保运动三个专题进行编排，作者大多是世界最知名的环境史学者。该文集旨在对全球环境史这个"新出现的领域进行初步的定位和介绍"⑤。这些工具书的接连问世，实际上是对全球环境史这一领域的初步回顾与展望，为深化全球

---

①　Edmund Burke III, Kenneth Pomeranz, *The Environment and World History*, University of California Press, 2009.

②　Alf Hornborg, John McNeill, eds., *Rethinking Environmental History: World System History and Global Environmental Change*, Lanham, MD.: AltaMira Press. 2007.

③　Shepard Krech III, John McNeill, and Carolyn Merchant, *Encyclopedia of World Environmental History*, New York: Routledge, 2003.

④　John McNeill, et al, eds., *A Companion to Global Environmental History*, Wiley – Blackwell, 2012.

⑤　John McNeill, et al, eds., *Global Environmental History: An Introductory Reader*, Editors' Introduction, p. xviii.

环境史的教学和研究准备了必要条件，为全球环境史在未来的蓬勃发展奠定了一定的基础。

毫无疑问，近20年来，全球环境史研究在美国已经取得明显进展。成果逐渐增多，一些中青年学者脱颖而出。小麦克尼尔作为全球环境史乃至环境史领域的领军人物，颇具乃父之风，博学多才，新作不断，弟子众多，而且富有领导才干。在以小麦克尼尔为首的一批优秀学者的带动下，全球环境史在未来一定会蓬勃发展。

四　全球环境史研究的价值与困境

全球环境史在多方面推动了史学研究的发展。它从历史的角度对人类与自然的关系进行了整体考察，有助于揭示历史发展的基本趋势和规律，为环境史的个案研究提供理论指导。它对西欧中心论和人类中心论的反思和批判，深化了对历史的认识。它还有助于克服环境史研究的碎化趋势。与此同时，全球环境史的发展又面临着多方面的挑战。

全球环境史对历史上人与自然互动关系的宏观考察，有助于揭示人与自然关系的历时性和共时性的演变。人类得益于"火的利用、新石器时代的农业革命、工业科技革命"这三项人类史上最重要的发明[1]，改造和影响自然世界的能力显著增强，人类在地球生命共同体中的影响不断扩大。近几个世纪以来，尤其是工业革命以来，人口的数量及其所消耗的资源和产生的垃圾都在成倍增加；人类对地球环境变化的影响，已经堪比地质力量，甚至成为影响地球环境变化的主要力量。2000年，诺贝尔化学奖得主克鲁岑提出了"人类世"这一概念，用以指代约1800年以来、由工业革命所开启的人为环境变化空前剧烈的地质时代。[2] 物极必反，随着人类在自然生态系统中的优势地位日渐强化，人类对地球生命共同体的干扰逐渐加剧，环境问题不断趋

---

① John F. Richards, "An Emerging Field: World Environmental History", *Comparativ*, *Leipziger Beiträge zur Universalgeschichte und vergleichenden Gesellschaftsforschung*, 16 (2006), Heft 1, p. 123.

② Will Steffen, JacquesWill Steffen, Jacques Grinevald, Paul Crutzen and John McNeill, "The Anthropocene: Conceptual and Historical Perspectives", *Philosophical Transactions of Royal Society A*, March 13, 2011, 369 (1938), p. 843.

于严重。环境问题虽然在过去也存在，但它毕竟是局部性的、阶段性的，到今天则成为事关人类存亡的根本性问题。全球环境史不仅可以揭示人与自然关系的历时性演变，它还可对比发生在同一阶段不同区域的环境问题的异同。人类经由工业革命从农业社会向工业社会的过渡，在很大程度上"就是从木材和木炭的文明过渡到铁和煤的文明"①，这两种社会所面临的环境问题存在根本性的差异。在农业社会里，自给自足的小农经济占主体地位，环境问题的产生往往与生计有关；而在以化石能源为基础的工业社会，资本主义为逐利而不断扩张，导致环境问题层出不穷。与此同时，由于自然和社会的各种因素之间错综复杂的相互影响，东西方社会走上了不同的发展道路。

全球环境史为史学研究提供了新的研究视角。全球环境史的研究题材可大可小，大到整个地球生态系统的变迁，小到某个物种的兴衰。但不管题材大小，在论述时都要超越具体地域，超越民族国家的界限，置于全球生态变迁的大框架内加以观察，探讨研究对象与外部世界之间的种种生态联系，以小见大，见微知著。而探讨的时段可长可短，可以溯及人类在地球上的出现或者是人类文明的起源，也可以短到以年月计算。全球环境史研究可以有多种不同的时间尺度和视角，既可以是断代史，也可以是通史；既可以是微观研究，也可以是中观或宏观探讨；既可以是扎实深入的个案专题研究，也可以是通览全球古今的综合研究。总的来看，全球环境通史类的作品寥寥可数，多数成果侧重于某个专题。威廉斯关于全球森林滥伐的研究、邓拉普关于自然观念史的研究都是比较典型的例子。②

近年来，物种交流、气候变化、能源供应、战争与环境等问题在全球环境史研究中备受关注。这一方面是由于这些问题直接关系到人类文明的未来发展，已经成为各国在国内及国际政治中的重要议题；另一方面是由于这些问题在历史上曾经存在，而且产生过深远影响，研究这些历史问题可以为现实提供借鉴。物种交流是指各种动植物（包括农作物及家畜）和微生物

---

① ［法］布罗代尔：《资本主义论丛》，顾良、张慧君译，中央编译出版社1997年版，第11页。

② Thomas Dunlap, *Nature and the English Diaspora: Environment and History in the United States, Canada, Australia, and New Zealand*, Cambridge University Press, 1999.

（包括致命病菌）的长距离传播。这一由克罗斯比开拓的新兴领域，已经吸引了越来越多的学者。① 从已有研究来看，生态因素的作用受到高度重视，但过分强调也可能会有"生物决定论"的嫌疑。全球环境史领域对气候变化的高度关注，与气候对人类文明的深远影响、全球变暖和国际社会围绕温室气体减排所展开的气候外交有密切关系。南茜·兰斯顿指出，尽管这方面的研究在 20 世纪上半叶就已经开始，但有关研究还严重滞后于社会的现实需要，其中的一个原因就是学者担心被扣上环境决定论的帽子。② 就能源问题而言，由于现代社会对不可再生的化石能源的严重依赖和日益增长的需求，能源短缺的威胁日益加剧，因争夺能源而引起地区和国际冲突不断爆发，能源问题已经受到学界的广泛关注。克罗斯比出版了一部能源开发与利用史的著作。③ 小麦克尼尔则将近代以来能源结构变迁和霸权更迭结合起来。④ 战争与环境的关系近年来受到了多位环境史学者的关注。埃德蒙顿·拉塞尔在《战争与自然》一书中探讨了从"一战"到越战期间化学武器的应用。理查德·塔克（Richard P. Tucker）教授在密歇根大学讲授战争环境史已有数年，还与人合编过一本战争环境史的文集。利萨·布雷迪（Lisa Brady）出版过美国内战环境史方面的专著，现在转向从环境史的角度研究朝鲜战争史。小麦克尼尔则在 2011 年与人合编了一部《冷战环境史》的文集。⑤

除上述问题外，全球环境史领域还有大量与现实相关、值得深入探讨的

① ［美］约翰·麦克尼尔：《世界历史中的物种交流》，夏天译，载刘新成主编《全球史评论》第 4 辑，第 211 页。

② ［美］南茜·兰斯顿：《变迁世界中的环境史学：进化、环境健康与气候变化》，曹牧译，《中国人民大学学报》2013 年第 3 期，第 16 页。

③ Alfred Crosby, *Children of the Sun: A History of Humanity's Unappeasable Appetite for Energy*, New York: W. W. Norton & Company, 2007.

④ ［美］约翰·麦克尼尔：《能源帝国：化石燃料与 1580 年以来的地缘政治》，《学术研究》2008 年第 6 期。

⑤ Edmund Russell, *War and Nature: Fighting Humans and Insects with Chemicals from World War I to Silent Spring*, Cambridge University Prsee, 2001; Edmund Russell, Richard P. Tucker, eds., *Natural Enemy, Natural Ally: Toward an Environmental History of War*, Oregon State University Press, 2004; Lisa Brady, *War upon the Land: Military Strategy and the Transformation of Southern Landscapes during the American Civil War*, Athens: University of Georgia Press, 2012; John McNeill, *Environmental Histories of the Cold War*, Cambridge University Press, 2010.

问题。小麦克尼尔指出，海洋环境史、资本主义和社会主义两种制度的环境影响、迁徙和移民等问题在未来都有待进一步研究。[①] J. 唐纳德·休斯则认为，经济全球化的环境影响[②]、人口增长、地方和全球的环境政策、生物多样性减少是全球环境史研究中需要关注的一些问题。[③]

　　全球环境史有利于克服现有史学研究中根深蒂固的西方中心论。它对西方中心论的突破，主要来自全球史对"西方中心论"的破除和环境史"去人类中心主义"的努力。全球史显著地"扩大了历史研究的单元"，以世界为整体，考察人类社会"由相互孤立隔绝发展为密切联系，由分散演变为整体的全部历程"[④]。全球史倡导相对中立的价值取向，主张超越民族、国家的狭隘范畴，对不同时代、不同地区、不同民族的建树予以客观公正的评价。在历史上，人类文明的中心，长期以来甚至在近代以来的很长一段时间内，都位于东方而不是西方。这种观点在马立博、弗兰克和彭慕兰等多位美国学者的著作中都有明显体现。[⑤] 而另一方面，环境史将生态引入历史，让人类回归自然，认为"人类并非创造历史的唯一角色，其他生物也作用于历史"。环境史"把人和自然都还原到他们应有的位置上"[⑥]，将人和自然置于地球生命进化的大历史中进行观察。在宇宙和地球进化的历史长河里，人类的出现和人类文明的兴起只是一个晚近现象。"若用埃菲尔铁塔代表地球的年龄，那么，塔尖小圆球上的那层漆皮"就代表人类的历史。[⑦] 而如果用13 年来简化宇宙 130 亿年的历史，那么地球存在"还不到 5 年。……我们智人仅仅存在了 50 分钟。农业社会只存在了 5 分钟，整个有文字记载的文

---

　　① ［美］约翰·麦克尼尔：《环境史研究现状与回顾》，王晓辉译，载刘新成主编《全球史评论》第 4 辑，第 35 页。

　　② J. Donald Hughs, "Global Dimensions of Environmental History", *Pacific Historical Review*, Vol. 70, No. 1（Feb. 2011）, p. 101.

　　③ ［美］J. 唐纳德·休斯：《全球环境史：长远视角的思考》，张楠译，载刘新成主编《全球史评论》第 4 辑，第 103 页。

　　④ 于沛：《全球史：民族历史记忆中的全球史》，载刘新成主编《全球史评论》第 1 辑，第 46 页。

　　⑤ ［美］马立博：《现代世界的起源——全球的、生态的述说》；［美］贡德·弗兰克：《白银资本：重视经济全球化中的东方》，刘北成译，中央编译出版社 2000 年版；［美］彭慕兰：《大分流：欧洲、中国及现代世界经济的发展》，史建云译，江苏人民出版社 2004 年版。

　　⑥ William Cronon, "The Uses of Environmental History", *Environmental History Review*, Vol. 17, No. 3（Fall 1993）, p. 13.

　　⑦ ［美］大卫·克里斯蒂安：《时间地图：大历史导论》，"导论"第 6 页。

明只存在了 3 分钟。而在今日主导世界的现代工业革命只存在 6 秒钟"①。如此看来，人类作为自然演化的产物，其对自然的影响力在"人类世"虽然变得空前强大，但日益复杂的人类文明在自然面前也变得空前脆弱。在人类中心主义的合理性都不复存在的前提下，奢谈西方中心主义又有何意义呢？

与此同时，美国的全球环境史教学与研究也存在一些问题。从美国环境史学会网页所登载的关于全球环境史的几份教案来看②，全球环境史多半是从 1492 年哥伦布环球航行开始讲起，这与严格意义上的全球环境史还有很大差距，只能被称为近现代世界环境史。此外，美国学者"由于语言的原因或者个人的爱好"，往往只阅读本国学者的作品③，而对国外同行的成果所知甚少，即便对欧洲同行的成果也缺乏了解，这可以从《世界环境史百科全书》中反映出来。这部权威的工具书竟然完全没有提到 1986年苏联的切尔诺贝利核泄漏事故，这起生态灾难"在欧洲一些国家被视为现代环境史上最重要的事件"。拉德卡曾经提到，"尽管环境史倡导一种超越狭隘民族国家界限的研究视角"，但实际上环境史学者往往并不能真正做到这一点。④

除了上述主观上的偏差之外，全球环境史研究的顺利推进在客观上还存在许多难以克服的障碍。全球环境史属于典型的跨学科研究，研究者如果不具备广博的自然科学知识，就很难理解生态环境变迁本身及全球各地区之间所存在的千丝万缕的生态联系。从事全球环境史研究的困境，还在于它的研究范围过于宽泛。一个学者即便能够掌握多种语言文字，他所能运用的文献也只是冰山一角，而且只能主要依靠二手资料，更何况很多国家和地区的历史还缺乏研究。除此之外，文献真伪的鉴别，历史资料的解读，理论体系的构建，都是全球环境史研究者不得不面对的巨大挑战。全球环境史涉及的地域之广、时间之长、研究难度之高，即便是饱学之士，往往也只能望洋兴

---

① ［美］大卫·克里斯蒂安：《时间地图：大历史导论》，第 539 页。

② 为本科生和研究生开设的课程教案可见学会网页（http：//aseh. net/teaching – research）。

③ ［美］约翰·麦克尼尔：《环境史研究现状与回顾》，载刘新成主编《全球史评论》第 4 辑，第 11 页。

④ Joachim Radkau, *Nature and Power: A Global History of the Environment*, translated by Thomas Dunlap, Cambridge University Press, 2008, Preface to the English Edition, p. xv.

叹，不敢轻易涉足。一部全球环境史的作品，不论其多么完备，都难免会有遗珠之憾。

　　当前，包括环境史在内的整个历史学领域都面临史学碎化的困扰。在这种情况下，全球环境史的价值会进一步显现。全球环境史力图从整体上考察生态因素对人类社会发展的影响，揭示人类作为一个整体对自然的依存关系，看到人类的共性而不是在多样性中迷失。全球环境史有助于将环境史从微观研究的层次提升到中观研究、宏观研究的层次，为撰写环境史的鸿篇巨制提供可能。

第四部分

学术与现实意义

第十四章

环境史及其对自然的重新书写

古往今来，人类的所有活动，都是在一定的自然条件下展开的，离开了自然，人类根本无法生活。尽管人类与自然须臾不可分离，但长期以来，自然在历史学家笔下总是显得无足轻重，在绝大多数历史著作中，自然总是芳踪难觅，即便出现的话，它也不过是人类活动的沉默背景。这一局面直到20世纪六七十年代环境史兴起之后才有所改变。环境史则使"人类回归自然，自然进入历史"①。与传统史学和新史学的其他分支相比，环境史强调自然在人类历史进程中的作用，强调自然本身就是人类历史舞台上同人一样重要的活跃角色，是人类历史进程的重要参与者。本章拟从历史对自然的重新书写，来论述环境史学的意义。

一　史学对自然的长期忽视

恩格斯曾经说过："自然和历史——这是我们在其中生存、活动并表现自己的那个环境的两个组成部分。"② 然而，自然和历史的结合，却显得异常艰难，自然长期被历史学家所忽视，其中的缘由值得深思。在笔者看来，自然被置于学术边缘，与人类对自然的理解出现偏差，与地理环境决定论的消极影响，与人类对自然的价值缺乏充分足够的认识，是联系在一起的。

自然在历史学著作中的长期缺席，与根深蒂固的静止世界观有一定关

---

① 《马克思恩格斯全集》第三十九卷，人民出版社1974年版，第64页。

② "人类回归自然、自然进入历史"是李根蟠先生对环境史旨趣的精炼概括。参见李根蟠《环境史视野与经济史研究——以农史为中心的思考》，《南开学报》（哲学社会科学版）2006年第2期。

系。从古代、近代一直到 20 世纪 30—50 年代，静止的世界观一直主导着人们的思想观念。虽然达尔文的《物种起源》一书在 1859 年就已经出版，但直到一个世纪以后，达尔文的自然选择、物种进化思想才被科学界所接受，万物变化息息不止的观念才开始取代静止的世界观。针对这一情况，美国著名的进化论者和遗传学家缪勒在 1959 年不禁感叹："这一百年有没有达尔文都一样。"①

静止的自然观以神造论和目的论为基础，"依照神造论，所有生物的形态、习性和种类都与上帝创造它们的时候完全相同，即物种不变"②。依照目的论，万物被创造出来都有其预定目的，比如猫的存在就是要抓老鼠，而老鼠的存在就是要给猫当食物。总的来看，自然万物存在的目的主要是为了满足人的需要，最终会滑向人类中心主义。

静止的自然观对历史著述的影响，至少可以体现在：一方面，认为自然是固定不变的这种偏见，会误导历史学者有意或是无意忽视自然的变化，而不论这一变化是自然内在的作用，还是人为干预的结果。在神造论这一观念的蒙蔽下，人们可能根本就不会考虑经济活动带来的物种灭绝和生物多样性减少等诸多环境问题。但事实上，生物多样性减少的趋势还在不断加剧，它已经成为全球面临的主要环境问题之一。有学者指出："全球现有物种约500 万—5000 万种，而目前灭绝速度为自然条件下的 1000 倍，是地球上最快的灭绝时期之一。有关资料表明，今后二三十年内，有 1/4 物种濒临灭绝，地球上 30%—70% 的植物在今后 100 年内将不复存在。"③

另一方面，静止的自然观容易导致对自然作用的忽视。自然既然被认为是一成不变的，那么自然本身就无历史可言。在传统的历史著述中，自然很少出现，即便出现，充其量也不过是人类活动的背景和历史事件的消极旁观者。但事实并非如此，古代文明在自然条件优越的大河流域首先出现，庞贝古城毁于火山爆发，在英属北美殖民地北部、中部和南部形成了不同的经济特色，都能够充分显示自然的作用。如果忽视自然对人类历史发展进程的影

---

① 席泽宗：《人类认识世界的五个里程碑》，清华大学出版社 2000 年版，第 181 页。

② 方宗熙：《懂一点达尔文的进化论》，中国青年出版社 1979 年版。

③ 殷鸿福：《从生物演化看可持续发展》，载中国国土资源报社《世纪寄语——百位专家学者谈资源与环境》，人民出版社 2002 年版，第 110 页。

响，许多事件根本就无法理解。在《绿色世界史：环境与伟大文明的衰落》一书的"前言"部分中，英国学者克莱夫·庞廷从自然生态的角度，揭开了复活节岛悲剧的谜底。复活节岛是南太平洋的一个小岛，在欧洲人于18世纪早期发现它的时候，它已经衰落了。令欧洲人百思不得其解的是，这个几乎处于原始状态的小岛上矗立着许多巨大的石像。许多人认为这些石像是外星人的杰作，但庞廷从生态的角度点令人信服地解释了这个问题。岛上的居民为举行祭祀要竖立石像，为搬运这些石像，他们在全岛范围内采伐森林，导致环境急剧退化，当环境再也不能承受这种压力时，文明便随环境的崩溃而瓦解。

与静止自然观的影响恰恰相反，环境决定论对自然作用的过分强调，也不利于人们对自然的作用进行客观的、实事求是的分析。

"环境决定论"过分强调自然环境对社会发展具有决定作用，片面认为自然环境控制着人类的命运。按照萨利·M.麦吉尔的解释，环境决定论是指，"自然环境中的若干方面乃是超乎一切的因素，决定着人类的活动与行为；人与人之间的差异，完全是由他们所生活的地理环境造成的"[1]。环境决定论强调自然的作用，这本身具有一定的合理性，但过分夸大自然的作用，又使它走向反面。而且环境决定论经常被用作解释东西方差距的理论工具，具有明显的西方中心和种族主义的倾向。在20世纪20年代、30年代和50年代，环境决定论在西方、苏联和中国都受到过激烈的批判。对环境决定论的清算，也使地理学跟着倒霉。战后，哈佛大学、密歇根大学、西北大学、芝加哥大学、哥伦比亚大学相继撤销了地理系，"除因之而被解雇者之外，几乎没有任何反对的声音……地理学沾上了种族主义的痕迹，人们避之惟恐不及"[2]。

对地理学中的环境决定论的批判，不可能不对与地理学存在密切联系的历史学产生影响。为避免受环境决定论的牵连，历史学家常常绕开或回避关于自然对历史影响的论述或讨论。环境决定论和静止自然观对自然的曲解，

---

① ［英］萨利·M.麦吉尔：《环境问题与人文地理》，陈思译，《国际社会科学杂志》第4卷，1987年第3期。

② ［美］戴维·S.兰德斯：《国富国穷》，门洪华等译，新华出版社2001年版，第4页。

在一定程度上使历史学家在处理有关自然问题的时候，进退维谷，左右为难。为步出困境，许多学者通过在自然与社会之间建立一种变动不居的或然论模式，为地理学和历史学开辟了一条新路。

自然的作用之所以长期不受重视，还与人们缺乏对自然生态价值的认识有很大的关系。在 20 世纪 60 年代以前，生态学观念对美国公众说来还是非常陌生的。在普通人心目中，自然好像只存在于荒野之中，除了有产阶级用来休闲以外，与他们的日常生活根本没有关系。只是在《寂静的春天》一书发表之后，人们才意识到自然无处不在，自然的健康与人的健康是紧密联系在一起的。空气质量和水质的恶化，直接威胁到人的健康，而化学污染和核污染则通过食物链的方式，使有毒物质在植物、动物体内富集和放大，最终殃及人类自身。而巴里·康芒纳在《封闭的循环》一书中则提出了生态学的三大规律，即任何事物都与其他事物相联系，废物无处可扔，自然最有智慧。此外，1969 年宇航员从太空拍摄的那张地球照片，对人们的震撼不啻为一次思想革命。人们猛然意识到，这个唯一适合人类生存的家园，在银河系里，"显得异常渺小脆弱"[1]。

地球，这一自然生态系统本身的脆弱性包括三层含义：其一，自然生态系统存在内在的不稳定性；其二，自然生态系统对外界的干扰和变化（自然的或人为的）比较敏感；其三，在外来干扰和外来环境变化的胁迫下，自然生态系统容易遭受某种程度的损失或损害，并且难以复原。[2]

从 20 世纪下半叶以来，生态学观念越过国家和民族的界限，在世界范围内传播。人们逐渐意识到，人是自然进化的产物，人类仅仅是地球生命系统的一个环节，他必须依靠自然界的其他部分而生活。自然作为人类生存发展的基础，其意义首先在于其生态价值，使人的生存成为可能。在生态价值的基础上，自然又具有经济价值，成为生产要素中除劳动者以外的组成部分。相对于经济价值而言，自然作为生存环境对人类则具有更为重要的意义。但长期以来，人们对自然的生态价值却缺乏认识，总是把经济价值置于

---

　　[1]　Donald Worster, "The Vulnerable Earth: Toward a Planetary History", in Donald Worster, ed., *The Ends of the Earth: Perspectives on Modern Environmental History*, p. 4.

　　[2]　刘燕华、李秀彬主编：《脆弱生态环境与可持续发展》，商务印书馆 2001 年版，第 8 页。

生态价值之上，由是导致严重的生态危机，直接威胁到人的生存。

生态危机是当代人类面临的最严峻的挑战之一，它的出现对包括历史学在内的所有社会科学都构成不小的冲击。传统上，历史学只研究人类事物，而将自然世界排除在研究领域之外。在一定程度上，历史学家"鼓励了世人在当前和未来对自然的淡漠"。在环境危机面前，历史学只有与时俱进，对现实作出回应，从而进行相应的调整，它才不至于落伍，才能保持和吸引更多的读者。沃斯特认为，"21 世纪必须有一种新史学，它应当以承认我们今天生活在全球的环境危机当中为起点"。沃斯特所说的这一新史学就是环境史，"环境史把人类与自然之间随着时间的流逝而产生的相互影响——包括精神和物质两个方面，当作它的研究对象。它求问地貌如何变化，因天力还是人为，如此变换对于人类生活有何影响。它检验人类所创造的经济与技术的力量，并且探求这种力量如何影响着自然界。它还在探求人类如何领悟自然，如何思考他们同非人类世界的关系。一言以蔽之，这些便是这一新史学的课题"①。

二　书写自然的早期尝试

环境史对自然作用的重视，并非无源之水，无本之木。沃斯特在追溯生态视角在美国史学的发展时，是从特纳和韦布开始的。伊森伯格也认为，美国环境史的源头可以追溯到 19 世纪。在一定程度上，环境史综合不同学科关于人与自然相互关系的认识的最终结果。在这一过程中，在生物学的冲击下，动态的自然观逐渐取代了静止的自然观，自然和谐有序的观念则不断隐退，简单僵化的环境或文化决定论被灵活的或然论模式所取代。综合的结果是环境史越来越成熟，这突出表现在，到 20 世纪 70 年代末，已经出现了一批将自然和文化成功结合起来的优秀的环境史著作。

从 19 世纪一直到现在，自然总容易被认为是循环往复的、和谐稳定的和消极被动的，而人类历史则被认为是直线进步的、变动不居的和积极主动

　　① ［美］唐纳德·沃斯特：《为什么我们需要环境史？》，侯深译，《世界历史》2004 年第 3 期，第5、7 页。

的。这种类似的观点在某种程度上是浪漫主义想象的产物，其主要代表包括卢梭、歌德和梭罗。浪漫主义的自然想象，在很长时间内主导了历史著述，马什、特纳、韦布、马林、年鉴学派等无不受其影响。

马什于 1864 年出版了《人与自然》一书。该书的重要贡献是联系自然来叙说人的历史，并对世界范围内人为的自然破坏首次进行了系统的叙述。马什写到，"人在哪里都是破坏者，其足迹所到之处，自然的和谐都会被打破"。他还说过，亚洲、北非、希腊和欧洲阿尔卑斯山的许多地区，"人类的行动已经使地表像月球表面一样荒凉……对万物之灵的人类来说，地球急剧变化，越来越不适合作为人的家园"①。

特纳在 1893 年发表了他最重要的论文——《边疆在美国历史上的重要性》。在这篇文章里，特纳用自然地理条件来解释美国历史的发展。在特纳看来，边疆是理解美国历史的关键，边疆促进了美国民族经济的发展，培育和塑造了美国的自由民主制度。② 所以，开疆拓土，文明取代荒野，是值得庆祝的丰功伟绩。特纳把人对自然的改造视为进步，和马什对该问题的评价大相径庭。

尽管如此，马什和特纳对许多问题的看法比较接近。两人都敏锐地意识到了人与自然之间的密切关系，反对传统的政治史和精英史，主张跨学科研究。尽管两人都意识到了自然的重要性，但他们强调的主要是人对自然的干预和改造，而自然基本上是受动者，它最多只能以自然灾害这一特定形式，消极地对人类行动作出反抗。

到 20 世纪 30 年代，美国西部史学家韦布更加深刻地意识到了自然的作用，尤其是自然对人类行动的限制。他在《大平原》中指出，"从一开始，这片土地就对作为自然之子的人类产生了无法改变的影响"，"如果对此缺乏清晰的认识，任何企图理解大平原对美国文明影响的努力都将是徒劳无益

---

① Andrew C. Isenberg, "Historicizing Natural Environments: The Deep Roots of Environmental History", in Lloyd Kramer and Sarah Maza, eds., *A Companion to Western Historical Thought*, Malden, Mass.: Blackwell, 2002, p. 373.

② ［美］特纳:《边疆在美国历史上的重要性》，转引自杨生茂编《美国历史学家及其学派》，第 23—36 页。

的……因此，自然力量便成为历史解释中的一个永恒因素"①，"自然地理条件在一定程度上对人们的行动及其结果进行了限制和规定"②。韦布的学说具有较多的环境决定论的色彩。他所以如此强调自然条件（尤其是气候）的作用，主要是因为他见证了 1880—1930 年间，干旱在大平原引发的一系列经济和生态灾难。除此之外，他和特纳的差别还表现在，韦布的《大平原》主要是西部史学（in the west），而特纳的边疆则主要是西进史学（to the west）。韦布的地域研究反映出，地理学的理论和方法在历史学中得到了广泛的应用。

在克服地理环境决定论的不足方面，西部史学家马林作出了一定的贡献。马林认为，自然环境虽然为人类的行为设置了一些限制，但是人在自然面前还是有相当大的选择自由，人的勤劳智慧可以"永无止境地不断创造出新资源和新机会"③。总之，"人，而非自然，是主要的决定力量"④。马林在某种程度上被认为是文化决定论者。马林的贡献还在于提出了生态史的概念，认为历史学家的任务就是"重建过去和现在的，作为全部自然史一部分的人类史"⑤。但马林对自由放任主义的捍卫，使他缺乏生态意识。尽管如此，马林已经打开了通向环境史的大门，在环境史学家怀特看来，马林"很可能是现代环境史的创始人"⑥。

将地理和历史融合起来的最成功的努力来自法国年鉴学派，这与法国历史学地理学化的传统有直接联系。在法国地理学界，极端的"自然决定论"或"文化决定论"从来就没有市场，这就使年鉴学派在人与自然关系问题上，主张或然论，承认人与自然之间变动不居的关系。依照年鉴学派的总体史的观念，自然史、生态史和环境史就必然应该纳入新史学的研究范畴。在

---

① Walter Webb, *The Great Plains*, pp. 8, 10.

② Walter Webb, "Geographical – Historical Concepts in American History", in Walter P. Webb, *History as High Adventure*, Austin: The Pemberton Press, 1969, p. 57.

③ Cited from "editor's introduction", in James C. Malin, *History & Ecology: Studies of the Grassland*, Lincoln, Nebraska: University of Nebraska Press, 1984, p. xiv.

④ James C. Malin, *History & Ecology: Studies of the Grassland*, Preface, p. x.

⑤ James C. Malin, *History & Ecology: Studies of the Grassland*, Preface, p. ix.

⑥ Richard White, "American Environmental History: The Development of a New Historical Field", *Pacific Historical Review*, Vol. 54, No. 3 (Aug., 1985), p. 297.

长时段理论的影响下，年鉴学派重视地理环境等结构因素的作用，侧重于研究农业史、人口史和气候史，这些后来都成为环境史重要的研究主题。

总的来看，历史学对自然环境因素的重视，在很大程度上受到了地理学的影响。还应该提及的是，美国地理学对环境史学者还提供了方法论的指导。美国地理学家卡尔·索尔（Carl Sauer）的文化景观概念把地理和文化结合起来，在他看来，文化是能动角色（agency），自然是中介（medium），文化景观（cultural landscape）是结果。段义孚（Yi - Fu Tuan）认为，空间（space）加文化就等于地方（place）。[①] 关于区域、地方的研究后来成为美国环境史研究的重点。但地理学有一个比较明显的弱点，它总是倾向于把自然环境视为稳定的和消极的，对自然环境内部的变化重视不够。对这一弱点的克服，则主要是来自生态学的冲击。

和地理学不同，生态学着重研究自然生态系统的内部变化，强调自然是历史变化的结果。达尔文、克莱门茨、斯佩克（Frank Speck）、利奥波德的生态学研究，使静止稳定的自然观成为泡影。但在强调自然动态变化的前提之下，不同的生态学家对自然演化的方向却持有完全不同的看法，他们的分歧也引起了环境史学者的争论。

在达尔文之前，对静止自然观打出的第一记重拳来自查尔斯·莱尔（Charles Lyell）的《地质学原理》。该书分为 3 卷，在 1830—1833 年间出版，它详细叙述了地球景观缓慢但却是剧烈的变化。该书对达尔文有很大的启发。

达尔文的《物种起源》是一部有划时代意义的重要著作，在这本书中，达尔文提出了著名的生物进化论。依据进化论，地球上的各种生物，不是上帝创造的，而是长期演变的结果。生物的演变往往遵循"自然选择，适者生存"的规律。生物随着环境的变化而发生相应的改变，自然是历史变化的产物。

克莱门茨是美国著名的生态学家，提出了顶级演替规律。依据这一规律，在自然状态之下，生物群落的发展演替不断趋向和谐有序。[②] 利奥波德

---

① 　Andrew C. Isenberg, "Historicizing Natural Environments: The Deep Roots of Environmental History", in Lloyd Kramer and Sarah Maza, eds. , *A Companion to Western Historical Thought*, p. 376.

② 　[美] 唐纳德·沃斯特：《自然的经济体系：生态思想史》，侯文蕙译，商务印书馆1999年版，第248页。

也认为，自然通过自身的调节机制，在不断的变化之中趋于平衡。在 20 世纪下半叶，许多生物学家都认为，在自然界里大量存在着各物种间的无序竞争，自然本身就有许多问题。尽管关于自然是否和谐有序这一点上，生物学家之间存在着很多分歧，但没有人对自然的不断变动提出异议。

生态学对历史学的影响在于，它破解了静止的自然的神话。同时，一些历史学者运用生态位（Niche）① 理论，研究殖民主义及其扩张。关于殖民主义带来的生物入侵，比较早的两本著作分别为克拉克（Andrew Clark）的《人、植物和动物对新西兰的入侵》和埃尔顿（Elton）的《动植物入侵的生态学》。克罗斯比是关于欧洲生态入侵的权威环境史学家，《哥伦布大交换》和《生态扩张主义》都是他的名作。还有一些学者用生态位理论来研究人口与瘟疫的联系。《老鼠、虱子和历史》② 是关于这个主题的最早的著作之一，该书认为历史的决定力量是那些病毒和病毒的携带者。关于这一主题，最有名的著作是麦克尼尔的《瘟疫与人》，该书论述了疾病在人类历史上的决定作用。细菌，而非人类，成为历史舞台上的重要角色。生物入侵、瘟疫史是早期环境史研究的重要内容，侧重于从生物的角度来研究自然与人的关系。

除此以外，在环境史兴起初期，许多人侧重于从人类文化的角度研究人与自然的关系，从而形成环境思想史和环境政治史两支。在环境思想史方面，最有影响的作品当然是纳什的《荒野与美国精神》，在环境政治史方面，海斯的《资源保护与效率至上》是最有代表性的。到 20 世纪 70 年代后期和 80 年代，相继出现了一批将自然、政治、文化等许多方面有机结合起来的环境史佳作，比如唐纳德·沃斯特的《尘暴：1930 年代的南部大平原》、理查德·怀特的《土地利用、环境和社会变迁：华盛顿州艾兰县的形成》、威廉·克罗农的《土地的变迁：新英格兰的印第安人、殖民者和生态》和亚瑟·麦克沃伊的《渔民问题：加利福尼亚渔业的生态和法律，

---

① 生态位（niche），是指生物在生态系统中的能力及其所占的空间。生态位决定了生态群落中同一物种间及异种间存在竞争关系。

② Andrew C. Isenberg, "Historicizing Natural Environments: The Deep Roots of Environmental History", in Lloyd Kramer and Sarah Maza, eds., *A Companion to Western Historical Thought*, pp. 379 – 380.

1850—1980》① 等。这些环境史著作相继获奖，反映了对自然的历史书写达到了一个新的高峰，并得到了学界的承认。

三　自然进入历史

环境史研究历史上人与自然之间的关系，重视自然在人类历史上的作用。环境史将自然世界纳入历史写作的范畴，扩大了历史研究的领域。同时，环境史提供了观察历史的新思路和新视野，可以对许多历史事件的意义重新作出评价。

在环境史兴起以前，传统史学主要研究政治、外交和军事史，帝王将相是历史的主角，而新史学则突破原有的框框，将研究领域扩大到社会史、经济史和文化史，将焦点移向了平民百姓。新史学扩大了历史研究的领域，但它关注的仍然是人类社会本身，而对人类须臾不能离开的自然世界则不予以重视。环境史的出现，使历史研究的领域再次被大大拓宽，"无论怎样，自然再也不能被排斥在历史之外了"②。

自然之所以必须被纳入历史的研究范围之内，除了前文已提及的自然是一个历史的范畴以外，主要是由于自然本身对人类发展的重要性。首先，人的生物性决定了人对自然的依赖性。作为自然进化的产物，作为生态系统的一个环节，人对自然的依赖性是与生俱来的。人类虽然具有改造自然的巨大能力，人们利用自然条件的深度和广度虽然可以不断扩大，但这只意味着人类利用和依赖自然的方式具有相对性，人作为自然存在物，其依赖自然的本性是绝对的和永恒的。同时，人类适应环境变化的能力也是有限度的，"环境的变化一旦超过了人类所能承受的阈值，人类就难以生存，更难以发展"③。

---

①　Donald Worster, *Dust Bowl: The Southern Plains in the 1930s*; Richard White, *Land Use, Environment, and Social Change: The Shaping of Island County, Washington*; William Cronon, *Changes in the Land: Indians, Colonists, and the Ecology of New England*; Arthur McEvoy, *The Fisherman's Problem: Ecology and Law in the California Fisheries.*

②　侯文蕙：《环境史和环境史研究的生态学意识》，《世界历史》2004 年第 3 期。

③　李笑春：《人在自然环境中的地位与作用》，《内蒙古大学学报》（哲学社会科学版）1993 年第 3 期。

其次，自然对人类发展的制约是一个客观事实。"自然对人类发展的制约，并不是阻碍人类的发展，而是对人类发展的方向不断调整、选择和规范。从客观上讲，只要人类能适应这种选择，就会不断获得发展，并且保证了发展方向的合理性。当然，如果不能适应这种选择，人类就会遇上麻烦，或者停止发展的步伐，或者走向灭亡。"①

最后，自然对人类社会的发展可以产生广泛而深远的影响。自然"对社会的作用首先而且主要表现在人类一切活动中最基本的和最具决定性的方面——生产上"。作为生产要素的组成部分，自然直接影响劳动生产率、经济结构和经济布局。通过对生产力的影响，自然可以间接地影响"人与人之间的社会关系、社会制度和思想意识"②。

环境史在强调自然对人类社会发展作用的同时，反对过分夸大自然作用的地理环境决定论，它同时也反对认为人定胜天的文化决定论，它坚持自然和文化之间的变动不居的关系。在特定的社会历史条件下，不同的生产力水平，不同的社会制度，决定了人们改造和利用自然的能力千差万别，自然的外延也大不相同。与此同时，自然本身在不断发展演变。总之，环境史学者坚持人、自然、人与自然的相互关系都是历史的产物，都必须被纳入历史的范畴。

环境史对史学研究领域的扩大，还表现在它对史料范围的扩展。德国环境史学者拉德卡指出："环境史的主要魅力在于，它激励人们不只是在'历史的陈迹'，而是在更广袤的土地上发现历史。在那里人们会认识到，人类历史的痕迹几乎处处可寻，甚至在臆想的荒野——在被侵蚀的山野、在草原、在热带森林——中都能找到。"③

环境史的学术价值还在于，它提供了观察历史的新视角，对历史研究作出了新贡献。由于侧重人类历史的生态方面，环境史学者探讨的多为以前总被忽视的未知领域，它还能对传统的研究课题赋予新的含义，甚至作出全新的评价。

---

① 韩民青：《论自然对人类发展的选择作用及其当代启示》，《东岳论丛》1998 年第 1 期。
② 宁可：《地理环境在社会发展中的作用》，《历史研究》1986 年第 6 期。
③ ［德］拉德卡：《自然与权力：世界环境史》，王国豫、付天海译，河北大学出版社 2004 年版，前言，第 2 页。

环境史以人与自然的相互关系为中心，强调自然的文化史和文化的生态史，因此，在研究旨趣、评价标准和材料取舍等方面都能够推陈出新。在环境史著作中，气候、土壤、水体、生物、污染、能源、粮食、人口、瘟疫、饥荒、水利、自然灾害、生活垃圾都成为环境史学者关注的对象，而政治、军事、外交和精英人物不再像以往那样是历史叙述的重点。克莱夫·庞廷在《绿色世界史：环境与伟大文明的衰落》一书的"前言"里提到，本书"不涉及政治、军事、外交或者是文化史……人们所称的那些伟大的历史人物，在我这本书中，要不就是干脆不出现，要不顶多是作为过场处理。我更多地试图集中于我相信是具有基础性的那些事情之上，在以前的讨论中，它们可能并不总是能够得到应该得到的重视"①。

环境史的视野和方法完全可以用来指导研究传统的课题。罗姆认为，环境史是非常重要的，可以丰富我们对过去的理解，它可以增加历史研究的新维度，环境分析应该成为历史研究的基本方法。② 比如在外交史领域，约翰·帕金斯的《地缘政治与绿色革命——小麦、基因与冷战》就是引入生态分析而大获成功的范例。

《地缘政治与绿色革命》③ 一书讲述的是战后美国在第三世界推行绿色革命与维护美国国家安全的关系。在冷战这一背景之下，为防止第三世界因人口压力及饥饿暴动而接近共产主义阵营，美国将帮助第三世界发展农业看成是维护自身安全的一种手段。该书对美国作物育种的起源、发展及其运用进行了叙说。这本书的新意主要在于将生态分析与美国对外援助成功结合起来，说明绿色革命在第三世界的运用，是一种非常高明的策略和成功的手段。

如若运用生态分析来分析绿色革命，我们对它的评价或许会更加全面。绿色革命主要是通过育种、单一种植、施用农药和化肥等手段来促进农业增产增收。长期以来，人们只看到绿色革命在战后缓解饥荒和加快农业发展方

---

① ［英］克莱夫·庞廷：《绿色世界史：环境与伟大文明的衰落》，前言，第 2 页。

② Adam Rome, "What Really Matter in History? Environmental Perspectives on Modern America", *Environmental History*, Vol. 7, No. 2（April 2002），pp. 303 – 318.

③ ［美］约翰·帕金斯：《地缘政治与绿色革命——小麦、基因与冷战》，王兆飞、郭晓兵等译，华夏出版社 2001 年版。

面的成绩。但如果从生态方面进行分析，就很容易看到绿色革命造成的土壤板结、生物多样性减少及食品污染等问题。所以，生态分析有助于人们对绿色革命有更加全面准确的了解。绿色革命推行的基础是人口—国家安全理论，该理论与马尔萨斯的人口学说有直接联系。在人口压力不断加剧的今天，运用生态的视角，可能有助于人们在批判马尔萨斯学说的同时，也能看到它的合理成分。

环境史研究可以对一些重大事件和理论问题——比如欧洲殖民扩张、地理环境决定论等——重新作出解释。

欧洲殖民扩张是世界历史上的一件大事，被许多学者视为近代史的开端。欧洲殖民者为什么能够势如破竹，征服、占领南北美洲、大洋洲，使新大陆成为白种人的天下？按照传统的解释，新旧大陆的不同命运主要是由于两个大陆社会经济发展水平相隔悬殊，欧洲殖民者的战争及其种族屠杀灭绝政策造成的。从 20 世纪 70 年代开始，克罗斯比提出"生物箱"理论，对这个老问题提出新解释。在他看来，"欧洲扩张主义的成功含有生物学和生态学的成分"[1]。具体来说，欧洲人的成功，是由于欧洲的生物成功抢占了新大陆生物的地盘，为欧洲殖民成功奠定了基础。不过，克罗斯比并没有解答为什么旧大陆的生物进化比新大陆要快得多的问题。10 多年后，贾雷德·戴蒙德在《枪炮、病菌与钢铁：人类社会的命运》一书中对该问题给予了解答。

贾雷德·戴蒙德的《枪炮、病菌与钢铁》通篇只提出并回答了一个问题——为什么欧亚大陆人征服美洲、大洋洲和非洲，而不是相反？答案在于——不同的民族遵循不同的道路前进，其原因是民族环境的差异，而不是民族自身在生物学上的差异[2]，这个回答否定了种族主义者的论点，可还是令人一头雾水。要获得更详尽的解释，也许可以借用作者对这本书的一句概括，地理环境的差异导致不同的民族开始驯化植物的时间、种类的不同，农业出现的时间不同，而"从间接意义上说，粮食生产是枪炮、病菌和钢铁发

① ［美］克罗斯比：《生态扩张主义：欧洲 900—1900 年的生态扩张》，许友民、许学征译，辽宁教育出版社 2001 年版，第 6 页。
② ［美］贾雷德·戴蒙德：《枪炮、病菌与钢铁：人类社会的命运》，谢延光译，上海译文出版社 2000 年版，第 16 页。

展的一个先决条件"。而枪炮、病菌和钢铁正是征服新大陆的互为犄角的武器。

克罗斯比和戴蒙德关于欧洲殖民扩张的解释已经为西方学界所接受，但这一解释具有西方中心论的嫌疑，另外，这一解释还涉及如何评价地理环境决定论这一理论问题。

地理环境决定论过分强调地理环境的作用，无疑是不合理的。在苏联和中国，地理环境决定论都曾经被大加鞭挞，以至于很多人都不敢谈论这个问题。最近一些年来，中国有许多学者都呼吁正确全面地评价和扬弃地理环境决定论。总之，环境史有助于人们更客观全面地认识自然对人类历史进程的影响和作用。

第十五章

环境史学与跨学科研究

环境史研究历史上人与自然之间的关系以及以自然为中介的社会关系，由于研究对象非常复杂，环境史的兴起，就为从事跨学科研究提供了重要契机。传统上，人文社会科学以人和社会为研究对象，而自然科学则以自然为研究对象。环境史的出现，则为人文社会科学之间的融合，也为人文社会科学与自然科学之间的合作搭建了桥梁。跨学科研究方法，也就成为环境史最重要的研究方法。

一 复杂的研究对象

对环境史这一领域而言，跨学科研究不是一种奢侈，而是一种必需。其所以如此，主要是由于人与自然之间的密切联系，以及环境问题本身的错综复杂性。

环境史学之所以要采用跨学科研究方法，首先是由于环境史学研究对象的两大组成部分——人与自然——都非常复杂。

环境史学中讨论的人，在特定时空背景下生活，具有自然和社会的双重属性。人通过生产劳动和消费与自然发生联系。作为自然进化的产物，人的自然属性决定了他须臾不能离开自然。但人又具有社会属性，他可以通过自身的活动对自然进行改造，使自然更加符合人的需要。人对自然的干预和改造，必须遵循自然规律，而决不能恣意妄为，否则只会适得其反。既然人对自然的利用和改造，人对自然的态度，人围绕利用自然所产生的各种社会关系是环境史研究的重要内容，那么，环境史研究必然就要大量借鉴地理学、经济学、社会学、人类学、考古学、政治学、法学等研究领域的成果。

环境史学所谓的自然，并非是指整个宇宙和银河系，也不是指包括地核和地壳在内的整个地球，而只是指对人类有意义、与人类直接发生关系的地球表面。按照詹姆斯的定义，"地球表面是指从地面向下人类能够穿透，和从地面向上人类通常能够达到的一个圈带"[①]。地球表面通常被人们划分为岩石圈、大气圈、水圈、生物圈。这几个圈层相互交接，彼此之间不断进行物质、能量和信息的交换。物质、能量的交换并不是简单的转移，在这一过程中，又会复合出大量新的物质。既然环境史学者要把自然重新写入历史，那么，他们要认识和了解自然，就应该重视地质学、生物学、生态学、气象科学、水文学、物理学和化学等学科的一些基本知识，尽管这对他们说来是一个不小的挑战。

自然的复杂性就在于它是一个有机整体，对自然局部的人为干预往往会牵一动百，其后果可能会大大出乎人类的预料。在对待野生动物方面，美国就留下过惨痛的教训。在 1870 年前后，白人的猎杀使野牛在大平原基本灭绝，而狼开始以牛羊等家畜为捕食对象，人们则采用投毒的方式毒杀狼群，甚至在国家公园里也没有了狼的踪影。人们渐渐发现了狼的存在对于保持自然界生态平衡的可贵。狼只有依靠群体的力量，才能捕杀比它们大得多的草食动物，而且捕杀的往往是老幼病残的动物。对公园的研究表明，"冬季遭狼伤害的鹿中，有 58% 是 6 岁或年龄更大的鹿，而这个年龄组的鹿只占鹿总数的 10%" 这个事实说明了，狼所要消灭的正是应该消灭的部分。这些鹿大都已经老了，病残了，丧失繁殖能力了，它们的存在只是消耗更多的植物资源。"消灭它们在客观上就是强壮了鹿的种群和保护了鹿的食物资源，对其他的草食动物也是如此"。此外，狼在食取猎物时，总会剩下骨头等残渣剩屑。而这些也都不会浪费，会成为狐狸、秃鹫、鹰、乌鸦等的食物。没有狼以后，这些动物就很难度过冬天。所以在动物学家的眼里，狼是一种智商很高、在整个草原和森林生态系统中不可缺少的动物。正如美国狼基金会主席阿斯金所说，黄石公园若没有大型的肉食动物，"就像一个钟表没有发条一样"。除此以外，狼的灭绝也导致野牛大量繁殖，"目前在黄石公园内的

---

① ［美］普雷斯顿·詹姆斯：《地理学思想史》，李旭旦译，商务印书馆 1982 年版，第 2 页。

野牛，数目就约有 3500 头，数量已经有点过剩"，它们"经常跑出公园骚扰私人牧场，不仅破坏牧场的围篱，牧场主人更担心野牛身上带有的'布鲁斯杆菌'影响牲畜的生长"。在这种情况下，公园管理部门以每只 20 万美元的价格从加拿大引进了一批灰狼，通过自然抑制，来达到控制野牛数量的目的。①

环境史学之所以要采用跨学科的研究方法，也是由环境问题本身的复杂性所决定的。所谓环境问题，是指主要由于人类活动导致环境质量下降，从而反过来对人类的生产、生活和健康产生不利影响的那些问题。环境问题的产生，与人类对自然的了解支离破碎，对人类行为的后果缺乏整体认识有直接关系。人类在处理环境问题时，往往是一叶障目，顾此失彼。美国环境问题专家埃克霍姆就提到，"在阅读经济学家、林学家、工程师、农学家和生态学家的分析报告时，有时很难相信他们所谈的竟是同一个地区。专家们的行动往往都体现出缺乏相互了解和一致的看法。工程师们接二连三地修建水坝，但却很少注意上游地区的耕作习惯和滥伐林木的情况，而这些会影响河流的含沙量并决定水坝的寿命。农业经济学家利用精细的计算机化的模式去设计远期的地区性粮食生产方案，却没有注意到作为根基的土壤质量的不断恶化和被毁从而频频发生水灾等问题。水源专家在沙漠边缘开凿水井而没有作出安排去控制附近的畜群规模，造成过度放牧，并产生一片片新的沙漠。那些必须在农村的家畜和打柴人中植树护林的林业管理员，只受过植物学和造林学方面的训练，而没有在农村社会学方面受到良好的训练；种上才几个星期的树苗便被牛、山羊和打柴人所破坏"②。

在现实生活中，人们对自然、社会本身及其相互关系的复杂性，对环境问题的复杂性往往缺乏认识，这与条块分割的学术体系有很大关系。恩格斯指出："把自然界分解为各个部分，把各种自然过程和自然对象分成一定的门类，对有机体的内部按其多种多样的解剖形态进行研究，这是最近 400 年来在认识自然界方面获得巨大进展的基本条件。但是，这种做法也给我们留下

---

① ［美］理查德·福特斯：《我们的国家公园》，郭名惊译，中国工业出版社 2003 年版，第 77 页。

② ［美］E. P. 埃克霍姆：《土地在丧失——环境压力和世界粮食前景》，黄重生译，科学出版社 1982 年版，第 5—6 页。

了一种习惯：把自然界中的各种事物和各种过程孤立起来，撇开宏大的总的联系去进行考察，因此，就不是从运动的状态，而是从静止的状态去考察；不是把它们看作本质上变化的东西，而是看作永恒不变的东西；不是从活的状态，而是从死的状态去考察。"[1] 而 100 年以后，英国学者斯诺则提到，西方存在着两种对立的文化，它们分别以人文学者和自然科学家为代表，这两种文化的分裂和对立将人类置于危险的境地，社会在飞速前进，但不知会将人类带往何方。

　　人类在战后遭遇的一大困境就是日趋严重的环境危机。环境问题"主要是由自然系统、经济系统和社会系统相互作用而产生的，具有多重性和多层性的特征"[2]。环境危机的整体性和复杂性，使任何单一的传统学科在危机面前都捉襟见肘，力不从心，这就使跨学科研究成为必需。恰如有学者指出，"环境问题显然不属于社会科学任何学科独有的研究领域，没有哪一门学科足以为探讨人和自然的全面接触交往提供一种恰当的、独一无二的认识论；也没有哪一门学科可以宣称它专以环境问题为自己的研究对象。事实是，存在着一个无形的学院，它超出和包括多门传统的社会科学：经济学、社会学、政治学、人类学、法学、行政学和地理学。其中每一门都能为某些特定的课题提供线索，此外更有许多广泛的范围，需要跨学科和多学科的研究和对话"[3]。

　　自战后以来，对环境问题的跨学科研究越来越受到重视，这集中体现在联合国教科文组织发起的一系列跨学科、跨国界的环境研究与教育计划。国际生物学规划（IBP，International Bio Program）于 1964 年开始执行，它重在研究各类生物群落的结构功能与开发利用。人与生物圈计划（MAP，Man and the Biosphere Programme）是联合国教科文组织自 1971 年起在世界范围内开展的一项大型国际科学合作项目。它把自然科学与社会科学结合起来，着重研究人类活动对自然生态系统及生物圈的影响，为改善人与环境的相互关系提供科学依据。其目的在于通过全球性的科学研究、培训及信息交流，为生物圈自然资源的合理利用与保护提供科学依据，同时为各国自然资源的

---

① 恩格斯：《反杜林论》，《马克思恩格斯选集》第三卷，人民出版社 1995 年版，第 359—360 页。

② 金玲、肖平：《关于资源与环境问题的跨学科研究》，《科技导报》1994 年第 3 期，第 40 页。

③ ［英］萨利·M. 麦吉尔：《环境问题与人文地理》，陈思译，《国际社会科学杂志》第 4 卷，1987年第 3 期。

管理培养合格的专门人才。此外，大型的环境合作项目还包括国际地圈与生物圈计划（IGBP，International Geosphere – Biosphere Programme）和"全球环境变迁中的人文因素研究计划"（HDGEC，Human Dimensions of Global Environmental Change）。前者由国际科学联盟委员会（ICSU）于1984年正式提出，1991年开始执行，旨在探明全球环境变迁的物理和生化方面的原因及其后果，后者则力求了解全球环境变迁的人文原因及人文后果。

二　相关学科的影响

环境史既然以历史上人与自然的关系为研究对象，跨学科研究方法就不可或缺。但这也并不意味着，自然科学、社会科学的各个学科对环境史的影响就可以等量齐观。相对而言，生态学、地理学、人类学、经济学、社会学、环境科学对环境史的影响更深刻明显。

生态学作为环境史学的理论基础之一，其影响自不待言。而在美国以外，环境史多脱胎于地理学，尤其是人文地理学。至于环境科学的影响，则散见于一些著作和文章之中。环境史与生态学、地理学、环境科学的联系，可以参阅梅雪芹、侯文蕙等学者的文章。梅雪芹曾经撰文指出，地理学、生态学、环境科学和环境史虽然都探讨人与自然的关系，但侧重点及研究角度则存在差异，这几个学科的关键要素分别是"空间地域"、"生态适应"、"环境质量"和"人类文明"，这种区分"可以使人们更好地把握各自所应承担的学科任务"[1]。笔者也比较认同上述见解。考虑到学界已取得的成果，这里仅简单介绍经济学、社会学、人类学和政治学对环境史的影响。

环境史之所以要借鉴经济学的成果，主要是因为"经济学研究的是社会如何利用稀缺的资源以生产有价值的商品，并将它们分配给不同的个人"，"经济学的双重命题就是稀缺和效率"[2]。在现实生活中，人们主要是通过生

---

① 梅雪芹：《马克思主义环境史学论纲》、《阿·德芒戎的人文地理学思想与环境史学》，载梅雪芹《环境史学与环境问题》，人民出版社2004年版；侯文蕙：《环境史和环境史研究的生态学意识》，《世界历史》2004年第3期。

② 韩德强：《经济学是什么?》，《读书》2001年第2期。

产、交换及消费同自然发生联系，并以生产和分配为基础形成种种社会关系。围绕经济活动所形成的人与自然以及人与人之间的关系，恰恰是环境史研究的一个重要层面。这就使环境史和经济学联系起来。

　　环境史和经济学之间的联系，还在于经济学和生态学有相通之处。这主要表现在：从词源上看，经济学和生态学具有共同的希腊语词根 oikos，该词根都与"家"有关系，所以二者都是研究家园的科学，生态学侧重于家园内部生物之间、生物与环境之间的关系，而经济学则处理"家庭中的家务及其日常的活动和管理"①。从历史上看，经济学，尤其是古典经济学，一贯强调资源的稀缺和总量有限，这与生态学家的主张不谋而合。在 18 世纪法国的重农学派那里，"农业是财富唯一可靠的来源"②，而马尔萨斯强调人口对食品供应的无情压力；李嘉图提到土地和地租吸收剩余价值而导致的"停止状态"；杰文斯则担忧燃料耗尽，"在那个时代，经济学曾经有一个绰号，叫'阴郁科学'"③。从经济学发展的新动向来看，形成于 20 世纪六七十年代的环境经济学呈现方兴未艾的态势，已经受到了学界越来越多的关注。环境经济学的主要代表人物赫尔曼·戴利认为，人类经济系统是自然经济的一个子系统，所以经济的规模必定要控制在一定的范围以内。恰如自然系统演化不断趋于稳定，经济的稳定状态不仅是合理的，而且是不可避免的。④

　　但经济学与生态学对待人类—环境系统的态度有非常明显的差异：经济学总是倾向于把"物质财富当作人类活动所要达到的目标，那么人类征服自然就是实现了人类的使命"，而生态学强调"极限而不是不断增长，强调稳定而不是不断开发"；在时间尺度上，经济学"注重资本的周转，而生态学则要考虑生态系统和有机体的演化"⑤；从世界观来说，经济学家往往比较乐观，而生态学家则往往比较悲观。经济学家乐观的理由就在于他们相信市

---

　　① ［美］唐纳德·沃斯特：《自然的经济体系：生态思想史》，商务印书馆1999年版，第234页。
　　② ［英］麦克迈克尔：《危险的地球》，罗蕾、王晓红译，江苏人民出版社2000年版，第335页。
　　③ ［美］戴维·S. 兰德斯：《国富国穷》，第731页。
　　④ ［美］赫尔曼·E. 戴利、肯尼思·N. 汤森：《珍惜地球：经济学、生态学、伦理学》，马杰等译，商务印书馆2001年版，第1页。
　　⑤ 陈静生、蔡运龙、王学军：《人类—环境系统及其可持续性》，商务印书馆2001年版，第314页。

场和科技的力量，他们相信市场会自主调节资源分配，而科技能够不断发现新的可以利用的替代资源，因此增长没有极限。这方面的典型代表是美国经济学家西蒙，他曾经写过一本题为《没有极限的增长》的著作。而生态学家则立足于自然提供资源的生产能力和化解污染的自净能力的有限性，认为增长不可能无限持续下去。

在有关科技作用的现实争论中，经济学家和生态学家的观点往往针锋相对。在《自然不可改良》一书中，"巴西环保运动之父"卢岑贝格就大量介绍了他所耳闻目睹的一些争论。他的一位朋友（物理学专家）曾在和一位经济学家谈话时说道："如果我们科学家必须告诉你们，我们不能简单地发明出你们所要的技术时，您会怎样？"他的言下之意是指，人的能力总是有限度的，与发明并生的还可能有负面问题。但这位经济学家却认为金钱和市场万能，他说："我会付给您双薪。"还有一次，卢岑贝格在参加有关能源危机的会议时，一位工程师批评环保人士"对于市场巨大威力一无所知"，他同时声称，"如果可以卖得好价钱，石油是可以从我们的烟囱和汽车排气管中排出的二氧化碳中生产出来的"[①]。

迄今为止，经济学家在和生态学家的争论中往往胜出，尽管政府和公众接受了生态学家的一些建议，但前提是不能在经济上付出太大代价。经济增长依然被作为判断政府政绩的主要标准。经济学家受到更多拥护的理由还在于，"经济增长带来的利益是眼前的，而它所强加的代价则主要是未来的"[②]。环保工作在未来是否能够顺利推进，与公众环保意识的有无与强弱有直接关系。在传播和弘扬环保意识方面，在说服公众自觉按照环境保护的要求来规范言行方面，环境史学能够发挥一定的积极作用。

环境史受社会学的影响也很明显。这首先是由于历史学和社会学之间的密切联系。它们"都涉及整个社会和一切人类行为，从这一点看它们必然是知识的伙伴。我们可以视社会学为研究整个社会的科学，着重概括社会结构；历史学是研究不同时期人类社会的科学，着重探讨其间的差异以及各个

---

① ［巴西］何塞·卢岑贝格：《自然不可改良》，黄凤祝译，生活·读书·新知三联书店 1999 年版，第 74 页。

② ［美］小约翰·B. 科布：《论经济学和生态学之间的张力》，曲跃厚译，《国外社会科学》2002 年第 4 期。

时期社会的变迁。两种方法相辅相成，变迁寓于结构；结构包含变迁"①。
社会学注重社会调查，较多地依靠社会调查这种手段获取大量的、第一手的
研究信息，在此基础上，探寻一般规律，提出理论分析模式。这恰恰可以为
历史学取长补短。

　　其次，环境史与社会学的联系，还在于社会学对人与自然关系的重视。
一般地讲，"社会学的目的是要通过对现实进行宏观（结构的）及微观（社
会心理学的）相互作用的研究，对社会的一切体制作出综合性分析。为了对
社会诸关系进行整体考察，社会学家必然要对人类取得生活资料的方式，以
及社会及其赖以生存的资源之间的相互关系提出许多问题"。但社会学的人
类中心倾向，又使社会学家往往相信人与自然之间具有良好的调节和适应机
制。社会学对这一传统观点的突破，部分体现在社会学内部衍生出的一个新
分支，即环境社会学。在环境社会学家看来，至少在当前，人类与环境的关
系已经趋向于失衡，经济扩张引起的生态破坏还在加剧，解决环境危机，需
要人们改变对环境的传统观点。②

　　最后，社会学对环境史的影响，还表现在城市环境问题、环境正义问题
在 20 世纪 90 年代以后成为美国环境史的主要内容。社会学家对现实更加关
注，撰写过关于环境问题的大量社会调查报告，比如"理科逊在 1974 年曾
对 100 多家工厂进行抽样调查，了解已经实施污水控制法的企业对环境问题
的态度；莫洛奇曾详细考察过巴巴拉纳地区官员和居民对当地石油溢出事件
的反应，重点研究许多居民由此产生的'激进化'倾向"③。而且许多研究
报告显示，"种族、民族以及经济地位总是与社区的环境质量密切相关，与
白人相比，有色人种、少数族群和低收入者承受着不成比例的环境风险"④。
可以说，这些调查报告的公布与发表，对环境正义运动的兴起，起过推波助
澜的作用。当城市环境、环境正义进入环境史学者的视野之后，阶级、种

---

①　［英］彼特·勃克：《社会学家和历史学家的渊源》，《国外社会科学情况》（南京）1990 年第 5
期，第 26 页。该作者为英国著名文化史学家，现在通常被译为彼得·伯克。
②　［美］弗雷德里克·H. 巴特尔：《社会学与环境问题：人类生态学发展的曲折道路》，冯炳昆
译，《国际社会科学杂志》（中文版）1987 年第 3 期。
③　《环境社会学研究纵横谈》，《中国环境报》1988 年 9 月 15 日。
④　洪大用：《环境公平：环境问题的社会学观点》，《浙江学刊》2001 年第 4 期。

族、性别等分析方法在 90 年代以后的环境史学中得到了越来越多的采用，并带来了环境史和社会史的融合。

环境史与文化人类学的关系也异常密切。这一点已经为沃斯特、怀特等许多环境史学者所指出。① 人类学是一门研究"人类自身的起源和发展，以及人类所创造的物质文化和精神文化的起源和发展规律的科学"②，依照这两部分研究内容，它又可以分为体质人类学和文化人类学两支。其中，文化人类学又衍生出考古学、民族学、生态人类学等次分支学科。"人类学从其形成到现在，经历了以研究进化为主到以研究行为及习俗为主的重心转移。"③ 在 19 世纪人类学的形成时期，许多人类学家特别关注人与自然的关系，尤其是地理、环境和气候对人类社会和文化的决定性和限制性的影响。受进化论的影响，人类学长期研究人对不同环境的适应，其研究主要集中在原始社会。到 20 世纪 40 年代以后，"人类学逐渐对较复杂的乡民社会产生兴趣"，到 60 年代以后，"人类学的视野也开始转向对都市的研究"④。在人类学发展的过程中，环境决定论逐渐被或然论所取代，后者强调人类与环境的稳定的或动态的关系。这一观点被斯图尔特表达得最为充分。在他看来，环境和文化不是分离的，而是包含着"辩证的相互作用……或谓反馈或互为因果性"，"环境和文化皆非'既定的'，而是互相界定的"，"环境在人类事物中的作用是积极的，而不仅仅是限制或选择"，同时，"在反馈关系中环境和文化的相对影响是不同等的"，"有时文化起着积极的作用，有时环境又占上风"。⑤ 对环境和文化关系的一贯重视，及其或然论主张，使人类学

① Donald Worster, "History as Natural History: An Essay on Theory and Method", *Pacific Historical Review*, Vol. 53, No. 1 (Feb., 1984); Richard White, "Native Americans and the Environment", in W. R. Swagerty, ed., *Scholars and the Indian Experience*, Indiana University Press, 1984; Richard White, "Environmentalism and Indian Peoples", in Jill Convey, *Earth, Air, Fire, Water: Humanistic Studies of the Environment*, University of Massachusetts Press, 2000; Shepard Krech III, J. R. McNeill, Carolyn Merchant, eds., *Encyclopedia of World Environmental History*, Routledge, 2003, Introduction.
② 梁钊韬：《人类学的研究内容与作用》，载中国人类学学会编《人类学研究》，中国社会科学出版社 1984 年版，第 11 页。
③ 周大鸣：《现代人类学》，重庆出版社 1991 年版，第 7 页。
④ 周大鸣：《我们从历史走来》，载周大鸣编《二十一世纪人类学》，民族出版社 2003 年版，第 17 页。
⑤ ［美］唐纳德·L. 哈迪斯蒂：《生态人类学》，郭凡、邹和译，文物出版社 2002 年版，第 8 页。

与环境史结下了不解之缘。

人类学对美国环境史的发展功不可没。首先，在 20 世纪三四十年代之后，环境与文化的研究，主要是由人类学家推动的。尽管美国西部史学家韦布和马林已经开始从环境、生态角度分析历史问题，但这一传统没有能够在美国历史学者中继续下去。沃斯特曾著文指出，美国人类学家克拉克·维塞勒（Clark Wissler）、朱利安·斯图尔特（Julian Steward）、罗伊·拉帕波特（Roy Rappaport）和马文·哈里斯（Marvin Harris）在发展和完善从生态角度解释文化进化的理论方面作出了积极贡献，认为环境史学者应该向人类学家学习。其次，人类学流派众多，其宽广的研究视野对环境史学也有较多的启发。文化生态学强调环境与技术的相互作用，着重研究技术、人口、能源和社会之间错综复杂的关系。生态人类学家则将生态系统、生境、栖息地、适应等生态学概念应用于人类社会的分析。历史生态学则通过景观变化来重建过去的生态。而人类考古学则非常有益于了解世界范围内人对古代环境的影响，对火的使用、动植物的驯化、城市化、集约化生产、传染病、气候波动和火山爆发的影响等许多问题都进行了有益的探索。而社会和文化生态学对环境史的贡献则在于人种学和历史分析，它研究的问题包括土著的自然观、自然的文化建构、人类影响的第二自然、长期适应和持续发展的可能性、环境政治和环境正义等许多方面。① 最后，人类学对扩展美国环境史的研究领域也很有帮助。尽管环境史以历史上人与自然之间的互动关系为研究对象，但在 90 年代以前，美国环境史一直局限于对资源保护和荒野保护的研究，这与真正的环境史还距离遥远。从这个意义上说，人类学著作，对环境史学者开阔思路而言，应该有很多帮助。另外，在印第安人与环境这一研究领域，尤以人类学家的贡献最多。

政治学与环境史也有比较密切的联系，它们二者之间的联系可以通过环境政治史得以充分体现。环境政治史是美国环境史研究的重要层面之一。在美国环境史发展的过程中，环境政治史、环境思想史、生态变迁史一直是环境史研究的重要内容。环境政治史之所以受到特别的关注，首先是由于环境

---

① Shepard Krech III, J. R. McNeill, Carolyn Merchant, eds., *Encyclopedia of World Environmental History*, Introduction.

史是在现代环保运动的推动下直接产生的，所以环保运动和资源保护运动，一直是美国环境史研究的重要内容。环保运动对环境史的影响，还表现在环境保护主义使环境史具有比较强烈的政治与伦理诉求，使环境史具有比较明显的文化批判意识。其次，环境政治史受到重视，还在于自然环境与政治之间存在密切联系。一个政权要得以稳定，就必须依赖一定的环境基础。如果一个国家自然资源长期急剧恶化，人民衣食无着，那么就很难维系政局的稳定。在这种情况下，公众的民主自由恐怕也很难实现。在历史上，因为生态环境急剧恶化而导致政权和文明毁灭的事例，是屡见不鲜的。生态关乎一国的安危，对国际局势也能产生一定的影响。所以，在近年来，环境安全受到了越来越多的关注。最后，环境政治史受到重视，还因为国家在环境保护方面发挥的重大作用。自 19 世纪后半叶以来，西方资本主义国家逐渐不再固守自由放任政策，国家职能出现了很大的转变，其中一个方面就是国家服务职能的强化。在环境保护领域，国家通过颁布各种政策法令，协调经济发展和环境保护之间的冲突，以缓解错综复杂的社会矛盾。在环境问题已经成为国际暴力冲突新根源的形势面前，在环境外交领域，民族国家在捍卫自身环境权益方面将发挥主要作用。因此，环境运动、环境政策、环境法令、环境外交都特别容易受到环境史学者的关注。

在研究人与自然的关系方面，相对于其他学科而言，环境史具有独特的优势，这种优势一方面是由于历史学的包容性，另一方面就是因为历史学是一种历时性研究。环境史研究历史上的人类生态系统，这一系统内部因素或主要部分的变化，"可能进行得极其缓慢，甚至难以察觉，但有时又相当突然，会在几年、几个月、几小时或几分钟内发生"。这种突然变化往往很少出自单个的事件，在更多的情况下它是长期累积的结果。因此，环境研究如果不借助于历史，就不可能深入。正如有学者指出："求助历史研究才可能作出贡献……因为各个系统都处于演变之中，人们对它们的观察便不能只从时间的某一点上着眼，哪怕关于某一系统的演变的大量数据只能在某一特定时刻收集到。只有联系过去的情况，才能对变化进行研究；对于缓慢的演变过程，或其生态系统中的后果要在几个月到几个世纪以后才能充分显示出来，要想认识到其影响，就必须从历史着手……研究人与生物圈的关系，可能是一个全新的科学领域，但是如果要获得成果，就不能不用最古老的方法之一，即研究历史。"[1]

<h1 style="text-align:center">三　史料利用范围</h1>

环境史的跨学科特点也可以从它所利用的各种各样的史料反映出来。所谓史料，是指"人类在自己的社会实践活动中残留或保存下来的各种痕迹、实物和文字资料"[2]。依据其表现形式，史料主要可以分为文字与实物两大类。此外，口传史料也是史料的组成部分，它主要是指在民间流传的口头传说和史诗。在美国环境史研究中，利用较多的是文字与实物两类史料。这些史料大大拓宽了传统史料的范畴，反映了环境史跨学科研究的特点。

美国环境史学者纳什在 20 世纪 70 年代率先讲授环境史时就提出，景观就是一部历史文献，它包含了大量的历史信息，所以他鼓励学生到野外进行考察。[3] 沃斯特提到，要理解"在历史上始终发挥作用的那些基本力量"，"我们不时走出议院，走出医院产房和工厂，在田野、森林和户外漫步"。[4] 沃斯特最近还提到："我总是告诉我的研究生去选择一块地方……然后发掘它的环境历史……去认识它的地质、植被、土壤、气候的类型以及人类到来后的影响。"[5] 这两位权威学者都意识到，田野调查、实地考察对环境史研究的重要性，中国有一句谚语，所谓"行万里路，破万卷书"，讲的也是这个道理。

每一个地方，每一处景观，都或多或少地保留着过去的信息，这些信息在一定程度上可以反映该地的环境变迁史。在环境变迁研究中，"断代是十分重要的，对于各种环境变化过程和环境事件，只有将其置于时间标尺之上才有确切意义，也才能从中找到规律性的东西"[6]。在实际工作中，树木年

---

①　［澳］哈罗德·布鲁克菲尔德：《论人与生态系统》，石松译，《国际社会科学杂志》（中文版）1984 年第 4 期。

②　李良玉：《史料学片论》，人大《复印报刊资料·历史学》2001 年第 1 期。

③　Roderick Nash, "The State of Environmental History", in Herbert Bass, ed., *The State of American History*, Chicago: Quadrangle, 1970, p. 249.

④　Donald Worster, "Doing Environmental History", in Donald Worster, ed., *The Ends of the Earth: Perspectives on Modern Environmental History*, New York: Cambridge University Press, 1989, p. 289.

⑤　［美］沃斯特：《为什么我们需要环境史?》，侯深译，《世界历史》2004 年第 3 期。

⑥　《21 世纪议程——环境保护与综合治理》，科学技术出版社 2000 年版，第 476 页。

轮、孢子花粉是环境史学者从事断代分析最常用的一些史料。

树木年轮学创立于 20 世纪上半叶，通过树木年轮来观察较长时期内影响树木生长的外界因子的变化。年轮是树木生长的"年谱"，"它不只记录了树木自身的年龄，还记载下环境和气候等综合外界因子对树木生长的影响，如光照、水分、温度、土壤条件及生物之间的作用等。现在研究还表明，树木年轮可记录环境污染及大气成分变化、地震、火山爆发等"①。因此，树木年轮通常被人们称为过去环境变化的"记录器"②。

树木年轮分析的成果在环境史研究中得到了大量的利用。比如，有学者通过对巨松的年轮进行分析，发现了大平原地区干旱周期和雨季周期循环交替，每隔 35.7 年，这里就会出现持续时间不少于 5 年的干旱；大约每隔 55.6 年，就会再次发生持续时间不少于 10 年的大旱。③ 又比如通过分析树木的年轮和过火后树木上疤痕的位置，就有可能知晓历史上该地发生林火的具体年份。除树木年轮外，森林中的土墩则可以反映过去几个世纪飓风发生的时间和周期。另外，树的形态也能反映一些很有价值的信息，树冠特别巨大的古树，它所在之处以前应该是草原或比较开阔的地方；而分布在林区的树木，一般树冠不大，而且集中在树的顶部；那些长出丛丛新枝的树木，就表明它周期性地被人采伐。④

孢粉分析是研究保存在地层中的化石孢粉。孢粉与植物的繁殖有关，每一种植物的孢粉都不一样。由于孢粉外壁坚固，能耐高温高压和强酸强碱，因而使孢粉在地层中能完好地保存亿万年之久。同时它体轻量大，在几乎所有地层中都有保存，因此，通过孢粉分析，就可以恢复各个地质历史时期的古气候、古地理和古生态⑤，重现自然的沧桑巨变。孢粉分析已经在考古学中被广泛应用，用于"确定考古遗址各文化层及地层的年代；了解古人类生活的自然环境及其变迁历史，人类社会发展与其周围自然环境的关系；了解

---

① 刘宏顾：《树木年轮——环境气候的档案》，《植物杂志》1993 年第 4 期。

② 马利荣、卜春林：《树木的历史"档案"——年轮》，《科学世界》1994 年第 7 期。

③ R. Douglas Hurt, *The Dust Bowl: An Agricultural and Social History*, Nelson – Hall Publishers, p. 3.

④ Gordon G. Whitney, *From Coastal Wilderness to Fruited Plain: A History of Environmental Change in Temperate North America from 1500 to the Present*, Cambridge University Press, 1996, p. 33.

⑤ 王宪曾：《孢粉学的应用纵横谈》，《地球》1985 年第 6 期。

古代社会的文化发展状况，如农作物起源及其扩散"①。

迄今为止，运用孢粉分析已经取得许多成果。孢粉学还为板块构造学说提供了新的证据，表明"在侏罗纪以前美洲大陆和非洲大陆仍然一体相连……两大陆块自侏罗纪以后才开始开裂和漂移"，"而印度和欧亚大陆在地质历史上长期分离，直到早第三纪印度板块才与欧亚板块相碰在一起"。②此外，在发掘美国贝科斯河（Pecos）新墨西哥州萨勒堡南约 24 公里处遗址时，考古学家通过花粉分析，断定该遗址的"年代是公元900—1250 年。花粉分析结果发现，以藜科和苋属花粉占优势，禾本科花粉在文化层上部显著增加，并在几个层位中发现很多玉米花粉，证明在公元 1200 年后当地居民由原来的狩猎生活逐步转变为栽培种植的经济"③。

除实物史料外，环境史学者利用更多的还是文字史料。文字史料之卷帙浩繁，足令研究者望洋兴叹。美国学者惠特尼（Gordon G. Whitney）将历史生态学的史料分为文献资料、图表资料、统计数据系列、手稿四大类，他列举的资料对环境史学者也具有非常重要的参考价值。④

关于美国自然、地理、生态环境的记载大量散见于有关的探险日记、移民自述、移民指南、地区手册等文献资料。由于这些资料比较分散，不容易收集，利用起来有一定的困难。从战后以来，有的学者开始对这些资料进行整理和编目，为使用者提供了按图索骥的便利。这些图书主要包括：《美国印象：新大陆的海外来客》、《美国漫游：从航海发现到现在，报刊游记文章汇编》、《俄亥俄山谷印象：1740—1860》、《哈佛美国历史指南》、《游记里的新泽西：1524—1971》、《美国中西部早期考察记》、《来自旧边疆的声音》等。⑤

---

① 姜钦华：《花粉分析与植硅石分析的结合在考古学中的应用》，《考古》1994 年第 4 期。

② 王宪曾：《孢粉学的应用纵横谈》，《地球》1985 年第 6 期。

③ 周昆叔、严富华、叶永英：《花粉分析法及其在考古学中的运用》，《考古》1975 年第 1 期。

④ Gordon G. Whitney, *From Coastal Wilderness to Fruited Plain: A History of Environmental Change in Temperate North America from 1500 to the Present*, p. 10.

⑤ Robert B. Downs, *Images of America: Travelers from Abroad in the New World*, Urbana: University of Illinois Press, 1987; Garold Cole, *Travels in America: From the Voyages of Discovery to the Present, An Annotated Bibliography of Travel Articles in Periodicals*, Norman, OK: University of Oklahoma Press, 1984; John A. Jakle, *Images of the Ohio Valley: A Historical Geography of Travel, 1740 to 1860*, New York: Oxford University Press, 1977; Frank Freidel, *Harvard Guide to American History*, Cambridge, 1974; Oral Summer Coad, *New Jersey in Travelers' Accounts, 1524 – 1971, A Descriptive Bibliography*, N. J., Scarecrow Press, 1972; Robert Hubach, *Early Midwestern Travel Narratives, An Annotated Bibliography, 1634 – 1850*, Detroit: Wayne State University Press, 1961; R. W. G. Vail, *The Voice of the Old Frontier*, Philadelphia: University of Pennsylvania Press, 1949.

　　探险日记、旅行自述非常有益于我们了解过去的景观，但在利用时，却不能不仔细甄别。因为这些文献有一些缺点：许多叙述相互矛盾，掺杂着大量对自然的偏见。许多新大陆的宣传手册渲染北美大陆的富饶，以吸引移民前来开发北美大陆。许多西去的移民沿着已经开辟的路线前进，他们沿途所写并不能准确地反映途经地区的全貌。一些来自欧洲开阔地带的移民则夸大了森林的面积。另外，一些人提到草原野火和森林飓风，但他们究竟是有感于难得一见或是触目皆是，现在则不得而知。

　　在美国开发西部的过程中，博物学者和生态学家留下了许多科学考察报告。早期的博物学者如德雷克（Daniel Drake）、希尔德雷斯（Samuel Hildreth）、柯特兰（Jared Kirtland）、拉帕姆（Increase Lapham）已经意识到并记录了拓殖带来的生态变化。在 19 世纪末生态学出现以后，许多生态学者力争在开发之前将保存尚好的景观记录下来。要了解早期的科学考察报告，可以参阅《美国自然史书目：开拓世纪，1769—1865》一书。有关美国各区域和部分州的早期生态环境的资料，可参考《美国东北部的落叶林》、《俄亥俄湾植物生态学书目指南》、《纽约州植物生态学书目指南》、《威斯康星植被：书目指南》、《伊利诺伊植被：书目指南》等著作。[1]

　　在统计数据系列中，《美国联邦人口统计》是美国环境史研究常用的资料。美国人口普查始于 1790 年，此后每隔 10 年进行一次。1840 年美国第 6 次人口普查还对各区县的农林产品输出进行了统计。从 1850 年起，人口普查表格还统计了单个农场的熟田、荒地、庄稼和家畜的数量。这些资料大都由各州图书馆、档案馆和历史协会保存。从 1925 年开始，人口普查的间隔由 10 年缩减至 5 年，由此就能够提供更加详细丰富的信息。此外，从 1928 年开始，美国林业局周期性地对美国林业资源进行统计，并不断更新。这些数据已经被用来绘制以县为基础的全国树种分布图。

---

　　① 　Emma L. Braun, *Deciduous Forests of Eastern North America*, Philadelphia, 1950; Ethel M. Miller, *Bibliography of Ohio Botany*, The Ohio State University Press, 1932; Homer D. House, *Bibliography of the Botany of New York State*, *1751 - 1940*, Albany: The University of the State of New York, 1941 - 1942; H. C. Greene and J. T. Curtis, *Bibliography of Wisconsin Vegetation*, New York, 1955; Paul G. Risser, *Bibliography of Illinois Vegetation*, Champaign, Illinois, 1984; Marvin L. Roberts and Ronald L. Stuckey, *Bibliography of Theses and Dissertations on Ohio Floristic and Vegetation in Ohio Colleges and Universities*, Ohio State University, 1974.

还应该提及的是，美国还保存了比较完整的气象资料。19 世纪早期，美国军队军医处就开始记录许多军事据点的气象情况，此后，美国军队管理局开始建立气象站。自 1891 年以来，美国气象局及后来取代它的联邦海洋与大气监测局，负责搜集全国的气象资料，并逐月发表《气象数据》（Climatological Data）。这些信息为环境史学家重新审视过去提供了参考。①

迄今为止，许多有关美国景观的最有价值的史料则是各类未付印的手稿。这些资料部分可见于美国国会图书馆不断更新的《联邦收藏手稿目录》（National Union Catalog of Manuscript Collections，NUCMC），而联邦政府档案则主要收藏于美国国家档案馆。在这部分资料中，土地调查报告的价值尤为突出。美国的西部开发是在联邦政府指导下进行的，在大规模移民拓殖以前，政府会编制待开发地区的土地调查报告，这些报告中往往包含了有关自然生态的丰富信息。但由于这些土地调查报告或多或少存在着一些不实之处，再加上取样方面存在偏差，所以在利用时应该谨慎小心。

总之，环境问题本身的复杂性、环境史与相关学科之间的密切联系、环境史研究需要利用的多方面的资料，都决定了环境史必须采用跨学科的研究方法。但在现行的教育体制之下，对历史学者而言，掌握自然科学基本知识都尚且不易，更遑论追踪自然科学前沿。所以，跨学科研究对环境史学者来说是一个不小的挑战。尽管如此，跨学科研究作为一种理想，还需要环境史学者去不断尝试和追求，只有这样，环境史研究水平才有望不断提高。

---

① Gordon G. Whitney, *From Coastal Wilderness to Fruited Plain: A History of Environmental Change in Temperate North America from 1500 to the Present*, p. 16.

第十六章

环境史学的文化批判意识

爱因斯坦早就指出："手段的完善和目标的混乱，似乎是——照我的见解——我们这时代的特征。"在科学技术、物质生产力的发展日新月异的时代，人们在社会目标、价值观念、伦理道德方面却陷于混乱，这就是一系列社会危机出现的根本缘由。因此，社会危机在很大程度上都可以归结为文化和信仰危机。从某种意义上说，环境危机也是文化和信仰危机。

环境问题的出现，在一定程度上就是由于人类长期以来把自然仅仅视为征服对象和满足欲求的手段。在控制自然和征服自然这一观念的指导下，科学技术的每一次进步，都会使人为的环境破坏愈演愈烈，而这反过来又会使自然越来越不适应人类生存和发展的需要，最终殃及人类自身。在行为与目标已经背道而驰的情况下，人类只有转变观念，约束自己的贪欲，建立人与自然的和谐关系，才有可能使人类转危为安，步出困境。

从 19 世纪末期开始，美国政府开始推行资源保护政策。但在资源保护政策推行许多年后，美国大平原地区在 20 世纪 30 年代却出现了严重的水土侵蚀。这起美国历史上最严重的生态灾害促使一部分有识之士将环境问题和资本主义文化的改造联系起来。

有人试图通过赋予基督教新的教义，来约束人们对自然的滥用。1939年 6 月，一位名叫罗德米克尔（W. C. Lowdermilk，1888—1974）的林务员和水文学家在耶路撒冷电台发表了题为"第十一条戒律"的演讲。在他看来，上帝如果能预见到几个世纪以来人类目光短浅的林业和工业会给他的创造物带来如此严重的破坏，他肯定会在十诫后面再增加一诫，即第十一诫："你要作为一名诚实的托管者接管这个神圣的地球，世世代代都要保护它的资源和活力。你应护卫土地，使土壤免遭侵蚀；护卫生命之水，使之永不干涸；护卫森林，使之免遭毁坏；护卫山岳，使之免遭牧群的践踏。这样，你的后代才能永远丰衣足食。如果对土地的管理失败了，那么，肥沃的土地将变得荒芜贫瘠，沟壑纵横，你的后代将减少并生活在贫困中，或从地球上消失。"①

阿尔贝特·史怀泽则将敬畏生命、善待自然联系起来，他说："善是保持生命，促进生命，使可发展的生命实现其最高价值。恶则是毁灭生命，伤害生命，压制生命的发展。"②在美国，利奥波德已经越来越清楚地意识到资源保护的局限，他说："一个孤立的以经济的个人利益为基础的保护主义体系，是绝对片面性的。它趋向于忽视，从而也就是最终要灭绝很多在土地共同体中缺乏使用价值，但却是它得以健康运转的基础的成分。"他进而提出了一种全新的土地伦理，"土地伦理是要把人类在共同体中以征服者的面目出现的角色，变成这个共同体中的平等的一员和公民。它暗含着对每个成员的尊敬，也包括对这个共同体本身的尊敬"③。但这种全新的文化观念在 20 世纪四五十年代并没有什么影响。在六七十年代现代环保运动兴起后，关于环境问题深层根源的争论非常激烈，通过争论，越来越多的人已经意识到环境危机最终可以归结为文化和信仰危机。

环境史研究的现实批判精神和道德伦理诉求，与环境危机的严峻形势密切相关。环境史的文化批判至少体现在以下三个方面：在自然观上，它反对机械论自然观，强调世界万物之间的有机联系，坚持系统论；在价值观上，它批判极端人类中心主义，弘扬现代人类中心主义；在发展观上，它对片面强调经济增长提出质疑，而主张可持续的发展观。它在一定程度上也指出了进步史观和现代化理论的缺陷。

一 自然观

人们的行为总是受意识支配的，人类如何对待环境，与他们的自然观有

---

① 转引自杨通进《走向深层的环保》，四川人民出版社 2000 年版，第 23 页。
② ［法］阿尔贝特·史怀泽：《敬畏生命》，陈泽环译，上海社会科学院出版社 1992 年版，第 9 页。
③ ［美］奥尔多·利奥波德：《沙乡年鉴》，侯文蕙译，吉林人民出版社 1997 年版，第 203、194 页。

直接关系。所谓自然观，是指人们对外部物质世界的总认识，包括对物质的组成、规律及其相互联系的根本看法。在历史长河中，人类的自然观一直在发展变化。在采集—狩猎社会和农业社会里，人类的生产活动对气候等自然条件的依赖性非常大，基本上是靠天吃饭。在生产力比较低下的情况下，人们比较迷信或崇拜自然的力量，至少对自然比较敬畏。原始神秘的宗教自然观及有机论自然观占主导地位。卡洛琳·麦茜特说过，古代将自然"等同于一个哺育着的母亲"，"女性的地球位于有机宇宙论的中央"，有机宇宙论却被"科学革命"和近代早期欧洲兴起的市场取向的文化所渐渐破坏[①]。

进入近代以后，神秘自然观和有机论自然观逐渐被机械论自然观所取代。机械论自然观虽然可以追溯到古希腊时期，但其牢固地位直到近代才得以确立。文艺复兴、启蒙运动使人们的思想得以解放，资产阶级政治革命、工业革命和科学革命，带来了生产力的巨大发展，科学、理性取代了迷信和愚昧。人类对解开自然的奥秘充满信心，机械论自然观逐渐成为根深蒂固的社会观念。

机械论自然观建立在牛顿的力学原理基础之上，由法国天文学家拉普拉斯（1749—1827）集其大成。机械论自然观把自然界的一切现象都归因于力学现象，把物质运动全都解释为机械运动，所有这些现象和运动都遵循力学规律。拉普拉斯认为：对于客观存在的这个物质世界来说，一切事物之间都有确定的必然联系，这些联系都服从一定的规律；按照这些规律在得知物体任一时刻的状态时，就可推知物体其他时刻的状态。拉普拉斯彻底否定偶然性，认为所谓的偶然性，正是由于人们的无知、人类有限的认识无法洞悉整个宇宙的奥秘所引起的，而这些偶然性会随着人类对自然界、对宇宙认识的加深而逐渐减少，及至彻底消失。拉普拉斯这种用力学解释一切自然运动的机械论的观点，与仅强调确定的、规律性的因果关系的决定论态度被人们称之为机械论自然观。[②]

机械论自然观作为自然科学发展到一定阶段的产物，"在 16 世纪末和

---

① ［美］麦茜特：《自然之死：妇女、生态和科学革命》，吴国盛等译，吉林人民出版社 1999 年版，导论，第 2 页。

② 童天湘、林夏水主编：《新自然观》，中共中央党校出版社 1998 年版，第 49 页。

17世纪初社会、宗教和宇宙论的混乱状态下，作为对思想的不确定性的一剂良药，作为社会稳定的理性基础而兴起"①。它适应和加速了科学的发展，为科学家所普遍接受，成为科学发展的指路明灯，促进了科学事业的发展。在17世纪80年代至19世纪60年代近200年的时间里，机械论自然观指导下的科学领域——特别是物理学和化学领域——取得了惊人的发展，在光学、电学、磁学、热力学、天体力学等方面也有卓越的成就。

在机械论的影响下，"自然不再被认为是鲜活的"，"宇宙的万物有灵论和有机论观念"也被废除了。"机械主义作为一种隐喻"，还被"用来为征服自然和统治自然辩护"。② 机械论自然观造成和加剧了人与自然之间的紧张关系，对目前的全球生态危机、环境问题负有不可推卸的责任。

首先，机械论自然观把自然看作一部机器，否定自然界之间的有机联系。由于把自然界的事物和过程孤立起来，关心的只是自然的个别现象而不是自然的整体。在该原则指导下，单纯地为了解决某个问题而贸然大肆行动，丝毫没有意识到，甚至意识到了也不考虑各种可能的后果。大量施用杀虫剂，在杀死"害虫"的同时，也杀死了其他多种生物的成分，修建拦河大坝是为了防洪发电，却未料及疾病的流行、土地的盐碱化、整个流域的生态恶化、生物多样性的减少以及相邻流域的水患等；制造氟利昂是为了制冷，逸散到平流层的氟利昂却破坏了臭氧层，而使地球更热，即人们所说的温室效应；此外，不顾世界舆论的核试验、不考虑能源供应的汽车工业等，都给我们已经很严峻的环境形势施加了更大的压力。

20世纪50年代，马来半岛婆罗洲的许多人感染了疟疾。世界卫生组织采取了直截了当的解决方法，大面积喷洒DDT消灭蚊子。蚊子死了，疟疾得到控制。可是没过多久，当地老鼠数量迅速增加，又面临着爆发大规模斑疹伤寒和鼠疫的危险。原来，DDT在杀死蚊子的同时，还杀死了一种小黄蜂，这种小黄蜂是一种专吃屋顶茅草的虫子的天敌，所以不久之后，人们的屋顶纷纷塌陷；而被毒死的小黄蜂成为壁虎的粮食，壁虎又被猫吃掉，……猫的迅速减少直接造成了老鼠的大量繁殖。面对再一次爆发大规模瘟疫的威

---

① ［美］麦茜特：《自然之死：妇女、生态和科学革命》，第212页。
② 同上书，第212、236页。

胁，世界卫生组织不得不采取另一种办法，向婆罗洲空降 1.4 万只活猫。①

其次，建立在物质不灭、能量守恒定律基础上的机械论自然观给世人的影响如此深刻，以至于人们普遍认为物质世界的能源取之不尽、用之不竭，并且认为人类有足够的智慧在化石能源耗尽之前找到新的替代能源。

无节制地耗费资源，不仅导致了资源短缺，而且加剧污染，导致生态危机。面对环境污染，任何推诿都毫无意义，我们只有充分正视以热力学第二定律为基础的熵②理论的自然观，从根本上改变我们对待自然的态度，才能使人类驾驶着这艘地球之船，在濒临崩溃前有一个急转弯，化险为夷。

再次，机械论自然观把自然界中的关系以机械运动作类比，把自然当作一部机器，这种态度对世人影响之深，甚至在环境污染、生态危机严重到危及人类自身的生存的时候，自然这部机器运行开始紊乱的时候，人们依然崇信技术，把技术作为解决环境问题的唯一手段，而不考虑对政治体制、经济分配制度以及文化观念加以变革。

最后，机械论自然观以人类为中心，把自然看作附属于人类的机器，认为自然只有资源价值、工具价值，忽视了自然作为一个有机的系统，有其稳定复杂且不能为人所尽知的运行规律。正是因为忽视自然的有机联系，才造成了种种环境问题，致使生态危机日益严重。当人们为人类向自然、宇宙迈进的每一步欢呼时，他们忘记了人类只是自然的一个部分，失去自然，人类将失去一切，而失去人类，自然将依然存在。

从 19 世纪七八十年代开始，机械论自然观开始连接遭受种种严重冲击。法拉第、麦克斯韦在光学和电磁学领域里所提出的场的概念和电磁理论动摇了机械论自然观；热力学第二定律——即熵理论说明牛顿力学不适用于热效应；相对论说明牛顿力学不适合宏观高速运动；量子力学描述微观粒子状态随时间变化的规律；混沌学彻底否定了所谓的确定性。

尽管机械论自然观在科学界被不断质疑和否定，许多学者在自然观方面也进行了有益的探讨，并提出过系统论自然观、混沌自然观、智能自然观、

①　毛宗福：《传染病爆发流行以及人类与之抗争的启示录》，《武汉大学学报》（社会科学版）2003 年第 4 期。

②　熵是系统无序程度的量度。熵变大表示分子运动无序程度的增加，熵增的极致便是热寂。

熵理论的自然观等各种新理论，可是由于这些新思想还没有发展出足够雄厚的理论基础，足以与人们心中的机械决定论自然观相抗衡。但这些自然观又都各有可取之处，其中比较重要、比较成熟、对环境史研究影响较深的要数系统论自然观和混沌自然观了。

系统论自然观可以追溯到古希腊，在近代西方科学发展到注重对局部的研究时，系统论自然观才受到冷落，但它并没有因为机械主义的兴起而消失。① 随着科学研究慢慢侧重于整体事物及事物的演进过程时，系统论自然观才逐渐受到重视。20 世纪中叶，随着强调从系统的、全局的角度来观察、理解世界的系统论的兴起，系统论自然观进一步得到加强。系统论自然观主张，自然是由各种各样的系统构成的，各系统之间相互关联，并通过信息、能量、物质的交换来形成一个网络体系，系统在演进中总是不断趋于平衡。系统论自然观在 20 世纪一度成为生态学的主导思想，可以克莱门茨的顶级演替理论和奥德姆的生态学原理为代表。

在 20 世纪 90 年代以前，系统论自然观成为美国环境史学者认识自然的指导性思想，并成为一些环境史学者用以批判、取代机械论自然观的新的理论依据。系统论自然观认为：人是自然的一部分，人不能独立于自然而存在，破坏环境就是戕害人类自己。自然资源的有限性和环境容量的有限性，决定了经济根本不可能无限发展，人类在利用自然时应该尊重自然规律。人对自然的不经意的行为往往会带来意想不到的结果，因此人类要对自己的行为负责，学会约束自己，而不能为所欲为。人类应当彻底抛弃战胜和征服自然的错误观念，学会尊重自然，重建人与自然之间的和谐关系。

混沌自然观认为自然界中的运动普遍是无规则的运动，认为混沌是有序中的无序，无序中的有序。混沌学于 1963 年由美国气象学家 E. 洛伦兹所创建。混沌是一种确定系统中出现的无规则运动，研究混沌的目的是要揭示貌似随机的现象背后可能隐藏的简单规律，以求发现一大类复杂问题普遍遵循的共同规律。混沌自然观在 20 世纪 80 年代以后对系统论自然观形成猛烈冲击，90 年代之后受到一些环境史学者的追捧。

---

① ［美］麦茜特：《自然之死：妇女、生态和科学革命》，第 257 页。

二　价值观

极端人类中心主义是环境危机的另一个思想文化根源。

人类中心主义的思想源远流长。早在古希腊时期，亚里士多德就说过："植物的存在是为了给动物提供食物，而动物的存在则是为了给人提供食物……所有的动物肯定都是大自然为了人类而创造的。"①基督教被林恩·怀特称为"最以人类为中心的宗教"②。在基督教看来，只有人才是有可能获得上帝拯救的唯一存在，基督教徒对天国的向往使他们"敌视荒野"、"漠视地球"。③ 进入近代以后，以人为中心的思想体系进一步完备，培根提出了"知识就是力量"的名言；洛克认为，"对自然的否定就是通往幸福之路"；笛卡尔主张要"借助实践哲学使自己成为自然的主人和统治者"；而康德集众家之长，提出了"人是目的"、"人是自然界的最高立法者"。

人类中心主义的内涵总是随时代的发展而变化。传统上，它把人与自然对立起来，认为人是万物之灵，将人视为万物的中心主宰；自然万物为了人的利益而存在，是人类的工具和手段；相信理性，认为用科技发展可以解决一切问题。

自 19 世纪下半叶以来，在资源短缺和环境危机的困境面前，一些有识之士意识到，为保护人类长远利益和整体利益，就必须保护自然。在这种情况下，人类中心主义又被赋予新的内涵，成为资源保护、自然保护及环境保护的依据，这种人类中心主义被称为现代人类中心主义。

人类中心主义作为一种价值观，其历史功绩在于"对人类价值的信仰以及对人类伟大创造力的理解"。人类中心主义以人类的需要和利益为目的来改变和利用自然，促使人类发挥巨大的创造力，逐渐改变了人从属和依附于自然的地位。"人类要做自然界的主人的愿望从发明尖嘴的石器工具开始萌发，又从人的自我意识的产生而逐步形成"，随着人类创造力的逐步发挥，

---

① 转引自何怀宏《生态伦理——精神资源与哲学基础》，河北大学出版社 2002 年版，第 338 页。
② 何怀宏：《生态伦理——精神资源与哲学基础》，第 338 页。
③ 同上书，第 340 页。

"人类对自然界取得一个又一个胜利，人类中心主义成为自己价值观的核心，并在理论和实践上成为颠扑不灭的真理"。[①]

人类中心主义固然有其合理性，但在人类对抗自然的能力得到空前提高之后，如果还是一味强调人类中心，人类中心主义就会走向反面，最终损害人的利益。事实正是如此，在人类的过分干预面前，自然渐渐失去了作为一个系统正常运行的能力，慢慢积累成为人们日夜忧虑的环境问题、生态危机和生存困境。在现实生活中，为一己之私和短期利益，破坏环境的事件还是比比皆是，深层次的根源还是人类中心主义在作祟。

人类中心主义导致的环境灾难俯拾即是。20世纪30年代美国南部大平原的沙尘暴就是典型的极端人类中心主义导致的恶果。在极端人类中心主义观念的支配下，美国人无视草原生态圈作为美洲大陆生态圈演化的结果，盲目地开垦和破坏大平原的草地植被，使这里成为不毛之地，农场大量破产，许多人成为背井离乡的难民。

早在20世纪60年代初，西方发达国家就已经注意到高消费导致的环境问题。这些国家人口占世界人口的1/5但却消耗着世界资源的4/5。西方发达国家仍以高消费的生活方式误导着第三世界国家的经济发展方向；他们大肆掠夺发展中国家的资源，甚至不惜动用战争手段；他们十分珍惜自己国家的资源及环境，但却为了追逐利润和一己之私，背地里乃至明目张胆地向发展中国家转嫁污染，向发展中国家出口其国内早已停止使用的合成杀虫剂，加剧了化学污染在全世界范围的扩散，使广大第三世界国家的食品质量安全受到严重威胁。

在这种情况下，批判和质疑传统人类中心主义，重新审视和解释人类中心主义，对环保人士和环境史学者而言，是再合理不过了。

就环境问题而言，传统人类中心主义流弊甚多：首先，它将自然与人对立起来，战胜自然、征服自然成为人类义不容辞的使命和责任。这样一种观念，在生产力落后的时代对人类来说可能是必需的，但在人类借助科技力量变得空前强大之后，一味坚持传统人类中心主义就是抱残守缺，成为人与自然和谐相处的思想障碍。其次，传统人类中心主义将自然对于人类的有用性

① 余谋昌：《走出人类中心主义》，《自然辩证法研究》1994年第7期。

作为人与自然发生关系的基础。受这种功利主义思想指导，人们在现实生活中往往会片面重视自然的经济价值，而忽视自然的精神价值、科学价值及生态价值，片面强调短期利益而忽视长期利益。最后，传统人类中心主义过分依赖和迷信技术，容易使人误以为环境问题只能归咎于技术，也只能依靠技术解决。这就必然使对环境问题的认识和批判流于表面化，使人看不清生态危机的严峻性及其实质。

对传统人类中心主义的批判绝不是全盘否定，在有选择的扬弃之后，又出现了现代人类中心主义。现代人类中心主义虽然强调以人的利益为中心，但并不认为以人为中心就意味着可以对自然进行任意的宰制，也不认为人是自然界进化唯一和最高的目的，而着眼于人类的整体利益和长远利益，来探讨自然环境的保护。现代人类中心主义强调，要努力认识并顺应自然规律，承认和尊重自然的价值，使之更好地为人类服务。现代人类中心主义要求保护生物多样性，充分地意识到丰富多样的物种对于人类未来发展的潜在价值。

一部分比较激进的学者认为现代人类中心主义并不能从根本上解救生态危机，他们倡导和弘扬自然中心主义。自然中心主义是建立在人与大自然和谐相处的基础上，以自然的内在价值的持续存在为目的，同时肯定人类在自然界的积极作用的一种生态伦理观。①

自然中心主义产生于20世纪初到20世纪中叶。在此期间爆发了两次世界大战，战争所创造的需求加快了人们掠夺自然资源的步伐，加剧了环境破坏，地球脆弱的生态环境面临前所未有的严峻挑战。正是在这种背景下，自然中心主义应运而生。

自然中心主义流派繁多，主要包括社会生态学和深层生态学、动物权利主义和生态女性主义。社会生态学的主要代表是美国的环境无政府主义者布克钦，他把环境退化的原因追溯到人类社会中不公正的等级关系，主张分权的、小规模的政治经济结构。深层生态学的代表是挪威哲学家阿伦·奈斯（A. Naess），该流派主张众生平等，把饥荒、艾滋病和其他流行病视为调节人口的手段，反对为此进行救济。以澳大利亚哲学家辛格（P. Singer）为代

---

① 傅华：《生态伦理学探究》，华夏出版社2002年版，第32页。

表的"动物解放主义"强调自然的内在价值，反对任何形式的动物利用；而生态女性主义追求建立一个环境良好的公正社会，妇女在这个社会里将发挥中心作用。①

自然中心主义主张自然的内在价值，在反对极端人类中心主义方面固然有其合理性。但如果把它作为处理人与自然关系的指导思想，自然中心主义的不足无疑是非常明显的。首先，自然中心主义将生态规律等同于人类价值，认为生态规律是人类价值的依据和支柱。② 这就意味着，社会应该遵循适者生存的自然规律。自然中心主义忽视和弱化了人的社会性和主观能动性，同时按这一思路建立的必然是弱肉强食的丛林社会。其次，自然中心主义往往掩盖了人与自然背后的社会关系，在现实生活中往往会成为一部分人压迫另一部分人的借口。一些人以自然中心主义为名，行牟取私利之实。最后，在国际交往中，自然中心主义又会成为西方发达国家压制发展中国家的依据。发达国家往往以环境问题为借口，以保护自然为幌子，一方面说发展中国家要对环境问题负责，一方面又疯狂掠夺发展中国家的自然资源。发达国家把自然中心主义当作反对发展中国家发展的一个理由，把自然中心主义用作压迫第三世界人民的工具。

在现实生活中，有关这方面的事例屡见不鲜，这些看似荒唐、富有戏剧性的事件是对自然生态主义的尖锐讽刺。

美国人在制定法律的时候，想到了鲸鱼的生存权利，想到了自己对于海洋环境的需求，但却忽视了因纽特人的利益。如果失去捕鲸的权利，因纽特人就失去了他们赖以为生的手段，失去了他们作为一个民族生存下去的根基。因纽特人乘飞机"飞了半个地球，到国际捕鲸委员会会议上为维护自己传统的文化习俗进行辩论"③。又比如，为满足自己的娱乐需求，美国人过去往往不顾印第安人是美洲的主人这一事实，强调荒野是无人区，企图剥夺土著在这些地区生存的权利，使世世代代在那里生活的土著背井离乡。再比如，有一幅漫画，富人开着汽车，看到路边一个穷人用树枝生火取暖，于是

---

① Encyclopedia Britannica Online，http：//www. britannica. com.

② 傅华：《生态伦理学探究》，第 166 页。

③ ［美］埃里克·普·爱克霍姆：《回到现实——环境与人类需要》，朱跃强、吴子锦译，石油工业出版社 1984 年版，第 83 页。

训斥道：你凭什么污染环境？在富人看来，穷人砍了树，生火产生的烟雾还弄脏了空气。可是，富人却不去考虑自己的汽车所消耗的钢材、汽油，不考虑修路所砍掉的树林。这一漫画至少可以说明，在环境问题上，人类共同体抽象、理想的共同利益在现实生活中往往是海市蜃楼，不同收入阶层、不同发展水平的国家在环境问题上的尖锐冲突将持续存在。

美国环境史的文化批判意识，是从现代环境保护主义那里继承来的。而就现代环保运动的思想基础而言，现代人类中心主义和自然中心主义双峰对峙，二水分流，它们又可以衍生出多种流派，关于自然中心主义的流派，前文已有涉及。而就人类中心主义的流派而言，它又可以分为两类：一是末世论的环境保护主义（Apocalyptic environmentalism），一是争取解放的环境保护主义（Emancipatory environmentalism）①。

末世论的环境保护主义出现在 20 世纪 60 年代和 70 年代早期，反映了一种普遍的对文明的不安，它对地球长远的前景和人类未来比较悲观。卡逊的《寂静的春天》、埃利希的《人口炸弹》、米都斯的《增长的极限》和戈德史密斯（Edward Goldsmith）的《幸存蓝图》（*Blueprint for Survival*，1972）等著作都表明，地球生态系统正在接近它所能支撑的极限。这些著作都传达出一种信息，即要扩大政府对人类有害行为的管制权力，人类即便不情愿，如果要生存，就必然要学会约束自己。这种观点在 90 年代以前的环境史学者中特别有市场，而尤以沃斯特的观点与它最为近似。

争取解放的环境保护主义可以美国生态学家巴里·康芒纳和德国经济学家舒马赫为代表。它兴起于 20 世纪 70 年代，旨在通过各种切实可行的途径提高环境质量，这些途径包括：生态意识的弘扬、废物的回收利用、替代性能源技术的开发、对农业和能源工业的重组、经济和社会规划的分权和民主化。它是一种积极乐观的环境保护主义，强调人在改善环境方面大有可为，"全球思考，地方行动"就是它在 90 年代提出的流行口号。

从美国的情况来看，可以毫无疑义地说，人类中心主义的环境观在环境史学者中占据主导优势。虽然许多环境史著作充满悲剧色彩，但它恰恰体现了环境史学者的人本主义关怀。在《尘暴》一书里，沃斯特虽然对反生态

① Encyclopedia Britannica Online，http：//www. britannica. com.

的资本主义文化提出了尖锐批评，但他对灾区农民的不幸遭遇充满了同情。沃斯特的作品充满着悲天悯人的气息，其深厚真挚的情感为其著作增添了许多魅力。环境史学者往往会流露出一种看似矛盾的情绪，这种情绪恰如史怀泽所言："在对当今人类的处境的判断方面，我也是悲观主义的，我不能说服自己，好像这并没有那么糟糕。我意识到，我们正在这样一条路上，如果我们继续走下去的话，我们将……给自己带来极其巨大的精神和物质痛苦，然而我仍然保持着乐观主义的态度。"[1]

三　发展观

　　环境问题虽然自古就有，但它变得日趋严重，却是在资本主义出现以后。美国经济学家约瑟夫·熊彼特用"创造性的破坏"来概括"资本主义的本质"，资本主义"创造力与破坏力的特殊结合，既为近几个世纪的非凡的成就和令人震惊的挫折，也为我们时代的前所未有的前途和危险，提供了基础"[2]。在资本主义出现以来的几个世纪里，人类社会在经济、科技、文化等方面获得了前所未有的发展，政治民主化进程不断推进，人们的物质生活条件得到了明显改善。但自20世纪以来，全球范围内的世界大战、经济萧条、环境危机等各类问题又给现代化蒙上了厚厚的阴影，人们不禁对现代化本身及它将把人们带往何方充满疑虑。在这种情况下问世的环境史作品对资本主义、传统发展观和进步史观都提出了质疑和批判。

　　美国生态马克思主义者奥康纳认为，资本主义在本质上是反生态的。[3]环境问题与资本主义总是如影随形。之所以如此，首先是由于自然的有限性永远也无法满足资本无限扩张的要求。资本的本性是扩张，资本家通过不断扩大再生产来追求利润的最大化，但自然资源的数量及环境的自净能力又总是有限的。二者构成一对尖锐的矛盾，导致资本主义国家普遍而严重的资源退化及环境污染等问题。

---

　　① ［法］阿尔贝特·史怀泽：《敬畏生命》，上海社会科学院出版社1992年，第137页。
　　② ［美］斯塔夫里阿诺斯：《远古以来的人类生命线——一部新的世界史》，中国社会科学出版社1992年，第106页。
　　③ ［美］詹姆斯·奥康纳：《自然的理由：生态学马克思主义研究》，第6页。

其次，自然被商品化在资本主义制度下是一个普遍的现象。自然既然是一种商品，那么它就只有在被利用和被消耗之后才能实现其经济商业价值。就林木而言，它"只有在被砍倒锯成木材后才有价值"①。自然既然是一种商品，那么它就总被人们以为可以能够用金钱来购买，可以尽情挥霍。这种观点看似正确，但前提是自然永远能够源源不断地提供各种资源。这种观点甚至都经不起印第安人曾经对白人提出的诘问，"当你砍倒了最后一棵树，杀死了最后一个动物，捉去了最后一条鱼，当你污染了所有的河流和海洋，你能靠吃钱活下去吗？"②

再次，在资本主义制度下，人们往往过分迷信市场在资源配置中的调节作用，但"市场本身不具备解决公共资源与外部经济影响等环境问题的有效机制"。这也就是所谓的"外部经济"的问题，外部经济是指"由某一特定产品、程序、工程或服务项目造成的所谓副作用所引起的未曾预料到的代价"③。外部经济的典型例子是工业污染。作为工业生产的副产品，工业三废会导致环境质量退化，损害人们的身体健康。但这些代价往往由社会和公众承担，而制造麻烦的工业企业往往没有承担相应的责任。

最后，在资本主义社会里，消费往往服务于资本追逐利润的需要，消费主义文化及高消费生活方式作为一种值得肯定的模式被大肆宣扬。高消费虽然迎合了发达生产力和市场的需要，但它使人成为消费和欲望的奴隶，这必然会加剧对自然的压力，触发更广泛、更严重的生态危机。

环境问题当然并非资本主义国家所独有，在社会主义国家也很严重，甚至有过之而无不及。苏联出现过触目惊心的环境问题，西伯利亚的"黑风暴"、咸海（地球上第四大湖）变成一潭死水、1986年乌克兰境内的切尔诺贝利核电站事故④，都可纳入全球最严重的环境灾难之列。中国政府在意识到环境问题的严重性和保护环境的迫切性后，适时提出了"科学发展观"，希望能够建立人与自然和谐相处、人与人和谐相处的现代生态文明。

---

① 聂晓阳：《保卫21世纪：关于自然与人的笔记》，四川人民出版社2000年版，第90页。
② ［巴西］何塞·卢岑贝格：《自然不可改良》，生活·读书·新知三联书店1999年版，第73页。
③ ［美］德·霍华德·杰里米·里夫金：《熵：一种新世界观》，吕明、袁舟译，上海译文出版社1987年版，第72页。
④ ［美］戴维·S.兰德斯：《国富国穷》，第706—707页。

在全球范围内，经济发展与环境保护似乎总是二律背反，二者不可同时兼得。之所以如此，与资本主义经济及文化体系都鼓励片面追求经济效益的传统发展观有很大关系。因此，环境史对传统发展观所导致的破坏进行了深刻的揭露。

传统发展观是在西方资本主义发展的过程中形成的。自从社会进化论被孔德、斯宾塞等人提出以来，"发展就是进步"的观念被广泛接受了。而严格意义上的"发展观"的概念，却是在"二战"以后，由经济学家正式提出的。

传统发展观把经济增长作为衡量发展的唯一尺度，将经济发展等同于经济增长，最终将经济增长等同于社会进步。在传统发展观的指导下，各国都在努力追求国民生产总值的高速增长，维持和鼓励高消费的发展模式，结果导致生态危机日益严重。

按照传统发展观的发展逻辑，工业化国家要维持高消费的生活模式，而对发展中国家而言，则意味着以美国、西欧和日本为样板，快速实现工业化。高消费模式在世界范围内的推广带来了巨大的生态灾难。根据联合国发展计划署发表的《1998 年人类发展报告》，"在肉类消费上，世界上最富有的 20% 的人口消费量为 45.85%；世界上最贫穷的 20% 的人口消费 4.15%；其他 60% 的世界人口消费 50%。在电能消耗方面，……富有国家人均消费的电能是其他国家居民的 25 倍。在汽车消费方面，这一比例分别为：89.5%、1.4%、11.1%，绝大多数汽车都是富有工业国家的消费品"[1]。在只有一个地球的情况下，如果继续在人口占世界多数的第三世界推广西方国家的高消费生活模式，那么自然生态系统的崩溃迟早会发生。

从 20 世纪 60 年代开始，在严峻的环境危机面前，传统发展观面临种种质疑和挑战，许多学者开始尝试用新的理论来取而代之。在 80 年代以前，经济学界就开始探讨持续发展（sustained development）的理念，而可持续发展（sustainable development）则是在《我们共同的未来》一书里提出的。虽说这两个术语只有一字之差（就英语而言只是后缀之差），但内涵却迥然不同。"持续发展仅仅表明对发展的主观愿望，而可持续发展则

---

① ［巴西］何塞·卢岑贝格：《自然不可改良》，第 97 页。

意味着如何使客观条件与主观愿望结合起来，使经济发展不停滞、不中断而可以持续地进行下去。"同传统发展观相比，"可持续发展研究所考虑的资源最佳配置"不是短期的，而"是长期的，不是这一代的而是下一代的，甚至是更下一代的"。另外，可持续发展研究没有"偏重于纯经济的分析"，"有广阔得多的视野，考虑范围涉及非经济因素，如社会观念、制度安排等等"[1]。

对传统发展观的挑战并不限于经济学领域，在政治学界出现了"生态政治学"；在哲学界，环境伦理学异军突起；在社会学界，则主要表现为新提出的"依附理论"和"世界体系理论"对现代化理论的批判。[2] 在史学界则表现为环境史研究的兴起。

作为一个开放的领域，环境史研究的批判精神主要来自环境保护主义的影响（其他学科也同样如此），同时，它又借鉴了其他哲学社会科学的一些新成果。但环境史之不同于哲学社会科学的其他门类，主要在于历史这门学科的性质。环境史虽然强调历史与现实之间的关系，但它主要是通过揭示历史上的经验和教训来为现实和将来服务。环境史学者克罗农就提到，他在做讲座时，总不免被要求对未来进行预测。他明确指出，环境史学者不是预言家，预言往往只能使预言者陷入尴尬的被动局面。在笔者看来，在批判现实方面，环境史学者不同于其他学科的独特建树还表现在，从生态角度对西方进步史观进行批判。在 20 世纪 90 年代以前，具有悲剧色彩的美国环境史著作的大量涌现就表明了这一点。

在西方，进步史观在历史长河中不断演变。历史进步观早在 4 世纪已初现雏形，神学家奥古斯丁阐述了宗教的历史进步观。他认为，人类按照上帝的意志，经过若干阶段，最终升入天国，获得幸福。直到 16 世纪以后，宗教的进步史观才为世俗的进步史观所取代，这主要得益于资本主义在西方的兴起和发展。一方面，资本主义解放了生产力，带来了物质的极大丰富，另一方面，自然科学的发展扩大了人们的视野，让人们有了今胜于昔的感觉。人们相信，随着科技的进一步发展，人类会更好地征服和改造自然，创造更

---

① 谭崇台：《发展经济学的新发展》，武汉大学出版社 1999 年版，第 19 页。
② 《传统发展观面临挑战》，《当代世界社会主义问题》1994 年第 4 期。

美好幸福的生活。① 到 18 世纪、19 世纪，进步史观就开始在西方思想界占主导地位，其代表人物包括法国思想家杜尔阁、孔多塞、孔德，德国哲学家康德、黑格尔和马克思，其中尤以法国学者的阐述最为典型。

杜尔阁认为，相对于自然界的循环节奏来说，人类社会的节奏是逐步向前、充满了革新的。人类所具有的理性使人能够锐意创新，人类社会由此朝着完美的方向前进，朝着天下大同的方向发展。孔多塞作为杜尔阁的信徒被认为是进步史观的奠基者之一，他在《人类精神进步史表纲要》这本书中，对历史进步的理论做出了全新的解释。他认为理性是人类进步的源泉，是历史前进的推动力，历史发展的过程就是人类理性不断解放的过程，先是从"自然环境的束缚之下解放出来"，再是"从历史的束缚中解放出来"，进步表现在由政治和知识革命扫除"来自在上者的专制主义和等级制度"，和"来自在下者的愚昧和偏见"。政治革命促进了知识的进步，知识的进步会带来物质生活的改善，物质生活的改善又会推动人际关系的改善，从而使人类更幸福。孔多塞认为法国大革命是人类幸福的开始，之后再不会有大的社会动荡，历史的进步会平稳迅速地展开，直到宇宙灾难灭绝人类的那一刻。② 奥古斯都·孔德是与黑格尔同时代的法国哲学家、社会学家，他认为人类历史的进步源自社会"集体心智"的发展，他把集体心智和人类社会的进步看成是直线式的进步，经历了神学阶段、形而上学阶段和科学阶段三个阶段，科学阶段作为这一进步的最后一个阶段是永恒存在的。

近代西方进步史观以理性主义为理论支柱，认为人类社会是不断向前发展、不断进步的，认为人类社会的进步是不可逆转的。进步史观体现了资本主义上升阶段资产阶级的信心，反映了资产阶级乐观向上、野心勃勃的心态。近代以来，资产阶级由政治上的无权派变成有权派，资产阶级民主自由不断扩大。更重要的是，在资本主义制度下，随着生产力的巨大发展，商品越来越丰富，交通越来越便捷，物质生活水平越来越高。所有这一切都成为进步史观存在及发展的基础。在西方，进步史观支配历史写作长达两个多世

① 严建强、王渊明：《西方历史哲学：从思辨的到分析与批判的》，浙江人民出版社 1997 年版，第 59—60 页。

② ［法］孔多塞：《人类精神进步史表纲要》，何兆武、何冰译，生活·读书·新知三联书店 1998 年版，何兆武译序。

纪，以至只要有人向进步史观质疑，就会被指斥为"妄图使历史的车轮倒转"。

然而进入 20 世纪后，历史的脚步没有继续朝着进步史观所预料的方向前进。世界大战使欧洲成为人间地狱，纳粹的兴起使人类成为最可耻的以自相残杀为乐的物种，环境污染、无法治愈又飞速蔓延的疾病、核冬天的阴云、绝对贫困的扩散都从各个方面冲击着进步史观存在的基础。生态危机和环保运动为环境史学挑战进步史观提供了重要动力。

环境史学对进步史观的批判，在很大程度上就是从人与自然关系异化的角度，立足于生态危机这一现实，对人类理性、现代化和现代化理论的弊端进行反思。

人类理性是文艺复兴和启蒙运动高举的大旗，也是进步史观的核心。人类理性有其合理性。正是凭借理性，人类不再匍匐于自然的脚下，而且他可以为自然立法，人成为目的和自然的主宰。但对理性的过分迷信就直接导致了人与自然关系的紧张。理性主义使人类只关心自然的个别现象而不是自然的整体。在理性主义者那里，自然的威严与魅力丧失殆尽，自然成为人类的附属物，自然的价值被限定在工具价值的范围之内。同时，理性主义视自然为丑陋、荒蛮、残暴的，因此，人对自然的干预往往成为美好、温情、文明的象征，但人类对自然过度干预的结果往往事与愿违。人类没有让自然变得更好，人类自身也没有在这一过程中变得更幸福。另外，理性主义张扬的是个人理性，往往造成个人利益最大化、社会利益最小化的严重后果。这在 20 世纪 30 年代美国大平原的生态灾难中表现得非常明显。在国际交往中，理性主义甚至成为西方向第三世界转移污染的借口。比如，1991 年 12 月 12 日，世界银行首席经济学家劳伦斯·萨默斯在一份备忘录中极力为富国把穷国当成垃圾场辩护。[①]

环境史学所以对现代化提出质疑，是由于控制自然符合现代化的逻辑，而现代化的实现往往付出过惨重的生态和社会代价。虽然人们对现代化可能有各种各样的界定，但对现代化内涵的理解则比较接近。美国学者艾恺认为，"擅理智"和"役自然"是"现代化"的两大内核。"擅理智"是指信

---

① 王伟：《生存与发展——地球伦理学》，人民出版社 1995 年版，第 259 页。

奉理性主义和科学主义，"役自然"则是指对自然进行征服和控制。艾恺提出，所谓现代化是指"一个范围及于社会、经济、政治的过程，其组织与制度的全体朝向以役使自然为目标的系统化的理智运用过程"①。就世界范围而言，不论是西方国家，还是第三世界国家，不论是资本主义国家，还是社会主义国家，在实现现代化的过程中，往往都片面强调经济的发展，不惜以环境破坏为代价。

环境史学对现代化理论也提出了批评。现代化理论是在"二战"以后由西方学者提出来的，带有明显的西方中心主义的色彩，这主要表现在它对社会进行了传统与现代的二分，这种划分又同是非善恶联系起来，西方代表现代、先进，而东方则代表传统和落后。现代化理论把西方化（美国化）视为一种普遍适用的模式，要求在世界范围内推广。现代化理论的许多观点遭到了环境史学者的反对。沃斯特就认为，在世界推广美国文化和生活模式只会带来灾难，因为美国的物质主义文化和过度消费模式只会使生态危机雪上加霜。还有许多学者认为，西方的物质主义文化正是造成环境问题的罪魁祸首，从生态学的角度而言，这种陷入困境的文化是一种自我放纵、自我毁灭的文化。而在环境危机面前，非西方文化的内敛与自律则显示出生态智慧，为解决环境污染、生态危机提供了新的可能性。

需要指出的是，环境史学对资本主义、进步史观和现代化的批判在相当程度上是一种矫正，而决不意味着是全部推倒和彻底否定。不妨看看塞拉俱乐部的座右铭："不要盲目地反对进步，但要反对盲目的进步。"② 在现实生活中，环保人士会反对科技的过度发展，但这并不妨碍他在生病时要求助于最先进的现代医学技术。同时，环境史学者对传统发展观的质疑也并不意味着他们就认可和赞同可持续发展观，沃斯特还就此写过一篇文章。③ 关于经济发展和环境保护的争论，肯定还会持续下去。美国环境史学家戴蒙德认

---

① ［美］艾恺：《世界范围内的反现代化思潮：论文化守成主义》，贵州人民出版社 1991 年版，第 5 页。

② ［美］丹尼斯·米都斯：《增长的极限——罗马俱乐部关于人类困境的报告》，李宝恒译，吉林人民出版社 1997 年版，第 116 页。

③ Donald Worster, "The Shaky Ground of Sustainable Development", in Donald Worster, *The Wealth of Nature: Environmental History and the Ecological Imaginations*, New York: Oxford University Press, 1993, pp. 142 – 155.

为，环境保护的前途，只能存在于环保人士与世界上力量最为强大的公司相
互合作，而不是相互对抗。① 这种观点无疑受到了 20 世纪 80 年代以来环保
运动体制化这一明显趋势的影响。该观点在未来有望得到环境史学界的更多
认同。

---

① Diamond Jaymond, *Collapse: How Societies Choose to Fail or Succeed*, New York: Viking, 2004, p. 15.

结　　语

　　从环境史的兴起及其发展来看，环境史与现实联系紧密，与环境保护主义难解难分。这一情况在 20 世纪 90 年代前后，美国环境史学的前后两个发展阶段都是如此。

　　在 20 世纪 90 年代以前，长期由白人中产阶级领导的美国环保运动强调资源保护与荒野保护的重要性。资源保护强调自然的经济价值，而荒野保护主要侧重于自然的审美价值及生态价值。科佩斯曾经撰文指出，"效率、平等与美丽"是美国进步主义时期资源保护运动的三大主题，"效率学派重视通过现代科技手段管理自然资源；平等学派强调自然资源的开发成果，应该广泛享有而不是集中在少数人手里"，把"资源的广泛使用视为促进民主的一种手段"；"而审美学派则要确保自然奇观免于破坏性的开发"。[1] 作为美国环保运动的内在动力，这三大主题并未得到均衡发展，对平等的追求长期滞后。这主要是因为环保运动长期由白人中产阶级把持，它体现的主要是白人中产阶级的价值观，而不可能充分表达和维护社会底层的权益。作为社会现实的反映，美国环境史在 90 年代以前的研究主题，大多属于资源保护和荒野保护两大范畴。

　　而在 20 世纪 90 年代以后，由于社会底层民众的参与，美国环保运动进入一个新的阶段，对弱势群体的环境权益给予了更多的关注。环境种族主义（environmental racism）、环境正义（environmental justice）这些在 20 世纪八九十年代才出现的新名词，很快就在社会上流行开来。1987 年，美国联合基督教会公布了有害垃圾处理与填埋地点的调查报告，指出有毒有害垃圾处

---

　　[1] Clayton R. Koppes, "Efficiency/Equity/Esthetics: Towards a Reinterpretation of American Conservation", in Donald Worster, ed., *The Ends of the Earth: Perspectives on Modern Environmental History*, Cambridge: Cambridge University Press, 1989, pp. 233 – 235.

理设施的选址隐藏着种族主义的因素。此前和此后的许多研究报告都显示，有害垃圾处理设施多集中在有色种族居住的社区，有色种族面临的环境风险比白人要大得多。这些调查报告的公布，引起了社会的广泛关注，并迫使美国国家环保局对此进行调查。国家环保局的调查报告认为，尽管缺乏足够证据，表明环境权益的保护存在明显种族歧视，但环境种族主义的存在是一个客观事实。① 在这种情况下，谁也无法否认环境问题实质上就是社会问题，而环境问题的解决方式，必然要牵涉政治、经济和社会等各个层面的变革。这一共识的达成，为环境史拓展研究领域带来了新的契机。妇女与环境、种族与环境、城市社区生活环境在 90 年代以后成为美国环境史研究的亮点，从而推动了环境史和社会史的融合。

　　环境保护主义与环境史之间的关系，是美国环境史学界长期以来争论不休的热点问题。在 20 世纪 90 年代前后，美国学者关于荒野的争论，在很大程度上反映了环境史与环境保护主义紧张关系的一面。不可否认，环境保护主义对环境史的发展产生过积极影响。环境史对自然的重视，环境史领域的不断扩展，环境史的文化批判意识，在很大程度上都受益于环境保护主义。但环境保护主义作为一场社会运动和一种社会思潮，尤其是激进环境保护主义这一组成部分，与现实社会则多少有些格格不入。在环境保护主义的影响下，一些环境史著作对印第安人、古代农业社会、环保运动史上的志士仁人加以虚构和理想化。这种浪漫主义的历史想象虽然有利于发挥环境史经世致用的作用，但因为背离了求真求实的信史原则，并不利于环境史的正常和长远发展。

　　在笔者看来，在严峻的生态危机面前，环境史的文化批判意识对警醒世人还是非常必要的。作为人文科学，环境史研究不可能没有价值判断。恰如库恩在《科学革命的结构》一书中指出，即便是自然科学，它也是一种文化建构，完全客观的科学不过是水中花、镜中月。《自然的经济体系》一书的可贵之处，就在于沃斯特能够联系广阔的社会历史背景，追溯生态思想的发展演变。考虑到知识是一种文化建构，环境史学者应该承认后现代主义的

---

① ［美］威廉·坎宁安：《美国环境百科全书》，张坤民主译，湖南科学技术出版社 2003 年版，第 224 页。

启发与反思，但又不能在相对主义、虚无主义中迷失自己。

在肯定环境史现实批判精神的同时，环境史学者又要同环境保护主义保持距离。环境史著作不应该大讲道德宣言，而应客观地叙述发生在过去的有关人与自然的故事，相信读者能达到"读史使人明智"的效果。知易行难，尽管如此，环境史学者应该朝这个方向不断努力。罗森（Christine Rosen）在美国环境史学会将"与21世纪相关的环境史"（Making Environmental History Relevant in the 21st Century）确定为2001年学术年会的主题之后，曾经对环境史学会主席斯泰恩进言："我们是一个学术团体，而不是像塞拉俱乐部或自然资源保护委员会一样的环保组织。我们的使命是教育公众，让他们了解全球自然环境的变迁，历史上人类对自然环境的利用，人为的环境改变及破坏，以及人们在适应环境变化和解决环境问题方面所付出的努力。作为历史学者，我们的使命是，通过研究、写作和教学，帮助公众更好地理解历史上人与自然之间不断变动的关系，从而使他们能够更好地理解我们的社会在未来面临的环境挑战。"[1]

综观美国环境史学在20世纪90年代前后的发展，可以发现，环境史的发展，同环境史学者不断拓宽环境这一概念的理解是联系在一起的。1962年，卡逊出版了《寂静的春天》一书，该书对公众最大的触动之一是，自然的健康和人类的健康是联系在一起的，自然的影响无处不在，人们生活的社区，甚至他们的庭院处处都有自然的身影。但长期以来，公众，包括历史学者在谈到环境时，想到的可能只有荒山野岭。这一根深蒂固的思想观念，在《寂静的春天》出版之后，还存在了很长时间。这至少体现在，环境史的研究领域，在90年代以前还没有突破荒野保护与资源保护的历史。

在扩大环境的外延方面，沃斯特迈出的重要一步，就是将农业生态系统纳入环境史的研究范畴。从生态学的角度看，农业生产是人类为了获取更多的生活物质，通过有意识的活动，对自然的物质与能量流动加以重组。[2] 农业生产对自然的依赖性强，土壤、水分、阳光、温度，直接影响

---

[1]　Jeffrey K. Stine, "From the President's Desk: Looking Ahead", *Newsletter of ASEH*, Fall, 2000, p. 2.

[2]　Donald Worster, "Transformation of the Earth: Toward a Agroecological Perspective in History", *The Journal of American History*, Vol. 76, No. 4 (March, 1990) pp. 1093 – 1094.

农业产量，所以农民兄弟总是说"靠天吃饭"，祈望风调雨顺，五谷丰登。在沃斯特的影响下，农业生态问题在 20 世纪 80 年代成为美国环境史研究的热点。

直到 20 世纪 90 年代以后，由于克罗农、海斯、塔尔、梅洛西、普拉特等诸多学者的努力，城市及 社区环境问题才开始成为美国环境史研究中的热点问题。由于人口高度集中，城市生活的正常运行，必然依赖大范围、高强度的物质及能量的输入和输出。城市生态系统的脆弱性是显而易见的。在城市里，人们大都生活在不同的社区。社区环境与人们的生活质量休戚相关。80 年代以后美国环境正义运动所提出的深入人心的著名口号——"不在我家的后院"（NIMBY，Not In My Backyard）及"不在任何人家的后院"（NIABY，Not In Any Backyard）——表达的就是民众对社区环境的关心，希望危险有毒有害物或环卫设施远离人们生活的社区。在 90 年代以前，美国环境史学者长期未对城市和社区环境给予应有的重视，其中的一个重要原因就是因为对自然的狭义理解，认为环境史只研究"第一自然"，而将"第二自然"排除在环境史的研究范围之外。① 在解构荒野神话方面，克罗农贡献最大。他的作品使人们意识到，"第一自然"不过存在于人们的想象之中，既然如此，那么也就没有必要对"第一自然"和"第二自然"加以区别，城市与社区环境也就顺理成章地进入了环境史学者的视野。

总之，环境外延的每一次扩展与延伸，都带来了美国环境史的蓬勃发展。宽容开放的心态，对于这个学科未来的长远发展是极其重要的，这种心态实际上是环境史开展跨学科研究的内在要求。如果故步自封，就会阻碍环境史的进步。在 2005 年第 1 期的《环境史》杂志里，有一组"环境史前沿"的笔谈文章。在这组文章里，贝丝建议研究外层空间的历史；伊格莱尔提到环境史研究的深度和广度都还有待加强；莱坎认为，美国环境史学者要具有全球视野，推进世界环境史研究；麦克尼尔指出，环境史应该加强和主流史学的联系；罗森提出环境史应该和商业史结合；拉塞尔认为环境史借鉴自然科学的成果还不够；斯勒伊特主张对前殖民主义时期和殖民主义时期的

---

① Donald Worster, "Doing Environmental History", in Donald Worster, ed., *The Ends of the Earth: Perspectives on Modern Environmental History*, New York: Cambridge University Press, 1989, pp. 292 – 293.

历史给予更多的关注；西特尔认为应该对占地球表面面积 70% 的海洋加以研究。[①] 上述看法如果真的能够进一步被环境史学者付诸实施，将会不断推动环境史向前发展。总之，开放的心态对这一学科的顺利发展是非常必要的。

在结束本书之前，笔者拟对环境史在西方史学发展史上的位置进行初步评估。环境史出现在战后，它强调自然在人类历史上的地位和作用，重视研究历史上人与自然之间的互动关系。环境史学者对主题的选择、对材料的取舍与传统史学存在明显差异，对传统史学形成了巨大冲击。一般认为，同妇女史、族裔史、经济史、文化史一样，环境史属于新史学的一个分支，在研究对象、资料运用和对历史认识的反思等方面，都具有新史学的一般特点。新史学的弊端，尤其是史学的碎化，在美国环境史研究发展的过程中，也是一个显而易见的事实。和新史学的其他分支相比，环境史的独特性在于它赋予自然一个较高的位置，它具有比较明显的生态批判意识。

在承认环境史是新史学分支的同时，又不可削足适履，将新史学尤其是年鉴学派的特点照搬和套用到环境史身上。比如，有学者提到，环境史是长时段的历史，是结构的历史，是问题史学。[②] 在笔者看来，上述提法就是套用了对年鉴学派的评价，来评价环境史。笔者对上述提法并不认可。从美国环境史研究的大量成果来看，许多著作对地质时代的自然生态变迁确实有所涉及，但这只能说明环境史学重视和强调自然作用这一特点，而不能说明环境史就是长时段的和结构的历史。另外，就笔者所了解的情况来看，美国环境史著作往往以特定时空下人与自然的互动关系为主题，而并非是那种见物不见人、让读者敬而远之的无人的历史。大部分著作讲述的都是历史上人与

① Michael Bess，"Artificialization and Its Discontents"；David Igler，"Longitudes and Latitudes"；Thomas Lekan，"Globalizing American Environmental History"；J. R. McNeill，"Drunks, Lampposts, and Environmental History"；Christine Meisner Rosen，"The Business - environment Connection"；Edmund Russell，"Science and Environmental History"；Andrew Sluyter，"Recentism in Environmental History on Latin America"；Lance Sittert，"The Other Seven Tenths"，in Special Issue "What's Next for Environmental History？"，*Environmental History*，Vol. 10，No. 1（Jan. 2005），pp. 30 - 109.

② Timo Myllyntaus and Mikko Saikku，*Encountering the Past in Nature：Essays in Environmental History*，Ohio University Press，2001.

自然互动的故事，克罗农的《自然的大都市》和麦克尼尔的《阳光下的新事物》① 这两部著作，都提到了不少小人物。而沃斯特近年来接连出版了两部传记作品。

　　环境史作为西方史学发展到一定阶段的产物，它的产生必然具有合理性，其学术价值与现实意义自不待言。美国学者詹姆斯·奥康纳提到："现代西方的历史书写从政治、法律与宪政的历史开始，在 19 世纪的中后期转向经济的历史，在 20 世纪中期转向了社会与文化的历史，直到在 20 世纪晚期以环境的历史而告终。"他认为，与先前的历史书写类型相比，环境史"无论在方法还是在研究主题上都要广泛得多"，"环境史是一个整体性的历史，同时也是唯一真正的普遍的或总体的历史"，"从理论上说，环境史就是对政治、经济、社会与文化的历史的兼容"。他甚至提出，环境史是历史书写的顶峰。② 奥康纳作为西方著名的生态马克思主义者，对环境史的评价之高，恐怕无出其右。但笔者以为，环境史学者宣扬其学科的意义是合理的，但由于环境史学本身并不成熟，迄今为止，环境史研究尚未形成一套完整系统的理论和方法。另外，现在还很难预见历史学和社会现实在未来的发展变化。因此，"环境史是历史书写的顶峰"这一提法恐怕还需要斟酌。在环境史尚未完全摆脱历史学边缘位置的这一不利现实面前，过分夸大环境史的价值，就容易夜郎自大，一叶障目，既不利于汲取其他学科的成果，同时也不益于环境史为外界所认同，从而影响环境史价值的实现。或许可以这样说，环境史是对新史学其他分支的有益补充，这一定位可能更符合实际，也更容易为人接受。

　　环境史既然首先在美国出现，它就不可避免地会折射出西方学者的价值观念。在相当程度上，许多环境史著作对资本主义的批判是鲜明的、尖锐的和激烈的。尽管如此，环境史著作中西方中心主义的残余或多或少存在。这在克罗斯比的《生态扩张主义：欧洲 900—1900 年的生态扩张》及贾雷德·戴蒙德的《枪炮、病菌与钢铁：人类社会的命运》两本书中表现就很明显。

① 　William Cronon, *Nature's Metropolis: Chicago and the Great West*, New York: W. W. Norton & Company, 1991; J. R. McNeill, *Something New under the Sun: An Environmental History of the Twentieth-Century World*, New York, NY: Norton, 2000.
② 　[美] 詹姆斯·奥康纳：《自然的理由：生态学马克思主义研究》，第 84、90、92、111 页。

同时也应看到，西方环保思潮，比如自然中心主义，在现实生活中被西方国家利用，用以反对第三世界国家的发展。所以，在探讨国外环境史学时，切忌囫囵吞枣，全盘照搬，而应该保持清醒的头脑，进行适当的和必要的扬弃。

附录一
欧洲的环境史研究

环境史研究在欧洲的兴起，大约是在 20 世纪 80 年代以后。环境史研究在欧洲的缘起，与地理学，尤其是历史地理学有密切联系，但作为一个独立领域的出现，则受到了美国同行的影响。虽然欧洲环境史学会迟至 1999 年才成立，但近年来，欧洲学者在环境史领域的表现令人刮目相看，欧洲已经成为美国之外环境史研究的重要中心。本章拟对环境史在欧洲的起源、发展及其研究特点做适当介绍。

（一）

环境史对自然作用的重视，并非无源之水，无本之木。历史地理学、法国年鉴学派、汤因比的有关著作，都为环境史在欧洲的兴起提供了理论养分。

从学术渊源来看，在欧洲许多国家，环境史都是在历史地理学的基础上发展而来的。2004 年《环境与历史》杂志发表过一篇由多位欧洲学者合写的文章，介绍环境史在欧洲 11 个国家的发展概况。该文在追溯环境史的源头时，首先提及的是历史地理学。[①]参与撰写该文的英国、芬兰、匈牙利、捷克、斯洛伐克等多国学者，都强调了本国环境史与历史地理学的学术渊源关系。伊安·西蒙斯（Ian Simmons）、约翰·希埃尔（John Sheail）是英国知名环境史学者，两人的专业背景都是地理学。理查德·格罗夫（Richard

---

①　Verena Winiwarter, et. al., "Environmental History in Europe from 1994 to 2004: Enthusiasm and Consolidation", *Environment and History*, Vol. 10, No. 4 (Nov. 2004), p. 502.

Grove）是环境史领域的权威学者之一。他认为，"环境史并非 20 世纪的创新"，而是历史地理学的延伸。环境史的"学术源头或许可以追溯至 17、18 世纪。当时，西欧人，尤其是博物学者、卫生官员及管理人员，接触到令其惊异、完全不熟悉的热带环境，接触到由其导致的环境破坏。从 19 世纪中叶到 20 世纪中叶，它主要以历史地理学的形式存在，在 1956 年出版的题为《人在改变地球面貌中的作用》一书中达到顶峰"[1]。格罗夫的上述观点未必全都符合事实，但他所强调的环境史与历史地理学存在密切联系，却是无可争议的事实。

　　历史地理学作为一门"研究历史时期的地理及其演变的科学"，与环境史既有联系，又有区别。历史地理学研究"人类历史时期地理环境的变化，这种变化主要是由于人的活动和影响而产生的"[2]。在英国地理学者迈克尔·威廉斯（Michael Williams）看来，历史地理学在环境史最为关注的一些领域，诸如"地球的变化和改变"、"全球扩张和资本主义经济"、"人在自然中的位置"、"栖息地、经济和社会之间的相互关系"等方面，都取得了引人注目的成就。从亨利·达比（Henry Darby）等知名学者的著作来看，历史地理学侧重于文化对环境的影响。因此，历史地理学被批评过于"人类中心，并且把人类整体从其依赖的自然其他部分分离出来"[3]。就人与环境的关系而言，历史地理学与环境史持有根本不同的观点。在历史地理学那里，"人类处于一方而环境处于另一方；二者的目的是要确定一方对另一方的作用或影响"[4]。地理学中的"地理决定论"、"文化决定论"及"或然论"莫不如此，历史地理学研究的往往是一种单向的关系。而环境史的一个基本前提是：人类只是自然的一部分，人与环境是一个整体，共同构成人类生态系统。环境史研究"人与自然其他部分的互动关系"，这显然是一种双向关系。在价值取向上，环境史反对人类中心主义，主张生态中心主义。

---

① Richard Grove, "Environmental History", in Peter Burke, *New Perspectives on Historical Writing*, Pennsylvania State University Press, 2001, pp. 261 – 262.

② 侯仁之：《历史地理学的视野》，生活·读书·新知三联书店 2009 年版，第 24、17 页。

③ ［英］迈克尔·威廉斯：《环境史与历史地理的关系》，马宝建、雷洪德译，《中国历史地理论丛》2003 年第 4 期。

④ 梅雪芹：《德芒戎的人文地理学思想与环境史学》，载梅雪芹《环境史学与环境问题》，人民出版社 2004 年版，第 50 页。

　　除历史地理学外，年鉴学派往往也被视为环境史的源头之一。美国学者唐纳德·沃斯特认为，年鉴学派"使环境成为历史研究的重要部分"。而克罗斯比指出，年鉴学派率先作出不懈的努力，"探讨人作为一个整体，如何与有机和无机的世界相互作用"，但他也指出，年鉴学派"并没有导致环境史在美国的兴起……年鉴学派被美国学者作为经典，用来证实并捍卫他们的创新观点"。①芬兰学者蒂莫·米尔恩托斯（Timo Myllyntaus）肯定了年鉴学派对环境史的推动，他说，"通过研究社会结构与自然背景的相互关系，年鉴学派率先提出环境史研究的议程"②。英国学者菲奥纳也提到，"年鉴学派和伟大的弗尔南德·布罗代尔给欧洲的历史学家展示了人类以外的世界的重要性，但是环境史作为一个研究人与环境各方面双向互动关系的分支学科是最近才出现的"③。

　　年鉴学派与环境史既有联系又有区别：年鉴学派倡导总体史观念和长时段理论，重视地理环境等结构因素的作用，而且强调历史和现实之间的联系。二者的区别主要在于：年鉴学派强调社会结构等因素的决定性影响，而环境史则强调人与自然的相互影响；在年鉴学派那里，生态则基本上是固定的，而环境史强调生态的变化。年鉴学派价值取向相对来说显得比较冷静客观，而环境史具有非常强烈的现实批判色彩。

　　正是基于上述差别，一些法国学者提出，年鉴学派并不是环境史研究的先驱。吉波教授提到，法国人总使用"境地"（milieu）而不是"环境"（environment）一词，在关注"境地"问题时，法国历史学往往"将关于'地'的研究和关于'人'的研究割裂开来"，因此，不能算做"严格意义上的环境史"。在20世纪80年代以前，法国学者几乎没有运用生态视角来

　　① Donald Worster, "Doing Environmental History", in Donald Worster, ed., *The Ends of the Earth*: *Perspectives on Modern Environmental History*, Cambridge: Cambridge University Press, 1989, p. 291; Alfred Crosby, "The Past and Present of Environmental History", *The American Historical Review*, Vol. 100, No. 4 (Oct, 1995), p. 1184; Timo Myllyntaus and Mikko Saikku, *Encountering the Past in Nature*: *Essays in Environmental History*, Ohio University Press, 2001, p. 143; Peter Burke, *New Perspectives on Historical Writing*, Pennsylvania State University Press, 2001, p. 270.

　　② Timo Myllyntaus and Mikko Saikku, *Encountering the Past in Nature*: *Essays in Environmental History*, Ohio University Press, 2001, p. 143.

　　③ 转引自包茂红《英国的环境史研究》，《中国历史地理论丛》2005年第2期，第144页。

研究历史问题：对工业革命的考察，着重的是这一重大变革的"重大社会和文化意义"，"而从未考虑过——或只是肤浅地考虑过——工业革命对生态环境系统及人类健康造成的各种重大后果"；在解释城市超高死亡率时，更重视居住条件而不是空气污染；在探讨工人运动的成就时，"关注的也只是劳动时间和社会保障方面的改善而不是各种'环境不公正'问题，其实工人正是环境污染的最大受害者"。此外，年鉴学派并没有开创环境史研究，在一定程度上也能由环境史研究在法国的发展现状得以印证。相对于欧洲其他国家而言，法国的环境史研究严重滞后。法国学者从总体上看并不了解环境史。"在 20 世纪 90 年代末以前，'环境的历史'一词在法国只是偶尔出现"①，"直到最近，环境史才被认为是分支学科。"吉波教授认为，"环境史在法国正在兴起，而不是已经兴起"②。

在追溯环境史在欧洲的发展时，汤因比的《人类与大地母亲》往往会被提及。该书从叙述生物圈的演化开始，以呼吁人类善待地球母亲结束。尽管这本未竟之作依然采用了传统的政治—文化叙述方式，但作者对环境问题的忧虑已经渗透在字里行间。汤因比呼吁人类善待地球母亲，谨慎使用手中的权力。他说，人类已经成为"生物圈中的第一个有能力摧毁生物圈的物种"，"如果滥用日益增长的技术力量，人类将置大地母亲于死地，如果克服了那导致自我毁灭的放肆的贪欲，人类则能够使她重返青春……何去何从，这就是今天人类所面临的斯芬克斯之谜"③。

（二）

和美国相比，欧洲的环境史研究总体上起步较晚，在各国的发展也很不平衡。从 20 世纪 80 年代以来，环境史研究首先在英国、德国和芬兰等国出现，许多学者为推动环境史的发展作出了筚路蓝缕的探索，其中最重要的莫过于在 1995 年创办《环境与历史》杂志。1999 年欧洲环境史学会的建立是

---

① Verena Winiwarter, et. al. , "Environmental History in Europe from 1994 to 2004: Enthusiasm and Consolidation", *Environment and History*, Vol. 10, No. 4 (Nov. 2004), p. 513.

② 包茂红:《环境史学的起源和发展》，第 31 页。

③ ［英］阿诺德·汤因比:《人类与大地母亲》，第 735 页。

欧洲环境史发展的一个转折点。自此，欧洲学者拥有了相互交流的稳定平台，环境史研究在欧洲开始阔步前进。

环境史研究在欧洲的出现，是学界对生态危机和环保运动的一种积极回应。现任欧洲环境史学会主席、奥地利学者薇诺娜·威尼沃特（Verena Winiwarter）说过，欧洲环境史的发展，"与公众对环境问题日益关注有密切联系。这种关注在 1986 年的切尔诺贝利核泄漏事件之后达到了顶点。长期的空气污染所导致的森林枯萎以及北欧湖泊的酸化……使历史学家越来越意识到，人与自然的互动值得研究。尽管这种情形的出现晚于美国，尽管促进这一情形的事件不同，但起初的情形还是比较相似，其特征是历史学者对公众要求的一种回应"[①]。拉德卡（Joachim Radkau）教授是德国环境史研究的开拓者之一，他提到，"环境史是以环保运动的派生物的形式在 20 世纪 70 年代末期的德国兴起的。由于环保运动主要是一场反核技术的运动，所以环境史最初主要是从技术的批评史发展而来。我自己的研究经历也是如此。我的教授资格论文写的是德国核能史"[②]。

环境史研究在欧洲的兴起，大约是在 20 世纪 80 年代之后。在英国、德国、芬兰以及瑞典等环境史研究起步较早的国家，学者对此普遍表示赞同。英国学者彼得·布林布尔库（Peter Brimblecombe）及瑞士学者克里斯蒂安·普菲斯特（Christian Pfister）在 1990 年出版的《潜滋暗长：欧洲环境史论文集》中提到，"在 70 年代，对环境史的研究基本局限在美国，但近年来，欧洲环境史研究无论在数量、质量及研究范围方面，都有了显著的增长"[③]。法国学者吉波教授指出，"认为法国在 80 年代之前就有了真正的环境史的看法是很荒谬的"[④]。德国学者拉德卡则提到，德国的环境史研究兴起于 20 世纪 70 年代末。[⑤]芬兰学者蒂莫·米尔恩托

①　Verena Winiwarter, et al. , "Environmental History in Europe from 1994 to 2004: Enthusiasm and Consolidation", *Environment and History*, Vol. 10, No. 4（Nov. 2004）, p. 520.

②　转引自包茂红《环境史学的起源和发展》，北京大学出版社 2012 年版，第 323—324 页。

③　Christian Pfister, Peter Brimblecombe, *The Silent Countdown: Essays in European Environmental History*, New York: Springer – Verlag, 1990, Preface, p. ii.

④　［法］热纳维耶芙·马萨—吉波：《从"境地研究"到环境史》，高毅、高暖译，《中国历史地理论丛》2004 年第 2 期。

⑤　包茂红：《环境史学的起源和发展》，第 323 页。

斯、米科·赛库（Mikko Saikku）认为，20 世纪 80 年代，环境史在欧洲受到了广泛关注。[①]

　　20 世纪 80 年代以来，欧洲环境史研究获得了一定的发展。环境史的论著在德国、英国、荷兰、丹麦、芬兰等国家大量出版。在 1994—2004 年间，丹麦出版的环境史成果约为 700 种，而芬兰约为 300 种。英国有三家出版社都推出了环境史系列丛书。英国的白马出版社（White Horse Press）专门出版环境问题的期刊和图书，该社从 1995 年起便开始出版由理查德·格罗夫主编的《环境与历史》杂志、"环境与历史研究"系列丛书，该丛书在 1997 年至 2003 年期间一共推出了 7 本著作。从 1993 年起，斯马特（T. C. Smout）开始主编苏格兰环境史系列丛书，该丛书相继由苏格兰文化出版社和塔克韦尔（Tuckwell）出版社出版，到 2001 年，该系列已经推出了 8 本。[②] 另外，剑桥大学出版社从 1986 年以来就开始出版由美国学者唐纳德·沃斯特、艾尔弗雷德·克罗斯比、约翰·麦克尼尔主编的"环境与历史研究"系列丛书，该丛书面向世界，是最负盛名的环境史系列丛书，迄今为止，该丛书已经出版了 4 本出自欧洲学者之手的环境史著作。[③]

　　从 20 世纪 90 年代以来，欧洲多所大学都成立了环境史研究中心。圣安德鲁斯大学是欧洲环境史研究的重镇，斯马特等知名教授在此任教。1992 年，该校成立了欧洲第一个环境史研究中心（Institute of Environmental History），1993 年开始培养博士生。自成立以来，该中心每年召开会议，历年会议的主题都各不相同，包括林地史、物种史、土地史、资源保护的历史等，会议论文几乎全都结集出版。该中心享有很高的知名度，曾经获得过苏格兰高等教育委员会、英国艺术与人文科学研究委员会的资助。该中心在 2000

---

①　Timo Myllyntaus and Mikko Saikku, *Encountering the Past in Nature: Essays in Environmental History*, Ohio University Press, 2001, p. 14.

②　Verena Winiwarter, et al. , "Environmental History in Europe from 1994 to 2004: Enthusiasm and Consolidation", *Environment and History*, Vol. 10, No. 4（Nov. 2004）, pp. 508, 523.

③　Thorkild Kjærgaard, *The Danish Revolution, 1500 – 1800: An Ecohistorical Interpretation*, Translated by David Hohnen, 1994; Richard H. Grove, *Green Imperialism: Colonial Expansion, Tropical Island Edens and the Origins of Environmentalism, 1600 – 1860*, 1995; Frank Uekoetter, *The Green and the Brown: A History of Conservation in Nazi Germany*, 2006; Joachim Radkau, *Nature and Power: A Global History of the Environment*, Translated by Thomas Dunlap, Cambridge University Press, 2008.

年更名为"环境历史与政策中心"。①圣安德鲁斯大学在环境史领域的领先地位为欧洲学者所公认，在 2001 年承办了欧洲环境史学会第一届学术研讨会。此外，德国哥廷根大学成立了跨学科环境史研究中心。奥地利大学和克拉根福大学（University of Klagenfurt）维也纳校区成立了环境史研究中心。在法国，安德烈·科弗勒领导的森林史研究组、安德列·吉耶姆领导的技术史研究中心（隶属于国家艺术和职业中心）、克莱蒙—费朗地区的布来斯—帕斯卡大学的"空间与文化"史学中心（CHEC）及古代文明研究中心（CRCA）在环境史研究方面也比较活跃。②

从 20 世纪 90 年代以来，欧洲许多高校都开设了环境史的课程，有的甚至还设立了环境史的讲席教授。英国、德国、丹麦、瑞典、芬兰、瑞士、匈牙利等国的多所高校都能系统地讲授环境史，甚至可以培养环境史专业的博士，在英国有诺丁汉大学、圣安德鲁斯大学、斯特灵大学、邓迪大学，在德国有哥廷根大学，在芬兰有赫尔辛基大学和图尔库大学。此外，许多高校还设立了环境史的教授职位：在德国有弗莱堡大学、慕尼黑大学、波鸿（Bochum）大学等高校；在瑞士有苏黎世大学、日内瓦大学、伯尔尼大学、圣加仑大学等高校。

为推动历史学者参与环境问题的讨论，密切环境史研究者之间的联系，从 20 世纪 80 年代后期开始，欧洲环境史学者开始搭建学术交流的平台。1988 年 2 月 29 日至 3 月 3 日，11 个欧洲国家的 21 名学者，在德国的巴特洪堡举行学术研讨会，着重讨论欧洲的工业和环境污染问题，会议的论文在 1990 年结集出版，题为《潜滋暗长：欧洲环境史论文集》③。更重要的是，在这次会议上，成立了欧洲环境史联盟（EAEH）。从 1989 年到 1993 年，学会出版面向全欧洲的年刊《环境史通讯》，该通讯由位于德国曼海姆的州立科技与劳动博物馆编辑发行。但欧洲环境史联盟也面临很多问题：由于缺少经费，1994 年《环境史通讯》没能付印；联盟疏于和环境史学者保持联系。

---

① Verena Winiwarter, et al., "Environment and History in Europe from 1994 to 2004: Enthusiasm and Consolidation", *Environment and History*, Vol. 4, No. 4 (Nov. 2004), p. 505.

② ［法］热纳维耶芙·马萨—吉波：《从"境地研究"到环境史》，第 133—134 页。

③ Christian Pfister, Peter Brimblecombe, *The Silent Countdown: Essays in European Environmental History*, New York: Springer – Verlag, 1990.

在 90 年代，欧洲环境史联盟没有组织过一次会议，它实际上已经名存实亡。但一些学者在参加国际经济史大会时，多次组织关于欧洲环境史的专场讨论，还有人到大洋彼岸去参加美国环境史学会组织的会议。

从 20 世纪 90 年代中期以来，欧洲环境史研究逐渐步入正轨。1995 年《环境与历史》（*Environment and History*）杂志的创刊、1999 年欧洲环境史学会的创建、2001 年欧洲环境史学会第一次国际学术研讨会的顺利召开，都标志着欧洲的环境史研究发展到了一个新的阶段。进入 21 世纪之后，欧洲环境史研究欣欣向荣，令人瞩目。

《环境与历史》是环境史领域最有影响的两大学术期刊之一，可与美国的《环境史》（*Environmental History*）杂志相媲美。它于 1995 年创刊，首任主编为理查德·格罗夫教授。这本杂志最重要的特点有三个：其一是全球史视野，其二是跨学科研究，其三是为现实服务。在创刊号中，格罗夫提到，美国的《环境史》杂志很少关注美国以外的地区，而《环境与历史》杂志则要对此进行补充，"要将世界其他地区的环境史推向中心位置，积极推动非洲、亚洲、澳大利亚、南美、太平洋地区及欧洲的环境史著述"。该杂志邀请世界各地的知名专家担任刊物的编委和顾问。此外，《环境与历史》还大力推进对环境问题的跨学科研究，将该刊定位为"一本跨学科的杂志，它要促进人文科学及生物科学领域的专家更加密切地合作，着力对当前的环境问题进行深入的历史研究"。格罗夫期望，"通过严谨扎实的学术研究，我们也许有助于发现切实可行的出路，使人类摆脱危险，使将来的社会朝正义、稳定的方向前进"[①]。正是由于这些方针的全面贯彻，《环境与历史》杂志很快就声名鹊起，成为环境史领域的权威期刊。从 2000 年下半年以来，《环境与历史》杂志开始由圣安德鲁斯大学与斯特林大学联合成立的"环境历史与政策中心"主办。

欧洲环境史学会是环境史领域最活跃的学术团体之一。1999 年 4 月中旬，薇诺娜·威尼沃特（奥地利）、蒂莫·米尔恩托斯（芬兰）、佩特拉·范·丹（Petra van Dam，荷兰）等几位欧洲学者在参加亚利桑那图森举办的美国环境史学会第九届大会期间，一致认为欧洲应该成立类似的学术组织。

---

① Richard Grove, "Editorial", *Environment and History*, Vol. 1. No. 1 (Feb. 1995), p. 2.

在薇诺娜·威尼沃特、克里斯蒂安·普菲斯特（瑞士）、斯维尔克·索林（瑞典）的大力推动下，1999 年 4 月，8 个欧洲国家的代表在慕尼黑附近举行会议，宣布成立欧洲环境史学会，并筹划成立通讯组，设立学会网页，委托苏格兰的圣安德鲁斯大学环境史研究中心在 2001 年 9 月承办第一届欧洲环境史学会学术研讨会。当年，薇诺娜·威尼沃特在维也纳组织了学术会议，主题为"自然、社会和历史：社会变革的长期机制"，受到了环境史学者和自然科学工作者的热烈响应，与会者达到 100 多人。这次会议体现了环境史研究在欧洲的巨大发展潜力，为 2001 年成功召开欧洲环境史年会积累了经验。

2001 年 9 月 4 日至 8 日，第一届欧洲环境史学会大会在苏格兰的圣安德鲁斯大学顺利举行。此次会议由圣安德鲁斯大学与斯特林大学联合成立的"环境历史与政策中心"承办。这次会议的主题是"环境史：问题与潜力"，与会学者达到了 120 人。美国环境史学会的创始人之一、在欧洲环境史研究方面享有盛誉的唐纳德·休斯（J. Donald Hughes），应邀做了题为"欧洲在世界环境史中的地位"的主题发言。英国著名学者彼得·布林布尔库、T. C. 斯马特、约翰·希埃尔在大会全体会议上介绍了英国环境史研究的进展。会议提交的论文和海报共计 101 篇，讨论的问题涉及气候、景观、污染、环保意识、环境与科学、水生系统（aquatic systems），充分显示了欧洲环境史研究的勃勃生机与广阔前景。这次会议还通过了《欧洲环境史学会章程》，选举产生了欧洲环境史学会理事会。薇诺娜·威尼沃特当选为学会主席，克里斯蒂安·普菲斯特及斯维尔克·索林（Sverker Sörling）当选为学会副主席。

从 2001 年以来，欧洲环境史学会每隔 2 年都会组织大型学术研讨会，推动了环境史研究在欧洲的蓬勃发展。从历届会议的情况来看，与会者的人数明显上升，提交的论文和海报也在稳定增加。2003 年 9 月 3—7 日，第二届会议在捷克的布拉格召开，由查理（Charles）大学人文地理与区域发展系承办，这次会议的主题是"应对多样性"，参加者达到 240 人，提交的论文和海报达到 176 篇。2005 年 2 月 16—19 日，第三届会议在意大利的佛罗伦萨大学召开，会议的主题是"历史学与可持续性"，参加者来自 30 个国家，达到 260 人，提交的论文和海报达到 180 篇。2007 年 6 月 4—9 日，荷兰阿姆斯特丹的自由大学（Vrije Universitet）承办了第四届环境史会议，主题是"环境关联：欧洲和欧洲以外的世界"，参加者达到 254 人，提交的论文和海报达到 194 篇。[①] 2009 年 8 月 4—8 日，欧洲环境史学会联合美国环境史学会等多个国家及区域的环境史学会，在丹麦哥本哈根召开了第五次会议，即第一届世界环境史大会，会议主题是"地方生计与全球挑战：理解人类与环境的相互作用"。这次会议由丹麦的罗斯基勒大学和瑞典的马尔默大学承办。与会代表来自 45 个国家，达到了 560 人。2011 年 6 月 28—7 月 2 日，第六届欧洲环境史大会在芬兰的图尔库大学举行，会议的主题是"海陆之间的接触"（Encounters of Sea and Land），侧重于探讨海洋环境史，将围绕海洋生态危机、海洋生物多样性、海洋捕捞、海洋污染、海上贸易等问题展开。此外，探讨的问题还包括：气候史、极地环境史、环保运动史、森林史、城市环境史、工业环境史等。[②] 2013 年 8 月 20—24 日，第七届欧洲环境史大会在德国慕尼黑市举行。会议由慕尼黑大学蕾切尔·卡逊环境与社会研究中心承办，主题是"自然的循环——水、食物和能源"。来自世界 50 多个国家的 600 多名学者与会，并就动植物、气候、极地、灾害、移民、采矿、水利、污染、城乡联系、人造环境等诸多问题展开了热烈讨论。2014 年 7 月 7—14 日，第二届世界环境史大会将在葡萄牙北部小城吉马朗伊什举行，该会议的主题是"环境史的演进"。

（三）欧洲环境史研究的特点

从总体上看，欧洲的环境史研究具有明显的特点。和美国相比，欧洲从事环境史研究的学者，更多具备自然科学的背景，因此，欧洲环境史研究具有更明显的跨学科研究的特色。同时，欧洲文明源远流长，自近代以来，欧洲许多国家都是殖民大国，长期主导着国际政治与经济格局。受欧洲发展历程的影响，欧洲环境史学者的研究在时空范围上更加宽广宏阔，更富有全球

---

① 历次欧洲环境史学会的参与人数及提交论文数量，可以参见 Report of the 4th ESEH Conference, Amsterdam 4–9 June 2007, by the Local Organising Committee, http：//eseh. org/conference/archive/Amster-dam2007/Report％20％20ESEH％202007％20by％20Local％20Committee％2011–07. pdf。

② http：//eseh2011. utu. fi/cfp

史的视野，更加强调比较研究，而不像美国学者那样总是突出"美国例外论"。此外，虽然欧洲环境史学者也从事农业生态史研究，但自始就重视城市环境问题，对荒野的兴趣则比较淡漠，这种情形与美国有很大差异。另外，欧洲环境史研究具有很明显的多元化和不均衡的特点，环境史研究在西欧和北欧比较发达，而在东欧和南欧还比较落后。

欧洲环境史研究的跨学科特点，与其总体上起源于"历史地理学和自然科学"有很大关系。从欧洲和美国的有关情况来看，最早关注环境问题的往往并不是历史学者，而是一些科学家、资源保护和公共卫生部门的专业人员和专家。为了解环境变化的程度，就必须和以前的环境状况进行对比，进行历史的追溯。在欧洲，很少有人自称为环境史学者，更多的人"并不自以为是环境史学者，然而却常常为环境史研究作出重要贡献"①。1988 年欧洲环境史联盟出版了一本会议论文集，论文的多位作者都是自然科学背景出身，而文集的主编之一彼得·布林布尔库原本是一位化学家，而另外一位主编克里斯蒂安·普菲斯特则是气候史专家。2001 年当选为欧洲环境史学会主席的薇诺娜·威尼沃特的专业背景原本是化学。美国环境史学家唐纳德·沃斯特提到："在环境史领域，欧洲学者比美国同行有更多的跨学科研究，更广泛地运用自然科学。这或许是因为，欧洲许多研究环境史的学者并不是在历史系工作。这个领域的资深历史学者还不多。"②

欧洲环境史研究的跨学科特点，可以从气候史研究在欧洲所受的重视得以反映。在英国、法国、芬兰、瑞士、匈牙利、捷克及斯洛伐克等国，气候史都是环境史研究中的一个重要方面。气候史如此受重视，除了因为气候变化对人类生活的重大影响和欧洲近二三百年间保存了大量的气象文字资料外，还因为新的科技发展使人们能从树木年轮、孢子花粉、冰帽积雪层等丰富多样的实物中获得惊人的历史气象资料。克里斯蒂安·普菲斯特在气候史研究方面有很深造诣，他与"瑞士及欧洲的同事挖掘了从中世纪起各个时代关于气候线索的文献资料"。而理查德·格罗夫等几位学者，则探讨了历史

---

① ［法］热纳维耶芙·马萨—吉波：《从"境地研究"到环境史》，第 134—135 页。
② 高国荣：《美国环境史学家唐纳德·沃斯特访谈》，《世界历史》2008 年第 5 期。

上的厄尔尼诺现象对人类活动及诸多历史事件的影响。[①]

　　欧洲的环境史研究往往具有宏阔的全球史视野。这与欧洲在近现代的长期殖民经历及世界中心地位有关，同时这也是欧洲环境史学者力图挑战美国同行的一种方式。在这方面，格罗夫特别值得称道。格罗夫是欧洲最知名的环境史学者之一，从 20 世纪 80 年代以来，他的研究一直集中在两个领域，"其一是热带地区的环境史，其二是那一研究的一个分支，即环保意识的历史。二者有密切联系，不仅仅都起源于欧洲以外的热带地区，而且都以帝国主义和欧洲扩张为背景"[②]。格罗夫在其代表作《绿色帝国主义》中提出，环保主义和环境史都起源于 1600—1860 年欧洲殖民时期的热带岛屿地区。在这些相互隔离的小岛上，人为的环境退化触目惊心，一些有识之士对此非常忧虑，并成功地劝说殖民地政府采取行动。环境主义由此产生，环境史的源头也可以追溯到这里。格罗夫的著述颠覆了环境史和环境主义均起源于北美的观点，而且被越来越多的人所接受。除格罗夫之外，佩德·安克尔（Peder Anker）、理查德·德雷顿（Richard Drayton）、约翰·麦肯齐（John MacKenzie）在帝国史和殖民史方面也出版了精深著作。"由于私人联系以及因前殖民关系而留下的资料，荷兰环境史学家做出了有关印度尼西亚的重要研究。"[③]在一定程度上，对殖民主义和帝国主义的探讨，是欧洲环境史研究中大放异彩、最富特色的部分之一。

　　欧洲环境史研究的全球史视野，还可以从《环境与历史》杂志和世界环境史的有关著述体现出来。《环境与历史》杂志自创刊起，就大力倡导全球史的视野、跨学科方法及比较研究。格罗夫提到，要理解不断加深的全球环境危机，就必须理解南北之间不平等关系的发展，而《环境与历史》杂志的创刊，是将"南方议程（southern agenda）纳入环境史研究"的一种早期努力，"现在第三世界的学者正在创建最有活力的环境史学派"。[④]约翰·麦肯齐接替格罗夫担任主编后在"编者按"中写道，杂志要继续坚持格罗夫的办刊方向，"出版有关世界各个角落的最高水平的研究成果"。从世界

---

①　［美］J. 唐纳德·休斯：《什么是环境史》，梅雪芹译，北京大学出版社 2008 年版，第 10 页。

②　Richard Grove，"Editorial"，*Environment and History*，Vol. 6，No. 2（May，2000），p. 127.

③　［美］J. 唐纳德·休斯：《什么是环境史》，第 103、56 页。

④　Richard Grove，"Editorial"，*Environment and History*，Vol. 6，No. 2，（May，2000），p. 128.

环境史的编撰而言，欧洲学者出版的作品相对而言较多，令人瞩目的有克莱夫·庞廷的《绿色世界史》（1993）和拉德卡的《自然和权力》（2000），这两本书都被译成多种语言文字出版。

　　欧洲环境史研究自始就重视城市和人工环境，对美国学者所热衷的荒野研究则普遍缺乏兴趣。从20世纪80年代中期以来，在瑞典、芬兰、英国、德国等环境史研究起步相对较早的国家，这一领域的许多开拓者都很关注工业化及城市化带来的环境问题。英国学者彼得·布林布尔库的《大烟雾》（1987）探讨了自中世纪以来至20世纪50年代伦敦的空气污染，有关水污染的作品在英国也很多。德国学者拉德卡在多部作品中探讨了德国的能源结构转变及政策，"目前，德国学者关注的焦点是工业污染的政治斗争史"。在芬兰和瑞典，森林工业及采矿工业倍受环境史学者的重视。①因此，毫不奇怪，1988年欧洲学者第一次召开环境史大会时，讨论的主要是欧洲的工业和城市污染问题，这可以从《潜滋暗长：欧洲环境史论文集》反映出来。

　　和美国学者不同，欧洲环境史学者从一开始就非常重视工业及城市污染问题。究其原因，大概不能不涉及欧洲与美国在国土资源、环保运动及环境史的源头等方面的差异。相对美国而言，除俄罗斯和芬兰等少数北欧国家外，欧洲大多数国家面积狭小，人口密度较高，再加上历史悠久，很少保留有大片未曾开发的荒野，也很少能有大片土地像美国一样被划作国家公园。另外，美国保留大片荒野，也是因为美国人认为，美国民主和美国精神是在开拓边疆、征服荒野的过程中形成的。美国人往往有难以割舍、根深蒂固的"荒野"和"边疆"情结。从环保运动的发展来看，欧洲环保运动的兴起，在很大程度上是因为城市居民担心健康受到环境污染的损害，因此，工业和城市污染就成为欧洲环保人士关注的焦点问题。而美国的情况则有所不同。从19世纪末以来，资源保护和荒野保护的争论在美国连绵不断，至今依然如此。自然保护的支持者往往是白人中产阶级，第二次世界大战后他们有条件向郊区迁移，因而可以忽视城市的各类污染和公共卫生问题。反对污染的主体，往往是贫困的工人和有色人种社区。这些弱势群体的权益并不为美国

---

　　①　Marc Cioc, Bjorn – Ola Linner, and Matt Osborn, "Environmental History Writing in Northern Europe", *Environmental History*, Vol. 5, No. 3 (July 2000), pp. 397—400.

主流环保组织所重视。受此影响，美国环境史学界在 20 世纪 90 年代以前对城市的关注明显不足。在欧洲许多国家，环境史的源头是历史地理学、技术史、经济史、城市史、医疗史、生态学及环境科学等，这些领域本来就比较重视城市，而在美国，环境史可以追溯到边疆史学，环境史研究从一开始就比较重视资源保护和自然保护，重视农业生态史而忽视城市环境史，这一情形在进入 90 年代之后才开始改变。

欧洲的环境史研究具有多元化的特点，环境史研究水平有很明显的地区差异。欧洲环境史研究的多元化，是欧洲各国不同历史发展道路及不同社会文化的反映。仅就语言而论，"欧盟就有 20 种官方语言，此外，欧洲至少还有 7 种官方语言"。在欧洲，"能说英语的人达到 56.4%"，但即便如此，语言不通依然是学者交流的一大障碍。环境史研究在欧洲各国的源头不一，各国的环境史研究也各具特色：英国在生态帝国主义与殖民主义研究方面独树一帜；而气候、森林、水资源和景观是芬兰环境史研究的四大主题；[①]丹麦、荷兰在海洋史、水利史研究方面独领风骚；德国的能源史及全球史编撰令人瞩目；而瑞士在气候史研究方面享有盛名；公共森林的私有化、环境史的理论与方法、西班牙的经济停滞是西班牙环境史学者优先研究的三大问题；匈牙利及捷克的景观史研究卓然有成。欧洲环境史研究的多元化，也可以从历届欧洲环境史大会提交的论文反映出来，2003 年第二届欧洲环境史学会大会的主题就是"应对多样性"。

在欧洲各国，环境史研究水平参差不齐。相对而言，环境史研究在西欧、北欧较发达，而在南欧及东欧则比较落后。这一状况可以从欧洲各国学者参与历届欧洲环境史年会的情况反映出来。2001 年第一届欧洲环境史学会会议在圣安德鲁斯大学召开，"与会的法国和地中海国家的代表很少"，"只有 1 个意大利人，1 个西班牙人，2 个法国人与会，希腊人和葡萄牙人一个也没来，而与会的盎格鲁—萨克逊人、德国人和斯堪的纳维亚人等等，却有数十人之多"[②]，这一现象在大会还引起了广泛的讨论。在第二届欧洲环

---

① Timo Myllyntaus and Mikko Saikku, *Encountering the Past in Nature: Essays in Environmental History*, p. 4.

② ［法］热纳维耶芙·马萨—吉波：《从"境地研究"到环境史》，第 129 页。

境史年会的筹备阶段，尽管学会的法国代表吉波教授"把会议通知发到了在法国广为人知的一个专门发布学术信息的网页上"，虽然收到了一些"法国学者的论文提要，但仍嫌少"。[①] 2005 年第三届会议在意大利的佛罗伦萨大学召开，"尽管有代表来自东欧，但来自北欧、德国及英国的学者则组成了最大的代表团"[②]。2007 年第四届会议在荷兰的阿姆斯特丹举行，法国虽然有 10 位学者与会，但同英国（32 位）和德国相比（27 位）还是较少，西班牙有 4 位学者与会，俄罗斯有两位学者与会。[③]

　　环境史研究在欧洲不同地区的发展状况明显不同，原因非常复杂，与经济发展水平、宗教信仰、社会制度和对外学术交流有密切联系。法国学者吉波认为，环境史研究在欧洲所有地中海国家"出现较晚，更不用说地中海边上的前共产主义国家"，尽管这些地区也存在着严重的环境问题。在她看来，地中海国家的历史、文化有很多共同点，都属于拉丁语系，普遍信仰天主教，经济发展水平也落后于北欧。但她同时也提到，不能仅以宗教和经济因素来解释这一现象，因为在"天主教国家奥地利或者德国的天主教部分，那里的人们对环境的兴趣与新教部分是一样的"，此外，南欧各国的经济发展水平也存在很大差异。2003 年第二届欧洲环境史年会召开期间，约翰·麦克尼尔、薇诺娜·威尼沃特等三位学者在接受匈牙利一家媒体采访时都提到，东欧国家在一段时间内对环境问题的隐瞒和压制，也是东欧国家环保运动和环境史滞后发展的重要原因。[④]

　　同时，对外学术交流也影响了环境史研究在欧洲各国的发展。相对而言，东南欧学者在这方面比较落伍，这里仅以法国为例。欧洲环境史学会在法国的联系人吉波教授说，法国"许多学者能读英文资料，但确实只有很少学者可以说英语……法国学者在说英语方面表现很勉强"。在她看来，"法国有非常强烈的反美主义"，法国历史学家"对美国历史学家的所思所写"，"不感兴趣"，即使有一些人愿意去美国学习和交流，但往往因为很难获得

---

①　包茂红：《环境史学的起源和发展》，第 314 页。

②　Report on the Third Conference of the ESEH，http：//eseh. org/conference/archive/third/report2005.

③　List of Participants ESEH 2007，http：//eseh. org/conference/archive/Amsterdam2007/LIST%20OF% 20PARTICIPANTS. pdf.

④　Radio Report on ESEH conference in Prague，http：//eseh. org/conference/archive/second/radio.

资助而不能成行，她说："我就从来没有去过美国，也可能永远不会去美国。"法国学者的消极态度与芬兰等北欧国家形成了鲜明对比。在欧洲，高度英语化的"北欧国家的学者率先与美国学者建立联系，并邀请美国同行在斯堪的纳维亚半岛和芬兰讲课"。仅就芬兰而言，赫尔辛基大学就两度邀请艾尔弗雷德·克罗斯比作为富布莱特学者在该校任教，该校还数次邀请唐纳德·沃斯特等知名美国学者前来讲学。与此同时，芬兰学者在国外学习和交流也很常见。芬兰知名环境史学者蒂莫·米尔恩托斯在剑桥大学获得博士学位，而米科·赛库在美国堪萨斯大学等多所高校进修过环境史，二人多次去美国参加美国环境史年会，他们的很多成果都用英文写作。作为一名研究美国南部环境史的芬兰专家，米科·赛库的成果①受到了美国同行的高度评价，他还多次受邀参加美国学者主持的环境史项目。环境史研究在法国和芬兰的不同发展状况，或许从一个侧面可以说明，环境史研究在欧洲的发展，在不同程度上受到了美国的推动。

（原载《史学理论研究》2011 年第 3 期，
原标题为《环境史在欧洲的缘起、发展及其特点》）

---

① Mikko Saikku, *This Delta*, *This Land*：*An Environmental History of the Yazoo – Mississippi Floodplain*, University of Georgia Press, 2005.

附录二

唐纳德·沃斯特访谈录

　　唐纳德·沃斯特（Donald Worster）教授是美国最有影响的环境史学家之一，现执教于美国堪萨斯大学。他著述颇丰，迄今为止已经出版了 11 本著作，他刚完成的关于约翰·缪尔的传记，也将于年内出版。[①] 沃斯特 1971 年从耶鲁大学获得博士学位，1981—1983 年曾任美国环境史学会主席，从 1984 年起一直担任剑桥大学出版社"环境与历史研究"丛书的主编，堪称环境史这一领域的奠基人之一。他在 2004 年被美国环境史学会授予杰出成就奖。

　　对唐纳德·沃斯特教授仰慕已久，2007 年 11 月笔者终于有机会对他进行采访，采访在堪萨斯大学霍尔人文中心沃斯特教授的办公室进行。由于沃

---

　　① 沃斯特教授编撰的著作包括：《美国环境保护主义：形成时期，1860—1915》（*American Environmentalism：The Formative Period，1860 - 1915*，Wiley，1973）；《自然的经济体系：生态思想史》（*Nature's Economy：The Roots of Ecology*，Sierra Books，1977，2nd edition，Cambridge University Press，1984）、《尘暴：1930 年代的南部大平原》（*Dust Bowl：The Southern Plains in the 1930s*，Oxford University Press，1979）、《帝国之河：水、旱和美国西部的成长》（*Rivers of Empire：Water，Aridity，and the Growth of the American West*，Oxford University Press，1985）、《地球的结局：关于现代环境史的思考》（*The Ends of the Earth：Perspectives on Modern Environmental History*，Cambridge University Press，1988；《在西部的天空下：美国西部的自然和历史》（*Under Western Skies：Nature and History in the American West*，Oxford University Press，1992）、《自然的财富：环境史和生态畅想》（*The Wealth of Nature：Environmental History and the Ecological Imagination*，Oxford University Press，1993）、《未定地带：美国西部变化的景观》（*An Unsettled Country：Changing Landscapes of the American West*，University of New Mexico Press，1994）；《从萧条至繁荣：堪萨斯的纪实照片，1936—1949》（*Bust to Boom：Documentary Photographs of Kansas，1936 - 1949*，University Press of Kansas，1996）、《我们定居的大草原》（*The Inhabited Prairie，by Terry Evans*，University Press of Kansas，1998）；《大河向西流：约翰·鲍威尔传》（*A River Running West：The Life of John Wesley Powell*，Oxford University Press，2001）、《热爱自然：约翰·缪尔传》（*A Passion for Nature：The Life of John Muir*，Oxford University Press，2008）。

斯特教授日程非常繁忙，不得不将采访分作两次进行。本次采访得到了青岛大学侯文蕙教授、沃斯特教授的高足侯深、堪萨斯大学美国研究系博士生丹尼尔·克尔（Daniel Kerr）的帮助，在此深表感谢。本采访稿的英文已经教授本人审定。

兹将采访翻译如下，以飨读者。

高国荣（以下简称高）：近年来，很多中国学者开始关注环境史，他们尤其希望能够更多地了解环境史的理论与方法。您是如何定义环境史的？您如何界定"自然"与"文化"？

唐纳德·沃斯特（以下简称沃斯特）：环境史研究人与自然之间的互动关系。我要强调"人"、"自然"与"互动关系"这三个方面。互动意味着这个领域寻求对立双方的辩证关系。尽管自然与文化互不可分，它们之间也确有不同，各自独立存在。它们互相需要，互相依赖，并且不断互动。环境史是一个很大的题目，涵盖了很多重要的问题。但在很大程度上，这种视角一直未被认为是历史。我认为，环境史并不是一个很小的特殊的分支领域，而是看待历史的一种全新的视角。

所谓自然，我指的是非人类世界。它不是人类创造的，也不仅存于我们的意识之中。自然并不一定是指一个地方，它也可以是一种推动力，一种影响力，或者是地球上的有机体。它包括空气、水、风、雨雪、土壤等，所有这些都是我们不能逃脱的存在，它们是很强大的力量。

我对文化有一个很简单普通的定义。文化指的是那些能够在人与人之间相互传递的事物，但它不能遗传，也不是植根于 DNA 的。文化包括思想、观念和人类创造性的劳动。

总之，环境史研究的是人类不能创造的事物与人类创造的事物之间的互动关系。

高：环境保护主义与环境史之间是否存在某些联系？您如何看待一些环境史著作中的政治或道德的诉求？

沃斯特：环境史是在环境政治和改革运动的影响下成长起来的。许多改革运动改变了历史学。妇女史是怎样产生的？它起源于妇女运动。民权运动也影响了历史学。我认为，环境史也不例外，它起源于政治改革运动。诸如1970 年的地球日游行或环境保护主义的兴起等，影响了历史学家对过去的解释。但那并不意味着，环境史只关心如何推动环保运动。

一个人如果写一本批判资本主义的书，或试图解释资本主义造成的一些影响，人们会说这个人太政治化了。但如果资本主义作为一种强有力的力量，确实导致了很多事情发生，影响了自然环境，我们就应该对此加以论析，并努力给予解释。另一方面，我认为，环境史不应该支持某个特定的政党候选人或政党。在我的书里，我并没有拥护阿尔·戈尔当选总统。

当人们不同意环境史的某些观点或解释时，他们就指责环境史的政治倾向性太强。如果我现在说美国的黑奴制很糟糕的话，没有人会反对我。人们会说我的观点是正确的，并且认为它没有政治倾向性。但实际上，这个观点有很强的政治倾向或道德说教的意味。可是当我说，我们很愚蠢地毁坏了地球的某些部分，人们就会因为没有看到造成的损害而对此加以否认，抱怨这是一个带有政治色彩的观点。

我不清楚"客观"这个词的确切含义，这个词非常复杂。如果客观意味着诚实或公允，或不歪曲事实或真相，那么我们当然需要客观。但有时人们以为客观意味着没有价值判断。任何人，甚至科学家也不会认为，简单地罗列一大堆数字或事实就意味着客观。人们总试图用这些数字或事实来论证或反驳某种观点。

我们不可能在历史著述中将价值观完全排除在外，对过去的事情完全中立，但作为一个历史学家，应该尽量不偏不倚，公正地对待前人，努力理解他们的观点，理解究竟发生了什么。不要过于简单化，不要把非常复杂的事情说得像非黑即白、非好即坏那样简单。

高：1988 年，您出版了《地球的结局：关于现代环境史的思考》，试图向读者介绍环境史这一新领域。该书在近 20 年里被广泛用作环境史的教科书。您在该书中提出的环境史的分析层次，构建了环境史研究的基本框架。您能简单地对此加以介绍吗？这三个层次同样重要吗？如若不然的话，哪个层次更重要呢？

沃斯特：当时，我把环境史分为三个层次：自然、生产方式和文化。我提出这三个层次主要借鉴了人类学和马克思主义，特别是人类学家马利文·哈里斯（Marvin Harris）关于结构和上层建筑的存在已久的观点。这些旧的观点很具有说服力，并且非常重要，但我不想完全照搬。于是，我加上了在马克思的视野里几乎消失殆尽的自然，将自然和生态加入到旧的框架体系之中。

我现在的看法和过去有所不同。也许层次这个词会使人想到文化重要而自然次之，但这不是我所说的层次要表达的意思。我倾向于把自然和文化看作是环境史领域的活跃角色。自然和文化相遇的场所可以称为界面，或者简单地称之为景观。

在绝大多数情况下，景观就是人为改造的自然环境。景观可以是进行生产的农场或矿井，或者是消费产品的城市，它也可以是一整个经济系统。景观是自然和文化交汇或相互作用的场所，我原先称之为生产方式，这是一个从马克思和其他人那里借用的概念。也许这个概念过于抽象，也许将其理解为我们可以看见和贴近的景观会更好。在那里，自然与文化不断进行着互动。它所指的是我们生活的地方和生活的方式。

自然与文化，孰重孰轻？哪个更有影响力？今天，文化在大多数时候显得比自然强大。但有时，自然的力量突然爆发出来，比如印度尼西亚的海啸、中国的地震。自然在刹那间显得更强势。我们很难说自然与文化孰重孰轻，这要依据特定的形势而定。显然，人类的能力已经增强了很多，这或许使文化显得更有优势。

高：在《地球的变迁》一文[①]中，您提出从农业生态的角度研究环境史。为什么您认为农业生态的视角如此重要？环境史与农业史是否存在某些联系？

沃斯特：对生活在城市化时代及城市化社会的人们来说，强调农业是很重要的。在他们眼里，环境仅仅是指城市。

要理解人与自然世界的联系，我们就需要研究食物供应的整个结构。世界上的所有人口都依赖这个结构来获得食物，这就是我们需要农业生态视角的原因。农业生态视角并非我们唯一的分析方式，但它是最重要、也是总被忽视的方式之一。我们这些现代人对自然和农业缺乏关注，对食物来源的关

---

① ［美］唐纳德·沃斯特：《地球的变迁：史学研究的农业生态视角》（Donald Worster, "Transformation of the Earth: Toward an Agroecological Perspective in History"），《美国历史杂志》（The Journal of American History）第 76 卷，第 4 期（1990 年 3 月）。

系缺乏兴趣，这是一种缺点。农业是我们对自然影响最大的地方，也是自然影响人类最大的领域。

这篇文章说得非常清楚，环境史这一复杂的领域有很多课题和不同的研究方法。我非常明确地说过，我并不是要坚持所有的环境史研究都采用单一的方式，但农业生态视角是被我们忽视的一种方式。

农业史与环境史有很大的区别，但二者在某种程度上都是研究土地与自然。农业史在美国已经教授了很长时间，但它主要是关于农业经济和生产的历史，而不是关于农业对自然世界、对土地、土壤影响的历史。许多农业史学者在农场长大，受过大学教育成为历史学者，对农场生活有一种怀旧情绪，但他们并不想经营农场。他们总认为，农业总是在不断进步，要随着技术调整和变化。因此，很多农业史著作是由对生态学没有兴趣的人所写。他们并不关心现代农业的负面影响，也不关心其社会影响。多生产总是好的。环境史却持一种不同的观点，它受像蕾切尔·卡逊等批评滥用农药的人的激励。

一些年轻的农业史学者比他们的前辈更关心农业变化所产生的环境后果。

高：在 1972 年，您编辑了《美国环境保护主义：1860—1915》。作为关于环境保护主义的最早的参考书之一，这本书汇编的资料，除了资源保护和自然保护，还涉及城市规划与城市废物管理。您当时认为城市问题是环境史领域中的一个很重要的问题吗？这些年来，您对城市问题重要性的认识是否有所改变？

沃斯特：在我的研究中，我没有对城市给予对乡村环境同样多的重视。但那并不意味着我认为城市环境史无足轻重，相反，我认为城市环境史很重要。我很高兴看到以城市为主题的环境史著作。在我的教学中，我也会涉及一些城市问题。在 20 世纪 80 年代初期，我打算写一本关于洛杉矶的城市史，这是一个我没有完成的课题。我的学生，亚当·罗姆（Adam Rome），在我的指导下，撰写了关于郊区化的博士论文。我的另外一个学生，斯坦伯格现在正在写一本关于纽约环境史的书。

高：在《尘暴：1930 年代的南部大平原》及《帝国之河：水、旱和美国西部的成长》中，您对美国西部的农业和环境进行了大胆的探索。这两本书都大获成功，《尘暴》在出版翌年即 1980 年获得美国历史学最高奖——班克罗夫特奖，而《帝国之河》在出版后曾获普利策奖提名。您认为联邦政府在干旱西部应该实行什么样的政策？您认为西部农业的远期前景如何？您如何看待可持续发展？

沃斯特：我认为，政府不要资助干旱或生态脆弱地区的农业开发。农业补贴总是鼓励人们掠夺土地，而不承担后果。美国的政策总是鼓励对干旱土地、水资源、农业等的过度开发。

政府应该保护干旱地区少数族裔的用水权益，保护其他生命形式繁盛所需要的空间，不要提供资助鼓励人们铤而走险。

我无法预测美国西部农业的前景，只能说西部的农业正在衰落。从一开始，它就是一个失误。人口的增加，将要求农场主放弃水资源而保证城市供水，而全球变暖可能会使西部的土地变得更加干旱。所以，我认为，西部农业的前景并不乐观。

像许多流行的口号一样，可持续发展缺乏新的建设性的内容。尽管这个口号似乎已被广泛接受，但广泛接受的基础却是以牺牲很多实质性内容为代价的。可持续发展社会这一概念的问题在于它往往是依赖技术革新。更糟糕的是，这一口号对环保人士来说，不可能有所改进，因为它不可避免地将我们引回到使用狭隘的经济语言，将生产作为判断的标准，追求不断提高的物质生活水平，所有这些恰恰是环境保护主义曾经想要反对的。

我倾向于认为，环境保护主义要讨论伦理和美学，而不是资源和经济，要优先考虑动植物世界的生存而不论其经济价值，要珍惜自然为我们带来的、超出物质享受的审美的愉悦。

高：在环境史领域，美国西部的学者显得非常活跃。除了西部脆弱艰苦的自然环境外，是否还有其他因素能够解释这种情况？

沃斯特：研究西部的学者很有影响，部分原因可以追溯到特纳解释美国历史的边疆学说。最近，美国环境史学会也出版了很多关于美国其他地区，诸如美国南部、新英格兰地区的文章和著作。因此，西部史与环境史之间的联系不像以前那样强。但是，在很长一段时间内，西部史是孕育环境史的温床。

像我一样在西部壮丽景色下长大的人们，对这一地域和这片土地充满感情，总是感受得到山川、平原等景观的震撼力。

另外，在早期的资源保护运动促进下，西部建立了一些国家公园和国家森林。

高：在美国环境史研究中，为什么荒野总是一个很有争议、很热门的题目？荒野只是一种文化建构吗？您如何界定荒野？有一种很流行的观点认为，荒野保护必然与弱势群体的利益相违背，您如何看待这个问题？

沃斯特：我想没有一个环境史学者会认为荒野仅仅是一种文化建构。克罗农有时被指责持有这一观点，但我想这并不是克罗农的原意。如果说荒野有多重含义，是主观的想象，我和大多数历史学家都不会对此提出异议。像自然这个词一样，荒野也是一个有很多不同的文化含义的名词。但这并不意味着，荒野只是存在于人们的头脑中。

对荒野的争议是由于一些历史学家认为荒野受到了过多的关注。这一看法主要出自政治上的左派，尽管像里根一样的右翼分子也不是很喜欢荒野。但对很多左翼来说，他们认为环境史应该按照促进正义的原则来编写。荒野更多涉及自然的价值与体验，而较少涉及正义问题。

对于荒野，我有一个不太精确、很宽泛实用的定义。荒野是野生动植物生存的地方。荒野是人类几乎没有或者很少影响的地方。荒野是那些没有公路、没有农业、没有人类定居的地方。我不赞同理想主义者的观点，他们认为荒野必须完全没有人类存在及活动的踪迹。保护荒野是一种在面对自然时的自我约束和谦卑的行动。

荒野保护实际上不会伤及穷人的利益。荒野保护在经济上可能不会对穷人有帮助，但它也不会伤害穷人的利益。这些穷人的问题的根源不是荒野保护，而是失业、缺少教育、经济不平等和健康不佳，是这些社会因素影响了他们的生活。实际上，我认为，关心荒野的绝大多数人也关心穷人。

如果我们不能关心大象、森林或鸟类的利益，只能考虑弱势群体的利益并为此而努力。这看起来难道不奇怪吗？

说到发展中国家时，这个问题就变得更加复杂了。如果人们对导致穷困的人口过剩问题毫不关心，或者没有做任何努力去改变这一状况，能说他们关心弱势群体吗？如果不解决人口问题，最终只能是贫困人口继续增加，而其他的物种都将被毁灭。我想，在印度，无论穷人和富人，无论现在和将来，都应该考虑保护老虎。你不能把消除贫困与自然保护截然分开。

高：《自然的财富：环境史和生态畅想》在 1993 年出版后，受到了广大读者的热烈欢迎，该书在 1994 年曾被列入普利策奖提名图书。您在这本书中提到，"自然的文化史与文化的生态史同样重要"。您能对这一提法略加解释吗？

沃斯特：自然的文化史是撰写在岁月的长河中，人们对自然系统的理解及其变化。另外，文化的生态史，则是探求不断变化的生态环境对文化的影响。

我们当然需要撰写自然的文化史，不同时期的不同文化看待自然世界的方式不同，从而影响到人们的行为、政策和价值观念。这是历史学家研究得最好的部分，也是环境史研究中比较容易的部分。困难的部分则是思考并接受文化的生态史。文化的生态史总被误解为环境决定论，或者某些很讨厌的事情。

我们不应该将环境史仅局限于自然的文化史。自然的文化史与文化的生态史都很重要。也许一个人很难在这两方面都有很深的造诣。

高：您在近年为何会转向传记写作？您为其列传的约翰·鲍威尔（John Powell）和约翰·缪尔（John Muir）给我们留下了什么遗产？您希望您即将出版的新书《热爱自然：约翰·缪尔传》在哪些方面超越已有的成果？

沃斯特：我曾一度将传记写作置于一旁，因为传记不能解释那些大范围的、深层次的力量：时代思潮、阶级对立、对化石燃料的依赖，导致变化的生态环境因素等。而这些力量导致了历史上的深刻变革。我在读研究生的时候接受的是那样的教育，事实上，我现在也还是这样认为，历史学家在大多数情况下应该追溯这些变化的更宏观的方面。传记不能做到这一点，永远也不会像民族国家或世界那样宏大或抽象，它显得更具体明确，更能触动人的情感，甚至涉及个人私密。

传记有其特点与局限，这是传记作家根本不可能回避的。但不能由此推断历史比传记更重要，我现在相信，我们应该努力将二者都视为理解过去的重要部分。它们都富有价值，能给人以启发。我们需要超越个人或个案研究的历史，需要超越以杰出的和普通的人为传主的历史。但是我们也需要传记去检验历史学家倾向于得出的一些笼统的结论，或过于自信的解释。

同时，环境史和环境传记有一些共同点。从一开始，二者都接受一种观点，即不论个人还是集体，都不能离开自然而生活。人类生活的各个层面总是受到不断变动的自然的限制。任何个人和集体，其生活都受到了技术、工作、取之于自然的食物和能源的深刻影响，都会对文化变迁的潮流作出反应。

在美国历史上，约翰·鲍威尔和约翰·缪尔是我们称之为资源保护或环境保护主义的伟大的缔造者。这两个人在某种程度上是环保运动的创始人。一个更实用主义，一个更注重自然的精神价值。他们留给我们的环保运动是非常复杂的。

关于约翰·缪尔，已经有很多书。其中大部分都是研究语言学和文学的教授所写，因为缪尔也可以被看成是一个作家。这些人更关心缪尔的著作，分析他的作品，从一个作家的角度来理解缪尔。但是我认为缪尔之所以重要并不仅仅因为他是一个作家。他更是一个科学家，他是打开那个时期历史的一扇窗户。因此，我是从历史学家的角度来描写缪尔。

有人告诉我，我那本关于约翰·鲍威尔的书①像一部美国成长的宏大史诗，因为鲍威尔是西进运动的关键人物，但是这本关于约翰·缪尔的书则不同，它更像一篇关于约翰·缪尔的思想观念的论文。我希望以一种崭新的视角看待缪尔的宗教观和政治观。我试图将缪尔与自由民主的起源联系起来，并关注自由民主对人与自然关系的影响。

高：您的下一个研究课题准备写什么？

沃斯特：我还没想好。也许我会写一本关于美国人如何看待草原的书。我一直对草原比较着迷，我们已经有很多关于大平原的书。我也有可能写一本资本主义的环境史，或许我会写一本关于我自己的经历、关于我生活的那些地方，以及我如何成为环境史学家的书。

高：到目前为止，您已经出版了 10 多本书，并发表了大量文章。在您的作品中，是否有一些中心主题贯穿其中？这些作品之间存在什么联系？

沃斯特：回顾过去，我得说，我并没有很明确的宏伟的写作规划。但回首匆匆岁月，我依稀能够发现一些线索，在我的作品中，我反复探讨的一些

---

①　《大河向西流：约翰·鲍威尔传》在 2001 年出版后曾获包括最佳西部史著作奖在内的 10 多个奖项。

问题包括：自然与现代的民主自由理想存在什么联系？自然世界在历史上如何影响了个人和社会？科学和资本主义这两个强有力的现代因素如何影响了人们的环境观念和行为？

高：科学和资本主义对环境观念和行为有什么影响？

沃斯特：环保运动与科学家之间的联系一直非常密切。我的学术生涯，起步于研究环保运动与科学，尤其是与生态学的联系。此后，我又开始关注另外一个非常重要的影响因素，即强有力的资本主义文化。

在历史上，资本主义与科学都是革命性的力量，它们是现代革命中最根本的部分，将传统社会一个接一个地推翻。

科学与资本主义在某种程度上是同盟军，但二者也发生冲突。这种冲突体现在环保运动之中，有些科学家就加入了反对资本主义的行列。所以，这两个革命性的力量并不相同。如果你要谈现代历史和现代环保运动的历史，你就不得不大量地谈论资本主义和科学。

高：自然与现代民主自由之间存在什么联系？

沃斯特：在某种程度上，资本主义与科学和民主自由存在一些联系。民主的观念深刻地影响了世界，许多国家还在朝民主的方向前进。民主自由对自然以及人与自然的关系意味着什么呢？

从坏的方面说，自由和民主意味着利用自然和消费的自由。只把自然当作商品看待，会产生非常恶劣的环境后果。也许有人会说我们需要强权政治来发号施令，对人们加以限制和约束。换句话说，解决方法是不民主的。为挽救环境，我觉得非民主的方法不是个好的选择，它不仅不能挽救环境，而且对人们来说也是灾难性的。因此，如何处理民主自由和自然保护的关系，是非常棘手、非常复杂的。

高：您如何看待后现代主义及其对环境史研究的影响？

沃斯特：我还没有看到关于后现代主义的非常清晰的、合乎逻辑的定义。这是一个很有争议的术语，得看你如何定义现代主义。在有的人看来，现代主义是对科学技术的欢呼，有的人认为，现代主义意味着进步，对有的人来说，它意味着欧洲白人的权力与帝国主义。现代主义有如此多的含义。所以我觉得它很令人费解。

如果后现代主义并不存在单一的解释、叙述或观点，谁会对此提出异议呢？如果它意味着科学不能提供全部的答案，我也完全同意。但是，如果它意味着真理并不比迷信更可信，那么我无法苟同。在美国，后现代主义通常意味着多元文化主义。欧裔白种美国人，非裔美国人，西裔美国人，华裔美国人，都会有自己的对过去的理解。这个观点不会引起异议。

在多数情况下，我认为，后现代主义意味着对科学权威的挑战。我的《自然的经济体系：生态思想史》①，也许能够被称为一本后现代主义的著作，因为它对科学持批判态度，它表明科学观念总是在不断变化。随着年岁的增长，我对笼统地攻击科学更加谨慎。我现在对科学有更多的尊重。很肯定地说，《自然的经济体系》不是要解构所有的科学，而只是要对科学进行历史的理解。

但是后现代主义者往往并不认为自己是相对主义者，他们的正义感很强，他们对资本主义和帝国主义持批判态度，但并不公开讨论这些问题。因此，后现代主义存在一种矛盾。他们拒绝讨论某些问题，但把所讨论的问题都仅仅视为一种文化建构，认为这些问题没有合理性。

我们需要在环境史中发展对科学的尊崇。今天，科学对我们理解人们的行为方式以及我们如何由我们的基因和 DNA 的塑造做出了特别大的贡献。

高：从 20 世纪 90 年代早期开始，越来越多的年轻的环境史学者倾向于用阶级、种族和性别的视角来研究环境史，并且鼓励环境史与社会史的融合。您如何看待这一趋势的利弊？

沃斯特：《荒野与美国精神》、《花园里的机器》② 等影响很大的环境史的早期著作，很重视文化观念。但它们还不是多元文化主义的理解。多元文化主义是一个新的发展。今天，你不能说美国人对自然的态度，您只能说白人男性的态度，如此等等。

多元文化主义的危险在于，它将文化差异过分地夸大了。借助于科学，我们开始理解，尽管阶级、种族与语言不同，人们还是有很多共同点。我并

---

① 《自然的经济体系》早已成为生态思想史的经典著作，已经被翻译成为日文、法文、意大利文、瑞典文、中文、韩文等 6 种语言文字出版。其中文版于 1999 年由商务印书馆出版，译者是侯文蕙。

② ［美］罗德里克·纳什：《荒野和美国精神》（Roderick Nash, *Wilderness and the American Mind*），耶鲁大学出版社 1967 年版；［美］利奥·马克斯：《花园里的机器：美国的技术与田园理想》（Leo Marx, *The Machine in the Garden, Technology and the Pastoral Idea in America*），牛津大学出版社 1964 年版。

不是要说，人们全都一样，我只是想说，种族、性别与阶级的鸿沟并没有那么深。由于进化，人们都有相似的人性，我们对自然都有某种类似的需求。所有的国家和文化，所有的种族与阶级，都能够在自然世界中体验到一些快乐，都感觉得到与自然的某些联系。

当我和我的妻子1997年乘船沿长江而下，去看将被截流的长江三峡时，我们问了很多周围的中国游客，他们为何要安排这趟旅行，他们的答案很一致："我想在它被淹没之前来看看。"

这种态度并不随阶级、种族、语言、性别而变化。那是一条伟大的河流，人们对它能够产生类似的情感。

所以，如果只是戴着阶级、性别和种族的有色眼镜来观察，你将看不到现实的深处。多元文化主义的危险在于，它可能歪曲过去，以历史上少数族裔对道德合理性的主张来挑战科学的权威。它还会转移我们对无处不在的经济与自然力量的注意力，这些力量发生作用时与种族、性别并没有多大关系。

如果仅仅满足于探讨对自然的文化观念，环境史学者将创造不出真正有新意的学术成果，只会使环境史与关于爱、性、宗教、广告、郊区化的文化史并列，并逐渐迷失。环境史一直在关注文化史，但它总是寻求有所超越：要了解自然的物质世界，以及被技术、生产方式和交换改变的自然。环境史应该关注自然与文化的互动，二者通过文化联系起来。

高：人与自然的关系在历史研究中应该占据一个什么位置？

沃斯特：在我看来，人与自然的关系，应该成为历史研究的中心。我知道很多人不同意我的观点。但是，不论从短期或长期来看，人与自然、人与自然世界的关系对人们的快乐、繁荣和健康都是最重要的。什么能比人的健康更重要呢？而人的健康与自然的和谐息息相关。人与自然的关系，是我们获得的最源远流长、最基本的关系。

高：和强调文化视角重要性的一些学者不同，您总是将经济、进化与环境置于分析的中心，您还撰写了多篇文章推动环境史学者与自然科学联盟。那么，环境史学者应该如何在研究中运用跨学科的研究方法呢？

沃斯特：环境史学者已经在尝试运用更严谨的跨学科的研究方法，但这还远远不够。我希望，将来会有更多的跨学科研究。我特别希望，历史学家能够增强对生态学和其他自然科学的兴趣和技能。

在环境史领域，欧洲学者比美国同行有更多的跨学科研究，更广泛地运用自然科学。这或许是因为，欧洲研究环境史的许多学者并不是在历史系工作。这个领域的资深历史学者还不多。

跨学科研究也可以包括社会学、人类学以及其他社会科学。如果向前追溯到 20 世纪五六十年代，美国历史学家当时的挑战是打破历史与文学或者是文科之间的界限，那是一场我们称之为美国学研究的运动。它基本上是关于历史与文学的结合。之后，我们又考虑历史学与其他社会科学的融合。但主流的美国学运动还未曾考虑与自然科学的联合。或许那是因为历史学家不具备进行自然科学研究所必备的数学能力。

自然科学与历史学的鸿沟确实很难跨越。只有具备深厚的生物学与自然科学学科背景的学者，才可能在将来写出第一流的环境史著作。

高：早在 1982 年，您就提出了环境史研究的国际化。现在已经过去了 20 多年，美国的环境史学者在这方面取得了哪些进展？

沃斯特：现在，越来越多的为环境史学家提供的职位要求一种国际的视野，而在 20 年前或 10 年前则不是这样。今天，如果一个人能够教中国环境史，或者非洲环境史，他比学美国环境史的人更容易获得教师职位。这是一个进步。

在美国之外，环境史快速的发展与传播，在中国、印度、拉丁美洲、欧洲及世界其他地方，简直是难以置信。这个领域的国际化正在发生。

能够很好地从事一个以上国家的环境史研究的学者的数量还非常有限。这需要很长时间的训练。

高：在北美洲，有什么重要问题能够推动更宏大的北美环境史研究，从而可以将美国、加拿大、墨西哥和中美洲都包括在内？

沃斯特：欧洲怎样影响了美洲，我们知道得还不够，法国、英国、西班牙的影响为什么会不同？这几个欧洲国家不一样，它们看待土地的方式不一样，它们的影响与后果也不相同。

在经济上我们能够看到这种差异，美国的人均收入是墨西哥的 4 倍，是中美洲的 5 到 6 倍。为什么？是因为资源的不同还是因为文化的差异？或者把美国和加拿大做比较。从地理上看，这两个国家面积差不多，但美国的人口是加拿大的 10 倍，而 GDP 是加拿大的 12 倍。美国为什么可以成为超级大国，而加拿大却不能？为什么？为什么来美国的人比去加拿大的人要多得多？这对环境史研究来说是一个非常有趣的问题。

在历史领域，要作出有说服力的、可信的解释需要比较。历史学不能通过实验室来检测。因此，比较的方法对获得更具有科学基础及更真实可信的知识，就显得格外重要。

做北美以外的比较研究，比如说，美国和中国的比较研究，相对而言就要难得多。中美之间的差异太大了。

高：环境史未来的研究方向是什么？

沃斯特：我希望未来的环境史会更加国际化，有更多的比较研究，有更多的自然科学的基础。我们需要更好地理解气候变化的历史。我们需要弄清楚资本主义在环境方面的局限性和可能性，因为它还会长期存在。资本主义能够变得对环境更加友好吗？这是一个历史学家可以通过追溯过去加以探讨的问题。

高：在过去的 30 年中，许多环境史学者为这一领域的发展作出了杰出的贡献。除您以外，第一代环境史学者中比较著名的还有哪些人？新一辈的环境史学者中，哪些人最为活跃或最有前途？

沃斯特：在老一辈的环境史学者之中，塞缪尔·海斯（Samuel Hays）、艾尔弗雷德·克罗斯比（Alfred Crosby）、罗德里克·纳什（Roderick Nash）、卡洛琳·麦茜特（Carolyn Merchant）、约翰·奥佩（John Opie）及我本人，都受到过美国环境史学会的表彰。接下来年轻一辈中比较知名的包括：威廉·克罗农（William Cronon）、理查德·怀特（Richard White）、斯蒂芬·派因（Steven Pyne）等。在欧洲，我喜欢奥地利的薇诺娜·威尼沃特（Verena Winiwarter）、英国的彼得·科茨（Peter Coates）、芬兰的米科·赛库德（Mikko Saikku）等人。至于新一代的最有前途的环境史学者，我觉得我自己的一些学生，斯坦伯格、亚当·罗姆（Adam Rome）、保罗·萨特（Paul Sutter）、布雷恩·多纳休（Brain Donahue）、利萨·布雷迪（Lisa Brady）等人都值得大力推荐。所以，这是一份很长的名单，我肯定遗漏了一些人。

高：从 1984 年开始，您一直是剑桥大学出版社"环境与历史研究"（Studies in Environment and History）丛书的两位主编之一。这套丛书被广泛认为是环境史系列丛书中最出色的，至今已经推出了 28 种。您在决定采用一本著作时，用的是什么样的审稿标准？

沃斯特：就审稿标准而言，我们希望这些书能够将这个领域往新的方向推进。这些书应该有新的观点、主题或方法。我们也很关注扩大环境史研究的地理或地域范围。我们力求推出关于拉丁美洲、中国、欧洲、非洲的优秀著作。我们要求这些书不仅有扎实深入的研究，而且要有文采。

默纳·圣地哥的《石油的生态学：环境、劳工和墨西哥革命，1900—1938》，是这套丛书最新的一册，该书将环境史领域推进到墨西哥，以生态视角研究了石油工业和劳工问题。南希·雅各布斯的《环境、种族和非正义：南非史》是一本开创性的著作。这本书从生态的角度探讨了南非的种族关系。克罗斯比的《生态扩张主义》是这套丛书中比较早的一本著作，这本书研究了哥伦布全球航行的生态和文化后果，开风气之先，是最有影响的著作之一。当读到贾雷德·戴蒙德的《枪炮、病菌与钢铁》[1] 时，不想到克罗斯比几乎是不可能的。

高：作为一名教师，您不论工作多忙，都会不遗余力地培养学生。从 20 世纪 80 年代中期以来，有 20 多名学生在您的指导下完成了博士论文，其中一些人已经成为这一领域的知名专家。您能谈一谈是如何培养博士生的吗？

沃斯特：我有很多出众的学生，部分是因为在很长的一段时间内，这些学生学习环境史的地方非常有限。我是最早招收环境史博士生的导师之一，但现在他们可以有多种选择。

就培养学生而言，我总是认为他们需要更广博的历史知识，因为他们要在历史系求职。我总是想让他们更多地接触自然科学，参与跨学科项目，尽管这不是很成功。

---

① ［美］默纳·圣地哥：《石油的生态学：环境、劳工和墨西哥革命，1900—1938》（Myrna I. Santiago, *The Ecology of Oil: Environment, Labor, and the Mexican Revolution, 1900 – 1938*），剑桥大学出版社 2006 年版；［美］南希·雅各布斯：《环境、种族和非正义：南非史》（Nancy J. Jacobs, *Environment, Power, and Injustice: A South African History*），剑桥大学出版社 2003 年版；［美］艾尔弗雷德·克罗斯比：《生态扩张主义》（Alfred Crosby, *Ecological Imperialism: The Biological Expansion of Europe, 900 – 1900*），剑桥大学出版社 1986 年版；［美］贾雷德·戴蒙德：《枪炮、病菌与钢铁：人类社会的命运》（Jared Diamond, *Guns, Germs, and Steel: The Fates of Human Societies*），纽约 1999 年版。

　　在多数情况下，我不给学生确定博士论文题目，而是鼓励他们自己发现选题。如果他们批评我，或者选择与我不同的方向，那也没有关系。对学生来说，找到自己的选题很重要，他们也需要学术自由。我不想我的学生亦步亦趋地追随我。我希望他们能够成为学界领袖，走独立的学术发展道路。我欣赏他们的独立性。当我的学生成为学界瞩目的学者时，我非常自豪，觉得很有成就感。从长远来看，他们的著作会因为倾注了满腔心血而更加出色。

　　当我读研究生时，我和我的老师没有私人的朋友关系。那是在耶鲁大学，那些老师都是很知名的学者，至少他们自己这样认为。但我对学生是另外一种方式。我欣赏他们不仅是因为他们的睿智，也是因为他们的人品。他们成为我很要好的朋友。我到他们的家里做客。很长时间以来，这个领域的女性不多，但这一情况现在已经有所改变。我教过的一些女学生已经成为很优秀的学者和教师。我觉得做老师非常幸福。

（原载《世界历史》2008 年第 5 期）

附录三

安德鲁·赫尔利教授访谈录

安德鲁·赫尔利（Andrew Hurley）教授是美国知名的环境史、城市史及公共史学者。他生于 1961 年，于 1988 年在西北大学获得博士学位，自 1991 年以来一直任教于美国密苏里大学圣路易斯校区，曾任该校历史系主任。迄今为止，他已出版了 5 本著作①，并在《环境史》、《城市史》、《公共史学家》、《美国历史杂志》等刊物上发表了多篇文章。2008 年 10 月赫尔利教授访问北京期间，笔者在中国社会科学院世界历史所对他进行了两次采访，以下是采访内容（英文原稿曾经赫尔利教授审定）。

高国荣（以下简称高）：你从什么时候开始决定要研究环境史？做这方面的研究是否与你的一些早期经历有关？

安德鲁·赫尔利（以下简称赫尔利）：在我读研究生之前，尽管我常常对环境问题很感兴趣，但我从来没有注意到环境史。读大学时，我曾经参加了一个社团，那个社团关注当时环保人士关心的能源问题，反对撤销对电和气价格的管制。我们当时与另外一个致力于保护水源的社团共用一间办公室，两个社团之间有许多协作。大学时参与环保的经历，让我在读研究生的时候就对环境问题感兴趣。

---

① *Beyond Preservation*: *Using Public History to Revitalize Inner – Cities*, Philadelphia: Temple University Press, 2010; Co – author, *From Neighborhood to Village*: *A History of Old North St. Louis*, St. Louis: Missouri Historical Society Press, 2004; *Diners*, *Bowling Alleys*, *and Trailer Parks*: *Chasing the American Dream in Post-war Consumer Culture*, New York: Basic Books, 2001; *Environmental Inequalities*: *Class*, *Race*, *and Industrial Pollution in Gary*, *Indiana*, *1945 – 1980*, Chapel Hill: University of North Carolina Press, 1995; Editor, *Common Fields*: *An Environmental History of St. Louis*, St. Louis: Missouri Historical Society Press, 1997.

　　我读研究生之初并没有打算研究环境史。但我有幸遇见了亚瑟·麦克沃伊（Arthur McEvoy）教授。亚瑟·麦克沃伊是经济史专家，我当时想做经济史方面的研究，就选修了他开设的几门研讨课，结果发现他还研究环境史。我对这个新的领域产生了浓厚兴趣，就这样进入了环境史这一领域。

　　高：《渔民问题》① 是亚瑟·麦克沃伊的名作，被誉为美国环境史领域的扛鼎之作，曾先后被法律与社会协会（Law and Society Association）、美国史学会（American Historical Association）、美国环境史学会（American Society for Environmental History）、北美海洋史学会（North American Society for Oceanic History）授予优秀著作奖。您能介绍一下这本书的内容及其创新之处吗？

　　赫尔利：这部精彩的著作探讨的是印第安人、欧洲移民及大公司如何相继利用和管理加利福尼亚的渔业资源。它将生态环境、法律和文化融为一体，分析了不同人群与海洋生态系统之间的互动关系，讨论了海洋科学对公共政策的影响，以及各方在资源保护名义下所展开的政治博弈对公共政策的影响。这本书最显著的理论特色就是对加勒特·哈丁（Garrett Hardin）的"公地悲剧"理论进行了反驳。麦克沃伊试图强调，要理解环境变化，不能只依靠普遍的经济规则，还必须了解具有历史连续性的文化。该书在环境问题上所体现出的乐观态度，在当时也非同寻常。这本书介绍了 20 世纪 60 年代和 20 世纪 70 年代所带来的人们观念的根本转变，它的结论让人充满希望。此书和卡洛琳·麦茜特（Carolyn Merchant）的《自然之死》② 都认为环保运动带来了鼓舞人心的变化，《自然之死》对麦克沃伊有很大的启发。

　　高：您是亚瑟·麦克沃伊这位杰出环境史学家的得意门生，您能谈谈他如何培养教育学生吗？

　　赫尔利：我尤其钦佩我导师的是他涉猎众多学科，这也是他备受称道的一个方面。我以为导师会让我多读一些历史书，但他却让我读法律理论、女性主义理论、生物学和其他学科的文献。他能巧妙地将这些领域的成果应用

① Arthur McEvoy, *The Fisherman's Problem: Ecology and Law in the California Fisheries*, New York: Cambridge University Press, 1986.

② Carolyn Merchant, *The Death of Nature: Women, Ecology, and the Scientific Revolution*, San Francisco: Harper & Row, 1980.

到自己的研究之中。

亚瑟对学生的兴趣总是饶有兴致，鼓励学生按自己的兴趣发展。我不知道其他学者如何指导学生，也许会告诉学生应该这样做，应该那样做。亚瑟不是这样，他给学生很大的自由度，支持他们研究自己感兴趣而又能带来成就感的那些问题。

高：您和美国环境史领域的后起之秀安德鲁·伊森伯格（Andrew Isenberg）都是亚瑟·麦克沃伊的学生，你俩都强调城市环境史研究的重要性。这种学术旨趣是否与你的导师有关？

赫尔利：亚瑟的兴趣并不在城市方面。继《渔民问题》之后，他就城市里的工业事故写过文章，但他的主要兴趣从来就没有集中在城市方面。

我研究城市环境史，并未受麦克沃伊的影响，只是因为我对这方面感兴趣。城市在安德鲁·伊森伯格以前的著述中并不占据重要位置。伊森伯格的第一本书关注的是美国大平原野牛从繁盛到几近灭绝的悲惨命运。他还有一本关于加利福尼亚的书或许更多地涉及了城镇，但我认为那不是城市史著作，我也不会把他当作城市史学者。他那时也不参加城市史的会议。然而，他近年来对城市环境史兴趣日增，他指导研究生做这方面的论文，还主编过两本文集，其中一本即将出版。我想他的学术转向不是由于受麦克沃伊的影响，而主要是基于他生活在城市这一事实。但麦克沃伊提供了一个可应用于许多不同场景的分析模型。麦克沃伊的另外一个学生贾里德·奥尔西（Jared Orsi），则从一开始就研究城市史。他写了一本关于洛杉矶的精彩著作，即《风险都市：洛杉矶的洪涝和城市生态》①，该书以奥尔西在麦克沃伊指导下在威斯康星大学（麦迪逊）完成的博士论文为基础。贾里德·奥尔西、安德鲁·伊森伯格，以及麦克沃伊的另一个学生邦尼·琳·谢罗（Bonnie Lynn Sherrow），一直都被认为是研究西部史的学者。

美国学者传统上总将西部史与环境史相联系。我认为，在过去二三十年间，西部史的确发生了很多改变，更多地与城市史发生交融。人们现在认为，城市是西部发展历程的重要组成部分。可以说，西方史学家现在不仅研

---

① Jared Orsi, *Hazardous Metropolis*: *Flooding and Urban Ecology in Los Angeles*, Berkeley：University of California Press，2004.

究环境史，而且研究城市环境史。

高：《环境不公正：印第安纳州加里的阶级、种族及美国工业污染》是你的成名作，以你的博士论文为基础。你为什么会选择这个题目？选择这个题目在 20 世纪 80 年代后期是否很具有挑战性呢？

赫尔利：我当时对环境政治，尤其是环境政治中的阶级问题很感兴趣。我对环境保护主义很感兴趣，因为在我看来，它在美国自由主义议程中占据了一个特别的位置。作为美国自由主义的核心支持力量，美国工人阶级对环境保护主义常常敬而远之。我觉得美国工人阶级在环境问题上的矛盾立场很值得探讨，就选择了这个题目。我希望能找到一个理想的社区进行调查，这个社区应该有重工业，有过声势浩大的劳工运动，地方环保运动也在兴起。很幸运的是，印第安纳州的加里完全符合这些要求，而它距离我就读的西北大学所在的芝加哥又很近。

在我开始调查时，主要考虑的是阶级问题。后来我意识到，如果忽视印第安纳州加里的种族问题，你就不可能深入研究这个地方。我研究的主题也逐渐从政治转向了社会公正，在 20 世纪 90 年代之前，有害垃圾处理设施的分布在美国还没有成为一个高度政治化的议题。这一研究就是这样随着时间的推移而不断发展完善。

高：您在《环境不公正：美国印第安纳州加里的阶级、种族和工业污染》中提到，环境史学者往往忽视了社会分层的重要性。环境史学者为何会有这种倾向？为什么环境史学者应该重视社会分层？

赫尔利：环境史学者之所以忽视社会分层，是因为环境史研究的总是环保运动所关注的那些问题。一些环境史学者站在环保人士一边，他们并不关心社会不平等，他们和环保运动采取一致的立场。

环境正义（environmental justice）运动直到 20 世纪 90 年代前后才出现，并进入人们的视野。在我着手研究时，我对环境正义运动还一无所知。在这场运动兴起时，我正好在做这方面的研究，对我而言，这完全是一种巧合。我有幸率先开始了这方面的研究，但我当时并不知道争取环境权益平等的政治运动正在发生。这本书备受关注的原因之一是当我研究这些问题并解释，它们何以发生时，美国恰巧出现了控诉排污企业和政府管制机构存在种族歧视的抗议活动。对我来说非常幸运的是，我在这场运动兴起之际就已经开始了这方面的研究。如果你要评估不同社会群体的环境责任和环境权益，你就不能不考虑美国社会广泛存在的社会分层，不能不考虑阶级、性别和种族因素。

高：为什么在追溯美国环境正义运动的源头时，人们会提沃伦抗议①而不是拉夫运河事件②？

赫尔利：我认为，探讨环境正义运动历史的那些学者之所以将其源头追溯到沃伦抗议而不是拉夫运河事件，是因为这场运动一般是与美国黑人抗议联系在一起的。正是美国黑人社区率先把环境平等作为一个社会公正问题提出来。

拉夫运河社区是一个白人社区。生活在拉夫运河社区的那些家庭并没有明确地把他们的斗争表达为社会公正问题，尽管我们可以说，它涉及的是无权无势的工人阶级，因而在很多方面具有可比性，但我认为，因为他们没有把它说成是一个社会公正问题，它就没有被视为环境正义运动的一部分。当然，也有一些不一定是历史专业背景的学者将拉夫运河事件与沃伦抗议联系起来，认为这两起事件是同一场运动的组成部分，都抗议垃圾焚化炉和填埋场这类困扰当地环境的设施安置在他们的社区。

高：环境史对种族、阶级因素的重视与环境正义运动之间是否存在一些联系？

赫尔利：在我写《环境不公正》一书时，我当时并不知道环境正义运动。但此后有一些历史学家就环境正义运动出版过一些有影响的作品。这类著作通常分为两种：一类力图对环境正义运动有关诉求的合理性进行辩护，关注谁是过错方，谁应该受到谴责，并对焚化炉和垃圾堆填场如何被安置在少数族裔社区进行历史的分析；另外一类著作则对环境正义追根溯源，一些学者会追溯到 20 世纪初期，哈罗德·普拉特（Harold Platt）、德洛利斯·格

---

① "沃伦抗议"发生于 1982 年北卡罗来纳州沃伦县（Warren County）的一个贫困黑人社区。为阻止州政府在该社区填埋含有多氯联苯（PCBs）的有害垃圾，当地居民组织了大规模的示威游行，他们保卫家园的斗争以失败告终。沃伦抗议暴露了环境种族主义的存在，推动了环境正义运动的兴起。

② 拉夫运河（Love Canal）事件发生于 20 世纪 70 年代末、80 年代初纽约州尼亚加拉瀑布城的一个白人工人阶级社区。这个社区是在废弃化学垃圾填埋场上建立起来的，社区居民的健康因此受到了严重威胁。为搬离这个有毒社区，社区居民进行了不懈斗争，并最终取得胜利。拉夫运河事件使人们开始关注有毒有害垃圾对社区的影响。

林伯格（Delores Greenberg）和西尔维娅·华盛顿（Sylvia Washington）的作品都属于此类。西尔维娅·华盛顿最近出版了一本专门探讨芝加哥非裔美国人的书。

　　环境正义的视角现在已经被历史学者大量地应用到他们的作品中。因为在现实中，环境侵害总是有选择地被强加给特定人群，不同的人群对环境问题的界定也有差异，我们可以从这两方面对环境变化进行评估。马修·甘迪（Matthew Gandy）的《混凝土和黏土：纽约市对自然的重新规划》① 中有一章涉及 20 世纪 70 年代对环境正义的关注，集中探讨了纽约的贫困人口。这本书虽不是社会史著作，但却有许多社会史的内容。迈克·戴维斯（Mike Davis）的《令人恐惧的自然》② 是另外一本有关洛杉矶的书，它也采用了社会史的研究方法。越来越多的学者，比如莫林·弗拉那根（Maureen Flanagan）和安杰拉·古格利奥塔（Angela Gugliotta），开始关注性别和环境。古格利奥塔在她的书稿即将杀青时，不幸去世，但我听说她的丈夫还在配合匹兹堡大学出版社出版那本书。

　　高：你在这本书中一再谈到白人中产阶级妇女的行动，你为何没有就性别得出更多的结论？

　　赫尔利：在那个时候，我还完全没有留意性别因素。我认为，美国历史学者对阶级因素的关注要比对性别因素的关注早一些。我在读研究生时接触了大量有关种族和阶级的文献，但有关性别的资料就比较少。我当时甚至没有考虑性别这一因素。我的导师罗伯特·韦博（Robert Wiebe）在读过我的博士论文初稿后对我说："你应该利用这个绝佳的机会在论文中谈谈性别因素，因为你写的参与斗争的那些白人中产阶级大多数都是女性。"但他的建议并未引起我的重视，我是很晚才开始考虑性别因素。

　　高：近年来，环境史学界年轻一代有越来越多的人强调性别、阶级和种族这些范畴的重要性。你认为用社会环境史（social environmental history）这个术语来描述将环境史和社会史融合起来的那类学术成果是否恰当？

---

　　① Matthew Gandy, *Concrete and Clay: Reworking Nature in New York City*, Cambridge, Mass.: The MIT Press, 2003.

　　② Mike Davis, *Ecology of Fear: Los Angeles and the Imagination of Disaster*, New York: Metropolitan Books, 1998.

赫尔利：我认为，我们无须称其为社会环境史，因为它已经被人们接受。当我写作《环境不公正》一书时，我想将这两个领域合并起来。因此，我非常谨慎地使用社会史的范畴去探求环境变化。但现在这种做法已经被广为使用，在使用时也不必顾虑重重。它已经成为观察环境变化的一种方式，许多环境史学者在研究中融入了社会分析。我认为社会史正在变成环境史，环境史也正在成为社会史，社会史与环境史之间的界限在消失。

贾里德·奥尔西关于洛杉矶的那本书是将社会史应用于环境分析的一个范例。奥尔西可能不会把那本书当作社会史，他并没有刻意融合社会史和环境史。然而，他的书中有很多社会史的内容。该书有关英裔、拉美裔和黑人之间的关系如何影响了公众对环境的认知的内容，我觉得尤其精彩。在英裔到来之前，西班牙裔殖民者已经掌握了关于当地环境的大量知识。但这些知识却因为20世纪建立起来的文化权力的等级体系而遗失了，这种遗失阻碍了洛杉矶建立起有效的供排水系统。可以说研究城市环境问题，就不能不研究社会史。

高：在这本书中你提到，社会平等可以作为历史学家衡量环境变化的另一个标准。那么，传统的标准又是什么呢？你如何看待对"平衡生态系统"这一概念的普遍质疑？将社会平等作为环境变化的评估标准有哪些优缺点呢？

赫尔利：我认为，传统上人们以环境的健康作为衡量标准。这里头似乎存在一个假定：人为引起的环境变化越多，环境就越糟糕。因此，要想弄清楚人为的环境变化和理想的或原始的自然环境之间的巨大差异，就要对环境恶化或退化进行衡量。但环境变化的衡量标准并不恰当。这种衡量基于另外一个假定：人类将会灭绝，可怕的事情将会发生。但我一直认为，人类的未来未必一团糟，我们也无法预测未来。我们可以对过去加以解释，但我们确实不知道未来究竟会怎么样。

环境史告诉我们，我们的预期往往并不准确。我更愿意接受一些切实可行的标准来衡量环境变化。我觉得，依据社会成本和社会责任来衡量环境变化就是一个可靠的标准。这个标准与你提到的"平衡生态系统"的概念有关。按照传统的标准，理想状态下的生态系统都是平衡的生态系统。但科学家现在开始对此提出质疑，认为不存在均衡状态，因此传统的标准受到了质疑。我认为,平衡生态系统这一标准的吸引力主要在于它能为环境日趋恶化这一观点提供依据。

高:你提到传统上以环境的健康为标准。那么怎样判断环境是不是健康呢?

赫尔利:我以为,健康的环境是可能的,但我不知道如何进行判断。但这个标准中的某些方面是可以衡量的。你可以看一下生物多样性。然而,也有特定生态系统中物种的品种虽然保持不变,但各物种的数量组成却出现了变化。例如,在美国的五大湖区,因为污染和外来物种的引进,鱼的品种出现了显著的更替。尽管依然存在生物多样性,但人们不喜欢某些鱼。因此,事情就变得很复杂,且难以判断。你根据什么标准,判断鲤鱼比鲑鱼更好,价值更高?我觉得,许多历史学者在讲述五大湖区的故事时,都会自觉或不自觉地受到这一观念——人为导致的环境变化越剧烈,环境就越糟糕——的影响。因此,历史学家创造了一些在没有人为干预前存在的理想化的自然状态。一想到这种状态,人们就会想到平衡生态系统。多年来,对环境的传统看法是:环境通过一系列演替,最终达到平衡状态。它认为,生态平衡在人类干预之前一直存在,但人为的破坏使生态平衡不复存在。在人们的心目中,平衡生态系统就是环境的一种理想状态。这种观点受到了科学家的驳斥。

现在我们已经知道,环境总在不断变化,根本不存在平衡状态。理想状态既然无从谈起,那么以之来衡量环境的积极或消极的变化,就变得更加困难。在我动手写那本书时,我采用了我提出的那个标准,但我当时并不知道已有一些批驳平衡生态系统理论的研究。那些研究客观上为我的直觉判断提供了支持,我觉得以环境健康来衡量环境变化这一标准存在不足,因为它过于主观。我认为,如果从社会平等的角度,以不同社会群体所受的影响来衡量环境变化,环境史学者的研究将会更加客观。

高:你认为用社会平等作为衡量环境变化的标准,是否也有不足呢?

赫尔利:的确,我们仍然需要对生态系统的质量变化进行总体评估,看看环境是否在朝有利于人类的方向演变,即使这样做很难。如果只关注社会层面,就可能会忽视生态系统作为一个整体是在变好还是变坏、它正在如何变化这类更宏大的历史。

高：你的第二本书《共有土地：圣路易斯环境史》，是跨学科研究的典范，它展示环境史学者与地理学、考古学等领域学者合作的成效。你怎么会想到编辑这本文集？

赫尔利：那是密苏里大学圣路易斯校区和密苏里历史学会的一个合作项目。我当时刚刚受聘于密苏里大学，我的工作让我和密苏里历史学会时有接触，该学会经营着一个相当规模的博物馆，它还有一个图书馆和档案馆。我工资的一部分是由密苏里历史学会资助的，所以按规定，我要参加这两个机构的合作项目。作为一个公共机构，密苏里历史学会感兴趣的是面向大众而不是专业人员的历史。密苏里历史学会会长对环境问题很感兴趣，希望有一些历史著作能引起对当代环境问题的讨论。因此，他们非常希望我能对此有所贡献。我最初打算写一部圣路易斯的环境史。但当我开始和其他学者接触时，我发现其实有好多人都正在做这方面的研究。所以，将那些成果收集起来，而不是由我一人独立承担，更加切实可行。了解其他学者采用各种不同的方法来研究环境变化，我觉得非常有趣。参与者来自不同学科，这就使这本书更有趣。这个项目就是那样开始的。

高：你是怎样提高自身的自然科学素养的？

赫尔利：就提高自然科学素养而言，我的导师亚瑟·麦克沃伊对我的影响很大。在我读研究生的时候，他就告诉我自然科学对研究环境史何其重要，因为众多的环境研究都是以自然科学为基础。有科学依据的主张会在环境政治中占有一定优势。就有关环境保护主义或是环境文化的大多数研究而言，如果想真正了解生态系统的有机联系，具备一定的科学知识非常重要。我尽力多读科学方面的成果，但我还不能读专业性特别强的研究论文。但我力图多读一些我能够理解和消化的科学文献。

高：这本书的主标题"共有土地"的确切含义究竟是指什么？

赫尔利：这本书的主标题"共有土地"有两层含义。圣路易斯是由法国殖民者建立的一个城市，这些人当时在城外开辟了一片被称为"共有土地"的耕地。我们把"共有土地"用作主标题，一是因为它本身是圣路易斯市历史的重要组成部分，同时还想通过它传达环境为人类所共享这样一种观念。

高：正如你在《共有土地》一书中提到，自然环境直到最近才被纳入城市史的分析范畴。为什么会出现这种现象？在环境史兴起之前，是否已有学者意识到了自然对城市的重要性呢？

赫尔利：自然环境没有成为历史研究的分析框架，我认为与盛行的一种文化观念有关，农村和荒野被认为是自然的，而城市则是人工的。

例外当然存在，最典型的是刘易斯·芒福德（Lewis Mumford）。他这个人很有趣，不是科班出身，而是自学成才。他从文化的视角观察城市化和城市生活，被认为是 20 世纪既关注城市历史又关注城市现状的大师。他写了多部关于城市发展历程的著作。他最著名的作品是《城市发展史》①。此书力图通过审视城市发展来书写文明自始以来的历史。他将城市视为文明的关键。虽然该书的讨论仅限于西方文明，但仍不失之为一本全面分析的力作。书中没怎么提到中国和印度，但从时间的跨度和以巴洛克②（baroque）和有机体两种模式对文明进行的分类而言，仍可称之为一部鸿篇巨制。

芒福德认为，城市能否有效管理资源及将自然融入城市，直接关系到城市能否满足人类创造性的精神需求。他极力推崇对城市的"有机规划"。有机规划不依赖宏伟的蓝图，也不是政府所强力推行的，而是通过试验和纠错而不断修正。芒福德主张规划要因地制宜，谴责忽视环境差异的标准化设计。他反对主要由西班牙和法国殖民当局在其统治区域内所推行的那种方方正正的网格状街道设计，这种设计完全不考虑地形因素。相比于有机规划，他认为巴洛克风格的规划（planning）将人类从自然中割裂出来，使人类的精神需要难以得到满足。自然和环境就是这样融入他的历史著述之中。

芒福德受埃比尼泽·霍华德（Ebenezer Howard）影响极大，后者是花园城市运动的发起者。霍华德认为，理想的环境应该把城市和乡村两种生活的最好的方面融合进来。很多人受霍华德的影响，并沿着这些思路规划城市。伊恩·L. 麦克哈格（Ian L. McHarg）的名作《设计结合自然》③ 就沿袭了芒福德和霍华德的传统。

---

① Lewis Mumford, *The City in History*: *Its Origins*, *Its Transformations*, *and Its Prospects*, New York: Harcourt, Brace & World, 1961.

② 巴洛克风格，是指 17 世纪、18 世纪在欧洲流行的以华丽雕饰、俗艳绮靡为特色的一种建筑及艺术风格，在建筑方面的典型代表为法国的凡尔赛宫。

③ Ian L. McHarg, *Design with Nature*, Garden City, N. Y.: Natural History Press, 1969.

　　如果以一种整体的视角观察城市化，就必须了解人类与自然之间的互动。环境史学者对此已有了认识。从这个意义上说，刘易斯·芒福德的著述给环境史学者提供了灵感。芒福德很自负，爱憎分明，一切都是非黑即白。虽然芒福德将自然融入城市史研究是值得效仿的，但他的研究方法还显得有点简单和僵化。

　　高：2001 年你出版了《流动快餐车、保龄球馆和房车停靠场：在战后消费文化中追逐美国梦》。在这本引起争议的书中，你探讨了流动快餐车、保龄球馆和房车停靠场作为白人工人阶级融入大众消费文化的载体及其重要意义。你怎么会想到写这样一本书呢？20 世纪 60 年代的社会动荡与消费文化存在着怎样的联系？

　　赫尔利：早在我研究环境问题之前，我就一直在关注流动快餐车。流动快餐车是麦当劳、肯德基炸鸡等可以批量生产的快餐的前身。它们看起来有点像小拖车，20 世纪中期，全美到处都能见着。我小时候，妈妈经常带我到那里吃点东西。

　　在我二三十岁开始做科研时，流动快餐车已经很少见了。所以我想知道，它们在美国的出现和消失究竟意味着什么？这项研究让我对社会变革会有深刻的见解，我是想通过这个项目去观察消费行为怎样表达社会愿望并导致社会变革。我觉得如果仅仅了解一个消费渠道，我的结论可能有些片面。我想我应该研究工人阶级的其他消费场所，来了解它们是否也像流动快餐车那样，可以揭示美国工人阶级融入主流社会的过程。所以我又增加了对保龄球馆和房车停靠场的研究。

　　在该书的最后一部分，我把这些场所联系起来进行考察，显示体现在消费文化中的社会躁动，这种社会躁动通过 20 世纪 60 年代的社会动荡，特别是妇女运动和民权运动体现出来。人们批评我通过消费意愿来分析社会抗议，说我将严肃的社会抗议庸俗化了。我认为我被误解了。我并不是要说民权运动和妇女运动就是消费者运动，而是消费意愿和消费行为在 20 世纪五六十年代是实现美国梦的关键，在那一时期，社会群体通过消费来表达他们的意愿。我对民权运动及其消费取向的分析使一些人很不高兴。这些人认为消费主义很肤浅，所以他们抵制将社会抗议运动和某种很肤浅的事物联系起来的所有做法，因为这些做法是对社会运动参与者的亵渎。但我认为消费并不是肤浅的表面现象，而是我在书中试图探讨的严肃话题之一。消费是人们表达自己并表明其社会身份的一种方式。对人们而言，消费行为意义深远，并不是肤浅的表面现象，它涉及何为美国人这一核心问题。无论如何，这只是我的一己之见。20世纪60年代社会骚乱在社区，主要是非裔美国人社区发生时，商铺就是人们攻击的目标。所以，在谈消费主义时，如何能够避而不谈20世纪60年代的社会骚乱？在我所有的研究当中，这一研究受到的批评是最多的。

高：《流动快餐车、保龄球馆和房车停靠场》可以被视为典型的社会史或文化史研究，而与自然很少关联。在某种程度上，近年来你越来越强调社会因素而不是自然因素。这样说准确吗？果其如此，您为什么会沿着这个方向前进？

赫尔利：我认为你的判断是准确的。我从来没有认为自己就是一个环境史学者。在美国，人们总是试图要把你归进一类。我没有把自己当作某一特定领域的历史学者，所以我没有必须从事环境史或其他某类专门研究的负担。决定你研究某类历史的一个重要因素就是你所在的单位对你工作的安排和期望。我是作为城市史学者受聘的，我所做的大部分工作，不论是否与环境史有关，但都一直是城市史方面的。我喜欢城市，我对城市充满感情。迄今为止，城市作为一条主线，一直贯穿于我的研究之中。但我并没有把自己囿于某个特定的历史研究领域。我探究的都是我感兴趣的问题。

高：作为长期研究城市史的学者，您能否介绍一下城市史领域近年来发生了哪些变化？

赫尔利：城市史是在20世纪60年代作为社会史的一部分而出现的。当时，人们对人口结构、人口流动和人口变化产生了浓厚的兴趣。这些研究往往以城市为背景，但并没有真正地研究城市化进程，只是研究发生在城市里的一些社会进程。然而，对城市化进程的探讨一直存在。城市史学者过去往往对单个的城市进行个案研究，而现在他们对城市化现象进行宏观的考察。目前还有很多人探讨城市之间的联系或城市与其他地方之间的关系。这方面最知名的学者之一就是威廉·克罗农，他是著名的环境史学家，是《自然的大都市：芝加哥与大西部》① 一书的作者。这本极其重要的著作在城市史与

---

① William Cronon, *Nature's Metropolis: Chicago and the Great West*, New York: W. W. Norton, 1991.

环境史之间架起了一座桥梁。这本书的主题虽然是芝加哥的发展，但实际上它更关注城市化对农村的影响。克罗农促进了对城乡关系史的研究。此外，现在有许多社会学家和地理学家参与城市史方面的研究，比如汤姆·萨格鲁（Tom Sugrue）、艾莉森·伊森伯格（Alison Isenberg）、迈克·戴维斯等。萨姆·巴斯·华纳（Sam Bass Warner）是 20 世纪 70 年代知名的城市史学家，他是当时对城市自然环境（包括城市布局）感兴趣的少数学者之一，而近年来研究城市自然环境的成果在明显增多。

高：研究城市史为何要重视自然因素的作用？

赫尔利：我们要想了解城市如何运行及运行是否顺畅，就不能不考虑自然环境，并应对资源管理方面的挑战。但我们应该将城市视为人类这一生物的栖息地。我们能举出历史上的大量实例，说明城市命运与资源管理息息相关，古代的罗马或中世纪的伦敦都概莫能外。卫生革命使城市的运行发生了令人难以置信的转变，要了解城市发展，就必须了解资源管理。

高：环境史一向重视自然在人类社会中的地位和作用，但它为何在 20 世纪 90 年代之前却不关注城市的环境问题？

赫尔利：曾几何时，城市环境史被排除在环境史领域之外，它的兴起好像特别突然。但实际上，城市环境史是环保运动所关注问题的必然延伸。环保运动一开始更关注荒野和物种保护，当它慢慢地越来越重视城市问题时，学界也开始有所回应。最早从事城市环境史研究的学者，比如乔尔·塔尔（Joel Tarr）和马丁·梅洛西（Martin Melosi），都是从政治的角度切入，对政策很感兴趣。此外他们所研究的诸如污染一类的环境问题，并不适合采用由第一代环境史学家围绕环境变化所构建的宏大叙事。

高：你能否介绍一些城市环境史领域的领军人物和力作？

赫尔利：克罗农长期致力于构建有关城市和内地之间的关系，这是非常重要的一个分析框架，现在有更多的人正在做这类研究。凯瑟琳·布罗斯南（Kathleen A. Brosnan）就丹佛写了一本题为《山区和平原的一体化》① 的书，采用的就是克罗农的分析模式。阿里·凯尔曼（Ari Kelman）写了一本

---

① Kathleen A. Brosnan, *Uniting Mountain and Plain*: *Cities*, *Law*, *and Environmental Change along the Front Range*, Albuquerque: University of New Mexico Press, 2002.

很棒的有关新奥尔良的书，书名为《河流和河滨城市》①。其他有影响的佳作还有马修·甘迪的《混凝土和黏土：纽约市对自然的重新规划》、杰拉德·奥尔西的《风险都市：洛杉矶的洪涝和城市生态》等。

高：在美国的城市环境史学领域，哪些城市受到的关注最多？

赫尔利：备受关注的那些城市，往往在其附近就有研究环境史很知名的大学。匹兹堡在美国是比较小的城市，但那里却有两位著名的环境史学家，即卡内基—梅农大学的乔尔·塔尔及匹兹堡大学的塞缪尔·海斯。因此，匹兹堡受到了很多关注。洛杉矶是如此的迷人，对这个城市的研究也更多。这里环境灾害频发，出现过地震和洪水，其地形地貌也复杂多样，有海洋环绕，也有沙漠和山地。我想正是因为洛杉矶的环境很不稳定，才吸引了很多环境史学者。

高：您提到或许应将城市视为栖息地，可以对宠物和在城市里生活的其他动物进行研究。您可否对此略作说明？

赫尔利：让我们像观察其他物种一样观察人类。人类的生存在某种程度上与其他物种差不多。我很关心人类将如何适应环境变化。人类已经适应了环境的不断变化。我们往往通过生物学来理解人类对环境的适应。我们可以把城市视为人类适应环境的明证。这种思路很有价值。虽然已经有了一些讨论，但我们仍不清楚如何才能进一步打破将人类和非人类世界人为分开的分析模式。"大历史"力图融合自然科学、社会科学以及人文科学，全面书写世间万物的历史，它代表了一种鼓舞人心的模式。"大历史"提供了一种解释历史的合理模式，但我还不清楚"大历史"是否有详尽的学科发展规划。

有关城市与特定动物——诸如威尼斯的鸽子或罗马的猫——之间的关系如何发展而来，这些动物如何成为城市生活的一部分，是一个很有意思的话题，值得写一本书。我对这个问题已有很多想法，但可能永远也不会着手研究这类问题。

高：虽然您更倾向于认为您是城市史学者，但您却是因为环境史研究而成名的。您和美国环境史学会的联系多吗？

---

① Ari Kelman, *A River and Its City*: *The Nature of Landscape in New Orleans*, Berkeley: University of California Press, 2003.

赫尔利：我加入美国环境史学会大约是在 1988 年。我在 2004 年以前参加该学会组织的活动更多一些，参加过 1989—1995 年间召开的 4 次年会，我参加过 2002 年在丹佛召开的年会和 2003 年在罗得岛州普罗维登斯召开的年会，并曾担任过评奖委员会的委员。我参加了 2011 年在凤凰城的会议。

我有一次受环境史学者大卫·斯特拉德林（David Stradling）之邀去辛辛那提大学，和他谈到了我最近所做的有关历史遗迹保护和公共史学方面的一些工作。我对他说，我现在不再研究环境史了。他说："你做的就是环境史，你正在做的研究都涉及地方景观变迁，而地方景观变迁就是环境史所研究的内容。"但在我看来，非人类的自然只有成为研究的重要组成部分时，才能被算作环境史方面的成果。对我而言，环境史有这样一个门槛。自然应该是环境史研究的中心。

高：您认为环境史应该是什么样子，或者说什么是环境史？

赫尔利：环境史主要探讨人类与自然环境之间的关系。它涵盖人类影响自然环境的方式以及环境对人类的影响。它并不只限于直接导致自然环境改变的人类行为，它也探讨人类如何看待自然，那一直是环境史研究的一个层面。我觉得，环境史的定义越简单越好。

高：您能否谈谈环境史研究在美国兴起以来的一些发展变化和最新趋势？

赫尔利：环境史在美国兴起于 20 世纪 70 年代。环境史领域最早的一些研究成果将环境问题归咎于人、社会和文化。唐纳德·沃斯特的《尘暴》①就是一个例子。当时也有关于环境政治的研究，这些研究植根于更传统的政治史，而政治史直到 20 世纪 70 年代之前还一直是历史研究的主要方面。环境政治史也包括对环境政策的研究。塞缪尔·海斯的《资源保护与效率至上》② 就是一个例子。它是典型的政治史视角。另外，唐纳德·沃斯特和罗德里克·纳什等人还撰写了一些关于环境思想的优秀著作。环境政治史、环境思想史都是这个领域最常见的研究范式。从那时起，环境史的研究视角变

① Donald Worster, *Dust Bowl: The Southern Plains in the 1930s*, New York: Oxford University Press, 1979.

② Samuel P. Hays, *Conservation and the Gospel of Efficiency: The Progressive Conservation Movement, 1890 – 1920*, Cambridge: Harvard University Press, 1959.

得更加多样化。一些成果将自然理解为文化的产物和社会的建构。威廉·克罗农有力地推动了这方面的研究。当然，受社会史的影响，环境史学者也运用社会史的方法，开始探讨社会分层和权力等级结构。那是一个巨大的飞跃。

在20世纪80年代末，理查德·怀特、威廉·克罗农、卡洛琳·麦茜特和亚瑟·麦克沃伊运用比较方法，研究不同文化作为彼此独立的系统对环境的历时性或共时性的影响，比较宏大生态背景下不同文化与自然相互影响的方式。

全球环境史看来是一个新趋势。在二三十年前，我们关注的是地方性的环境问题。随着全球气候变暖等问题的出现，我们的视野也在扩大，这会推动环境史朝更加国际化的方向前进。尽管这样做不容易，但它无疑是非常重要的。目前研究全球范围内环境变化的学者还很少。约翰·麦克尼尔和安东尼·彭纳（Anthony Penna）已经开始做这方面的研究。还有一些学者在研究地域范围相对较小、超越民族国家界限的环境变化。

环境史学者柯克·多尔西（Kurk Dorsey）曾经和我一起在西北大学读研究生，他后来去耶鲁大学师从威廉·克罗农，他围绕候鸟和海豹所产生的外交问题出版过佳作。即便这些作品关注的是政治，但已经超越了曾经占主导地位的以民族国家为中心的政治史的视角。所以我认为，跨国的视角体现了未来发展的趋势。我们也有机会研究跨国的社会关系，研究资本主义世界的消费行为如何影响发展中国家的农牧民。我认为，我们需要探讨将资本主义扩展到全球的种种联系。约翰·索卢瑞（John Soluri）出版过一部杰作《香蕉文化：洪都拉斯和美国的农业、消费和环境变化》①。他将美国的消费和中美洲生产香蕉的那些地方的环境变化联系起来。我想今后会有更多的类似研究。

高：环境史研究在当今世界有何价值？

赫尔利：环境史把人类和非人类世界视为一个整体，将人类视为自然世界的一部分，这样一种视角，也许可以带来史学的革新，指引人们更深刻地

---

① John Soluri, *Banana Cultures: Agriculture, Consumption, and Environmental Change in Honduras and the United States*, Austin: University of Texas Press, 2006.

理解人类社会历史的变化。

　　环境史对理解当前的环境状况作出巨大贡献。对历史学者而言，关注那些新出现的环境挑战是非常重要的。环境史总是有助于了解人类所面对的环境变化。只要环境挑战在不断改变，环境史的研究内容就会不断更新。毫无疑问，我们面临从全球气候变暖、基因工程到物种灭绝等一系列问题。环境史尽管不能给我们提供解决这些问题的办法，但它至少可以给我们提供一些有助于解决这些问题的思路。因此，我认为环境史最重要的价值在于它总是与我们当前面临的问题有关。

　　并且，环境史可以使我们超越政治边界思考问题。我们以前总是在民族国家的范围内讨论人类行动。在全球经济联系日益密切的今天，我们开始质疑以民族国家作为叙述框架是否合理。环境史还可以让我们依据自然环境的差异重新界定叙述的空间范围。具有明显自然特点的地方，与民族国家的边界并不一致。环境史教导我们，为了应对当前的诸多环境挑战，应该把世界看作不同的生态区域。环境史还有助于我们调整论述所及的空间范围，重新关注那些超越国家边界的社会现象。

　　高：环境史研究是否还像以前那样充斥着衰败论？

　　赫尔利：环境史学者过去之所以青睐于历史上的一些灾难性事件，是因为通过这些灾难可以看到人类作用于自然所带来的最显著的后果。因此，我认为，灾难题材的环境史著作将继续占有一定的比例。但更多作品通过强调人类与自然世界的良性互动，展示更加光明的前景。尽管对人类的环境影响加以赞赏的著作还不多，但越来越多的作品展现了一种乐观的或至少是一种喜忧参半的倾向。马克·乔克（Mark Cioc）的《莱茵河的生态传记：1815—2000 年》① 就是这样一本书，这本书的主要内容就是恢复自然的某些因素以满足人类的需求。认可生态脆弱地区的环境价值，预示着德国人和莱茵河之间的一种可持续的关系，无疑给人带来了一些希望。我认为在过去的二十年间，环境史学者总是对环保运动这一主题青眼有加。环保运动已经带来了一些实实在在的积极变化，它可能让环境观念

---

① Mark Cioc, *The Rhine: An Eco - biography, 1815 - 2000*, Seattle: University of Washington Press, 2002.

在世界各地的文化中扎根。我想在未来 20 年间，环保运动或许会让历史
学家感到更加乐观。

　　高：你赞成还是反对衰败论？

　　赫尔利：我反对衰败论的叙事方式，不只是因为我觉得未来如何发展根
本无法知晓。我觉得我们根本无法对未来的环境进行预测。历史学的训练可
以让我们对往事进行剖析。但我认为悲观的心态于事无补，悲观情绪可能会
让我们更加迷茫。环境史学者应该让人们相信，未来可能会更好。如果把人
与环境的关系作为挑战加以叙述，无疑会更有价值。

　　我可以举一本书为例，尽管它不是一本严格意义上的环境史著作，即约
翰·里德（John Reader）的《城市中的自然和影响探奇：从最初出现到今
天的大都市》①。城市环境史叙述的往往是一些悲观的情形，比如，城市环
境破败，成为诸多环境破坏的源头，城市吞噬了大量的自然资源，它不仅使
自身的环境受到污染，而且还破坏了乡村环境。

　　我喜欢这本书，因为里德将城市的历史建构为一场人类有效管理资
源的持久斗争。对斗争的叙述迂回曲折，时有起伏。虽然城市资源管理
效率普遍不高，但也有很多通过创新使城市社会更好地管理环境资源的
例子，我喜欢这本书，因为它传达的信息为我们提供了城市能解决环境
问题的例证。

　　事实上，研究柏林的德国学者贝纳德·赫尔曼（Bernd Herrmann）也提
出了类似的见解。他强调对不断变化的环境状况和挑战加以适应。他认为，
像柏林这样的城市随着时间的推移变得更有可持续性。环境史尚未重视的一
个事实是，人类，尤其是城市人口，比 100 年前更长寿。至少从人类学的观
点来看，一些积极的变化正在发生。

　　高：你认为混沌理论对环境史有何影响？

　　赫尔利：混沌理论有助于我们解释和理解自然变动的永恒性。根据混沌
理论，小小的一次波动，可通过一连串反应导致灾难性的后果。因而微小的
波动也可以变得极其重要。我认为，混沌理论可以修正历史学家对因果关系

----

　　①　John Reader, *Cities: A Magisterial Exploration of the Nature and Impact of the City from Its Beginnings to the Mega – Conurbations of Today*, New York: Atlantic Monthly Press, 2005.

的认识。在我看来，混沌理论对环境史的影响并不大。据我所知，只有贾里德·奥尔西在《风险都市》一书中成功地应用了这一理论。麦克·戴维斯在他的书中也肯定了混沌理论。

高：一些环境史学者认为，环境史在历史学领域一直处于边缘位置。如何使环境史进入史学研究的主流？

赫尔利：环境史要想融入主流，环境史学者就必须为此付出更多的努力。美国正统的历史著作并没有容纳多少环境史的研究成果，但对此不要过于在意。环境史研究有助于理解人们面临的环境困境和环境问题，这才是其价值所在，应该充分挖掘环境史的价值。环境史的优秀成果最终会被主流史学所吸收。唐纳德·沃斯特所讲述的尘暴重灾区的故事已经进入了历史教科书。所以，对环境史处于边缘位置不要太在意。要致力于使环境史成为主流，但不要为此使环境史的特色丧失殆尽。

高：在过去三十年间，许多环境史学者对这个领域的发展作出了巨大的贡献。您能给我们介绍一下环境史领域的知名学者吗？

赫尔利：唐纳德·沃斯特、塞缪尔·海斯、罗德里克·纳什、艾尔弗雷德·克罗斯比、约翰·奥佩和卡洛琳·麦茜特是第一代环境史学者中的领军人物。在城市环境史研究方面，乔尔·塔尔和马丁·梅洛西都属于第一代中的权威学者。第二代中应该有威廉·克罗农、理查德·怀特、斯蒂芬·派因、亚瑟·麦克沃伊。至于最新的一代，我觉得唐纳德·沃斯特的学生，特别是斯坦伯格和亚当·罗姆（Adam Rome），应该名列其中。安德鲁·伊森伯格的成果值得称道。克雷格·科尔顿（Craig Colten）作为一名地理学家，他在城市环境史取得了重要成绩，也许应该算在第三代。凯瑟琳·布罗斯南现在执教于休斯敦大学，她应该算作城市环境史学者中的第三代。目前在美国环境史学会担任职务的许多人都属于第三代。第三代中有学者做非裔美国人方面的研究，比如黛安·格拉韦（Dianne Glave）。这些人研究的都是美国环境史，但也有许多在美国任教的学者在研究世界的其他地区。关于拉美环境史的成果还不多，但这个领域发展很快。艾尔弗雷德·克罗斯比的《哥伦布大交换》是这个领域的奠基之作之一，这本书包括了很多关于拉美的内容。沃伦·迪恩（Warren Dean）属于环境史领域的第二代学者，他对巴西的森林砍伐做过出色的研究。不幸的是，他已经离开了人世。埃莉诺·梅尔维尔（Elinor Melville）的《羊灾：征服墨西哥的环境后果》① 也很有名,她在加拿大教书,最近刚去世。近来问世的优秀作品之一,是约翰·麦克尼尔的《蚊子帝国》②,这本书用环境史的视角探讨了蚊虫这个在历史上长期困扰人类的问题。

高:您讲授过"1865 年以来美国历史选读:公共史学和城市"这门课程,您还发表过一篇题为《城市滨水区:公共史学在社区复兴中的作用》③的文章。您能否简单介绍一下公共史学,并结合您的经历谈谈城市环境史对改善城市环境有何帮助?

赫尔利:从广义上说,公共史学是面向非学术的人群的历史。因此,公共史学可以是文献纪录片、电视节目、博物馆展览,以及你在大众书店所能见到的那些图书。社区参观指南也属于公共史学的范畴。

在美国,公共史学在过去 30 年间已经发展成为一个专业领域。历史学领域已经有一批学者致力于为非专业读者精心创作。我认为公共史学专业旨在为面向公众的历史提供专业的视角。

我在公共史学方面所做的工作往往会涉及与城市社区的合作,以便培养居民的历史意识,帮助他们应对当前的挑战。作为一名走进社区的学者,识别这些挑战不是我的职责,当地居民对此会有更清醒的认识。在我同社区合作时,我们研究被社区居民视为挑战和困境的那些问题。不知道出于何种原因,环境问题在这些社区的议事日程上还不够重要,所以我最近参与的项目还没有多少属于城市环境史研究的内容。

有一个我与之合作的社区,他们对探索本社区与密西西比河不断演变的关系感兴趣,那是一个偏远的小镇,他们希望从内河航运中获利。这个小镇依河而建,但大约在 150 年前,这个社区搬到离河流稍远的地方,所以他们失去了与河流的联系,而河滨则被用于工业开发。我们在这个项目中要做的事情之一,就是通过历史的诠释,重新建立小镇与河流的联系。我们的目标

---

① Elinor Melville, *A Plague of Sheep: Environmental Consequences of the Conquest of Mexico*, New York: Cambridge University Press, 1994.

② John McNeill, *Mosquito Empires*, *Ecology and War in the Greater Caribbean*, *1620 – 1914*, New York: Cambridge University Press, 2010.

③ Andrew Hurley, "Narrating the Urban Waterfront: The Role of Public History in Community Revitalization", *The Public Historian*, Vol. 28, No. 4 (Fall 2006), pp. 19 – 50.

之一是让人们相信，滨河地带作为社区的组成部分，是富有价值的历史遗产，可以被改造成社会活动场所。这个例子表明，在将自然元素重新整合融入城市生活方面，公共史学是可以有所作为的。

另一个例子来自俄勒冈州波特兰市。那里的一个滨河社区聘请公共历史学家发掘该社区与河流之间的长期联系，以便重新开发河滨地区，使其恢复活力。与此同时，他们也关注开发活动对鱼类种群可能造成的影响。他们既关注环境史也关注社区的历史，提出了一个既保护社区也保护鱼类的两全之策。

公共史学作为一个专业领域出现在 20 世纪 60 年代末 70 年代初。当时，美国社会运动蓬勃兴起，出现了反战运动、民权运动和妇女运动。我认为，有许多历史学者卷进了社会改革的洪流，致力于推动社会进步。因此，受聘于大学的一些历史学者开始接触校园外的社会运动和社会团体，而无论这些社团是劳工组织还是当地的历史学会，这使他们的研究别开生面。公共史学就是这样兴起的。另外，当时很多有博士学位的人在学术领域找不到工作。所以他们力图在学术圈之外开辟新的空间，争取能够受聘从事与专业相关的一些工作。他们受聘于国家公园管理局和各类政府机构，与公众打交道。这是公共史学在当时出现的另外一个原因。

尽管公众史学和公共史学家有多种类型，但公共史学的核心在于推动社会变革。在过去的七八年间，我一直在做公共史学方面的研究。我与圣路易斯当地的一些社区机构合作，提出了通过构建社区历史、增强社区认同感、改善邻里关系的社区发展策略。各个地方的居民总是在一定的自然环境中共同生活。如果人们了解当地的历史，那将有助于增强人们的互信和了解，避免对当地的自然或人工环境进行破坏。我总认为，历史学能够增进人们对现实的了解。将社区视为先辈们传承下来的遗产，我们就会觉得有责任将这遗产传递给下一代，我们就会怀有敬畏之心和共同的责任感。这不是一己之力可以做得到的，而需要整个社区的参与。这会促使人们思考，我们从哪里来，要去往何方。

人们会思考下一步应该怎么办。这一直是我的兴趣之所在。《从村庄到社区：圣路易斯北部老城区的历史》这本书讲述了圣路易斯一个社区的历史，它是我们所开展的公共史学方面的研究成果之一。虽然书的封面上写的是我和另外一位作者的名字，但它是一个集体成果。为写作该书，那个社区成立了一个委员会，以决定书中应该讨论什么，应该有什么样的篇章结构等问题。委员会还审阅了全部书稿，并提出修改意见。这本书是专门为生活在这个社区的居民所设计的，这样居民就可以了解他们的历史。这也是公共史学的一个例子。

我发现，美国公众真的渴望了解历史，他们也喜欢并需要历史。因此，人们往往非常欢迎类似我们所做的那些项目。所以，公共史学受到了历史学者的青睐，这与他们在学术上受挫也有关系。他们在科研方面付出了巨大的心血，但到头来可能只有一两百人阅读他们的作品。

高：您正在研发一个软件，该软件可以三维图像展现某个地方在历史上的景观变迁。是什么促使您启动该项目？您能否简要介绍该软件的原理及价值？

赫尔利：我们称这个项目为虚拟城市，其核心是在计算机上以三维立体图像的方式重构城市历史景观，这样人们可以随时进入城市虚拟空间，在城市里逛逛，并获取信息。环境通过三维图像显示出来，其构建元素，可与任何类型的数字信息相链接，无论是图像或文本，还是音频或视频资料。这款软件在世界的任何地方都可以使用。

我们在圣路易斯有个试点项目，这是虚拟城市软件被首次运用，但我们希望其他城市和其他地方也能开发出自己的虚拟城市软件并进行联网。这个项目有很多用途。它可以作为教学工具，用于从小学到大学各个阶段的教学。对于学生来说，这款软件极具吸引力。尤其是今天的年轻人已习惯于视频游戏和三维数字环境。这款软件还有一个优点是它能互动。你可以记录自己的路径和获得的信息。

相比之下，教科书就没有互动。你从书的第一页开始阅读，跟随作者的思路前进。但在三维图像的数字环境中，你得自己决定到哪去获取信息。因此，这款软件比传统的教科书在获取知识方面会有更多的互动。因为它能对大量历史文献分类而且按照地理方位进行整合，所以它不仅是教学工具，也是研究工具。最后，它还可以成为规划工具，人们可以借此了解城市是如何随时间而改变的，并对未来发展作出最佳规划。

高：除了三维立体图像软件，您在研究美国的城市和环境问题时还应用哪些高科技手段？

赫尔利：政治学家和社会学家利用地理信息系统和图谱绘制技术对数据

进行分类和整理。历史学家使用这些工具则相对较慢。然而，在城市研究中这类手段运用较多。许多学科在涉及城市问题时，较历史学采用了更多的定量分析，现在历史学者也开始使用定量分析。在史学界，城市史学者往往引领运用计算机技术的潮流，因为他们要处理大量数据。

环境史学者还没有那么依赖于计算机技术。我最近看到一个非常有趣的演示，地理学者吉姆·哈兰（Jim Harlan）开发出了一款类似于虚拟城市的软件，可以用以演绎自然环境变迁。他从 19 世纪初以来的历史文献和报告里搜集数据，重建了密苏里在 18 世纪末、19 世纪初欧洲人开始在此定居时的自然景观。他确定每棵树的位置，并在计算机上记录下来。在登录这一虚拟模型后，人们就可从密苏里州的上空看看哪里曾经有草原，哪里曾经有森林。这类产品可以为环境史学者所用。

高：您目前正在研究什么项目？

赫尔利：我刚刚完成了一本有关美国老城区的历史遗迹保存和公共历史的书。在过去的大约 20 年间，历史遗迹保护在美国已成为促进城市复兴的重要手段。因为修复和重新启用一些老建筑，那些一度破败不堪的老城区吸引来了新的投资和居民。但很少有学者对其进行深入的历史分析。这本书不仅是一本历史书，也是一本指南，告诉人们如何描述社区的复兴，也可以增强居民的归属感，以促进社区和谐关系的发展。

我最近开始着手对郊区贫民窟的研究。在美国，人们总以为贫民窟只存在于城市，而不存在于中产阶级居住的郊区。但现在郊区的穷人比市区多。郊区贫民窟的状况让我触目惊心，但人们对此还缺乏认识。我特别关心问题最严重的那些社区，这些社区在以前多是工业区。所以，我想通过追溯历史，来了解这些地方的生活质量为什么会降到如此糟糕的地步。同时，我已经着手从社会史的角度来对密西西比河流域进行研究，但是这个项目将需要相当长的时间来完成。

（原载《北大史学》第 7 辑，北京大学出版社 2012 年版）

附录四

对环境问题的文化批判

——读唐纳德·沃斯特的《尘暴》①

　　20 世纪 30 年代，美国大平原地区沙尘暴天气肆虐，其中受害最严重的是面积约 1000 万英亩、位于大平原南部的部分区域，人们将泥沙翻滚的大片不毛之地称为尘土盆（Dust Bowl）。尘土盆的出现就是农场主过去 50 年来对该地掠夺性开发所造成的恶果，它是迄今为止美国历史上最骇人听闻的生态悲剧，被人称为"历史上人为的三大生态灾难之一"②。从 30 年代以来，相关学者从政治史、社会史、技术史、环境史，甚至后现代主义的视角对 30 年代的尘暴进行了探讨。在众多的问世成果中，唐纳德·沃斯特的生态和文化分析独树一帜，他于 1979 年出版的《尘暴》一书已经成为环境史领域的一本经典之作。

　　《尘暴》一书除前言和尾声外，共计 11 章，分 5 个部分。其中，前两部分从总体上对尘暴的恶果及其起因进行阐述，中间两部分则对尘暴重灾区的两个比较典型的城市，即俄克拉何马州的锡马龙县和堪萨斯州的哈斯克尔县，分别进行具体细致的个案分析，以浓墨重彩的笔法渲染了灾区的破败凋零和灾民的艰辛困窘。最后一部分则考察了联邦政府的治理方略及 20 世纪 30 年代尘暴对人类的警示。全书各部分之间环环相扣，结构清晰，浑然而成一体。从各部分的立意和主旨来看，沃斯特是

---

　　① ［美］唐纳德·沃斯特：《尘暴：1930 年代美国南部大平原》，侯文蕙译，生活·读书·新知三联书店 2003 年版。

　　② Donald Worster, *Dust Bowl: The Southern Plains in the 1930s*, New York: Oxford University Press, 1979, p. 4.

要通过尘暴这起生态灾难，充分揭示美国经济发展所付出的惨痛的生态代价，而对自然的戕害，对资源的毁灭性开发注定就是资本主义文化发展的必然结果。

生态视角和文化批判是《尘暴》一书的两大鲜明特色。

在环境史学家沃斯特看来，20 世纪 30 年代的尘暴几乎就是一场人为的生态灾难，虽然它的出现与当地干旱少雨的自然环境不无关系。在白人开发大平原之前（大致是 1870 年前），大平原的生态群落经过上亿万年漫长的自然演化，已经发展到著名生态学家克莱门茨所说的"顶级状态"，出现了非常稳定的"草地—野牛—印第安人"生态圈。该生态圈的基础就是草地植被，它既固定水土，又为以野牛为代表的各种草原动物提供食物，而印第安人主要靠狩猎为生。虽然也时常遭受干旱、风灾、蝗灾等的袭击，总的来说，这是一个天高云淡、生机勃勃的草原帝国。

自大平原开发以来，草地生态圈就不断遭到破坏，直至彻底崩溃，并以 20 世纪 30 年代的尘暴这一极端的形式表现出来。在草地生态圈中，野牛作为白人掠夺印第安人土地的牺牲品，首先被灭绝，使草原生态圈中食物链出现中断，使位于生态圈顶端的印第安部落走向没落。而在控制大平原之后，白人先后建立了牧牛王国和小麦王国，使草地严重退化直至大面积消失，对草原生态圈来说，这无疑是釜底抽薪，30 年代的尘暴就是该地生态失衡的突出表现。

和其他学者相比，沃斯特运用生态视角，凸显出白人到来前后大平原上剧烈的生态变化：草地被改造成为牧场和实行单一种植的农场，野牛及其他各种草原动物（野兔、田鼠、獾、臭鼬、隼、雕、狼等）被牛羊取代，而印第安人则让位于白人移民。这场由白人主导的改天换地的生态革命，对印第安人来说完全是一场悲剧，使大平原的生物和文化多样性荡然无存。而白人的急功近利使大自然满目疮痍，经济上可持续发展的基础不复存在，而生态秩序的崩溃使得白人最终也成为受害者。通过这种对比，沃斯特揭示了伴随自由放任的资本主义经济发展而出现的生态悲剧，这种悲剧并不限于大平原和北美大陆，而是遍及了资本主义世界的各个角落，给陶醉在经济发展带来的物质繁荣中的人们敲响了生态警钟。在美国主导的全球化的国际背景下，沃斯特还提醒第三世界国家，不要迷信美国，不要盲从和追随美国的生产和生活模式，以免重蹈美国的覆辙。①

沃斯特的高明之处还在于，他能够对环境问题进行深入的文化批判，他认为，20世纪30年代的尘暴是美国自由放任的资本主义文化发展的必然结果。根据这种文化，"自然必定被视为一种资本；利用自然为人类自身的不断发展服务，是人的一项权利，甚至是一种责任；社会秩序应该允许和鼓励个人财富不断增值"②。诚然，这种资本主义的精神的文化观念有力地推动了对自然的开发和生产力的迅猛发展，其历史进步意义不容否认。但进入20世纪之后，这种文化的弊端便日渐明显。依照上述观念，自然必然丧失其内在价值，而只具有工具理性，而这种工具理性就在于它可以被人类作为生产资料来谋取利润。自然被彻底商品化了。在农业资本家看来，作为大平原生态圈基础的草原植被"产量低，无利可图，可有可无"③，因此毁草种麦理所当然。

由于把自然完全当作一种为人的利益而存在、可任意支配和使用的商品，"征服自然"、"统治自然"便成为人们的必然逻辑。一切均以是否能最大限度地牟利为衡量标准，那些能够从自然中暴富的成功者被视为英雄，几乎整个社会都在为他们大唱赞歌，而无视对自然的掠夺式开发带来的恶果。在社会达尔文学说盛行，信奉物质至上、功利至上的美国社会，人们将挑战自然视为一种天赋使命，把自然置于人的对立面，对自然的一种理性冷漠使人们对环境的大肆破坏心安理得，不以为然。此外，在现代资本主义文化的影响下，人们"不仅希望完全摆脱自然的束缚，而且还希望由人来重新设计自然秩序"④。人对自然的敬畏与谦恭被资本主义文化荡涤殆尽，代之而起的是人类对自然的极端狂妄和自负。20世纪30年代肆虐在南部大平原的尘暴是该地因毁灭性开发而使生态彻底崩溃的表征，人类向自然的疯狂进攻也导致了自然对人的无情报复。

在沃斯特看来，在白人开发大平原以前，土著印第安人所以能够在大平原上世世代代繁衍生息，安居乐业，也与印第安人的伦理文化直接相关。他

---

① Donald Worster, *Dust Bowl: The Southern Plains in the 1930s*, pp. 231 – 232.
② Ibid., p. 6.
③ Ibid., p. 97.
④ Ibid., p. 95.

们敬畏草原，与草原融为一体，认为自己仅仅是草原的一部分，并以感恩的心情对待为他们提供衣食的自然界的生灵。美国环境史学家理查德·怀特曾经说过："印第安人认为，他们所以能够幸存，就是因为这些自然界的生灵舍生救死。"①印第安人总是将人口保持在草原共同体能承载的范围以内②，不会对动植物大开杀戒，取食数量完全是因生存所需。因此，这种自我约束的伦理文化使印第安人部落不是有意破坏，而是倾向于维护自然界的生态平衡。

沃斯特对尘暴的文化批判，具有普遍性，也适用于一般的环境问题。环境问题所以产生，与支撑资本主义政治经济体系的价值观念息息相关。在历史的长河中，人类基本上是附属于自然的，对自然满怀敬畏之心。但自近代以来，由于以人类为中心的思想体系和技术体系的建立，人类对自然的谦恭为之一改，自然成了人类征服和奴役的对象，自然被彻底实用化和商品化了。在这种根深蒂固价值观念的支配下，人们往往急功近利，不惜以自然为代价，以获取经济利益，这往往是环境问题出现的一个重要根由。如果不对这种过于人类中心主义的价值观念进行根本的变革，即便有再先进的环保技术，世界范围内的环境污染、环境破坏还将呈愈演愈烈之势。从这个意义上说，沃斯特的文化批判可谓一语中的，发人深省。和那些将环境问题归咎于偶然的自然灾害或是科学技术的人士相比，沃斯特的文化分析无疑要深刻得多。要防止我们生活的地球变得千疮百孔，要建设一个碧水蓝天的家园，就需要一场新的生态意识的文化变革，这是沃斯特文化批判的必然推论，也是他的著作对我们的重大启示。

在对 20 世纪 30 年代的尘暴问题进行文化分析时，沃斯特批判的是资本主义文化观念的共性，但笔者以为，尘暴的出现与美国独特的边疆文化传统也有很大关系。美国的边疆生活塑造了美国人狂妄自负的乐观主义个性，他们以自然的征服者自居，引以为豪，并习惯于低估，甚至忽视来自自然的警告。丰富的资源也养成了美国人的浪费习惯，因为"开发资源比保护资源能

---

① Cited from Gerry Kearns, "The Virtuous Circle of Facts and Values in the New Western History, in *Annals of the Association of American Geographers*, Vol. 88, No. 3 (Sep, 1998), p. 397.

② Donald Worster, *Dust Bowl: The Southern Plains in the 1930s*, p. 77.

更快地致富"①。另外，辽阔的疆域和充足的机会也塑造了美国人乐于迁徙的传统，既然并不打算长期以一个据点为家，所以人们往往不惜采用杀鸡取卵的方式，榨尽地力，根本不顾及土地资源的保护。

　　沃斯特所以不提美国的边疆传统，在笔者看来，可能与美国新西部史学②的主张有很大的关系。事实上，特纳的边疆学说自诞生以来，一统美国史坛达三四十年之久，并形成了颇有影响的西部史学。但自第二次世界大战后以来，特纳学派受到了越来越多的非难，许多学者对特纳所持的进步史观、地理决定论、美国例外论、白人种族中心主义和男性视角提出质疑，传统的西部史学受到了广泛的批评。在这种情况下应运而生的新西部史学正是对传统西部史学的反叛和矫正。新西部史学强调发展和进步的阴暗面，要求揭示西部经受的失败、挫折及付出的社会和生态代价，主张文化多元主义，对妇女史和家庭史给予应有的重视。另外，一部分新西部史学家秉承了传统西部史学重视地理作用的传统，但反对地理决定论，而主张地理或然论，即地理环境只是提供了多种发展的可能性，并进而将人与自然之间的相互关系，即环境史作为研究重点，所以许多新西部史学家同时又是环境史学家，沃斯特就是主要代表人物之一。正是在这种学术背景下，沃斯特在对尘暴进行文化批判时，自始至终就是围绕着资本主义精神展开，而绝口不提美国独特的边疆文化传统，他后来曾经公开提到，要告别特纳及其边疆学说。③ 在对待传统西部史学的态度上，沃斯特未免有点矫枉过正。但事实上，传统西部史学也没必要完全否定，毕竟美国西部独特地理环境所孕育出的边疆文化传统，对尘暴的促成也是不容否认的。

　　沃斯特的生态视角和文化批判的价值还在于，他通过对尘暴的具体研究，揭示出现代资本主义是靠大规模地吞噬自然资源而发展起来，其进程沾满血腥，所有这些都可以归根于资本主义的文化劣根性。因此，沃斯特的矛

---

　　① ［美］雷·艾伦·比林顿：《向西部扩张：美国边疆史》，周小松等译，商务印书馆1991年版，第431页。

　　② Patricia Limerick, *The Legacy of Conquest：The Unbroken Past of the American West*, New York：W. W. Norton & Company, 1987.

　　③ Donald Worster, "The Legacy of Conquest", by Patricia Nelson Limerick：A Panel of Appraisal, *The Western Historical Quarterly*, Vol. 20, No. 3（Aug. 1989）, p. 307.

头直指资本主义制度，他的环境史研究是对资本主义和对现代化理论的有力批判。长期以来，西方的许多历史学家都竭力为资本主义的侵略扩张大唱赞歌，比如在印第安人问题上，他们将印第安人描述为落后野蛮的民族，把对印第安人的武力镇压美化为文明进步战胜邪恶野蛮，将印第安人的眼泪之路粉饰为田园牧歌。这些歪曲事实、颠倒黑白的言论无疑是种族偏见在作祟。事实上，仅就天人关系而言，自诩为最文明的白人却犯下野蛮的罪行，而被污蔑为最愚昧的印第安土著却成为维护生态平衡的圣徒。由此看来，现代化理论所事先设定的文明与野蛮的界限就出现了偏差，其局限性是显而易见的。总的来看，环境史从诞生之日起，就因其对资本主义的有力批判而具有"新左派史学的特点"①。但是我们不要误以为，沃斯特所指明的出路就是社会主义，他倡导在现有的基础上对资本主义文化进行变革，让生态意识深入人心。

在生态视角和文化批判之外，沃斯特在分析尘暴问题时还显示了他开阔的视野，在美国经济一体化、大西洋经济贸易圈的背景下来分析毁草开荒的经济动因。自南部大平原开发伊始，美国东部的资本和海外的资本就滚滚流入，该地的小麦生产就乘上了经济一体化的快车，不仅为美国、欧洲，甚至为整个世界提供粮食。但粮食的生产、运输和销售却被外来资本控制。这就使得南部大平原的农业生产完全受制于它所不能左右的力量，很容易因国际市场的震荡而受到冲击，并因此在两次世界大战结束后不久，在 20 世纪 30 年代都出现了严重的粮食过剩和大面积的农业萧条。目前，虽然尘土盆已经消失，但尘暴卷土重来的危险并非完全没有根据。人口爆炸而导致的粮食紧缺，以及随着世界范围内人们生活水平的提高，将需要更多的粮食转化为肉禽蛋奶，这些因素都将在未来对南部大平原形成巨大压力，大片的草地随时都有因粮食高价的诱惑而被开垦。虽然很多人都以为沃斯特过于悲观，可是沃斯特对未来的担心并不是杞人忧天。

沃斯特的《尘暴》一书出版之后好评如潮，在出版的翌年（1980 年）便荣获美国历史学最高奖——班克罗夫特奖。需要指出的是，《尘暴》作为

---

① Roderick Nash，"American Environmental History: a New Teaching Frontier"，*Pacific Historical Review*，Vol. 41，No. 3（Aug. 1972），p. 362.

美国环境史学中的一部扛鼎之作，体现了 20 世纪 80 年代中期以前美国环境史学的一些特点。当时，许多环境史学者信奉克莱门特的理论，相信自然呈有序状态。但是，克莱门特的学说，自 20 世纪 30 年代以来，就不断有人提出质疑，尽管这种质疑并未得到广泛的支持和认可。而到 80 年代中期以后，诸如生态混沌理论、盖娅理论等新的生态学思潮的出现，对顶级理论形成了猛烈冲击，也加剧了环境史学家的迷茫。

（原载《世界历史》2003 年第 5 期）

附录五

郊区蔓延与环保运动

——《乡村里的推土机》评介

《乡村里的推土机：郊区住宅开发与美国环保主义的兴起》① 一书，是美国环境史学者亚当·罗姆的成名作。该书于 2001 年由剑桥大学出版社出版，是久负盛名的"环境与历史研究"丛书中的一册。亚当·罗姆先后执教于宾夕法尼亚州立大学和特拉华大学，曾师从著名环境史学家唐纳德·沃斯特。《乡村里的推土机》出版以后，好评如潮，并于 2002 年荣获美国历史学家组织颁发的年度最佳图书奖——特纳图书奖，2003 年又被美国城市规划史学会授予年度最佳著作奖——刘易斯·芒福德（Lewis Mumford）图书奖。

《乡村里的推土机》着重探讨了 1945—1970 年间郊区住宅开发与美国环保运动兴起之间的联系。作者认为，" 1945—1970 年间对于住宅建设的环境批判，对环境保护主义的出现起到了重要作用"（英文版序言，iii）。在这本书中，"郊区开发"与"住宅批量建设"几乎成为可以互换使用的术语，这是因为在郊区的开发过程中，住宅建设几乎总是以批量生产的方式进行。《乡村里的推土机》除导言和结论外，其主体部分由七章组成。第一章分析了第二次世界大战后郊区住宅开发迅猛发展的原因。第二至六章探讨了1945—1970 年间美国朝野对郊区住宅开发的环境批判。第七章则论述了土地利用管制的地方性努力及全国性的土地利用管制立法的失败。

---

① Adam Rome, *The Bulldozer in the Countryside: Suburban Sprawl and the Rise of American Environmentalism*, New York: Cambridge University Press, 2001.

郊区化与环保运动的兴起是美国当代史研究中的两个重要问题，它们之间存在什么联系呢？这就是《乡村里的推土机》所要论述的主要问题。第二次世界大战后，为缓解城市居民住房紧张的局面，房地产开发在郊区获得了迅猛的发展。为了快速平整地基，开发商使用推土机移山填谷，清除植被，使数百万英亩土地的自然面貌彻底改观。为节省建筑成本和增加电器销售，房地产开发商与电器生产经销商联合起来，开发高能耗的住宅，使节能房屋的研发受到抑制。郊区将近一半的住宅只使用很简陋的化粪池，由此造成的生活不便、地下水污染及人体健康所受的威胁等问题倍受关切。另外，郊区住宅开发对农业用地、野生动物栖息地及户外休闲空间的吞噬，也使越来越多的人深感忧虑。郊区化引发的环境问题激起了一连串的社会反应：越来越多的公众抗议在湿地、山坡及洪泛区等生态脆弱地带进行住宅开发，地质调查局、水土保持局、鱼类及野生动物管理局也开始对郊区住宅开发的环境后果进行调查。尽管联邦政府出台国家土地利用政策法的努力遭到了失败，但许多州却通过了相关的土地利用管制法令。

《乡村里的推土机》作为一部成功的环境史著作，其价值主要体现在该书对美国环保运动所做的新解释，以及它对环境史研究领域的拓展。

在美国环境史领域，有关环保运动史的研究可谓成果丰硕，新见迭出。关于这一主题的比较有影响的作品至少包括：海斯的《资源保护与效率至上》、《美丽、健康和永恒：美国环境政治，1955—1985》、纳什的《荒野与美国精神》、戈特利布的《呼唤春天：美国环保运动的演变》、罗思曼的《美国是否在朝环境保护的方向前进？》、里格的《美国的户外运动爱好者及资源保护运动的起源》、贾德的《共同的土地，共同的人民》、塞勒斯的《职业风险：从工业疾病到环境卫生科学》。① 这些著作从政治史或思想史的

---

① Samuel Hays, *Conservation and the Gospel of Efficiency: The Progressive Conservation Movement, 1890 – 1920*; Samuel Hays, *Beauty, Health, and Permanence: Environmental Politics in the United States, 1955 – 1985*, Cambridge University Press, 1987; Robert Gottlieb, *Forcing the Spring: The Transformation of the American Environmental Movement*, Washington, D. C.: Island Press, 1993; Hal K. Rothman, *Greening of a Nation?: Environmentalism in the U. S. since 1945*, Fort Worth: Harcourt Brace College Publishers, 1998; John F. Reiger, *American Sportsmen and the Origins of Conservation*, Corvallis: Oregon State University Press, 2001; Richard W. Judd, *Common Lands, Common People: The Origins of Conservation in Northern New England*, Harvard University Press, 2000; Christopher Sellers, *Hazards of the Job: From Industrial Disease to Environmental Health Science*, Chapel Hill: University of North Carolina Press, 1997.

角度，对环保运动的演变进行了多方面的探讨。环保运动往往会被追溯至19世纪末、20世纪初的资源保护运动。一般而言，资源保护运动强调的是对森林、水系、土地等自然资源的科学管理与明智利用，其背后是对科学、理性的尊崇，及对技术专家的迷信，与普通公众缺乏直接联系。而第二次世界大战后兴起的环保运动拥有广泛的群众基础，它强调事物之间存在着普遍的联系。但环保运动是如何演变成为一场群众运动的？环保运动在兴起之初，除了致力于在乡野山区保护自然资源，它与工业城市社会是否存在及存在何种联系？此外，在分析环保运动的兴起时，美国学者往往各执一端，或者将其视为战后生产变革所引起的反应，或者视为消费社会形成的结果。但生产变革又如何对消费需求构成威胁呢？这些问题并未受到应有的关注，即便偶尔涉及，也大都语焉不详。

《乡村里的推土机》则在多方面深化了环保运动史研究。现代环保运动兴起于郊区，这是《乡村里的推土机》提出的一个非常新颖的独到见解。既然如此，环保运动与工业城市社会之间就具有了不容忽视的紧密联系。将郊区住宅开发作为探讨环保运动的一个切入点，可谓匠心独具。早在1920年，美国就已经有一半以上的人口生活在城市，而到20世纪60年代，郊区人口开始超过中心城市人口，美国已经成为一个郊区化的国家。郊区人口在全国人口中占多数的特点，以及住宅在民众生活中的重要性，能够令人信服地解释环保运动何以拥有广泛的社会基础。郊区住宅建设作为纽带和桥梁，将生产与消费有机地联系起来，并能淋漓尽致地展示人们对二者统一对立关系的逐步认识，解释了70年代前后人们对郊区住房开发的态度转变。

《乡村里的推土机》拓宽了美国环境史的研究范围。诚如作者所言，"环境史研究关注的主要是乡村的生产模式——农业、畜牧业、采矿业、林业、渔业和狩猎"，而对城市的生产活动关注不够，这是美国"环境史著述中的严重不足"。城市在人类生活中的重要性，城市化、郊区化所导致的环境变迁，城市存在的污染、健康与公共卫生问题，都意味着环境史不能将城市排除在外，城市在美国环境史研究中不可能长期处于边缘位置。在塔尔、梅洛西、克罗农、海斯等学者的努力下，城市环境史研究在20世纪90年代以后渐受重视，一些有影响的著作也随之出现①。有学者认为，塔尔的《寻找终极归宿》、赫尔利的《环境不公正》等作品的问世，标志着城市环境史的出现②，而梅洛西的《污染四溢的美国：城市、工业、能源和环境》、罗姆的《乡村里的推土机》等著作的出版，则昭示着城市环境史日臻成熟。③作为研究郊区化环境后果的第一部学术专著，《乡村里的推土机》将郊区纳入城市环境史的研究范畴，对城市环境史也是一个有益的延伸。

在某种程度上，《乡村里的推土机》可以被视为城市环境史研究的一个成功范本。作者成功地将政治、经济、文化和环境等因素有机地融合起来。比如，作者在第一章中对战后美国郊区房地产业迅速发展的原因进行了系统深入的分析：战后，美国住房短缺的矛盾非常尖锐，只有约40%的城市家庭拥有住房。在凯恩斯主义的影响下，房地产业被政府视为拉动经济增长的重要支柱，不仅能增加就业，还能带动房地产上下游产业的发展。为鼓励人们购房，联邦政府在20世纪30年代就通过了《全国住宅法》，对购房提供抵押贷款担保，同时采取优惠政策，鼓励开发商采用先进的流水线作业，希望借助于科学技术和工业方法，像生产汽车一样批量建造住房，使住房能像汽车一样为普通人所拥有。从20世纪20年代以来，独户住宅一直被认为是美国生活方式的一部分，"是个人主义、进取心、独立自主和精神自由的一种物质表现"，关系到美国民主自由和社会秩序的前途命运，是抵制社会主义的最有效的手段。由于郊区的土地价格较低，自然环境更为优越，因此，在全国范围内，郊区普遍出现了大规模的住宅开发。

住宅的无序开发所导致的环境后果，迫使美国政府对土地利用进行管制，但联邦政府的土地利用管制却遭遇了失败。《乡村里的推土机》对此进

① William Cronon, *Nature's Metropolis：Chicago and the Great West*, New York：W. W. Norton，1991；Joel Tarr, *The Search for the Ultimate Sink：Urban Pollution in Historical Perspective*, University of Akron Press，1996；Martin Melosi, *Garbage in the Cities：Refuse, Reform, and the Environment, 1880 - 1980*, Texas A & M University Press，1981；Martin Melosi, *The Sanitary City：Urban Infrastructure in America from Colonial Times to the Present*, John Hopkins University Press，2000.

② Harold Platt, "The Emergence of Urban Environmental History", *Urban History*, Vol. 26, No. 1 (1999), pp. 89 - 95.

③ Kathleen Brosnan, "Effluence, Affluence and the Maturing of Urban Environmental History", *Journal of Urban History*, Vol. 31, No. 1 (Nov., 2004), pp. 115 - 123.

行了反思。在 20 世纪六七十年代，美国经历了一场"静悄悄的土地利用管制革命"：从 1961 年到 1975 年，美国有 23 个州出台了某种形式的土地利用管制法令；一些州的法院也做出了加强土地利用管制的裁决；尼克松总统在 1970 年的一份政府报告中也提到："任何人都无权滥用土地，相反，社会作为一个整体有权关注土地的合理利用"。但"国家土地利用政策法"最终未被国会通过。土地利用管制法案的夭折，固然与 20 世纪 70 年代美国的经济衰退与石油危机这一不利背景有关，但作者认为，更深层次的原因却是，联邦的土地利用管制不仅侵犯了美国的地方自治传统，而且威胁到了人们利用地产和房产牟取高额利润的权利，它涉及的面太广，所以遭到了普遍的反对。而对污染的管制可以成功，是因为它们一般只涉及某些企业集团，而得到广大民众的同情和支持。

土地利用管制的失败，与强大的反管制联盟也有密切关系。在这一联盟中，既有实力雄厚的房地产开发商，也有普通的购房者、房主和土地所有者，甚至还有政府官员。他们更重视经济利益而非环境保护。对土地所有者而言，土地利用管制限制了土地的开发方式，使土地的价值显著降低；而对房主来说，管制若使新建房屋在建筑质量、能源使用效率、社区绿化等方面具有明显优势，他们的房屋就会相形失色而导致房产贬值，他们保护巨额投资的愿望也促使他们反对改革。而对购房者而言，管制对住宅开发的限制可能使房屋的价格飙升，他们希望市场能够提供更多的选择，提供他们能够支付得起的住宅。另外，地方政府也寄望房地产开发拉动经济增长和增加就业，而联邦政府也希望稳步提高美国的住房自有率，以保持美国社会的稳定。环境管制反对势力的广泛存在，将长期制约环保运动向纵深发展。

《乡村里的推土机》在表达手法上也有许多可圈可点之处。该书重点突出，层次清晰，有很强的可读性。它采用编年与专题研究相结合的叙事方式，在探讨郊区住宅开发的环境代价时，不求面面俱到，只选择进入公众视野并激起广泛辩论的那些方面。另外，这本书采用的多幅图片都极具代表性，使郊区住宅开发的环境代价及由此引起的舆情变化一目了然。这里仅举一例。书中第 10 幅图是 1962 年加利福尼亚一个只有 7 岁的小朋友用稚嫩的笔迹写给肯尼迪总统的、引起轰动的求助信："亲爱的总统先生：当我们想要在峡谷中玩耍的时候，我们无处可去，因为那儿将要盖很多房子，所以你能腾出一些地方来让我们在那儿玩耍吗？谢谢你的倾听。爱你的司各特"。这封信反映的是小朋友的心声，但表达的却不只是他们的不满。

相对环境史领域占绝对优势的个案研究而言，《乡村里的推土机》比较注重宏观研究，其地域范围涉及整个美国，有助于系统把握和整体了解第二次世界大战后至 20 世纪 70 年代郊区化的环境及社会影响。这就使这本书的学术影响力能辐射到历史学以外的很多学科，《美国历史杂志》、《美国研究》、《美国社会学》、《景观与城市规划》等 19 种杂志相继就该书刊发书评。[①] 这本书的成功在一定程度上也可昭示，环境史的中观和宏观研究还需大力加强。

《乡村里的推土机》或许能为我国的城市建设提供一些启示。中国城市化进程的加速，以及城市人口要求改善住房条件的迫切愿望，将继续推动郊区与小城镇的住房开发。在此过程中，政府应该合理规划，防止无序开发。同时，基于我国人多地少的现实国情，保护耕地免受城市化的侵蚀依然任重道远。

（原载《读书》2008 年第 11 期）

[①] 这些书评可参见 *American Historical Review*（April 2005）；*American Journal of Sociology*（January 2002）；*American Studies*（Fall 2002）；*Business History Review*（Spring 2002）；*Environmental History*（January 2003）；*Journal of American History*（September 2002）；*Journal of the American Planning Association*（Summer 2002）；*Journal of Economic History*（March 2002）；*Journal of Environment and Development*（March 2002）；*Journal of Urban History*（November 2004）；*Landscape and Urban Planning*（November 2001）；*Organization and Environment*（March 2003）；*Planning Perspectives*（October 2003）；*Reviews in American History*（September 2002）；*Rural Sociology*（June 2003）；*Southern California Quarterly*（Spring 2003）；*Technology and Culture*（October 2002）；*Ubique*（April 2001）；*Urban Ecology*（Autumn 2001）。

附录六

美国环境史学会最佳环境史著作获奖书目名单

2013 Daniel Schneider, *Hybrid Nature: Sewage Treatment and the Contradictions of the Industrial Ecosystem*, MIT Press, 2012.

2012 David Biggs, *Quagmire: Nation – Building and Nature in the Mekong Delta*, University of Washington Press, 2011.

2011 Brett Walker, *Toxic Archipelago: A History of Industrial Disease in Japan*, University of Washington Press, 2010.

2010 Timothy LeCain, *Mass Destruction: The Men and Giant Mines that Wired America and Scarred the Planet*, Rutgers University Press, 2009.

2009 Thomas Andrews, *Killing for Coal: America's Deadliest Labor War*, Harvard University Press, 2008.

2008 Diana K. Davis, *Resurrecting the Granary of Rome: Environmental History and French Colonial Expansion in North Africa*, Ohio University Press, 2007.

2007 John Soluri, *Banana Cultures: Agriculture, Consumption, and Environmental Change in Honduras and the United States*, University of Texas Press, 2006.

2006 James C. McCann, *Maize and Grace: Africa's Encounter with a New World Crop: 1500 – 2000*, Cambridge: Harvard University Press, 2005.

2005 Brian Donahue, *The Great Meadow: Farmers and the Land in Colonial Concord*, New Haven: Yale University Press, 2004.

2004 Michael Bess, *The Light – Green Society: Ecology and Technological Modernity in France, 1960 – 2000*, Chicago: University of Chicago Press, 2003.

2003 Conevery Bolton Valencius, *The Health of the Country*: *How American Settlers Understood Themselves and Their Land*, New York: Basic Books, 2002.

2002 Karl Jacoby, *Crimes Against Nature*: *Squatters, Poachers, Thieves, and the Hidden History of American Conservation*, University of California Press, 2001.

2002 Louis A. Perez, Jr., *Winds of Change*: *Hurricanes and the Transformation of Nineteenth – Century Cuba*, University of North Carolina Press, 2001.

2001 Martin Melosi, *The Sanitary City*: *Urban Infrastructure in America from Colonial Times to the Present*, Johns Hopkins University Press, 2000.

2000 Joseph E. Taylor III, *Making Salmon*: *An Environmental History of the Northwest Fisheries Crisis*, University of Washington Press, 1999.

1999 Theodore Catton, *Inhabited Wilderness*: *Indians, Eskimos and National Parks in Alaska*, University of New Mexico Press, 1997.

1999 Ann Vileisis, *Discovering the Unknown Landscape*: *A History of America's Wetlands*, Island Press, 1997.

1997 Elliott West, *The Way to the West*: *Essays on the Central Plains*, University of New Mexico Press, 1995.

1997 Warren Dean, *With Broadax and Firebrand*: *The Destruction of the Brazilian Atlantic Forest*, University of California Press, 1995.

1995 Matt Cartmill, *A View to a Death in the Morning*: *Hunting and Nature through History*, Harvard University Press, 1993.

1995 John Opie, *Ogallala*: *Water for a Dry Land*, University of Nebraska Press, 1993.

1993 William Cronon, *Nature's Metropolis*: *Chicago and the Great West*, W. W. Norton, 1991.

1991 Robert Harms, *Games Against Nature*: *An Eco – Cultural History of the Nunu of Equatorial Africa*, Cambridge University Press, 1987.

1989 Arthur F. McEvoy, *The Fisherman's Problem*: *Ecology and Law in the California Fisheries, 1850 – 1980*, Cambridge University Press, 1986.

主要参考文献

中文

［德］恩格斯：《自然辩证法》，人民出版社 1984 年版。

［德］恩格斯：《反杜林论》，人民出版社 1970 年版。

于光远等编：《马克思 恩格斯 列宁论自然辩证法与科学技术》，科学出版社 1988 年版。

［美］托马斯·库恩：《科学革命的结构》，北京大学出版社 2003 年版。

［美］奥尔多·利奥波德：《沙乡年鉴》，吉林人民出版社 1997 年版。

［美］芭芭拉·沃德、雷内·杜博斯主编：《只有一个地球》，吉林人民出版社 1999 年版。

［美］蕾切尔·卡逊：《寂静的春天》，吉林人民出版社 1999 年版。

［美］巴里·康芒纳：《封闭的循环——自然、人和技术》，吉林人民出版社 1997 年版。

［美］巴里·康芒纳：《与地球和平共处》，上海译文出版社 2002 年版。

［美］丹尼斯·米都斯：《增长的极限——罗马俱乐部关于人类困境的报告》，吉林人民出版社 1997 年版。

［法］阿尔贝特·史怀泽：《敬畏生命》，上海社会科学院出版社 1992 年版。

［美］霍尔姆斯·罗尔斯顿：《哲学走向荒野》，吉林人民出版社 2000 年版。

［美］纳什：《大自然的权力》，青岛出版社 1999 年版。

美国环境质量委员会：《公元 2000 年的地球》，科学技术文献出版社

1981 年版。

　　联合国环境规划署：《全球环境展望 2000》，中国环境科学出版社 2000
年版。

　　〔美〕威廉·坎宁安：《美国环境百科全书》，湖南科学技术出版社 2003
年版。

　　〔美〕莱斯特·R. 布朗：《建设一个持续发展的社会》，科学技术文献
出版社 1984 年版。

　　Paul Hawken：《自然资本论：关于下一次工业革命》，上海科学普及出
版社 2000 年版。

　　〔美〕查尔斯·哈珀：《环境与社会——环境问题中的人文视野》，天津
人民出版社 1998 年版。

　　〔美〕赫尔曼·E. 戴利、肯尼思·N. 汤森：《珍惜地球：经济学、生态
学、伦理学》，商务印书馆 2001 年版。

　　〔美〕德·霍华德、杰里米·里夫金：《熵：一种新世界观》，上海译文
出版社 1987 年版。

　　〔美〕J. 唐纳德·休斯：《什么是环境史》，北京大学出版社 2008 年版。

　　〔美〕卡洛琳·麦茜特：《自然之死：妇女、生态和科学革命》，吉林人
民出版社 1999 年版。

　　〔美〕唐纳德·沃斯特：《自然的经济体系：生态思想史》，商务印书馆
1999 年版。

　　〔美〕詹姆斯·奥康纳：《自然的理由：生态学马克思主义研究》，南京
大学出版社 2002 年版。

　　〔美〕唐纳德·沃斯特：《尘暴：1930 年代美国南部大平原》，生活·读
书·新知三联书店 2003 年版。

　　〔美〕克罗斯比：《生态扩张主义：欧洲 900—1900 年的生态扩张》，辽
宁教育出版社 2001 年版。

　　〔美〕贾雷德·戴蒙德：《枪炮、病菌与钢铁：人类社会的命运》，上海
译文出版社 2000 年版。

　　〔美〕约翰·帕金斯：《地缘政治与绿色革命——小麦、基因与冷战》，
华夏出版社 2001 年版。

［美］理查德·福特斯：《我们的国家公园》，中国工业出版社 2003 年版。

［英］克莱夫·庞廷：《绿色世界史：环境与伟大文明的衰落》，上海人民出版社 2002 年版。

［德］拉德卡：《自然与权力：世界环境史》，河北大学出版社 2004 年版。

［英］阿诺德·汤因比：《人类与大地母亲》，上海人民出版社 1992 年版。

［英］斯塔夫里阿诺斯：《远古以来的人类生命线：一部新的世界史》，中国社会科学出版社 1992 年版。

［英］戴维·S. 兰德斯：《国富国穷》，新华出版社 2001 年版。

［法］夏蒂埃、勒高夫等主编：《新史学》，上海译文出版社 1989 年版。

［法］拉迪里：《历史学家的思想和方法》，上海人民出版社 2002 年版。

蔡少卿主编：《再现过去：社会史的理论视野》，浙江人民出版社 1988 年版。

姚蒙：《法国当代史学主流——从年鉴派到新史学》，三联书店（香港）1988 年版。

侯文蕙：《征服的挽歌——美国环境意识的变迁》，东方出版社 1995 年版。

包茂红：《环境史学的起源和发展》，北京大学出版社 2012 年版。

梅雪芹：《环境史学与环境问题》，人民出版社 2004 年版。

梅雪芹：《环境史研究叙论》，中国环境科学出版社 2011 年版。

付成双：《自然的边疆：北美西部开发中人与环境关系的变迁》，社会科学文献出版社 2012 年版。

王利华：《徘徊在人与自然之间——中国生态环境史探索》，天津古籍出版社 2012 年版。

唐大为主编：《中国环境史研究——理论与方法》，中国环境科学出版社 2009 年版。

田丰、李旭明主编：《环境史——从人与自然的关系叙述历史》，商务印书馆 2011 年版。

刘新成主编：《全球史评论》（第四辑），中国社会科学出版社 2011年版。

夏明方主编：《新史学——历史的生态学解释》（第六卷），中华书局 2012 年版。

傅华：《生态伦理学探究》，华夏出版社 2002 年版。

童天湘、林夏水主编：《新自然观》，中共中央党校出版社 1998 年版。

何怀宏：《生态伦理——精神资源与哲学基础》，河北大学出版社 2002年版。

陈静生、蔡运龙、王学军：《人类—环境系统及其可持续性》，商务印书馆 2001 年版。

刘燕华、李秀彬主编：《脆弱生态环境与可持续发展》，商务印书馆 2001 年版。

夏伟生：《人类生态学初探》，甘肃人民出版社 1984 年版。

陈敏豪：《生态文化与文明前景》，武汉出版社 1997 年版。

中国国土资源报社：《世纪寄语——百位专家学者谈资源与环境》，人民出版社 2002 年版。

程虹：《寻归荒野》，生活·读书·新知三联书店 2001 年版。

席泽宗：《人类认识世界的五个里程碑》，清华大学出版社 2000 年版。

中国科学技术情报研究所编：《国外公害概况》，科学出版社 1975 年版。

英文

Monograph

Bailes, Kendall E. , ed. , *Environmental History: Critical Issues in Comparative Perspective*, Lanham: University Press of America, 1985.

Bakken, Gordon, and Brenda Farrington, *Environmental Problems in America's Garden of Eden*, New York: Garland Publishing, Inc. , 2000.

Brosnan, Kathleen A. , ed. , *Encyclopedia of American Environmental History*, New York, N. Y. : Facts On File, 2010.

Conway, Jill Ker Kenneth Keniston, and Leo Marx, eds. , *Earth, Air,*

Fire, *and Water*: *Humanistic Studies of the Environment*, University of Massachusetts Press, 1999.

Cronon, William, George Miles, Jay Gitlin, eds. , *Under an Open Sky*: *Rethinking America's Western Past*, W. W. Norton & Co Inc. , 1992.

Cronon, William, ed. , *Uncommon Ground*: *Toward Reinventing Nature*, New York: W. W. Norton & Company, 1995.

Cunningham, W. P. , et al. , ed. , *Environmental Encyclopedia*, Detroit: Gale Research Inc. , 1994.

Davis, Richard C. , *Encyclopedia of American Forest and Conservation History*, New York: Macmillan Publishing Co. , 1983.

Elbers, Joan S. , *Changing Wilderness Values*, *1930 – 1990*: *An Annotated Bibliography*, New York: Greenwood Press, 1991.

Etulain, Richard, *Writing Western History*: *Essays on Major Western Historians*, Albuquerque: The University of New Mexico Press, 1991.

Fahl, Ronald J. , ed. , *North American Forest and Conservation History*: *A Bibliography*, A. B. C. —Clio Press, 1977.

Fiege, Mark, *The Republic of Nature*: *An Environmental History of the United States*, Seattle: University of Washington Press, 2012.

Foner, Eric and Lisa McGirr, eds. , *American History Now*, Philadelphia: Temple University Press, 2011.

Gottlieb, Robert, *Forcing the Spring*: *The Transformation of the American Environmental Movement*, Washington, D. C. : Island Press, 1993.

Hays, Samuel P. , *Beauty*, *Health*, *and Permanence*, *Environmental Politics in the United States*, *1955 – 1985*, Cambridge University Press, 1987.

Hays, Samuel P. , *Explorations in Environmental History*: *Essays*, Pittsburgh: University of Pittsburgh Press, 1998.

Hays, Samuel P. , *A History of Environmental Politics since 1945*, Pittsburgh: University of Pittsburgh Press, 2000.

Kramer, Lloyd and Sarah Maza, eds. , *A Companion to Western Historical Thought*, Malden, Mass. : Blackwell, 2002.

Malin, James C. , *Grassland of North America: Prolegomena to Its History, with Addenda and Postscript*, Gloucester, Mass. , 1967.

Malin, James C. , *History & Ecology: Studies of the Grassland*, edited by Robert P. Swierenga, Lincoln, Nebraska: University of Nebraska Press, 1984.

McNeill, John, *Something New under the Sun: An Environmental History of the Twentieth – Century World*, New York: W. W. Norton, 2001.

Merchant, Carolyn, ed. , *Major Problems in American Environmental History*, Lexington: D. C. Heath and Company, 1993.

Merchant, Carolyn, ed. , *The Columbia Guide to American Environmental History*, New York: Columbia University Press, 2002.

Miller, Char and Rothman, Hal, eds. , *Out of the Woods: Essays in Environmental History*, University of Pittsburgh Press, 1997.

Myllyntaus, Timo and Saikku, Mikko, eds. , *Encountering the Past in Nature: Essays in Environmental History*, Ohio University Press, 2001.

Nash, Roderick, *Wilderness and the American Mind*, New Haven, CT: Yale University Press, 1982.

Opie, John, *Nature's Nation: An Environmental History of the United States*, New York: Harcourt Brace College Publishers, 1998.

Petulla, Joseph M. , *American Environmental History*, Columbus: Merrill Pub. Co. , 1988.

Webb, Walter P. , *The Great Plains*, Boston: Ginn and Company, 1959.

Sackman, Douglas Cazaux, ed. , *A Companion to American Environmental History*, Malden, MA: Wiley – Blackwell, 2010.

Scharff, Virginia J. , ed. , *Seeing Nature Through Gender*, Lawrence: University Press of Kansas, 2003.

Shepard, Krech, et al. , eds. , *Encyclopedia of World Environmental History*, London: Routledge, 2004.

Steinberg, Ted, *Down to Earth: Nature's Role in American History*, New York: Oxford University Press, 2002.

Warren, Louis, *American Environmental History*, New York: Blackwell, 2003.

Whitney, Gordon, *From Coastal Wilderness to Fruited Plain: A History of Environmental Change in Temperate North America from 1500 to the Present*, Cambridge University Press, 1996.

Worster, Donald, *Under the Western Sky, Nature and History in the American West*, New York: Oxford University Press, 1992.

Worster, Donald, *The Wealth of Nature: Environmental History and the Ecological Imagination*, New York: Oxford University Press, 1993.

Worster, Donald, ed., *The Ends of the Earth: Perspectives on Modern Environmental History*, Cambridge: Cambridge University Press, 1989.

Worster, Donald, *Nature's Economy: A History of Ecological Ideas*, Cambridge: Cambridge University Press, 1994.

Periodical

Environmental Review

Environmental History Review

Environmental History

Environment and History

Pacific Historical Review

American Historical Review

American Quarterly

Journal of American History

Journal of Urban History

后　记

　　本书是我近十多年来研究美国环境史学的一个小结。我涉足美国环境史领域始于 2001 年 9 月。当时，我进入中国社会科学院研究生院，师从于沛研究员在职攻读博士学位。恩师是一位造诣深厚、德高望重的西方史学理论专家，他富有远见，对我有志于研究环境史予以热情鼓励和大力支持，赞同我以美国环境史学为题撰写博士论文。我在入学之初就能明确做出这样一种选择，直接受到了青岛大学侯文蕙教授的影响。1999 年在南京参加中国美国史研究会第 9 届年会时，我有幸遇见了这位国内美国环境史研究的开拓者。侯文蕙教授情感真挚丰富，言谈举止流露出发自心底的对自然的热爱；她的作品清新动人，字里行间渗透着悲天悯人的气息，极富感召力。在此后的交往中，我多次得到侯文蕙教授的热心帮助，并在她的影响下步入了环境史这一新领域。在恩师于沛研究员的悉心指导和不倦教诲下，我完成了题为《环境史学在美国的兴起及其早期发展研究》的博士论文，并于 2005 年 6 月 3 日顺利通过了博士论文答辩。2006 年 5 月，我申报的课题《美国环境史学研究》有幸被列入国家社科基金青年项目。该课题于 2012 年 12 月以优秀等级结项，经中国社会科学出版社推荐，入选 2013 年度《国家哲学社会科学成果文库》。

　　本书的完成，得到了众多师长、亲友和机构的帮助。我怀着感恩之心，向曾经给予我帮助的师长、亲友和机构，一并致以衷心的感谢。

　　唐纳德·沃斯特（Donald Worster）、苏珊·福莱德（Susan Flader）、J.唐纳德·休斯（J. Donald Hughes）、安德鲁·赫尔利（Andrew Hurley）、约翰·麦克尼尔（John McNeil）、亚当·罗姆（Adam Rome）、凯瑟琳·布罗斯南（Kathleen Brosnan）、马克·赫西（Mark D. Hersey）、米科·赛库（Mikko Saikku）、蒂莫·米尔恩托斯（Timo Myllyntaus）等多位外国环境史学者，以

多种形式对我的研究予以指导和支持，或是耐心解答我的问题；或是惠赐参考资料；或是作为我在国外进修期间的接待教授提供诸多便利和悉心照顾。我尤其感谢唐纳德·沃斯特教授十多年来的帮助和指导：从 2002 年 7 月和他建立联系以来，他一次次耐心地为我答疑解惑；2007 年我在堪萨斯大学进修的那一年间，他对我关怀备至，令我倍感温暖；这些年来，他一直像朋友一样关心我的研究和生活。阅读他的作品对我而言常常是一种享受，他的睿智、友善和无私总是让我非常感动。

　　而在国内，我有幸结识了多位良师益友。清华大学梅雪芹教授、北京大学包茂红教授、中国人民大学夏明方教授、南开大学王利华教授多年来为环境史建设不遗余力，多次举办各类学术活动，参加这些活动让我受益良多。2005 年，侯文蕙教授、王利华教授作为我的博士论文评阅人，梅雪芹教授、包茂红教授、夏明方教授、刘军研究员、姜芃研究员作为论文答辩委员会成员，对论文给予了充分肯定，并提出了富有价值的建议。这些老师的勉励让我倍受鼓舞。侯深是侯文蕙教授的爱女和沃斯特教授的高足，目前在中国人民大学任教，已经成为国内环境史领域的一颗耀眼新星，她多年来所提供的帮助让我感佩不已。中国社会科学院世界历史研究所沈永兴、廖学盛、黄柯可、郭方、赵文洪、张顺洪、张丽、吴必康、俞金尧、孟庆龙、徐再荣、刘健、毕健康等多位研究员，武汉大学刘绪贻、胡德坤、向荣、李世洞、王锦瑭教授，北京大学李剑鸣、王立新教授，厦门大学王旭、韩宇教授，东北师范大学梁茂信、张扬教授，南开大学付成双、张聚国、丁见民博士，陕西师范大学白建才、侯甬坚、马瑞映教授，首都师范大学周刚教授，河南大学周祥森教授，浙江大学陈新教授，浙江师范大学孙群郎教授等许多学者，都曾提供过不同形式的帮助。全国社科规划办的多位匿名审稿专家对书稿也提出了大量富有建设性的建议。

　　我还要感谢多个机构对我的慷慨支持。《历史研究》、《世界历史》、《史学理论研究》、《求是》、《读书》、《北大史学》、《南京大学学报》、《郑州大学学报》、《社会科学战线》、人大《报刊复印资料》等多家知名刊物对我予以了关照。我所在的工作单位中国社会科学院世界历史研究所一直尽力为我创造理想的科研条件，让我能够安心工作。全国哲学社会科学规划办公室为我提供了可贵的支持。我曾得到雅礼协会（Yale – China Association）、福特基金会、密苏里大学圣路易斯校区、芬兰科学院的资助，到国外进修环境史。

最后，我要感谢中国社会科学出版社的李庆红女士，她一丝不苟的认真编辑为本书增色不少。

回首十多年寒暑，我心中并不释然。尽管我在环境史研究方面付出了一些心血，但受时间和能力所限，书稿还存在诸多不足。希望以后还能有机会进一步充实和完善。

高国荣

2014 年 1 月 19 日

图书在版编目（CIP）数据

美国环境史学研究／高国荣著 . —北京：中国社会科学
出版社，2014.4
（国家哲学社会科学成果文库）
ISBN 978 - 7 - 5161 - 3956 - 1

Ⅰ . ①美… Ⅱ . ①高… Ⅲ . ①环境科学—史学—研究—
美国 Ⅳ . ①X - 097.12

中国版本图书馆 CIP 数据核字（2014）第 026623 号

出 版 人	赵剑英
责任编辑	李庆红
责任校对	任 纳
责任印制	戴 宽

出 版	中国社会科学出版社
社 址	北京鼓楼西大街甲 158 号（邮编 100720）
网 址	http：//www.csspw.cn
	中文域名：中国社科网　　010 - 64070619
发 行 部	010 - 84083685
门 市 部	010 - 84029450
经 销	新华书店及其他书店

印刷装订	环球印刷（北京）有限公司
版 次	2014 年 4 月第 1 版
印 次	2014 年 4 月第 1 次印刷

开 本	710 × 1000 1/16
印 张	28.25
字 数	463 千字
定 价	86.00 元